ZHONGGUOYETIEFAYUANDIYANJIUWENJI

中国冶铁发源地研究文集

张光明
于孔宝 主编
陈 旭

齊鲁書社

铁山全景

铁山及其矿坑卫星图

采矿老坑四平道遗址

铁山露天巨型铁矿石(俗称铁牛)

临淄齐故城东北阚家寨冶铁作坊遗址

铁山露天铁矿

铁山冶里村发现春秋时期捣矿石石臼

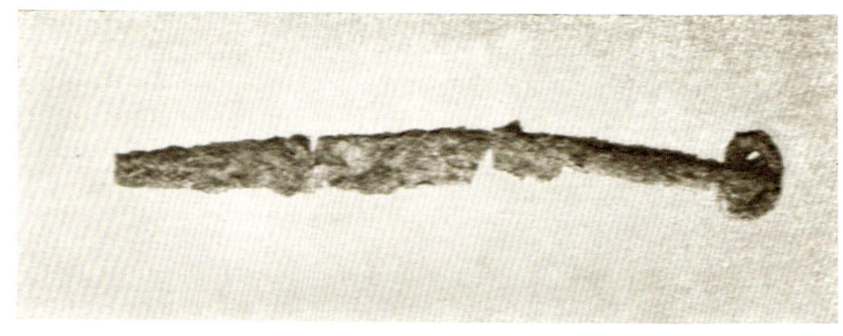

临淄郎家庄墓地春秋晚期铁削

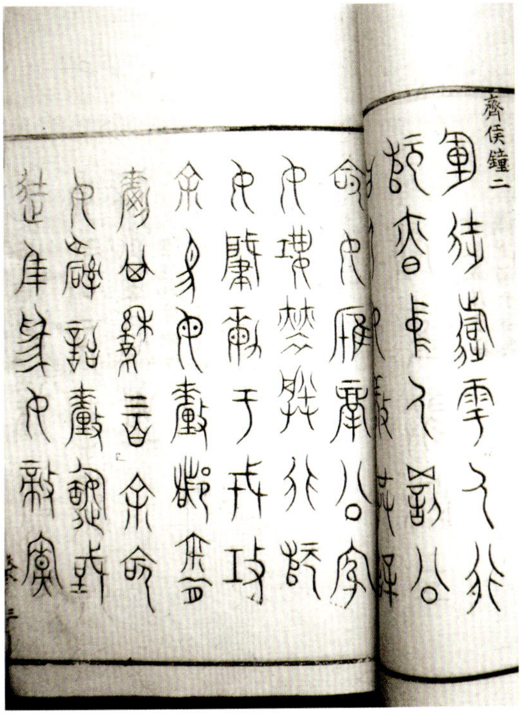

春秋时期齐侯钟"造铁徒四千"铭文

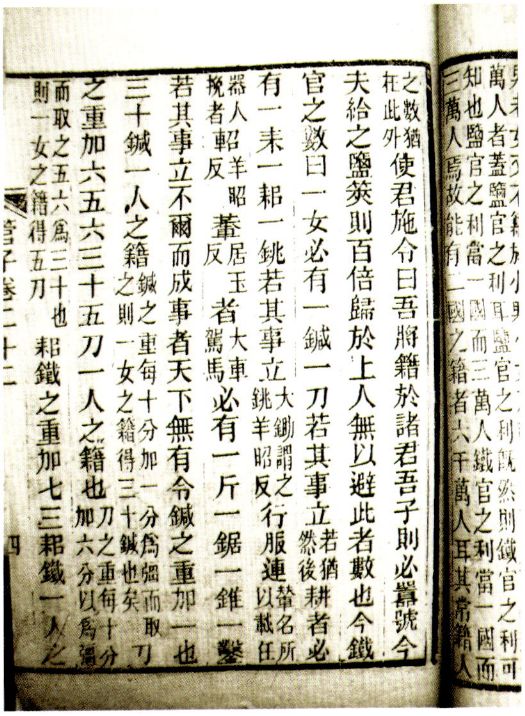

《管子》有关齐国春秋时期冶铁的记载

炉神姑庙

铁山炉神姑传说碑文拓片（局部放大）

铁山炉神姑传说碑文拓片

序　一

冶铁术的发明,在人类历史上具有划时代的意义。因为,铁“是在历史上起过革命作用的各种原料中最后的和最重要的一种原料”(恩格斯语);冶铁术的发明,把古代科学技术提高到一个前所未有的水平;铁器的出现,开创了人类历史上一个全新的时代——铁器时代;铁器的应用,使社会生产力大幅度提高,最终引发了社会历史变革的发生。正因为如此,冶铁术的起源成为近代以来世界学术界关注的一个重大课题。

冶铁术的起源同世间一切事物的起源一样,“都离不开时间、空间和过程这三个基本要素”(《稷下大讲堂》第170页,山东文艺出版社2008年),即起源于何时、何地和怎样起源的,并且这三个要素是互为关联的。关于冶铁术的起源,从世界范围来看,最初发生于小亚细亚地区,其时间是公元前1600年前后,其技术道路是块炼铁冶炼技术。就中国来说,学术界多有研究并逐步深化,但迄今仍众说纷纭。首先,关于中国冶铁术的起源,长期以来存在着“西来说”和“独立起源说”两种观点:“西来说”认为,人工冶铁术是由西亚、中亚经新疆地区向中原传播的;“独立起源说”认为,中国古代的冶铁术是独立发生的。其次,关于中国冶铁起源的空间问题,先后出现过多种说法,如中原北方起源说、以楚国为中心的南方起源说、关中地区起源说、秦岭以南的川东陕南地区起源说、多地区起源说等。与之相关联,关于冶铁术的发生时间也出现过多种说法,如夏代起源说、商代起源说、西周起源说、春秋起源说等。根据考古发现并结合文献记载和冶金学研究成果进行的综合性研究表明:中国古代冶铁术分别起源于新疆地区和中原地区,并且在早期发展阶段形成了各自的铁器传统——“西北系统”和“中原系统”;新疆地区的冶铁术大致发生于公元前10世纪甚至更早,是在西亚冶铁术的直接影响下发生的,属于块炼铁技术;中原地区的冶铁术尽管不排除在其发生之初与新疆地区有着某种信息的交流和传播,但它是独立起源的,“是以陨铁的长期加工和利用为基础,在商代、西周高度发达的青铜冶铸业的背景下发生的”,其时间大致在公元前800年前后的西周末年,其发生地域有可能是在今豫西、晋南及关中一带,其技术道路是先有块炼铁技术后出现液态生铁冶炼技术(《先秦两汉铁器的考古学研究》第41～48页,科学出版社2005年)。

引人注意的是，最近陈旭在《淄博铁山——中国冶铁发源地》一文中提出：山东“淄博铁山为中国冶铁发源地”，并从考古发现和文献考证两个方面进行了论述(《管子学刊》第四期第42页，2010年)。这是关于中国冶铁起源地的最新之说。毫无疑问，淄博铁山(又名“商山”)一带的露天铁矿品位高，易于开采，具有古代冶铁最基本的资源条件；东周时期的齐国冶铁业高度发达，铁山一带又有着丰富多样的冶铁历史文化遗产，说明铁山一带冶铁历史悠久。这些都为冶铁起源地的探索提供了可能。从方法论上说，考古发现和文献资料有机结合并吸收冶金学的研究成果，无疑是冶铁术起源研究的根本途径。冶铁起源地是冶铁起源的空间问题，冶铁起源的空间是和时间互为关联的。迄今山东境内发现的较早的铁器有长清仙人台春秋墓出土的铜内铁援戈，其年代为公元前7世纪中叶；新泰郭家泉东周墓出土的铁箍，其年代为公元前5世纪中叶。从全国来看，河南三门峡虢国墓地出土的玉柄铁短剑、铜内铁援戈、铜骹铁叶矛和陕西韩城梁带村墓地出土的环首铁削刀等，其年代均为公元前9世纪后半叶。就冶铁遗址来说，河南登封阳城的战国早期铸铁遗址是迄今科学发掘年代最早的冶铁遗址，而春秋时期的冶铁遗址迄今在全国尚无报道。临淄齐故城内的冶铁遗址，目前均为考古勘探或地面调查所发现，其推测年代为春秋战国至汉代。铁山附近金岭铁矿四平道发现的老矿洞以及出土的“绳纹陶器碎片、铁制开采工具”的年代，从科学的角度讲，还有待于进一步的判定。从有关的文献记载来看，东周时期的齐国冶铁业发达，齐桓公时期的齐国疆域是“南至于岱阴，西至于济，北至于海，东至于纪随，地方三百六十里”(《管子·小匡》)，齐国境内分布有多处储量丰富的铁矿山和冶铁地；《管子》的《海王篇》和《轻重乙篇》等多有关于铁器使用情况的记述。有的学者认为，《管子》“乃战国秦汉文字总汇，秦汉之际诸家学说尤多汇集于此”(《管子集校·校毕书后》第2页，科学出版社1956年)，故也不能完全作为春秋时期铁器应用状况的文献依据。2009年4月，北京科技大学冶金与材料史研究所对齐国故城冶铁遗址出土的炼铁遗物中的木炭进行了^{14}C测年，其结果为大约从西周晚期一直延续到东汉晚期，且初步认定矿石来自于铁山。从上述情况看，确证淄博铁山一带为中国冶铁起源地，还期待今后更多的考古发掘工作的展开。

中国冶铁术起源的探索，是一个具有国际学术意义的重大课题，而冶铁起源地的探索，无疑会对中国冶铁术起源研究产生积极的刺激和推动作用。从这个意义上说，《中国冶铁发源地研究文集》的编辑出版，具有积极的学术意义和文化建设意义。基于这样的认识，写了上面的话，热切期待着中国冶铁起源地的研究不断取得新的进展。

是为序。

白云翔

2012年4月22日·北京

序　二

每个城市都有其为之骄傲的文化传承和回忆。淄博张店作为东夷文化和齐文化的重要发祥地，拥有积淀深厚、魅力独具的历史文化遗存。彭家遗址发现了8000年前的新石器时代后李文化时期的灶炉，是目前所见最早的窑炉。西周初年，周武王分封姜太公于齐，拉开了齐国的历史。春秋时期，齐桓公在管子的辅佐下，国力逐渐强盛，“九合诸侯，一匡天下”，成为春秋首霸。这一时期的齐国，疆域面积不断扩大，其控制范围东到大海，西到黄河，北到无棣，南到泰山，淄博张店正处在齐国的腹心地区。战国时期，燕国名将乐毅受封于此，建立“昌国”。金末元初，又以黄桑店著称于世，是元、明、清三代重镇。另在浮山驿、冢子坡、曹村、小寨、黄家等地，发现了众多原始人类活动的遗迹，从而证明淄博张店的历史悠久和文化灿烂……这些都是张店的历史和文脉，是这一地区深厚文化底蕴的重要见证。

一方水土孕育一方文化，一方文化造就一方社会。随着社会文明程度的提高和经济社会的发展，一个地区的文化底蕴和特色越来越成为一个城市的灵魂，成为区域发展水平的重要体现。党的十七届六中全会提出推动文化大发展大繁荣的重大命题，对一个地区而言，要义正在于此。孕育张店特有的文化风韵，必须拉近古代文明和现代文化的距离，寻觅先辈智慧的源泉，追寻灿烂的古代文明在这里的留存和影响，深入挖掘、保护古老的文化遗产，打造淄博张店文化特色，发展文化旅游产业，使宝贵的文化遗存和城市记忆在科学发展的城市建设中得到传承延续，实现古老文明与现代文化的交相辉映，从而使当地人民更加热爱这片古老而又年轻的土地！

文化是具有历史属性的，需要用一个载体把它留住。中国冶铁发源地——淄博铁山的研究论证，既是重要的科学与实践的结合，又是重大的理论研究课题。冶铁术的发明是中华民族对世界文明作出的重大贡献之一，也是进入高级文明社会的重要标志。先秦时期冶铁术的发明和铁器的使用促进了生产力的提高，从而推动了社会的进步，成为我国奴隶社会进入封建社会的重要标志之一。所以本课题的研究有着重大的学术理论价值和社会实践意义，对淄博市张店区文化事业和文化产业的发展有着重要的应用价值和推动作用。

《中国冶铁发源地研究文集》的出版，为中国冶铁文化注入了新的血液，使中国的冶铁发展史成为有源之水，有本之木。希望以此书的出版为契机，能有更多的文人志士去关注、研究、繁荣中国的冶铁文化，让冶铁文化成为淄博的文化名片，使当地区域文化焕发出崭新的风采和活力，让每一位当地人民及其子孙能够在这个充满激情与梦幻的城市中安居乐业、享受幸福。

是为序。

王　咏

2012 年 3 月

前　言

中国是世界四大文明古国之一，中华民族对世界文明的起源曾作出重大贡献，冶炼术的发明即是人类进入高级文明社会的标志之一。研究证明，在中亚地区冶铁术发明要早一些，而在我国炼铜术的出现要早一些，夏朝已完全掌握青铜铸造技术，所以我国的夏商周奴隶社会也称为“青铜时代”。关于我国冶铁术的起源时间和发源地问题，史家多有其说。关于冶铁术的起源时间主要有商、西周、春秋诸说，据现有的考古发现和文献记载，我们认为冶铁术的出现时间定在西周晚期是正确的。关于冶铁术的发源地问题，迄今所见有新疆说和中原说，而据文献记载和考古发现证明，先秦时期的齐国具备了早期发明冶铁术的自然条件和社会基础，而齐国故城西不到10公里就是优质铁矿所在地铁山，据最新的测试研究，早在西周晚期铁山铁矿就被开采和冶炼，依此，淄博铁山就有可能成为我国最早发明冶铁术的地方，换句话说，种种迹象表明，中国冶铁发源地应在淄博铁山。

铁是自然界蕴藏量最为丰富的金属之一，铁及其合金具有强度高、硬度大、可塑性强、磁性好的优异性能，易于加工成各种工具，因而它在人类生产生活中起着重要作用，使人类历史获得了划时代的进步。恩格斯在《家庭、私有制和国家的起源》一书中指出：“铁使更大面积的农田耕作，开垦广阔的森林地区，成为可能；它给手工业工人提供了一种其坚固和锐利非石头或当时所知道的其他金属所能抵挡的工具。”在我国，由于冶铁术的发明和铁器的广泛使用，生产力有了空前的提高，从而出现了生产关系的变革，这也是奴隶制向封建制转化的主要因素之一，所以冶铁术的发明极大地推动了社会文明的进程，具有划时代的意义。正因为如此，冶铁发源地的研究有着重大的学术价值和巨大的应用价值。

研究考证中国冶铁发源地，须具备四大基本要素，即文献记载、考古发现实物、冶铁作坊遗址、铁矿石与耐火材料资源。我们推论淄博铁山为中国冶铁发源地，主要论据是：

一、先秦齐国冶铁文献记载丰富，时代早，器类全，史信度强。

史家研究铁和冶铁术，文献资料多依据《管子》和《国语》。《管子·小匡》：“美金以铸戈、剑、矛、戟，试诸狗马；恶金以铸斤、斧、钼、夷、锯、斸，试诸木土。”《管子·地数》：“出铁之山三千六百九山。……山上有赭者，其下有铁。”《管子·海王》：“今铁官之数曰：一女必有一针、一刀，若其事立。耕者必有一耒、一耜、一铫，若其事立。行服连轺辇者必有一斤、一锯、一椎、一凿，若其事立。”《国语·齐语》:“美金(青铜)以铸剑戟，试诸狗马；恶金(铁)以铸 鉏 夷 斤 斸，试诸壤土。”《管子·轻重乙》:“一农之事必有一耜、一铫、一镰、一鎒、一椎、一铚，然后成为农。一车必有一斤、一锯、一釭、一钻、一凿、一铽、一轲，然后成为车。一女必有一刀、一锥、一箴、一钵，然后为女。请以令断山木，鼓山铁，是可以毋籍而用足。”《国语·齐语》所记恶金即指铁，“以铸鉏夷斤斸，试诸壤土”，明确记载铁以铸农具为主，主要是试诸土壤。该书还记有“段氏为镈器”，镈器就是耕器，段即锻之省，可见耕器是以铁为原料的，因为铁须锻炼。另，春秋中叶齐灵公时“齐侯钟”，铭文有“造铁徒四千”。“铁”应是铁字的初文，说明齐灵公时期齐国已有采矿冶铁的官徒，且已具较大规模。至于《管子》小匡、海王、轻重乙诸篇所载记铁农具、手工工具之分类功能明确，特别是载述的“断山木，鼓山铁”，说明春秋中叶的齐国冶铁术已很成熟，进入了铁器时代是毫无疑问的。如上文有关齐国冶铁文献记载，在先秦诸国中属最全和最早的，此为我国冶铁文化研究提供了可靠的信史资料。

二、齐地出土铁器资料丰富，时代早，科学性强。

新中国成立以来，齐地大规模的考古发掘工作，多有重大发现，对齐文化的研究提供了科学资料。而齐地考古出土的丰富的铁器资料，为研究我国冶铁术的发明和发展提供了翔实的资料。据不完全统计，齐地出土春秋战国至汉代的考古资料 34 批。另外，在齐故城的勘探发掘中发现了比较集中的冶铁遗址六处，小城两处，大城四处，其中大城东北部的冶铁遗址分布广，文化堆积比较厚，面积约 3～4 万平方米，地层堆积都在 3 米以上，报告断定其时代为春秋战国时期。近年我们与北京科技大学合作，对齐故城冶铁作坊遗址出土的矿渣、炉渣和铁山开采的铁矿做了金相分析测试，证明齐故城内冶铁遗址所用铁矿为铁山所出；并对齐故城东北阚家冶铁遗址内出土木炭进行了 ^{14}C 测试，有 4 个数据进入西周晚期范围，即公元前 798～前 795 年。出土的铁器最早至春秋早期，如长清仙人台 6 号春秋早期墓出土的铁援铜戈等，战国时期出土的铁器数量增多，器类全，汉代出土铁器更普遍，数量更多，类型更全。由此证明，齐国在西周晚期已可能出现冶铁术，铁器的铸造使用在战国时期更加普遍，齐国此时已广泛使用铁器。此与文献互为印证，证明先秦时期的齐国在中原诸国中是最早出现冶铁术的地区。

三、研究成果证明齐国是最早发明冶铁术的国家。

郭沫若《中国古代研究的自我批判》一书中指出：“(铁耕具)这种使用可以上溯至春秋年间，有文献可考的是在齐国。《管子·海王篇》:‘今铁官之数曰：一女必有一针、一刀……耕者必有一耒、一耜、一铫……行服连轺辇者必有一斤、一锯、一锥、一凿。’《管子》多是战国时代及其以后的文字纂集，所纂集的齐国的史籍，可能上溯至管仲时代。又《国语·齐语》也载有管仲的话：‘美金以铸剑戟，试诸狗马；恶金以铸 鉏 夷 斤 斸，试诸壤土。’美金自然是青铜，恶金可能就是毛铁了。”

翦伯赞《中国史纲要》一书中指出：“春秋末到战国初，铁工具开始在生产中广泛使用。《管子》说农夫必须有铁制的耒、耜、铫，女工必须有针和刀，制车工必须有斤、锯、锥、凿，否则就不能成其事。……冶铁是新兴起的一种金属冶铸业。随着社会上对铁器的大量需要，冶铁业得到迅速发展。《管子》说：'上有赭者，其下有铁。'则当时人已知道通过矿苗来找矿的方法了。在《山海经》中提到出铁之山很多处，还有'出铁之山三千六百九十'(《管子·地数》)这样的话。人们对铁矿如此之注意，表明了冶铁生产的规模不断地在扩大。"

范文澜《中国通史简编》一书中也指出："'鐵(铁)'字古文作銕，当是东方夷族最先发明冶铁术，为华族所采用。《国语·齐语》载管子说，美金(青铜)用来铸武器，恶金(铁)用来铸农具，足见春秋初期，冶炼技术已经能生产生铁。"

对我国冶铁术进行学术研究并取得重大成就的著作还有：杨宽编著的《中国古代冶铁技术发展史》，对我国冶铁术的发明和发展、冶炼过程和方法，以及与欧洲冶铁术和世界炼钢技术的发明、发展的比较，均进行了详尽科学地研究阐述，是科学研究中国古代冶铁技术的集大成之作。近年，白云翔先生又出版了新作《先秦两汉铁器的考古学研究》一书，他在前人研究的基础上，利用考古发现出土铁器的新资料和考古学方法，着重对我国先秦两汉铁器进行了全面、系统、科学地研究。他指出："考古发现以及冶金学研究成果和文献记载显示出，在我国，早在公元前13世纪的商代中晚期，已经开始了天然陨铁的加工和利用；人工冶铁制品的出现，在新疆地区是公元前10世纪甚至更早，在中原地区大致是公元前9～前8世纪的西周晚期；我国古代的人工冶铁，分别起源于新疆地区和中原地区——当然不排除人工冶铁发生之初两地之间有着某种信息的交流或传播，并且在早期发展中各自形成了特有的铁器传统：即中国古代铁器的'西北系统'和'中原系统'。中原地区的人工冶铁，是以陨铁的长期加工和利用为基础，在商代、西周高度发达的青铜冶铸业的背景下发生的，并且在初期发展中很快形成了块炼铁技术与液态生铁技术并存发展的独特的钢铁技术传统。我国古代冶铁及早期发展的综合研究表明，我国的铁器时代始于公元前8世纪初的两周之际或春秋初年，春秋时期是我国古代冶铁的初期发展阶段，是我国铁器时代的初级阶段，也可以说是我国历史上的'铜铁并用时期'。春秋时期，铁器的使用有限，铁器在社会生产和生活中的实际作用也同样有限。春秋时期冶铁及铁器使用经历了一个逐步发展和扩大的过程，正是在走过了春秋300多年的发展道路之后，我国的古代冶铁于春秋战国之际开始进入到一个快速发展阶段。此后，铁器工业逐步形成，铁器的使用逐步普及，铁器真正作为先进生产力的代表极大地推动了社会历史的前进。"

此外，黄展岳《关于中国开始冶铁和使用铁器的问题》指出："中国是什么时候开始冶铁和使用铁器的？……推定在春秋后半叶，约公元前六七世纪之间。"张宏明《中国铁器时代应起源于西周晚期》一文中说："齐国是我国较早使用铁器的一个地区。铁字古代异文作銕，銕字从金从夷，或以为铁就是古代夷人率先发明的。春秋中叶的《叔夷钟》铜器铭文记载，当时齐国的冶铁作坊中有四千多工匠，可见当时的冶炼规模之大。春秋早期，齐桓公任用管仲变法革新，即借助盐铁之利，终于'九合诸侯，一匡天下'。1971年，山东文物部门在淄博市郎家庄发掘一座春秋晚期大墓，发现两件铁削，这是目前所知齐国在春秋时期使用铁器的实物资料，从而证明了齐国用铁文献史料的可信。”

20世纪七八十年代后，随着我国科学技术的飞速发展，金相分析等新的科学技术运用到冶铁研究领域，使古代冶铁技术的研究进入一个新的阶段，扩大了研究视野，使研究成果更科学。在这种情况下，出现一批新的研究成果，使人们耳目一新。北京钢铁学院李众《中国封建社会前期钢铁冶炼技术发展的探讨》一文利用考古资料和前人的研究成果，结合金相测试结果，全面研究铁的冶炼技术发展过程和方法。由生铁块炼到渗碳纲，由块炼渗碳钢到百炼钢再到炒钢、生铁脱碳成钢、杂炼生铎的灌钢工艺，均进行了详尽论述。北京科技大学韩汝玢先生《中国早期铁器（公元前5世纪以前）的金相学研究》一文中指出：“早期铁器的金相学研究，提供了中国古代钢铁技术发展具有特色的技术体系的证据。使用陨铁制作刃具自公元前14世纪开始至公元前9世纪，经历了约500年；块炼铁与块炼渗碳钢始于公元前9～前8世纪，用以制作兵器；生铁始于公元前8世纪；两种冶铁技术几乎同时发展，至迟公元前5世纪用液态生铁铸成工具、农具，退火处理改善性能推广使用，表明铸铁已形成一种新的生产力登上了中国历史舞台。”近年新疆地区出土的铁器，为我国冶铁起源研究提供了新的资料，这批资料年代早，出土地点多，为学者所关注。但由于新疆所处地理位置的特殊性，它与中原、中亚交流频繁，对我国冶铁技术发明时间和发源地的研究提出了新的课题。本文集收录了《新疆克里雅河流域出土金属遗物的冶金学研究》一文，北京科技大学冶金与材料史研究所对考古发掘出土的铁器16件、炉渣1件进行了检验分析，其结果为：新疆早期铁器多属块炼铁，在战国时期哈密市黑沟梁墓地和拜契尔墓地还是以块炼铁、块炼碳钢系列为主的冶铁技术。圆沙古城出土铁器大部分鉴定为铸造组织，是新疆经过科学检验最早的生铁器物群，而白口铁的发现是第一次，是目前汉代生铁地理上的最西界。从圆沙古城的^{14}C数据来看，树轮校正后年代为公元前387～前56年，时期正好在战国晚期至西汉时期，这里出土的铁器具有典型的中原铸铁技术特征，似乎说明在张骞通西域之前就有了从中原来的文化和技术影响。而矿源很可能是来自克里雅河流域邻近地区。至于早期商末周初墓地出土的铁器，因无测试数据，又无冶铁作坊发现，何处冶铸，是否是西域传入？实难确定。

以上研究成果，为我国冶铁技术的发明和发展、冶铸技术及社会功能等各个方面的研究提供了坚实的基础，是中国冶铁术研究的理论支撑和科学依据。依此推论，先秦时期的齐国是最早发明冶铁术的国家和地区。依文献记载和考古发现，齐国的冶铁术在春秋中期的齐灵公时期已初具规模，《叔夷钟》铜器铭文记“造铁徒四千”，春秋早期齐桓公时期《管子》就有“断山木，鼓山铁”的记载，考古发现有长清仙人台春秋早期墓出土铁援铜戈，临淄齐故城内发现六处东周至汉代的冶铁作坊遗址，其中齐故城东北部阚家冶铁作坊遗址测试证明其时代已早至西周晚期，从而证明淄博铁山采矿冶铁的时间也应在西周晚期。文献和考古资料互为印证，西周晚期的齐国已发明了冶铁术，春秋中叶以前齐国的冶铁业已成规模，冶铁术在齐国较早出现当与齐国重工商、多盐卤山林之地、铁矿资源丰富相关。铁器在春秋时期的广泛使用，提高了生产力，从而使先进的封建关系在齐国较早出现。管仲改革，“相地而衰征”，按土地和收成好坏而征收地租，继而土地私有现象出现，这极大提高了生产力，调动了农民的积极性，齐国很快民富国强，称霸诸侯，由此而成为泱泱大国矣。

四、方志和传说资料证明铁山是齐国最早开发冶铁之地，是中国冶铁发源地。

铁山，古称商山或西山，东距齐故城仅 10 公里，今位于张店区中埠镇铁冶村西北，海拔 254.6 米，面积 10 平方公里，因矿山呈黑色而称铁山。铁山矿产资源丰富，以铁矿为主，还有煤、铝土、石灰石、耐火材料等。铁山的铁矿石含铁量高达 70%以上，是优质的铁矿原料。2009 年 4 月，我们与北京科技大学联合对山东齐故城冶铁遗址内出土的炉渣、矿石、渣铁混合物、砺石等 23 件出土物进行了测试，得出了齐故城内冶铁遗址出土矿石为铁山所出的结论，而对齐故城东北部阚家冶铁作坊内出土木炭的 ^{14}C 测试，证明该作坊遗址开始冶铁的年代为西周晚期。据调查所知，铁山早在春秋时期就已开采冶铁，是齐国重要的藏铁矿山和冶铁之山。1954 年 4 月，在铁山铁矿四平道发现春秋时期开采铁矿的老矿洞，出土绳纹陶片、铁制开采工具等遗物。1958 年，又在冶里村西发现了春秋时期的冶铁遗物熟铁砂，并从众多的矿砂中挖出石臼等捣矿石的工具。据调查，1958 年在冶里村东修路时曾挖出大片的红烧土，应与早期在此开采冶炼铁矿石密切相关。文献和调查测试资料表明，淄博铁山可能在西周晚期已开始开采冶铁。

方志和传说资料亦证明铁山是齐国最早开采冶铁的矿山所在地。铁山北邻村庄名曰铁冶村，村志载其因作为“鼓铸之里”而得名。铁冶村原名冶里村，始于齐国桓公时期，1956 年改村名为铁冶村。按齐国春秋时期实行“参其国”、“伍其鄙”管理制度，国都内的行政区划是五家为轨，十轨为里，四里为连，十连为乡，分别由轨长、里司、连长、乡良人（或乡大夫）管理。由此知里是春秋时期齐国管理机构，为国家所设的一级管理部门，冶里即是春秋时期齐国在此设立专营冶铁的管理机构。铁山冶里的设置也足证此矿开采冶铁在春秋时期已很成熟。铁山一带铝土、耐火材料储量丰富，为冶炼炉的建造提供了保障。此外，由于铁山一带古今冶铁业的发达，有许多有关冶铁的民间传说，其中“炉神姑”的传说流传最广，而与冶铁又有直接关系。《青州府志》载：“孝女，南燕（384～410 年）慕容德时人，姓丁，父为冶工。时有铁牛为祟，民获而闻于官，官召众工化之，牛不化，即杀冶工，以次及丁，女恐父被刑，跃入炉中，牛乃化。后敕封炉神，以旌其孝。”所载故事在当地盛传不衰，今为国家非物质文化遗产保护项目。当地建有炉神庙，历代多有碑刻传世。如此故事应是儒家文化与冶铁文化相结合的史影，说明了铁山冶铁业发展兴旺之盛况。

综上所述，先秦时齐国是我国最早发明冶铁的国家，而齐国的采矿冶铁之地当在淄博铁山，年代应在西周晚期。若此，淄博铁山应当是中国冶铁发源地。

张光明

2012 年 3 月 7 日

目录

壹 文献资料篇

贰 考古资料篇

叁 研究资料篇

肆 齐国(铁山)冶铁研究篇

伍 铁山炉神姑庙传说资料篇

壹

文献资料篇

齐国冶铁业的文献资料

《管子·小匡》:“制:重罪入以兵甲犀胁二戟,轻罪入兰盾鞈革二戟,小罪入以金钧,分宥薄罪入以半钧,无坐抑而讼狱者,正三禁之而不直,则入一束矢以罚之。美金以铸戈、剑、矛、戟,试诸狗马;恶金以铸斤、斧、钼、夷、锯、欘,试诸木土。”

《国语·齐语》:“美金(青铜)以铸剑戟,试诸狗马;恶金以铸 钼 夷斤斸,试诸壤土。”

《管子·轻重乙》:“一农之事必有一耜、一铫、一镰、一鎒、一椎、一铚,然后成为农。一车必有一斤、一锯、一釭、一钻、一凿、一 銶、一轲,然后成为车。一女必有一刀、一锥、一箴、一鉥,然后为女。请以令断山木,鼓山铁。是可以毋籍而用足。……今发徒隶而作之,则逃亡而不守。发民,则下疾怨上。边竟有兵,则怀宿怨而不战。未见山铁之利而内败矣。故善者不如与民量其重,计其赢,民得其七,君得其三。有杂之以轻重,守之以高下。若此,则民疾作而为上虏矣。”

《管子·地数》:“地之东西二万八千里,南北二万六千里。其出水者八千里,受水者八千里。出铜之山四百六十七山,出铁之山三千六百九山。此之所以分壤树谷也,戈矛之所发,刀币之所起也。能者有余,拙者不足。封于泰山,禅于梁父,封禅之王七十二家,得失之数,皆在此内。是谓国用。……山上有赭者其下有铁,上有铅者其下有银。一曰:‘上有铅者其下有鉒银,上有丹沙者其下有鉒金,上有慈石者其下有铜金。’此山之见荣者也。苟山之见荣者,谨封而为禁。有动封山者,罪死而不赦。有犯令者,左足入,左足断;右足入,右足断。然则其与犯之远矣。此天财地利之所在也。”

《山海经·中山经》:“出铜之山四百六十七,出铁之山三千六百九十。”

《管子·海王》:“今铁官之数曰:一女必有一针、一刀,若其事立。耕者必有一耒、一耜、一铫,若其事立。行服连轺辇者必有一斤、一锯、一锥、一凿,若其事立。不尔而成事者,天下无有。今针之重加一也,三十针一人之籍。刀之重加六,五六三十,五刀一人之籍也。耜铁之重加七,三耜铁一人之籍也。其余轻重皆准此而行。然则举臂胜事,无不服籍者。”

《管子·山国轨》:“盐铁之策,足以立轨官。……盐铁抚轨,谷一廪十,君常操九,民衣食而繇,下安无怨咎。去其田赋,以租其山:巨家重葬其亲者服重租,小家菲葬其亲者服小租;巨家美修其宫室者服重租,小家为室庐者服小租。上立轨于国,民之贫富如加之以绳,谓之国轨。”

马非百《管子轻重篇新诠》部分章节

《管子·海王》

桓公问于管子曰:“吾欲藉〔一〕于台雉〔二〕,何如?”

管子对曰:“此毁成也〔三〕。”

“吾欲籍于树木〔四〕。”

管子对曰:“此伐生也〔五〕。”

“吾欲籍于六畜〔六〕。”

管子对曰:“此杀生也〔七〕。”

“吾欲籍于人,何如〔八〕?”

管子对曰:“此隐情也〔九〕。”

桓公曰:“然则吾何以为国?”

管子对曰:“唯官山海〔一〇〕为可耳。”

〔一〕姚永概云:“藉当从下文一例作籍。下同。”郭沫若云:“此篇起处与《轻重甲篇》第六节之起处及《国蓄篇》文大同小异,足见乃一人所依托。”元材案:姚说是也,郭说可商。本篇及《轻重甲篇》与《国蓄篇》均有此一段文字,但三篇中除字句上有异同外,其最大之分歧,即本篇与《甲篇》皆无“田亩”与“正户”二籍而另有“树木”一籍,《国蓄篇》则反是。此盖由于三篇作者对于是否征收田亩税之一问题,各有其不同之主张。当于《国蓄篇》详论之。

〔二〕王引之云:“台为宫室之名,雉乃筑墙之度。台、雉二字意义不伦。雉盖䠶之讹也。䠶与射同,即榭字之假借。《乘马数》、《事语》、《地数》、《轻重甲》诸篇言台榭者屡矣,则此亦当然。《尔雅》曰:‘阇谓之台,有木者谓之榭。’”元材案:此说是也。籍于台榭,与《国蓄篇》之“以室庑籍”,《轻重甲篇》之“籍于室屋”,均指房屋税而言,盖犹后世之房捐。庞树典以“台雉”为“砖瓦”,穿凿可哂!

〔三〕元材案:毁成,《国蓄篇》及《轻重甲篇》同。尹注《国蓄篇》云:“是使人毁坏庐室。”安井衡云:“人苦暴敛,则将毁台。”尹桐阳云:“屋成而毁之以图免税。”

〔四〕元材案:此又桓公问也。下仿此。籍于树木,《轻重甲篇》同,《国蓄篇》无。盖犹后世之森林税。

〔五〕元材案:伐生,《轻重甲篇》同。尹桐阳云:“伐,斩也。”

〔六〕元材案:《国蓄篇》作“以六畜籍”,《轻重甲篇》作“欲籍于六畜”。此如汉翟方进之奏“增马牛羊算”,即《汉书·西域传》陈忠所谓“孝武算至舟车,訾及六畜”者也。訾亦算也,即籍之意。盖犹后世之牲口税。

〔七〕元材案:“杀生”,谓杀其牲口以图免税。《轻重甲篇》同。《国畜篇》作“谓之止生”。又《管子·八观篇》云:“六畜有征,闭货之门也。”义与此同。

〔八〕元材案:“籍于人”,《国蓄篇》作“以正人籍”,《轻重甲篇》作“欲籍于万民”。尹桐阳云:“所谓丁税。《周礼》太宰之职,‘以九赋敛财贿’。郑玄以赋为口率出泉。《汉书·昭帝纪》:‘元凤四年,毋收四年五年口赋。’如淳引《汉仪注》曰:‘民年七岁至十四出口赋钱,人二十三。二十钱以食天子。其三钱者武帝加口钱以补车骑马也。’口赋谓籍人税也。”盖犹后世之人头税。

〔九〕金廷桂云:“隐当为离。《国蓄篇》曰:‘以正人籍,谓之离情。’此作‘隐’费解。”安井衡云:“情,实也。籍于人,必将诈灭其口数,此隐情之实也。”元材案:安井衡说是也。隐即《论语》:“父为子隐,子为父隐”之隐,谓隐匿其实际口数不以告人也。《轻重甲篇》同。《国蓄篇》作“谓之离情”。离情即脱离实际情况之意。

〔一〇〕安井衡云:“官,职也。使山海供职。言尽其利也。”何如璋云:“官山海者,设官于山以筦铁,设官于海以课盐也。《左传》:(昭二十年)‘山林之木,衡鹿守之。海之盐蜃,祈望守之。’殆山海之旧官欤?”石一参云:“因山海自然之利而设官,则无上四弊而用足。”元材案:三氏说皆非也。“官”即“管”字之假借。《史记·平准书》:“浮食奇民欲擅管山海之货。”《盐铁论·复古篇》:“往者豪强大家得管山海之利。”又《贫富篇》:“食湖池,管山海。”又《汉书·食货志》:“商鞅颛川泽之利,管山林之饶。”即皆作“管”,可以为证。一作筦。《平准书》:“桑弘羊为大农丞筦诸会计事。”或作“斡”。上引《平准书》“欲擅管山海之货”,《汉书·食货志》即作“斡”。《汉书·食货志》又云:“莽乃下诏曰:夫《周礼》有赊贷,《乐语》有五均,传记各有斡焉。今开赊贷,张五均、设诸斡者,所以齐众庶,抑并兼也。”又云:“羲和鲁匡言:名山大泽盐铁布帛五均赊贷,斡在县官。惟酒酤独未斡。请法古,令官作酒。”又云:“莽复下诏曰:夫盐,食肴之将。酒,百药之长,嘉会之好。铁,田农之本。名山大泽饶衍之藏,五均赊贷,百姓所取平,卬以给澹。铁布铜冶,通行有无,备民用也。此六者非编户齐民所能家作,必卬于市。虽贵数倍,不得不买。豪民富贾,即要贫弱。先圣知其然也,故斡之。每一斡,为设科条防禁,犯者至死。”是也。管者,《史记·集解》引张晏云:“若人执仓库之管籥。”《汉书》颜师古注云:“斡谓主领也,读与管同。”从上引各文推之,所谓“管”者,乃汉人特用术语,盖即资产阶级经济学上之所谓“独占”。谓山海天地之藏,如盐铁及其他各种大企业之“非编户齐民所能家作”者,均应归国家独占,由国家经营管理之,以免发生“浮食奇民”或“豪民富贾”以“富羡役利细民”或“要贫弱”之弊。同时即以经营所得之一切官业收入,作为上述各种赋税之代替,以实现其所谓“不籍而赡国”之财政理想。此与塞利格曼《租税论文集》第一章所述“古代欧洲政府之收入,泰半赖于公有产业”者颇相暗合。本书“官”字凡三十见。其假“官”为“管”者占其大多数。当于各篇分别详之。又案:《盐铁论》中,除“管山海”外,又另有“擅山海”(《复古》)、“总山海”(《园池》)、“徼山海”(《轻重》)及“障山海”(《国病》)等语,意义皆同。

桓公曰:“何谓官山海?”

管子对曰:“海王之国,谨正盐策〔一〕。”

桓公曰:“何谓正盐策?”

管子对曰:“十口之家十人食盐,百口之家百人食盐〔二〕。终月〔三〕,大男食盐五升少半〔四〕,大女食盐三升少半,吾子〔五〕食盐二升少半〔六〕。——此其大历〔七〕也。盐百升而釜〔八〕。令盐之重升加分彊〔九〕,釜五十也。升加一彊,釜百也。升加二彊,釜二百也。钟二千,十钟二万,百钟二十万,千钟二百万。万乘之国,人数开口〔一〇〕千万也。禺策之,商日二百万〔一一〕,十日二千万,一月六千万。万乘之国正九百万也〔一二〕。月人三十钱之籍,为钱三千万〔一三〕。今吾非籍之诸君〔一四〕吾子而有二国之籍者六千万。使君施令曰:吾将籍于诸君吾子,则必嚣号。今夫给之盐策〔一五〕,则百倍〔一六〕归于上,人无以避此者,数也。”

〔一〕尹注云:“正,税也。”石一参云:“盐策犹言盐籍。”元材案:二氏说非也。谨即《国蓄篇》“君养其本谨也”及“守其本委谨”之谨,慎也。谓慎重其事不敢忽略也。正即《地数篇》“君伐菹薪,煮沸水为盐,正而积之三万钟”之正。正即征。此处当训为征收或征集,与其他各处之训为征税者不同。盖本书所言盐政,不仅由国家专卖而已,实则生产亦归国家经营。观《地数篇》“君伐菹薪,煮沸水为盐”及“阳春农事方作,令北海之众毋得聚庸而煮盐”,即可证明。惟国家经营,亦须雇佣工人。工人不止一人,盐场所在又不止一处,故不得不“正而积之”,此即正盐之义矣。策者政策也,解已见《巨(策)乘马篇》。此谓海王之国,当以极慎重之态度运用征盐之政策。盖盐之为物乃人生生活之必需品,其需要为无伸缩力的。为用既广,故政府专利,定能收入极大之利也。

〔二〕元材案:此段文字又见《地数篇》。惟《地数篇》“食”作“咶”。谓盐为人生日用之所必需,无论男女大小,有一口即有一口之需要也。

〔三〕庞树典云:“‘终月’疑为齐语。犹鲁语之‘期月’,盖终一年也。”元材案:此说谬甚。下文云:“日二百万,十日二千万,一月六千万。”又《地数篇》亦作“一月”。则原文系以月计,非以年计明矣。

〔四〕尹注:“少半,犹劣薄也。”元材案,即不及一半之意。

〔五〕尹注:“吾子,谓小男小女也。”俞樾云:“吾当读为牙。《后汉书·崔骃传》注曰:‘童牙,谓幼小也。’吾子即牙子。其作吾者,牙吾古同声。犹驺吾之或为驺牙矣。《太玄·勤次三》曰:‘羁角之吾,其泣呱呱。’义与此同。《集韵》有‘犽’字,音牙。云‘吴人谓赤子曰孲犽。’盖即牙字而加子旁耳。”张佩纶说同。陈奂云:“《地数篇》曰:‘凡食盐之数,婴儿二升少半。’则吾子谓婴儿也。吾读为蛾。《学记》曰:‘蛾子时术之。’郑君注曰:‘蛾,蛾蜉也。蚍蜉之子,微虫耳。’吾子即蛾子,皆幼稚之称。下文及《国蓄篇》,吾子凡三见,尹注皆同。”金廷桂曰:“案《正字通》曰:‘吾,古本《管子》作童字。’是。”元材案:“吾子”二字,指未成年之小男小女而言。各家解释皆无异议。《地数篇》即作“婴儿”。至其取义之由,当是著者随手采用某时某地之方言。观《墨子·公孟篇》:“公孟子曰:‘三年之丧,学吾子之慕父母。’”下文又云:“子墨子曰:‘夫婴儿子之智,独慕父母而已。’”上言“吾子”,下言“婴儿子”,可见吾子即婴儿,《墨子》中早已言之矣。又案从居延出土的《戍卒家属廪食簿》来看,在汉代,凡是年十五以上即称为大男大女。又《湖北江陵凤凰山十号汉墓出土简牍》中,有“大女杨凡”的记载(见一九七四年《文物》第七期裘锡圭:《湖北江陵凤凰山十号汉墓出土简牍考释》)。又居延出土《建武三年候粟君所责冠恩事》中亦有“市庸平贾大男日二斗”的记载(见一九七八年《文物》第一期)。《汉书·赵充国传》:“斩大豪有罪者一人,赐钱四十万。中豪十五万。下豪十一万。大男三千,女子及老小千钱。”亦以大男及女子老小分别言之。与此同。则所谓大男大女者乃指成年人而言。惟此处无老者,当是已包括于大男大女中,故不及耳。

〔六〕元材案:《赵充国传》又云:“凡万二百八十一人,用谷月二万七千三百六十三斛,盐三百八斛。”计每人每月用盐二升九合强。较此处吾子稍多,较大女为少,较大男则相差甚远,当是男女老小之平均数。然即此亦足证庞树典解“终月”为“期月”之为无据矣。

〔七〕尹注:“历,数。”元材案:大历犹言大略。

〔八〕尹注云:“盐十二两七铢一黍十分之一为升,当米六合四勺也。百升之盐七十六斤十二两十九铢二絫,为釜,当米六斗四升。”张文虎云:“以后者计之,前者当云盐十二两六铢九絫一黍十分之二为升。”元材案:本书量名,计有鏂、釜、钟、升、斗、石等字。鏂即区。左昭三年传晏子云:“齐旧四量:豆、区、釜、钟。四升为豆。各自其四以登于釜。釜十则钟。陈氏三量,皆登一焉。钟乃大矣。”杜注:“登,加也。加一,谓加旧量之一也。以五升为豆,四豆为区,四区为釜,则区二斗,釜八斗,钟八斛。”陆德明《释文》:“本或作‘五豆为区,五区为釜’者,谓加旧豆区为五,亦与杜注相会。非于五升之豆又五五而加。故曰釜八斗,钟八斛也。”据此,则齐制实为以四进及以十进并行之法。陈氏之制稍有变更。然皆与“百升而釜”之数不符。考《轻重丁篇》云:“齐西之粟釜百泉,则鏂二十也。齐东之粟釜十泉,则鏂二泉也。请以令籍人三十泉,得以五谷菽粟决其籍。若此,则齐西出三斗而决其籍,齐东出三釜而决其籍。”知本书每釜实为五鏂,乃晏子所述陈氏之制,而非齐之旧制。惟其算法与杜注异。以意推之,本书当是以四升为豆,五豆为鏂,五鏂为釜。如此则一鏂二十升,一釜一百升,恰合“百升而釜”之数。且与一釜百泉,三斗三十泉之数亦无冲突。至其何以必须如此计算?或因汉人对于《左传》原文,本有此与杜注不同之一种解释。或则左氏所记晏子“陈氏三量,皆登一焉”之“三量”,本是“二量”之讹。二量者豆与区也。四豆加一为五豆,四区加一为五区。然已无由证明之矣。尹注文不对题,石一参则径改为“盐自升而釜”,均失之。

〔九〕元材案:“升加分彊”之“彊”字,历来释者可分三说。一说以有余为彊。尹注云:“分彊，半彊也。令使盐官税其盐之重，每一斗（张文虎云："斗当作升"）加半合为彊而取之，则一釜之盐得五十合而为之彊。"张佩纶云："《宋书·历志》：'一为强半法以上，排成之。不满半法废弃之。并少为少强，并半为半强，并大为大强。'此云'升加分彊，则釜五十'。《广雅》：'升四曰豆，豆四曰区，区四曰釜，釜十曰钟。'若升加半钱，则豆加二钱，区加八钱，釜加三十二钱，不及五十之数。故必加半彊，始合五十之数。其一彊二彊仿此。言一钱二钱有畸也。"是也。又一说则以附加之价为彊。闻一多云："附加之价曰彊。《小尔雅·广诂》：'强，益也。'《九章算术》：'凡有余赢命曰强。'"是也。第三说则以彊为钱。猪饲彦博云："'彊'当作'镪'，钱也。"安井衡云："分，半也。彊读为繦。繦与繈通，钱贯也。因遂称钱为繦。繈或作镪，俗字也。……盐价之贵，升加半钱。一釜百升，适得五十钱之赢也。"黄巩云："强同繈。一强一钱，分强半钱也。"是也。今案一、二两说皆非也。第三说中，安井氏及黄氏繈镪不分，均不可从。猪饲氏最为得之。《正字通》云："繈镪音同义别。钱谓之镪。以索贯钱谓之繈。"据此则此处彊字当依《通典·食货》十二引作"强"。强即镪之假借字，指钱而言。与《国蓄篇》"岁适凶则市籴釜十繈而道有饿民"及"万室之都必有万钟之藏，藏繈千万；千室之都必有千钟之藏，藏繈百万"之"繈"字指"钱贯"而言者，不可混为一谈。盖此处"彊"字如释为"钱贯"之"繈"，则"升加分彊"必不止于"釜五十"。而《国蓄篇》之"繈"字如释为"钱"之"镪"，则所谓"岁适凶则市籴釜十繈"者，乃与同篇下文所谓"中岁之谷，粜石十钱"者相等，是"凶岁""中岁"并无区别矣。重者指盐价而言。分者半也。盖谓海盐一升之价除成本外，另加半钱，则每百升可得赢利五十钱。故曰"升加分彊，釜五十也"。下文一彊二彊皆仿此。《地数篇》"彊"作"耗"，耗亦钱也。谓之耗者，当是著者采用某地方言，犹同篇之以"咶盐"代"食盐"矣。

〔一〇〕元材案："开口"二字又分见《管子·问篇》及《揆度篇》。《问篇》云："问问原作冗。据丁士涵校改。国所开口而食者几何人？"《揆度篇》云："百乘之国，为户万户，为开口十万人。千乘之国，为户十万户，为开口百万人。万乘之国，为户百万户，为开口千万人。"是"开口"乃指人口总数而言。尹注以"开口"为"大男大女之所食盐"者非。

〔一一〕尹注云："禺读为偶。偶，对也。商，计也。对其大男大女食盐者之口数而立策以计所税之盐，一日计二百万，合为二百钟。"猪饲彦博云："禺、偶同。谓加二也。商谓所加之税也。言大数千万，一日食盐千钟，故升加二钱而取之，则得二百万钱也。"安井衡云："禺、偶同。偶，合也。大男食盐，月五升少半，大女三升少半，吾子二升少半。一家十口，假令大男女四人，吾子六人，一家月所食为三斗一升三合三勺三撮。十分之，人得一合有奇。以合算万乘之国月所食之盐，适尽千钟。是商利比旧日增二百万之赢也。"于省吾云："'商'本应作'啇'。啇古適字。《轻重戊》'以商九州之高'，'商'亦'啇'之讹。言以适九州之高也。安井衡训禺为合，是也。此言合策之，适日二百万也。"郭沫若云："'禺'读为偶然之偶，'偶策之'犹尝试算之也。'商'为'啇'之误，于说得之。盖其算法，准万乘之国开口千万人计，不问其为大男大女或吾子，平均每月每人可食盐三升，则千万人为三万钟。月三十日，一日则为千钟也。故如升加二强，则一日所获适为二百万。"元材案：禺，训为合，安井说是也。策，算也。商即《汉书·

沟洫志》"皆明计算,能商功利"之商。颜师古注云:"商,度也。"犹今言"估计"或"约计"。盖万乘之国,开口而食之人,不论男女大小,共约千万。所食之盐,平均每日以千钟计,升加二钱,合而算之,估计每日可收盐价盈利二百万,十日二千万,二三如六,故一月可得六千万也。以上诸说皆非。

〔一二〕尹注云:"万乘之国,大男大女食盐者千万人,而税之盐一日二百钟,十日二千钟,一月六千钟也。今又施其税数,以千万人如九百万之数,则所税之盐一日百八十钟,十日千八百钟,一月五千四百钟。"王引之云:"正与征同。'万乘之国正'绝句。万乘之国正,常征也。欲言征盐策之善,故以常征相比较也。'九百万也'者,'九'当为'人'。《揆度篇》曰:'万乘之国为户百万户,为开口千万人,为当分者百万人。'是万乘之国虽有开口千万人,其当分之人但有百万。万乘之国征,但征其当分之人百万。故曰'万乘之国正,人百万也'。"俞樾云:"'九'乃'人'之误。'正人'二字连文。《国蓄篇》云:'以正人籍,谓之离情。以正户籍,谓之养赢。'是'正人''正户'当时有此名目。尹注彼曰:'正数之人若丁壮也。'此'正人'之义亦当与彼同。《揆度篇》曰:'万乘之国为户百万户,为开口千万人,为当分者百万人。'是万乘之国正人只百万而已。故曰'正人百万'也。王氏引之说与予同,而误以'正'字绝句,读为征,则犹未得。"元材案:"九"当作"人",王、俞两说是也。"正"字下属为句,俞说是也。正人百万,月人三十钱,得三千万。若九百万则一人月三十钱,为钱止二千七百万,不得云三千万矣。尹氏不知"九"为"人"字之误,又以常征为税盐,模糊已甚,文、义盖两失之。

〔一三〕尹注云:"又变其五千四百钟之盐而籍其钱,计一月每人籍钱三千,凡千万人,为钱三万万矣。以籍之数而比其常籍,则当一国而有三千万人矣。"王引之云:"当分之人,每月籍其钱,人各三十。《轻重丁篇》曰'请以令籍人三十钱'是也。一人三十钱,百万人则当为钱三千万,故曰'月人三十钱之籍,为钱三千万'也。"俞樾云:"此以籍于正人相比较,每月每人以三十钱计,正人百万,所得不过三千万也。"元材案:王、俞说是也。尹说尤模糊,令人不可通晓。又案"三十钱之籍",似以汉武时代为背景者。《汉书·西域传》:"征和四年轮台诏云:'前有司奏欲益民钱三十助边用。是重困老弱孤独也。'"王先谦《补注》引徐松曰:"《惠纪》应劭注:'《汉律》人出一算。算百二十钱。惟贾人与奴婢倍算。'今口增三十,是百五十为一算。其时有司有此奏而未行。故《萧望之传》张敞曰:'先帝征四夷,兵行三十余年,百姓犹不加赋。'"可见武帝时确有请增赋人三十钱之议。今本篇及《轻重丁篇》两言籍人三十钱,与有司所奏请增加之数正相符合。以意推之,《轻重丁篇》之请籍三十钱,乃为救济灾荒而起,不过一时权宜之计。本篇则从经常制度上着想,故极力反对之。上言"以正人籍,谓之离情"是也。盖谓正盐所得之赢利,非任何收入所能比拟。即令每月每人加籍三十钱,所得亦不过三千万,仅为正盐所得赢利之一半而已。而况两者之间,一则可以引起"诸君吾子之嚣号",一则"百倍归上"而"人无以避",孰优孰劣,尤为判然乎?不言二十钱,又不言四十钱,却恰恰以"三十钱"为限,必是有司奏准加赋一事之反映实无可疑。此又本书之成不得在汉武帝以前之一证也。

〔一四〕元材案：诸君指大男大女而言。尹注以诸君为“老男老女”，谓“六十已上为老男，五十已上为老女”，与小男小女均不在征籍之内。张佩纶则以“诸君”为“都君”，谓即左昭二十七年传杜注“都君子在都邑之士有复除者”之“都君子”，“其人不在征籍。盖以盐策加价，则有复除者亦无不食盐”。均非。

〔一五〕洪颐煊云：“‘今’当作‘令’。”王念孙曰：“案《通典》正作‘令’。又案下文‘今针之重加一也’，‘今’亦‘令’之讹。上文云：‘令盐之重升加分彊’，文义正与此同。”元材案：下文“今针之重加一也”，今字当作令，是也。此“今夫”即《中庸》“今夫山”、“今夫海”之今夫，乃古文家常用语。如改今为令，则“夫”字为衍文矣。“给”，谓取给。

〔一六〕俞樾云：“‘百’字衍文。上云‘月人三十钱之籍，为钱三千万’。今吾非籍之诸君吾子也，而有二国之籍者六千万。是国之常征止三千万。盐策之利得六千万，适加一倍。故曰‘倍归于上’。若作‘百倍’则太多矣。”陶鸿庆云：“‘百’当为‘自’之误。言不必籍于诸君吾子而自然得其倍数也。”闻一多云：“陶谓‘百为自之误’是也。其解‘自’义为‘自然’则误。‘自’当训自己，谓某数自己，实不定之词。与今算学之x同。倍犹二也。《食货志》‘自四’、‘自三’、‘自倍’，犹言四乘x，三乘x，二乘x也。‘自’既等于x，故‘自倍’亦可省言‘倍’。”元材案：以上各说皆迂拘可笑。谓之“百倍”者，乃作者故意夸大之词。谓依此而行，虽取之百倍于平日之数，人亦无得而避之也。本书言倍数之处不一而足。计“三倍”一见（《轻重乙》），“五倍”五见（《揆度》及《轻重戊》），“六倍”一见（《揆度》），“十倍”二十三见（《国蓄》、《山国轨》、《山权数》、《山至数》、《揆度》、《轻重甲、乙、丁》），“再十倍”或“二十倍”共七见（《巨（策）乘马》、《地数》、《揆度》、《轻重丁》），“四十倍”三见（《轻重甲、丁》），“五十倍”二见（《轻重丁》），“百倍”九见（《海王》、《国蓄》、《轻重甲、乙》）。凡此皆著者用以吹嘘其所谓轻重之策所获利益之大。《轻重乙篇》所谓“发号施令，物之轻重相什而相伯”，《轻重丁篇》所谓“善为国者守其国之财，……一可以为百。未尝籍求于民，而使用若河海”，此之谓也。然所谓“百倍”云云，并不是本书著者所独创。《盐铁论·非鞅篇》大夫云：“夫商君相秦也，内立法度，……外设百倍之利，……不赋百姓而师以赡。”然则所谓“百倍之利”，在商鞅时即已见诸实践矣。然于此有应注意者，即盐铁之价提高，对封建国家固然有利，但对于人民则危害甚大。在封建社会中，所谓大男大女，小男小女，无不处于不同阶级之地位。而盐则为人生之所必需。富人有钱有势，盐价虽高，对于生活并无影响。贫民则除忍受残酷剥削之外，只有实行“淡食”（《盐铁论·水旱篇》贤良语），以示消极之反抗而已。汉宣帝地节四年（公元六六年），即因“盐价咸贵，众庶重困”，而有“其减天下盐价”之举（《汉书·宣纪》）。此乃由于著者地主阶级局限性之必然结果，不足怪也。

“今铁官之数〔一〕曰：一女必有一针〔二〕一刀〔三〕，若〔四〕其事立。耕者必有一耒〔五〕一耜〔六〕一铫〔七〕，若其事立。行服〔八〕连轺輂〔九〕者必有一斤〔一〇〕一锯〔一一〕一锥〔一二〕一凿〔一三〕，若其事立。不尔而成事者天下无有。今针〔一四〕之重加一也〔一五〕，三十针一人之籍。刀之重加六，五六三十，五刀一人之籍也。耜铁之重加七〔一六〕，三耜铁一人之籍也。其余轻重皆准此而行〔一七〕。然则举臂胜事，无不服籍者〔一八〕。”

〔一〕元材案：铁官之名始于秦时。《史记·自叙》云：“司马蕲孙昌为秦主铁官，当始皇之时。”惟秦时铁官是否专为收税而设？抑已实行铁器专卖之制度？今已不能详知。至汉武帝元狩四年，用东郭咸阳孔仅之策，举行天下盐铁，郡置铁官。不出铁者则置小铁官。实行铁器国营并禁止私铸。犯者钛左趾，没入其器物。及桑弘羊为政，又大加推广。于是全国铁官达四十郡为官四十八处之多。考当日铁官之任务，大约以(一)开采铁矿，(二)铸作铁器及(三)专卖铁器为主。《盐铁论·禁耕篇》文学云：“故盐冶之处，大校皆依山川，近铁炭，其势咸远而作剧。郡中卒践更者多不勘(堪)，责取庸代。县邑或以户口赋铁，而贱平其准。良家以道次发僦运盐铁，烦费，邑或以户。百姓病苦之。”此铁矿由铁官开采之证也。虽或有“责取庸代”及“贱价赋铁”之举。然此不过下级执行人员之流弊，原则上则开矿亦由政府自营，与煮盐同矣。又《本议篇》大夫云：“是以先帝建铁官以赡农用。”《水旱篇》大夫云：“今县官铸农器，使民务本，不营于末，无饥寒之累。盐铁何害而罢？”贤良曰：“县官鼓铸铁器，大抵多为大器，务应员程。”又曰：“故民得占租鼓铸煮盐之时，盐与五谷同价，器和利而中用。今县官作铁器，多苦恶，用费不省。”此铁器由铁官铸作之证也。《史记·平准书》云：“卜式为御史大夫，见郡国多不便县官作盐铁，铁器苦恶，贾贵，或彊令民卖买之。”又《盐铁论·水旱篇》贤良云：“今总其原，一其价，器多坚硁，善恶无所择。吏数不在，器难得。家人不能多储，多储则镇生。弃膏腴之日，远市田器，则后良时。盐铁贾贵，百姓不便。贫民或木耕手耨，土耰淡食。铁官卖器不售，或颇赋与民。”此铁器由铁官专卖之证也。汉武帝时桑弘羊之法盖如此。今观本篇已用“铁官”一词。且其所谓“铁官之数”，虽一针、一刀、一锥、一凿，亦在调查与统计之中，其为政府所自作，实无可疑。而从下文“加一、加二、加六、加七”之言推之，则此等针、刀、锥、凿之属，又系由政府所自卖，证据尤为显明。此二点，皆与桑弘羊所行之法完全相同。惟《轻重乙篇》亦有此一段文字，不仅所载各种生产工具，比本篇大有增加(计女工方面增加二种，农民方面增加三种，车工方面增加三种)，而且对于衡所主张之铁矿国营政策，坚决反对，而另行提出“量重计赢，民七君三”之民营官管办法以为代替。此乃由于《轻重乙篇》与本篇不是一时一人之作有以使然。其详当于《轻重乙篇》再论之。此处“数”字，指铁官所掌握之各种调查统计数字而言。

〔二〕元材案：针，所以缝衣者也。见《说文》。竹部箴下段注曰：“缀衣箴也。以竹为之，仅可联缀衣。以金为之，乃可缝衣。”又《汉书·广川惠王越》传：“以铁针针之。”知汉时针确为铁制。《轻重乙篇》作“箴”，义同。

〔三〕元材案：刀即《汉书·广川惠王越》传“去与地余戏，得袖中刀”及“烧刀灼溃两目”之刀，当是指妇女所用之剪刀而言。

〔四〕尹注云：“若犹然后。”元材案：此说是也。《轻重乙篇》即作“然后”。

〔五〕元材案：耒，《说文》：“手耕曲木也。”《易·系辞》：“揉木为耒。”可见最初是用木制。

此处既列为铁制工具之一，则已为铁制甚明。《盐铁论·未通篇》云："内郡人众，……不宜牛马，民蹠耒而耕。"又《□疾篇》云："秉耒抱插、躬耕射织者寡。"《盐铁取下篇》云："以容房闱之间垂拱持案食者，不知蹠耒躬耕者之勤也。"又《汉书·王莽传》："予之东巡，必躬载耒。每县则耕，以劝东作。"《考工记·车人》："车人为耒庛，长尺有一寸。中直者三尺有三寸。上句者二尺有二寸。"注："耒谓耕耒，庛谓耒下岐。"

〔六〕元材案：《易·系辞》："斫木为耜。"据本篇下文言"耜铁"，则此时亦已用铁制。《礼·月令》"修耒耜"注及《考工记·匠人》注，均谓"耜为耒头金，金广五寸"。但此处明言一耒一耜，知两者各自为一器。《吕氏春秋·任地篇》云："是以六尺之耜，所以成亩也。其博八寸，所以成圳也。"黄东发云："耜者今之犁，广六尺，旋转以耕土。其块彼此相向，亦广六尺而成一疄。此之谓亩。而百步为亩，总亩之四围总名。其博八寸，所以成圳者，犁头之刃逐块随刃而起，其长竟亩，其起而空之处，与刃同其阔，此之谓圳。"则耜与耒非一物明矣。

〔七〕尹注云："大锄谓之铫，羊昭反。"元材案：铫即锄草用之大锄。《盐铁论·申韩篇》御史云："犀铫利鉏，五谷之利而闲草之害也。"文学云："非患铫耨之不利，患其舍草而去苗也。"是其证。

〔八〕尹注："连，辇名。所以载作器人挽者。"元材案：《周礼》"巾车连车组挽"，《释文》："连亦作辇。"又《乡师》注："故书辇作连。"辇，《说文》："挽车也。"段注云："谓人挽以行之车也。"此乃汉人通用之运输工具。《盐铁论·盐铁取下篇》云："戍漕者辇车相望。"又《结和篇》云："发屯乘城，挽辇而赡之。"《史记·货殖传》："蜀卓氏见虏略，独夫妻推辇行。"皆其证。

〔九〕王念孙云："'辇'，当依朱本作'輂'。《通典》引此亦作'輂'。故尹注云：'大车驾马'。"元材案：上文已言"连"，连即辇，此不得再言辇。王说是也。輂亦汉人通用之交通运输工具。《史记·淮南衡山列传》淮南厉王"令男子但等七十人与棘蒲侯柴武太子奇谋，以輂车四十乘反谷口。"《集解》引徐广曰："大车驾马曰輂。已足切。"《汉书》作辇，亦误。

〔一〇〕元材案：斤，《说文》："斫木斧也。"《正字通》："以铁为之，曲木为柄，剞劂之总称。"即今木工用之斧头。

〔一一〕元材案：锯，《说文》："枪唐也。"段注："枪唐，盖汉人语。"徐灏笺："枪唐，盖状锯声。"《正字通》："解器也。铁叶为龃龉，其齿一左一右，以片解木石也。"即今之锯子。

〔一二〕元材案：锥，《说文》："锐器也。"即用以穿孔之工具。《轻重乙篇》作钻。

〔一三〕元材案：凿，《说文》："穿木也。"即挖槽或穿孔用之凿子。

〔一四〕元材案："今"当依王念孙校作"令"。与上文"令盐之重"句例正同。

〔一五〕何如璋云："重加一，谓比往时之价加一钱。下加六加十，准此。"吴汝纶云："加一，加一钱也。每针加一钱，三十针则三十钱。三十针则为一人之籍也。五刀三耜铁仿此。"

〔一六〕王引之云："'七'当为'十'。上文云'月人三十钱之籍'，谓每一人月有三十之籍也。今每一耜铁籍之加十钱，三耜铁则三十钱，而当每月一人之籍矣。故曰'耜铁之重加十，三耜铁一人之籍也。'上文'令针之重加一也，三十针一人之籍。刀之重加六，五六三十，五刀一人之籍也。'皆三十钱当一人之籍。是其例也。"元材案此说甚是。"耜铁"又见《轻重乙篇》,即犁头之铁刃。

〔一七〕元材案:"其余"指上文"铫、斤、锥、凿"等铁制工具而言。准此而行,犹言以此类推也。

〔一八〕元材案:胜读为任,音近互通。"举臂胜事者"谓能胜任劳动生产之人。服即《山国轨篇》"巨家重葬其亲者服重租,小家菲葬其亲者服小租"之服。服假作负。《周礼·考工记》"牝服二柯",郑司农注:"服读若负。"服籍即服租,谓负担租税也。铁与盐不同。盐是无论男女老幼皆不可缺,铁则只有有劳动能力之人方有需要,故服籍者仅以"举臂胜事者"为限。惟于此有应注意者,此处所谓加一加二云云,均是于旧价外另行加价之数,正如何如璋所云:"重加一,谓比往时之价加一钱",与上文"盐之重升加分彊"云云相同。盖盐铁皆为国营,由国家专卖,故可随时抬价出售,以增加国家之收入。此一解释,实甚重要。盖为了解本书各种轻重之策之重要法门。不仅对盐铁二者之加一加二应如此讲,即《乘马数篇》所谓"国用一不足则加一焉"云云及《国蓄篇》所谓"中岁之谷,粜石十钱"云云,亦应如此讲。旧日学者不明此理,咸以加一加二为加税。如《通考》著者引其父马廷鸾之言云:"管仲之盐铁,其大法税之而已。盐虽官尝自煮之,以权时取利,亦非久行。铁则官未尝冶铸也。与桑弘羊之法异矣。"甘乃光云:"铁政不甚佳。因铁所制造者为生产工具。今税及生产工具,似非开源善政。至后世如汉武帝有'敢私铸铁者钛其左趾'之命令,未免庸人自扰。管子本来不如此。"因此,甘氏又据《轻重乙篇》"量重计赢,民七君三"之记载,谓"管子主张将铁之原料征收税项,因恐农制品征收税项,则人民得器难"。唐庆增亦云:"管子铁业国有,则完全为收税起见。"又曰:"管仲盐铁二政虽并称,而性质略异。盐由官禁,增价出卖,更运至他国以为利薮。于铁则对于人民之采用原料者课以税。其利率为君得三而民得七。赢利均分,而由人民经营之。此其政策之特点也。铁税以法不良,后世行之者少。桑弘羊、孔仅曾行之。惟征之于器,与管子之征于原料者不同。"三氏之误,第一,由于不知本书所言"加一加二"云云,实封建国家实行盐铁专卖时所加之价,而非普通之所谓"征收税项"。第二,由于不知铁器铸作、铁器专卖与开采铁矿为二事而非一事。甘、唐两氏所引《轻重乙篇》之例,乃属于开采铁矿之范围。该篇著者主张矿产虽属封建国家所有,但应由人民开采,而由政府按"民七君三"之比例,分配其赢利,以为人民租借矿地之报酬。如此者始可名之曰税。若"加一加二"云云,则为官业加价,不得名之曰税也。第三,由于不知本篇与《轻重乙篇》不是一时一人所作。本篇及《地数篇》所论之盐铁政策,实即东郭咸阳、孔仅、桑弘羊等在汉武昭时所施行之政策之反映。如《地数篇》云:"苟山之见荣者,谨封而为禁。有动封山者,罪死而不赦。有犯令者,左足入,右足断。"与甘氏所谓汉武帝"敢私铸铁器者钛其左趾"之命令及上文所论各节完全相同。即其明证。至《轻重乙篇》所论"量重计赢,民七君三"之办法,则为另一作者鉴于自汉成帝以来铁官徒迭次暴动之教训,因而提出与现行政策相反之修正意见之反映。既将两个不同时代两种不同主张混为一谈,而又将反映汉代事实之管子书与所反映之汉代事实强为区别,认为管子书真是管仲所作,而百端为之回护,谓为“管子本来不如此”。而对汉武帝则肆意攻击,谓为“未免庸人自扰”。一事两断。如此论史,是亦不可以已乎?

桓公曰:“然则国无山海不王乎〔一〕?”

管子曰:“因人之山海,假之名有海之国〔二〕雠盐于吾国,釜十五,吾受而官出之以百〔三〕。我未与其本事也〔四〕,受人之事,以重相推〔五〕。——此人用之数〔六〕也。”

〔一〕元材案:无山海则无盐铁,无盐铁则上述之官山海政策亦将无由施行,故曰“国无山海不王”也。因著者又有所谓“人用之数”,故特发为此问以便提出。

〔二〕尹注云:“虽无海而假名有海,则亦虽无山而假名有山。彼国有盐而粜于吾国为雠(旧作集,误)耳。”丁士涵云:“当读‘之’字绝句。‘名’与‘命’同。‘有’乃‘负’字误。《事语篇》曰:‘负海子七十里。’负海之国多盐,令之雠于吾国,即所谓‘因人之山海假之’也。”安井衡云:“国无盐铁,买诸他邦而粥之,是假有盐铁之名也。一说:‘名当为各,下属为句。’”张佩纶云:“假之义若《春秋》‘郑伯以璧假许田’之假。《公羊传》曰:‘假之何?易之也。易之则其言假之何?为恭也。’《谷梁传》曰:‘假不言以,言以非假也。非假而曰假,讳易地也。’太公赐履虽至东海,而桓公之世莱夷未灭。其能尽徵山海之利以盐铁立富强之基者,莱已私属于齐,故得假之以为利也。”郭沫若云:“抄本《册府元龟》四百九十四引作‘集盐于吾国’。考尹注云:‘彼国有盐而籴于吾国为集耳。’则尹所见本亦作‘集’也。以作‘集’为是,如为‘售’字则尹不必为之作注。”元材案:以上诸说皆非也。此当作“因人之山海”为句,“假之名有海之国”为句。“因人之山海”者,正针对桓公“国无山海不王乎”之问题而发。谓本国虽无山海,因人之山海亦同样可以为山海王也。假者假设也。“名”当作“若”,因字形相近而讹。“假之若有海之国”,与《吕氏春秋·本生篇》“譬之若修兵者”云云,语例相同,皆比喻之词也。此盖举“因人之海”以为例。谓吾国无海固亦无盐,但假如从有海之国,用廉价输入其成盐,再以高价由政府专卖,结果所得赢利亦不下于自煮。海既如此,山亦如之。如不作举例讲,则上文明言“因人之山海”,而下文则仅言海而不言山,便不免缺漏不全,有如张佩纶所云“山海并重,而盐详铁略,疑原本不止此”之嫌矣。雠,尹注释为“售”。今本作“集”者,误也。《汉书·食货志》“收不雠”,又云“周于民用而不雠者”,颜师古注皆云:“雠读曰售。”可证。

〔三〕尹注云:“受,取也。假令彼盐平价釜当十钱者,吾又加五钱而取之,所以来之也。既得彼盐,则令吾国盐官又出而粜之,釜以百钱也。”王引之云:“‘十五’当为‘五十’。‘釜五十’者,升加分也。‘出之以百’者,升加一也。上文曰:‘盐百升而釜。令盐之重升加分彊,釜五十也。升加一彊,釜百也。’分者半也。‘有海之国,雠盐于吾国’,每升加钱之半,十升而加五钱,百升而加五十钱,故‘釜五十’也。吾国受而使盐官出之,则倍其数而升加一钱,十升而加十钱,百升而加百钱,故‘以百’也。若作‘釜十五’,则与‘出之以百’多寡不相因矣。”张佩纶云:“‘釜十五’当作‘釜五十’。彼国加分彊,则吾国加一彊。此非独收榷盐之利,亦兼防利之落于邻国,故必受而官出之。”郭沫若云:“抄本《册府元龟》四百九十三引正作‘釜五十’。”元材案：若如王、张二氏言，有海之国升加分彊而为五十，则在未加之前其原价当为若干耶？吾国加一彊而官出之以百，果包括升加分彊之五十及有海之国之原价在内耶？抑在外耶？此问题不得解决，则所谓“吾受而官出之以百”者，为盈为亏，实不可知。古人行文不应如此含混。据尹注云云，则尹所见本亦作“釜十五”。仍以作“釜十五”为正。釜十五者，谓每釜价十五钱耳。尹注亦非。“吾受而官出之以百”，当作“吾受而官之”为句，“出以百”为句。《山至数篇》云：“诸侯受而官之”，句法与此正同。“官”即“管”，解详上文。“出以百”者，谓吾既以每釜十五钱之价买进，再以釜百钱之价卖出，故获利甚大。《山至数篇》所谓“藏轻，出轻以重”，即此意也。“出之”二字误倒。

〔四〕尹注云：“与，用也。本事，本盐也。”元材案：“与”，参加也。“本事”解已见《乘马数篇》。谓我并未参加煮盐之生产过程。

〔五〕尹注云：“以重推，谓加五钱之类也。推犹度也。”元材案：推当作准。《轻重丁篇》云：“莱有推马”，王寿同注彼处云：“推乃准之误。下文云云可证。”此“推”字亦当与彼同。“准”即上文“其余轻重皆准此而行”及《山至数篇》“散大夫皆准此而行”之准。“受人之事，以重相准”者，谓我并不须参加煮盐之生产过程，但受取邻国之既成生产品以为专卖之资。至其价格之高低，则完全以输入时之轻重为准。输入轻，则出之亦轻；输入重，则出之亦重也。

〔六〕元材案：“人用”当作“用人”。《通考》十五引即作“用人”。数，策也。用人之数，即因人之山海而利用之之策，与《事语篇》所谓“善为国者用非其有，使非其人”意义相同。

《管子·山国轨》

桓公问管子曰：“请问官国轨〔一〕。”

管子对曰：“田有轨，人有轨，用有轨，乡有轨，人事〔二〕有轨，币有轨，县有轨，国有轨。不通于轨数而欲为国，不可〔三〕。”

〔一〕何如璋云：“官者，设官治事以立轨数也。”张佩纶云：“篇名山国轨，下文始言立轨官。则‘官国轨’之‘官’疑是衍文。”胡寄窗云：“国轨就是封建国家的经济立法或规划。”元材案：官即管，解已见《海王篇》。轨与会通。本篇共有三十个轨字，而所言皆属于会计之事。而在《山至数篇》，则直谓之“会”。如本篇言“请问官国轨”，《山至数篇》则谓之“请问国会”。本篇言“谓之国轨”，《山至数篇》则言“谓之国会”，或曰“谓之国簿”。簿亦会计也。本篇言“轨数”，《山至数篇》则言“会数”。本篇言“县有轨，国有轨”，《山至数篇》则言“国之广狭，壤之肥墝有数”。皆其证。梁启超所谓“轨即统计”，最为近之。《史记·平准书》云：“桑弘羊为大农丞，管诸会计事。”此处“官国轨”，即“管诸会计事”之意。三氏说皆非。

〔二〕元材案：人事即民事，解已见《国蓄篇》。下仿此。

〔三〕元材案：轨数即会计之数，《山至数篇》谓之“会数”，别处亦谓之“计数”。《管子·七法篇》云：“刚柔也，轻重也，大小也，实虚也，远近也，多少也，谓之计数。不明于计数而欲举大事,犹无舟楫而欲经于水险也。”数者,术也,见《广雅·释言》。所谓“不明于计数”,“不通于轨数”,即不懂会计之术之意。盖上述各项,皆属于比较。而相互比较,非有极精确之调查统计不为功。故为国者必首重之。《盐铁论·刺复篇》大夫云:“夙夜思念国家之用,寝而忘寐,饥而忘食。计数不离于前,万事简阅于心。”义与此同。

桓公曰:“行轨数奈何?”对曰〔一〕:“某乡田若干?人事之准若干〔二〕?谷重若干?曰:某县之人若干?田若干?币若干?而中用谷〔三〕重若干?而中币终岁度人食,其余若干〔四〕?曰:某乡女胜事者终岁绩,其功业若干〔五〕?以功业直时而櫎〔六〕之,终岁,人已衣被之后,余衣若干?别群轨,相壤宜〔七〕。”

桓公曰:“何谓别群轨,相壤宜?”

管子对曰:“有莞蒲之壤〔八〕,有竹前檀柘之壤〔九〕,有氾下渐泽之壤〔一〇〕,有水潦鱼鳖之壤。今四壤之数,君皆善官而守之〔一一〕,则籍于财物,不籍于人。亩十鼓之壤〔一二〕,君不以轨守〔一三〕,则民且守之〔一四〕。民有过移长力,不以本为得,此君失也〔一五〕。”

〔一〕元材案:“对曰”上脱“管子”二字。此列举应行调查统计之大概项目,即所谓“诸会计事”也。

〔二〕元材案:人事之准若干者,准,平均数也。谓全乡民生所需食用之平均数共为几何也。

〔三〕元材案:中字在本书凡十八见。尹注《轻重丁》云“中,丁仲反”,合也。犹言相当。《盐铁论》中亦有十一见之多。知此亦汉人常用语。中用谷,犹言相当于全民食用之谷。

〔四〕元材案:度即《汉书·文纪》后元年诏曰:“夫度田非益寡而计民未加益”之度。师古曰:“谓量计之。”“中币终岁度人食其余若干”者,谓一年之中以相当之货币总数量计于人民食用之总数外,尚能存余若干也。

〔五〕元材案:“胜事”解已见《海王篇》。“女胜事者”指成年有劳动能力之女工而言。终岁绩其功业若干,谓以一年计,此等女工共可绩得多少布帛也。宋本无“若干”二字者非。

〔六〕元材案:櫎字解已见《巨(策)乘马》篇。直时而櫎,谓按照当时市价加以计算。

〔七〕元材案:“群轨”指上文八轨而言,即“诸会计事”之意。“相壤宜”与左氏成二年传“先王疆理天下,物土之宜而布其利”及《周礼》“辨土宜之法”意义相同,指下文“四壤之数”而言。谓土壤对于民居及种植之物各有所宜,故为国必先以调查统计之方法辨别而利用之。

〔八〕元材案:莞即水葱,多年生草,茎高五六尺,纤而长。蒲,《说文》:“水草也。”两者皆可以织席,汉人常用之。《汉书·东方朔传》:“莞蒲为席。”师古曰:“莞,夫离也。今谓之葱蒲。以莞及蒲为席,亦尚质也。莞音完,又音官。”据《太平御览》七百九引《计然万物录》云:“六尺蔺席出河东,上价七十。蒲席出三辅,上价百。”又《居延汉简释文》三九一页:“三尺五寸蒲复席青布缘二直三百。”则蒲席在汉时价值平均约值百钱至一百五十钱。莞蒲之壤,即盛产莞蒲之地。

〔九〕元材案：竹即竹子。前即箭，亦竹之一种，高七八尺，叶大如箬，干细节修，质强韧，可作箭干。《文选·左思吴都赋·注》"箭竹细小而劲实，可以为箭"是也。檀，硬木。《诗·将仲子兮》："无折我树檀。"朱注："檀，皮青，滑泽，材强韧，可为车。"柘，《说文》："桑属。"柘材坚劲，宜用以作弓。《周礼·考工记》："弓人取干之道，柘为上。"又可以为弹。《西京杂记》："长安五陵人以柘木为弹，真珠为丸，以弹鸟雀"是也。檀柘皆汉人认为最贵重之木材。《汉书·东方朔传》："南山出玉石、金银、铜铁、豫章檀柘异类之物不可胜原。此百工所取给，万民所仰足也。又有秔稻梨栗桑麻竹箭之饶。土宜姜芋，水多䵷鱼。贫者得以人给家足，无饥寒之忧。故丰镐之间，号为土膏。其贾亩一金。"又《盐铁论·殊路篇》云："令仲由冉求无檀柘之材。"《论诽篇》云："檀柘而有乡，萑苇而有藂。"本篇下文云："亩十鼓之壤。"则所谓"竹箭檀柘之壤"者，岂即指"号为土膏，其贾亩一金"之南山耶？

〔一〇〕元材案："氾下"又见《山至数篇》。"氾"，《方言》："洿也。""渐泽"，湿润也。《六韬·战车篇》亦有"氾下渐泽"语。犹言污下多水之地。

〔一一〕元材案：官即管，官而守之，谓由国家管制独占之。此与左昭二十年传晏子所云"山林之木，衡鹿守之；泽之萑蒲，舟鲛守之；薮之薪蒸，虞候守之；海之盐蜃，祈望守之"；及《轻重甲篇》所云"故为人君而不能谨守其山林菹泽草莱，不可以立为天下王"；皆所谓"颛山泽之利"者也。《盐铁论·刺权篇》大夫云："今夫越之具区，楚之云梦，宋之钜野，齐之孟诸，有国之富而霸王之资也。人君统而守之则强，不禁则亡。"统即统制。"统而守之"，与"管而守之"意义全同。

〔一二〕元材案：鼓即《地数篇》"民自有百鼓之粟者不行"之鼓。尹注彼处云："鼓，十二斛也。"亩十鼓，谓每地一亩可产谷十鼓。言上述四壤，其利入之大可与"亩十鼓"之地相当。盖极言其地获利之多。

〔一三〕元材案："轨守"即下文"轨守其数"之意。谓政府应根据调查统计所得之数据，将此等地方，列入国家统制规划之中。下文所谓"百都百县轨据"，亦即此意。

〔一四〕元材案：此"民"字指富商蓄贾。

〔一五〕王念孙云："'过'当为'通'。《地数篇》、《轻重甲篇》作'通移'，《国蓄篇》作'通施'，'施'与'移'同。"郭沫若云："'长力'疑为'长刀'之误。《国蓄篇》'黄金刀币，民之通施也。'又云：'人君铸钱立币，民庶之通施也。'《轻重甲篇》则云：'今君铸钱立币，民通移。'是则民所通移者乃刀币也。齐之法币作长刀形，故称之曰'长刀'也。"元材案：王说是，郭说非也。"通移"、"通施"、"通货"皆货币之代名词。"长"读上声，乃汉人常用语。《汉书·杜周传》："废奢长俭。"颜师古注云："长谓崇贵之也。"又《盐铁论·非鞅篇》云："商鞅峭法长利。"又曰："吴起长兵攻取。"《诛兵篇》云："周室备礼长文。"皆其证。本书《轻重戊篇》亦有"出入者长时"之言。郭氏释彼处云："长，谓尚也，重也。"得其义矣。力即财力。长力者，谓人民手中握有货币，势必以财力为尚，而不肯以本农为计之得，是人君之失策也。《盐铁论·刺权篇》大夫云："今夫越之具区，楚之云梦，宋之钜野，齐之孟诸，有国之富而霸王之资也。人君统而守之则强，不禁则亡。齐以其肠胃予人，家强而不制，枝大而折干，以专巨海之富，而擅鱼盐之利也。势足以使众，恩足以恤下。是以齐国内倍而外附，权移于臣，政坠于家。公室卑而田宗强，转毂游海者盖三千乘。失之于本，而末不可救。"此言"四壤之数，君不以轨守，则民且守之"，即所谓"人君统而守之则强，不禁则亡"之义也。

桓公曰："轨意安出〔一〕？"

管子对曰："不阴据其轨皆下制其上〔二〕。"

桓公曰："此若言何谓也〔三〕？"

管子对曰："某乡田若干？食者若干？某乡之女事若干？余衣若干？谨行〔四〕州里曰：'田若干？人若干？人众田不度食〔五〕若干？'曰：'田若干〔六〕？余食若干？'必得轨程〔七〕。此调之泰轨也〔八〕。然后调立环乘之币〔九〕。田轨〔一〇〕之有余于其人食者，谨置公币〔一一〕焉。大家众，小家寡〔一二〕。山田间田曰：终岁其食不足于其人若干？则置公币焉以满其准〔一三〕。重岁丰年〔一四〕，五谷登。谓高旧之萌〔一五〕曰：'吾所寄币于子者若干，乡谷之櫎若干，请为子什减三。'谷为上，币为下〔一六〕。高田抚间田山不被谷十倍。山田以君寄币振其不赡，未淫失也。高田以时抚于主上，坐长加十也〔一七〕。女贡〔一八〕织帛苟合于国奉〔一九〕者，皆置而券之〔二〇〕。以乡櫎市准〔二一〕曰：'上无币，有谷。以谷准币。'环谷而应策，国奉决〔二二〕。谷反准，赋轨币。谷廪，重有加十〔二三〕。谓大家、委赀家〔二四〕曰：'上且脩游，人出若干币〔二五〕。'谓邻县曰：'有实者皆勿左右。不赡，则且为人马假其食〔二六〕。'民邻县四面皆櫎，谷坐长而十倍〔二七〕。上下令曰：'赀家假币，皆以币准谷，直币而庚之。'谷为下，币为上〔二八〕。百都百县轨据，谷坐长十倍〔二九〕。环谷而应假币。国币之九在上，一在下。币重而万物轻。敛万物，应之以币。币在下，万物皆在上。万物重十倍〔三〇〕。府官〔三一〕以市櫎 出万物，隆而止〔三二〕。国轨：布于未形，据其已成。乘令而进退，无求于民。谓之国轨〔三三〕。"

〔一〕元材案："轨意安出"，犹言"以轨守之"之具体措施如何，即其他各篇所谓"行事奈何"之意。

〔二〕元材案：阴，密也，犹言秘密。据即《史记·赵奢传》"先据北山者胜"之据，守也。犹言占有或掌握。"皆"当依元本作"者"。此谓为国者如不能将各种会计数字掌握在自己手中并严守秘密，便将为富商蓄贾所乘。必须阴据者，一则预防富商蓄贾与政府争利，二则可以愚弄人民使其对政府进行所谓轻重之策时不敢反抗。犹《国蓄篇》之言"故见予之形，不见夺之理"矣。

〔三〕闻一多云："此若复语。若亦此也。"元材案：此语在本书凡八见。又《地数篇》亦有"此若言可得闻乎"语，皆当以"若言"二字连用。《荀子·王霸篇》云："君人者亦可以察若言矣。"杨注："若言，如此之言，谓已上之说。""此若言何谓也"，即"此以上之言何谓也"之意。闻氏说非。

〔四〕吴汝纶云："行当作循。"元材案："行"即下文"行田畴"及《揆度篇》"君终岁行邑里"

之行。此亦汉人常用术语。《汉书·终军传》:"徐偃使行风俗。军为谒者,使行郡国。"《隽不疑传》:"每行县。"《平当传》:"使行流民幽州。"《沟洫志》:"宣帝地节中,光禄大夫郭昌使行河。""丞相御史白博士许商治《尚书》,善为算,能度功用,使行视。""河堤都尉许商与丞相史孙禁共行视。"行即巡视。此类之例不可胜举。又《管子·度地篇》用行字之处亦不少。吴说失之。

〔五〕俞樾云:"不度食当作不足食。"元材案:度即上文"而中币终岁度人食其余若干"之度。不度即不足。不当改字。

〔六〕丁士涵云:"此四字疑涉上文而衍。'人众田不度食若干'者,食不足于其人也。'余食若干'者,田之有余于其人食也。"元材案:此文前四句为总冒。谨行州里计分二事:一调查其不足之情形,二调查其有余情形。故以两"曰"字区别之。丁说非是。

〔七〕元材案:程即《荀子·致仕篇》"程者物之准也"之程,犹今言标准也。轨程即调查统计所得之标准数据。《盐铁论·水旱篇》云:"县官鼓铸铁器,大抵多为大器,务应员程。"又云:"卒徒作不中呈,时命助之。"《汉书·尹翁归传》:"使斫莝,责以员程,不得取代。不中程,辄笞督。"颜师古注曰:"员,数也。计其人及日数为功程。"此言轨程,义与员程略同。

〔八〕猪饲彦博云:"调当作谓。"李哲明说同。元材案:此说是也。泰轨即《揆度篇》之"大会"。本书"泰""大"常通用。本篇及《山至数篇》之泰春、泰夏、泰秋、泰冬,《轻重乙篇》泰皆作大,可证。大会即大计。

〔九〕郭沫若云:"'环乘之币',就文中所叙者而推之,当是循环流通之意。本书屡言'乘马',即喻流通,盖古代陆上交通莫便于乘马,故以之喻货币之流通也。环则周而复始,流通不断也。"元材案:此说非是。本书乘马一词,皆当作计算讲,说已见《巨(策)乘马篇》。此"乘"字亦当作计算讲。环者周也。"环乘"犹言"统筹"。"环乘之币",谓统筹所得之货币数据,即《山至数篇》所谓"布币于国,币为一国陆地之数"之意。"调立",乃汉人常用语。上引晁错言"调立城邑"云云,即其证。

〔一〇〕丁士涵云:"'田'疑'曰'字误。"元材案:"田轨",即上文"田有轨"及"必得轨程"之意,指田亩数及肥墝数等而言。丁氏说非。

〔一一〕梁启超云:"谨置公币,即铸币。"陶鸿庆云:"'置'当为'寄',涉下文'则置公币焉'而误也。谨寄公币者,谓以公币暂寄于民,而以大家小家别其多寡,故下文云'重岁丰年五谷登,谓高田之萌曰,吾所寄币于子者若干'云云,即承此而言。盖高田有余食,则寄币于民为敛谷之备,间田、山田食不足,则置币于公以为振赡之用也。此误作'置',则非其旨矣。"郭沫若云:"'置'字不误。预置之,亦犹寄也。不应改字。"元材案:梁、陶说非,郭说近之。置与寄皆放也。"置币"、"寄币"犹言以货币借贷于人民。《盐铁论·复古篇》云:"设立田官,置钱入谷。"义与此同。公币,《山至数篇》作"公钱",指封建国家自行铸造之货币,即贾谊所谓之法钱(《汉书·食货志》)。谓之"公"者,对"私"而言。既曰"公币",则必有"私币"存在可知。《史记·平准书》称:武帝时,"郡国多奸铸钱,钱多轻。而公卿请令京师铸钟官赤侧,一当五。赋,官用，非赤侧不得行。……其后二岁，赤侧钱贱，民巧法用之，不便，又废。于是悉禁郡国无铸钱，专令上林三官铸。钱既多，而令天下非三官钱不得行。诸郡国所前铸钱皆废销之，输其铜三官。而民之铸钱益少，计其费不能相当，唯真工大奸乃盗为之。"据王先谦《汉书补注》考证，云此事在武帝元鼎四年。赤侧钱行使仅二年而废。则此所谓"公币"或"公钱"者岂即三官钱之反映耶？

〔一二〕元材案："大家"即下文之"巨家"，指大地主言。小家则指小地主及一般农民言。下文云"谓大家、委赀家曰：上且修游，人出若干币"，又云"巨家以金，小家以币"，大小贫富之差，界限显然，是其证。

〔一三〕丁士涵云："'山田'上脱'谓'字。"元材案：丁说非也。"曰"字衍文。此盖紧承上文而言。谓调查统计既得有标准之数据，乃更进一步根据此数据作为举行农贷之依据。即将田地分为三等：凡田亩数之有余于其人食者为高田。高田者《乘马数篇》所谓"郡县上臾之壤"也。次曰"间田"。又次曰"山田"。"间田"者中田也，《乘马数篇》谓之"间壤"。"山田"则为"下田"，《乘马数篇》谓之"下壤"。皆所谓"终岁其食不足于其人"者也。《山权数篇》云："高田十石，间田五石，庸田三石。其余皆属诸荒田。"然则所谓"山田"者，殆即所谓"庸田三石"及"其余皆属诸荒田"者耶？此三种田内之人民，贫富有余不足之情形不同，故贷款之数量及其举行贷款之意义亦不一致。高田有余，所贷之款数量必多，而其意义则为预守其谷。山田间田不足，故其所贷之款数量亦少，而其意义则为一种赈济性质，故曰"以满其准"。满其准者，即针对其不足之程度而酌予补充之谓也。以今语释之，即以贷款补其不足，以满足其最低生活水平而已。下文云："龙夏之地，布黄金九千。以币赀金。巨家以金，小家以币。周岐山至于峥丘之西塞丘者，山邑之田也。布币称贫富而调之。周寿陵而东至少沙者，中田也。据之以币。巨家以金，小家以币。"龙夏之地当即高田，故贷款之数量特大。"巨家以金，小家以币"者即此处"大家众，小家寡"之意也。"山邑之田布币称贫富而调之"者，即此处"置公币以满其准"之意也。

〔一四〕何如璋云："重岁丰年，谓大熟也。重犹丰也。"元材案：此说是也。古人自有复语，犹《盐铁论·力耕篇》之言"凶年恶岁"矣。安井衡以重岁为比年，梁启超以"重"字属上为句，许维遹以"重"字为衍文，郭沫若以重岁为次年者皆非。

〔一五〕刘绩云："萌，田民也。"元材案："萌"字在本书各篇中凡二十三见。仅在《轻重丁篇》一篇中即有"萌"字二十一个。但同篇中又有"民"字二十三个，"氓"字二个。《丁篇》于分述西南东北四方受息之萌各若干家后，又总结之曰："凡……受子息民参万家"。分述曰"萌"，总结曰"民"，可见"萌"即是"民"。又"南方之萌"、"东方之萌"、"北方之萌"皆作"萌"，而"西方之氓"则作"氓"。又"子为吾君视四方……其受息之氓几何千家"作"氓"，而下文四个"受息之萌"则皆作"萌"。可见"氓""萌"二字亦可互用。

〔一六〕安井衡云："槚，时价也。丰年谷贱，为减寄币什分之三，欲多致谷也。"张佩纶云："'什减三'，谓以所寄公币，归币十之七，归谷十之三。丰年谷贱，准价必轻，以备凶岁出之。"

郭沫若云:“乡横应比市横国横低。但因丰收,且系预约之故,谷价应减,故请减十分之三。去岁所置币,以还谷为上,还币为下。高田之萌有谷,自应还谷而不还币。然以谷价折合,所得之谷,即除去施予山田之币,较去岁可得之谷犹多十倍也。”元材案:以上三氏说皆非也。横即市价,解已见《巨(策)乘马篇》。乡谷之横,即乡谷之市价也。此谓至大熟丰收之时,五谷既登,政府应即开始收回贷款本利。此时谷价必贱,故政府对于高田之民所贷之款,一律按照现行价格折债为谷。“请为子什减三”者,即政府将贷款本利,按十分之七折谷收回,其余三分则仍责令其以货币偿还之。《山至数篇》所谓“彼谷七原误为十藏于上,三藏于下”者是也。于是高田之谷遂大部入于政府之手,而货币则仍流通于民间。依照散轻聚重之原则,谷必重而居于上风,货币必轻而退居下风。故曰“谷为上,币为下也”。“为上”“为下”与“在上”“在下”不同,说已详《巨(策)乘马篇》。

〔一七〕丁士涵云:“当读‘高田抚间田’句,‘不被谷十倍’句,衍‘山’字,‘山田以君寄币’句。‘抚’,抵也。以高田抵间田之不被谷者,相去十倍也。山田不被谷,更不止十倍。故寄币以赈之。下文云:‘周岐山至于峥丘之西塞丘者山邑之田也。布币称贫富而调之。’是其证。下文又云:‘周寿陵而东至少沙者,中田也。振之以币。’是中田亦寄公币。上文云:‘山田间田曰终岁其食不足于其人若干?则置公币焉以满其准。’是其证。”张佩纶云:“《说文》:‘抚,安也,一曰循也。’以高田之所得,抚安间田。被,覆也。’山不能覆谷之处,其苦更十倍山田,则以公币振之,视山田之惠未为过当。《吕览·古乐·高注》:‘淫,过也。’”颜昌峣云:“‘山不被谷’,‘山’字衍文,是也。间田即中田也。抚训安抚、抚恤之抚。下文‘三壤已抚而国谷再十倍’,与此‘抚’字同义。‘高田’即《乘马数》所云‘上臾之壤’也。‘高田抚间田’,即《筴乘马篇》所谓‘以上壤之满补下壤之虚’也。”闻一多云:“疑本作‘间田抚山田’,残缺仅存一‘山’字。此谓以高田抵间田,不被之谷十倍,以间田抵山田,不被之谷亦十倍,言高田所产超出间田十倍,间田超出山田十倍,是高田超出山田二十倍也。‘失’通‘泆’,泆即溢字。淫、溢皆满也。”郭沫若云:“‘山’字非衍文。‘山’下夺‘田’字耳。抚,补也。被,及也。‘被’字断句,言以高山之丰收与置币换谷之赢余补间田山田之不及,谷犹较去岁超过十倍。山田即以往岁所置币施与之亦无损失。”元材案:“山”下脱“田”字,是也。此当读“高田抚”为句,“间田山田不被”为句,“谷十倍”为句。“抚”即《曲礼》“国君抚式”之抚,注云:“抚犹据也。”“被”即《轻重丁篇》“以东之贱被西之贵”之被。谓高田之谷已由政府用“十减三”之比例据而有之。间田、山田两地所产之谷,一则仅可自给,一则原本不足,不能互相补充,故其谷价涨至十倍也。淫者过也。“山田以君寄币振其不赡,未淫失也”者,谓山田食本不足,政府以贷款赈济之,虽不能获得大利,然《乘马数篇》云:“以上壤之满,补下壤之虚”,此乃政府应尽之义务,不得谓为过失之举也。至高田之谷,则早已掌握在政府手中,聚则重,故得“坐长加十”也。“加十”者,加十倍也。上文云“谷十倍”,今又加十倍,即二十倍。《巨(策)乘马篇》云:“泰秋子谷大登,国谷之重去分。谓农夫曰:‘币之在子者以为谷而廪之州里。’国谷之分在上,国谷之重再十倍。”义与此同。诸氏说皆非。

〔一八〕张佩纶云:"贡、工通。《易·系辞·传》'六爻之义易以贡',《释文》:'贡,京、陆、虞作工,荀作功。'"元材案:"女贡"亦汉人通用术语。《盐铁论·论功篇》文学云:"女无绮绣淫巧之贡",《汉书·食货志》云:"嫔妇桑蚕织纴纺绩补缝……皆各自占所为于其所在之县官,除其本,计其利,十一分之,而以其一为贡。"是其证。

〔一九〕元材案:"奉"字解已见《巨(策)乘马篇》。国奉谓供国家之用。《山至数篇》云:"皮革筋角羽毛竹箭器械财物,苟合于国器君用者,皆有矩券于上。""国器君用"与"国奉"同。

〔二〇〕安井衡云:"合于国所供用者,皆留而券之,不即予直。"尹桐阳云:"置,值也。券若今期票。《墨子·号令》'叔粟米布钱金出纳畜产,皆为平直其贾,与主人券书之'。"元材案:券即契约。《汉书·高纪》颜师古注曰"以简牍为契券"是也。置即《盐铁论·水旱篇》"民相与市买……不弃作业,置田器各得所欲"之置,犹言购买。"置而券之",即定价收购,订立合同。

〔二一〕郭沫若云:"'乡横'当是乡谷之价。预定女工之织帛而以谷价为准者,《国蓄篇》云:'五谷者万物之主也,谷贵则万物必贱,谷贱则万物必贵。'古人行实物交易,谷与帛之间必有一定之比值,亦可准谷价而折合币值也。"元材案:乡横指谷价言。市准,指女贡织帛之价言。上文云:"乡谷之横若干。"可证。"横"与"准"皆含有政府规定价格之意,故"市准"下文又作"市横",犹王莽之"市平"也。本书言"以谷准币","以币准谷",皆以货币与谷物为交易之媒介。即《国蓄篇》所谓"挟其食,守其用,据有余而制不足"者是也。至何时"以谷准币",何时"以币准谷",则完全以对封建国家有利无利及利之大小以为转移,根本无一定比值之可言。郭说非。

〔二二〕元材案:"环谷而应策",解已见《巨(策)乘马篇》。"决"即《山至数篇》"苟从责者乡决州决,故曰就庸一日而决",《轻重乙篇》"君直币之轻重以决其数,使无券契之责"及《轻重丁篇》"决其子息之数使无券契之责"与居延出土《建武二年候粟君所责寇恩事册》"粟君因以其贾予恩,已决"及"粟君因以其贾与恩牛,已决"(一九七八年《文物》第一期甘肃居延考古队简册整理小组:同上册《释文》)之决,皆当作解除债务关系讲。"国奉决"者,谓女工织帛等合于国奉之各种生产品,皆由政府预为定价收购,并订有合同。今皆按照现行乡市价格,一律折谷偿还。如此则政府无须另筹资金,但利用谷之循环涨落所增加之赢利,即足以解除国奉之债务而有余矣。本篇下文收敛牛马、《巨(策)乘马篇》收敛国器及《山至数篇》收敛皮革筋角等财物之方法,皆与此同。

〔二三〕丁士涵、郭沫若均以"谷"字上属为句。丁云:"'国奉决谷'言国用发之以谷也。上文云:'女贡织帛苟合于国奉者'即国用也。反,还也。'还准赋轨币',即所谓'以谷准币'也。上文山田间田置公币,高田置币而偿,谷坐长加十。此又以谷准币,国奉决谷以应币。故谷廪之重又加十也。"郭云:"'环谷而应策'者,策即券也。言照预约之券以谷支付。'国奉决谷'者,国用之帛一以谷决算之。其结果以贱价之谷易得多量之帛。其所多得之帛,如反照现价核算时,则应多付出谷物十倍。既少付出谷物十倍,则是谷廪又增加十倍。"元材案:两说皆非是。此当读"谷反准"为句,"赋轨币"为句,"谷廪"为句,"重又加十"为句。"谷反准"者,谓政府既以谷准币为偿付女贡织帛之用，是谷由政府手中散入民间。散则轻，故前在政府手中虽坐长十倍，今散入民间，又由重反轻，而回跌至于五谷初登时之原有水平。《山至数篇》所谓“国岁反一”，“谷准反行”，即此意也。谷既由重反轻，政府又宜采用与上面不同之政策。此政策为何？即“赋轨币，谷廪”是也。轨币即由调查统计而得出之一定数量的货币，亦即合于所谓“轨程”之货币。赋即《国蓄篇》“春赋以敛缯帛”之赋，贷予也。此谓政府应以一定数量之货币贷之于人，将此“反准”之谷购而藏之。如此，聚则重，可使谷价又加涨十倍。此数句系虚冒，以下乃再言具体进行方法。

〔二四〕何如璋云：“‘大家委赀家’，谓积币多者。”元材案：“大家”指地主。“委赀家”即《轻重丁篇》所谓“称贷之家”，《史记·货殖传》谓之“子钱家”，盖以高利贷为业者，犹马克思之言“专门的货币贮藏者”矣。（见《资本论》第三卷，人民出版社一九五八年第一版第七七一页）

〔二五〕赵用贤云：“一本作‘上且邻循’。”戴望云：“元本‘脩’作‘循’。”丁士涵云：“‘脩’当为‘备’，‘游人’，游士也。具游士出若干币，计直以假谷也。”张佩纶云：“《礼记·中庸·郑注》：‘脩，治也。’‘游人’当为‘游民’。”尹桐阳云：“‘上且脩游’，游谓游观之处，若离宫然。”闻一多云：“此当作‘上且循游’句，‘人出若干币’句。‘循’与‘巡’通，‘循游’即巡游也。《白虎通·巡狩篇》：‘巡者循也。’《华严经音义》上引《珠丛》：‘循，巡也。’”郭沫若云：“古本、刘本、朱本作‘上且邻循游’。则‘循’字当即‘县’字之误。古文县或作㯷（金文《县妃𣪘》），故致误也。上且巡游邻县，故下文有‘谓邻县曰’云云，又有‘邻县四面皆橫’，预为之准备也。”元材案：元本及闻说是也。此言政府应先以“上且循游”之名义，下令于某都某县之大家及委赀家，责其每人借币若干，以为进行巡游之用。《盐铁论·散不足篇》贤良云：“秦始皇数巡狩五岳滨海之馆，以求神仙蓬莱之属。数幸之郡县，富人以赀佐，贫者筑道旁。”然则此种假借名义，向人民勒索贡献，秦始皇早已行之，非本书作者之所独创矣。

〔二六〕安井衡云：“实，谷实也。勿左右，不许出粜也。”张佩纶云：“‘实’，谷也，又财货也。‘勿左右’，谓勿假赀于左邻右邻也，官且自假之。”郭沫若云：“‘勿左右’，谓勿游移也。民谓富民也。即上文所谓‘大家委赀家’或‘有实者’。”元材案：实指谷言，解已见《国蓄篇》。“皆勿左右”，《轻重甲》及《轻重丁篇》作“皆勿敢左右”。犹言不得自由处理。假即《山权数篇》“以假子之邑粟”之假，借也。“民”字下属。《轻重丁篇》“此谓乘天啬（菑）而求民邻财之道也”，亦以“民邻”连言，可证。此谓政府既拥有大量从大家、委赀家借来之货币，因又下令于该都县之四邻各都县，将所有各都县内有实者所藏之谷，一律加以封存冻结，不许自由买卖。谓如循游之时，或将借用此项藏谷，供随从人马刍米之资。梁启超所谓“告四邻各县之民，使勿贱卖其谷，君所至，则人马须借食之”是也。安井说得之。

〔二七〕郭沫若云：“依下文‘百都百县轨据’，此‘橫’字当为‘据’字之误，言遵照上命也。”元材案：橫字之义，解已见《巨（策）乘马篇》。此谓人民四邻之谷既经政府封存冻结，不许自由买卖，则在各该都县区域内之人民不能得到谷物之接济，聚则重，少则贵，因而谷价必随之而坐长至于十倍也。不必改字。

〔二八〕安井衡云:"令曰赀家所假贷之币,以谷价准币数,与所假贷之币,相值而偿之。于是谷为之下流,币为之上入。"郭沫若云:"此因谷价既已坐长十倍,而上且多谷,故当赀家假币时,为上者以谷付之,而回收时准值折合,望还币而不还谷。故下文云:'环谷而应假币,国币之九在上,一在下'也。"元材案:"庚"同"赓",解已见《国蓄篇》。为上、为下,解已见《巨(筴)乘马篇》。赀家假币,即上文用"上且循游"之名义向大家委赀家所借之币。此谓谷价既坐长十倍,乃又下令:所有政府与大家委赀家间之债务关系,一律得以谷准币,即按照谷之现有市价,以相当于所贷币数之谷偿还之。故谷散而币聚,散则轻,聚则重,于是谷又退居下风,而币反在上风矣。两氏皆以"为上为下"为"在上在下",失之远矣。

〔二九〕闻一多云:"'据'当为'櫎',字之误也。上文'邻县四面皆櫎'可证。"郭沫若云:"闻说适得其反。'轨据'谓依据也,即照令行事。上文'邻县四面皆櫎','櫎'则当是'据'字之误。"元材案:两处皆不误,不必改字。郭氏以"据"为"遵照上命"(见上)或"照令行事",殊有未照。櫎与据皆有管制义,说已见《巨(筴)乘马篇》。都,都市。县,县邑。云百者,言其众。"百都百县"亦秦汉时人常用语。《商君书·靳令篇》云:"使百都之尊爵厚禄以自伐。"《垦令篇》云:"百县之治一形,则从法者不敢改其制。"《吕氏春秋·仲夏纪》云:"乃命百县雩祭祀百辟卿士有益于民者以祈谷实。"此言百都百县,乃统全国之都县而言之也。"轨据"谓按照"轨程"所揭示之数据而管制之,即《山至数篇》"夺之以会"之意。盖上文所述,不过以一都一县为例,此则指全国而言。谓不仅一二都县而已,即推而及于全国百都百县,但能据之以轨,皆可使其谷坐长十倍,与某都某县同。

〔三〇〕元材案:谷价既坐长十倍,然后按照前例,将所有各地之债务关系即政府向人民所借之货币,皆以谷按照十倍之市价偿付之。如此则全国百都百县之货币之十分之九,皆可退出流通界而为政府所收藏。仅其中十分之一系政府买谷时所实际支出者仍在民间流通。于是币值上升而物价大跌。政府既拥有大量货币,民间则无币有物,需要货币之心甚切。政府乃更转变其目标,以所藏十九之币大量收购万物,则万物之绝大部分退出流通界而为政府所收藏。于是流通中之货币数量大为增加,而流通中之万物则大为减少。而向之币重而万物轻者,今则转变为币轻而万物重,且至于十倍矣!

〔三一〕元材案:"府官",《汉书·贡禹传》"禹为河南令,以职事为府官所责",颜师古注云:"太守之府。"此处盖指主持财政经济政策之机关,如桑弘羊之平准均输,王莽之五均司市钱府等而言。《管子·幼官篇》云:"量委积之多寡,定府官之计数。"以"委积""计数"与"府官"并列,义与此同。

〔三二〕俞樾云:"'隆'当作'降',古字通用。《书·大传》'隆谷',郑注曰:'隆读如庞降之降。'是其证也。此言物重则出之,及降杀而后止,故曰降而止。《广雅·释诂》曰:'夅,减也。''降'与'夅'同。"张佩纶云:"《礼记·祭义·注》:'隆犹多也。'物少则价长,今以市櫎平之,物多则止。"郭沫若云:"俞说是也。以'万物'断句,张未得其读。本篇所言乃平价政策,'隆'读为降者，谓物价下降。”元材案：以“万物”断句，郭说是也。惟谓“本篇所言乃平价政策”，似未得其旨。本书作者站在封建统治阶级立场，为封建国家利益创造出一整套“无籍而赡国”之理财理论。在其思想深处，实亦存在有两种不同利益之矛盾。为维持封建秩序之稳定，需要适当限制富商蓄贾之兼并，因而有时亦要求调节商品流通，以缩小物价波动之幅度。但另一方面，又要求人为地制造供需关系之失调，通过大幅度之物价波动，以攫取最大限度之商业利润，为封建国家扩充其财政收入。此两种对立之经济思想在本书各篇中同时有所表现，但前者只处于次要、从属之地位。可以断言，《管子轻重》一书，实际上是一种单纯为封建国家追求商业利润而服务之经济理论。即以本篇所论而言，虽亦有“山田以君寄币振其不赡”之措施，但实质上则其主要目标，皆放在“谷坐长而十倍”与“万物重十倍”上。所谓“以市横出万物，降而止”者，不过在“万物重十倍”时，将万物抛出。但价落时，应即停止，以免受到损失。谓为“平价政策”，未免有颠倒主从关系之嫌矣。

〔三三〕元材案：布，布置。“布于未形，据其已成”，与《山权数篇》“动于未形，而守事已成”，语意全同。例如置公币于五谷未登之前，置券于女贡织帛未成之前，而占有其劳动成果于已登已成之后。其中经过，但须以号令进退，毫无籍求于民之迹象。当然，此所谓“无求于民”，只是将封建强制捐税，通过所谓轻重之策即价格政策之运用而全部转嫁于劳动生产者身上。使劳动生产者始终处于不自觉察之中。予在《巨（策）乘马篇》已详论之矣。

桓公问于管子曰：“不籍而赡国，为之有道乎〔一〕？”

管子对曰：“轨守其时〔二〕，有官天财〔三〕，何求于民！”

桓公曰：“何谓官天财？”

管子对曰：“泰春，民之功繇。泰夏，民之令之所止，令之所发。泰秋，民令之所止，令之所发。泰冬，民令之所止，令之所发〔四〕。此皆民所以时守也，此物之高下之时也，此民之所以相并兼之时也。君守诸四务〔五〕。”

桓公曰：“何谓四务？”

管子对曰：“泰春，民之且所用者〔六〕，君已廪之矣。泰夏，民之且所用者，君已廪之矣。泰秋，民之且所用者，君已廪之矣。泰冬，民之且所用者，君已廪之矣。泰春功布日〔七〕，春缣衣，夏单衣〔八〕，捍宠累箕胜籯屑糗〔九〕，若干日之功，用人若干。无赀之家皆假之械器胜籯屑糗公衣。功已而归公衣，折券〔一〇〕。故力出于民而用出于上〔一一〕。春十日不害耕事，夏十日不害芸事，秋十日不害敛实，冬二十日不害除田。此之谓时作〔一二〕。”

〔一〕元材案：此承上文“无求于民”之意而引申之。不籍即无籍，解已见《巨（策）乘马篇》。

〔二〕元材案：时即下文所谓“此皆民所以时守也，此物之高下之时也，此民之所以并兼之时也”之时，指农业季节性而言。盖春耕十日，夏芸十日，秋收十日及冬除田二十日皆能引起农业人民对生产及生活资料之迫切需要。轨守即轨据之意，解已见上。谓此时政府如不能根据调查统计而得之轨程，及早将各种必需品预为准备，必将造成物价上涨，而为富商蓄贾所乘也。《乘马数篇》"以时行"，"此国策之时守也"，"章四时"，《山权数篇》"此之谓乘时"，《山至数篇》"王者乘时"，白圭"乐观时变，趋时若猛兽鸷鸟之发"，陶朱公"与时逐而不资于人，能择人而任时"，司马迁言"既饶争时"(《史记·货殖列传》)，亦即此"时"字。

〔三〕元材案："官天财"之官，亦当读作管。天财，即自然资源，解已见《国蓄篇》。"有"与"又"通。《盐铁论·力耕篇》大夫云："王者塞天财，禁关市，执准守时，以轻重御民。"意与此同。

〔四〕元材案：此节原文意义不甚明显。尹注云："繇，与招反。"又云："谓山泽之所禁发。"又案《轻重乙篇》云："夫岁有四秋而分有四时。故曰农事且作，请以什伍农夫赋耜铁，此之谓春之秋。大夏且至，丝纩之所作，此之谓夏之秋。而大秋成，五谷之所会，此之谓秋之秋。大冬营室中，女事纺绩缉缕之所作也，此之谓冬之秋。故岁有四秋而分有四时。已得四者之序，发号出令，物之轻重相什而相伯。故物不得有常固。"与本文所论大同小异。大即泰。《通典·食货》十二引此文注："泰，当也。"所谓"四时""四秋"，盖皆指农副业生产季节而言。

〔五〕安井衡云："四务，百姓四时所务也。"元材案：《通典·食货》十二引此"君守诸四务"作"君素之，为四备以守之"。又尹注云："四时人之所要。"皆下文"民之且所用者"之意。左昭二十三年传"三务成功"，杜注："春夏秋三时之务。"此连冬言，故曰"四务"也。

〔六〕何如璋云："且所用者，且，将也。《秦策》：'城且拔矣。'《吕览·音律》：'岁且更起。'且字注同。"张佩纶云："且，将也(《吕览·注》屡见)。且所用者，言所将用也。"元材案：此说是也。且者，《墨子·经说上》云："且，自前曰且，自后曰已，方然亦且。"盖凡事，从事前言之，或临事言之，皆可曰且。如"上且循游，则且为人马假其食。"事前之且也。如《诗》"匪且有且"，《毛传》云："此也。"此方然之且也。惟从事后言之，则为已然之事，不得言且。故曰"自后曰已"。此文"且"字及"君已廪之"之"已"字互为对文，正与《墨经》所论相符。于省吾谓"'且所用'不词。'且'本应作'宜'"者非。

〔七〕张佩纶云："'功布日'当作'布日功'。"郭沫若云："'泰春功布日'者，'功'当为公，声之误。'日'当为曰。下文'春缣衣'，至'折券'，即为公家所布之功令。"元材案：布，施也。功布日，谓施工之时，即"其始播百谷"之时也。张、郭二氏说皆非。

〔八〕张佩纶云："缣当为兼，字之误也。《荀子·正名篇》：'单不足以喻则兼。'是'兼'对'单'而言。'兼衣'即袷衣。单衣者，《方言》：'禅衣，江淮南楚之间谓之褋，关之东西谓之禅衣。'"元材案：《汉书·外戚传》："媪为翁须作缣单衣。"缣单衣即此处之缣衣单衣，则汉人本作缣，似不必改为兼。颜师古不知缣单衣是两种不同之衣，而曰"缣即今之绢"。果如此说，以绢为农民制衣之用，未免太美化封建剥削阶级矣。

〔九〕洪颐煊云："此皆械器名。宠疑作笼。糗即稷字之误。"王念孙云："胜当为幐，字之误也。《说文》：'幐，囊也。'《商子·刑赏篇》曰：'赞茅岐周之粟，以赏天下之人，不得人一幐。'《赵策》曰：'赢幐负书担橐。'《秦策》'幐'作'縢'，义同。屑，碎米也。《广雅》作'稍'。糗，糗字之误。糗,干粮也。'王引之曰:"捍盖梩字之误。《说文》:'枱,臿也。或作梩。'《方言》曰:'臿,东齐谓之梩。'《周官·乡师·注》引《司马法》曰:'辇一斧一斤一凿一梩一鉏。'《孟子·滕文公篇》:'蔂梩而掩之。'赵注曰:'蔂梩,笼臿之属。'谓蔂为笼属,梩为臿属也。故《管子》亦以'梩笼'并言之。"张佩纶云:"《说文》:'箕,簸也。'屑当为筲。《论语·郑注》:'筲,竹器也。'稯,郑氏《周礼·注》:'犹束也。'筲以盛饭,稯以束禾,固田家之器矣。若改为屑糗,则事先既以干饭廪藏,功已复以干饭归公,管子岂能迂琐若此?"元材案:以上各说所释不同,未知孰是。总之所谓梩笼累箕幐籯屑稯公衣,即《国蓄篇》所谓"耒耜械器种穰粮食"之属,皆政府平日以"财准平"所廪藏而待用者。上文所谓"君已廪之"者,即此物也。

〔一〇〕猪饲彦博云:"'衣'字衍。言民功既毕,而器械之属皆归之于公,折毁其券也。"安井衡云:"谓既归纳诸物于公,乃折假时所入之券也。"张佩纶云:"衣字似衍。《汉书·高纪》:'两家常折券弃负。'师古曰:'以简牍为契券,既不征索,故折毁之,弃其所负。'彼以弃负折券,此则以归公折券。"元材案:三氏说皆是也。《轻重丁篇》"折其券而削其书",尹注云:"旧执之券,皆折毁之。所书之债皆削除之不用。"此盖谓当泰春开始施功之时,即当预计一年四季之中农民所需要者,共须春之缣衣,夏之单衣及梩笼等器械与种穰粮食各若干,施功若干日,每日须劳动力若干人。然后调查统计其确属贫苦无资者,分别以所廪藏之械器公衣及种穰粮食贷之。及施功既毕,则令其将所假之械器公衣及种穰粮食,作价归偿而折毁其假时所立之券契。如作"归公衣",则公衣已服用数月之久,岂复能物归原主耶?据此,则封建国家在"天财"二字上已前后进行剥削达三次之多。即第一次"封天财之所殖"(见《国蓄篇》),将材料卖与人民作为制造各种械器及女工织帛之用。第二次,以"币重而万物轻"之币收敛万物,而廪藏之。第三次,将廪藏之万物假贷之于农民,至秋收时再按时价收回。然则所谓"轨守其数,有官天财"者对劳动人民之盘算,可谓无微不至矣。倘所云"言利事析秋毫"者非耶?

〔一一〕元材案:此处"用"字与《国蓄篇》:"故人君挟其食,守其用"之用不同。后者指黄金刀币言,前者则指上述械器公衣种穰粮食等用物即生产及生活资料而言。力出于民而用出于上者,劳力由人民自出,用物则由政府供给也。

〔一二〕元材案:不害,不妨害。时作谓及时而作。农民得政府之假贷,不虞用物之缺乏,则春夏秋不过十日,冬不过二十日,即可以竣其农功矣。十日者,尹桐阳云:"《臣乘马》曰:'春事二十五日之内。'此云十日,据最急言耳。"其说是也。张佩纶以"十日、二十日为四时用民之力之日数"者非。

桓公曰:"善。吾欲立轨官〔一〕,为之奈何?"

管子对曰:"盐铁之策足以立轨官〔二〕。"

桓公曰:"奈何?"

管子对曰:"龙夏之地〔三〕,布黄金九千〔四〕。以币赀金,巨家以金,小家以币〔五〕。周岐山至于峥丘之西塞丘者,山邑之田也〔六〕,布币称贫富而调之。周寿陵而东至少沙者中田也〔七〕,

据之以币〔八〕。巨家以金，小家以币。三壤已抚而国谷再什倍〔九〕。梁渭阳琐之牛马满齐衍〔一〇〕。请敺之颠齿，量其高壮〔一一〕，曰：'国为师旅，战车敺就敛子之牛马〔一二〕。上无币，请以谷视市櫎而庚子。'牛马为上，粟二家〔一三〕。二家散其粟，反准，牛马归于上〔一四〕。"

管子曰〔一五〕："请立赀于民，有田倍之，内毋有，其外外皆为赀壤。被鞍之马千乘，齐之战车之具具于此〔一六〕，无求于民，此去丘邑之籍也〔一七〕。国谷之朝夕在上〔一八〕，山林廪械器之高下在上〔一九〕，春秋冬夏之轻重在上。行田畴〔二〇〕，田中有木者，谓之谷贼。宫中四荣，树其余曰害女功〔二一〕。宫室械器非山无所仰〔二二〕。然后君立三等之租于山〔二三〕，曰：握〔二四〕以下者为柴楂〔二五〕，把以上者为室奉〔二六〕，三围以上为棺椁之奉〔二七〕。柴楂之租若干，室奉之租若干，棺椁之租若干。"管子曰："盐铁抚轨。谷一，廪十，君常操九，民衣食而繇，下安无怨咎〔二八〕。去其田赋以租其山〔二九〕，巨家重葬其亲者服重租〔三〇〕，小家菲葬〔三一〕其亲者服小租。巨家美修其宫室者服重租，小家为室庐者服小租。上立轨于国，民之贫富如加之以绳〔三二〕，谓之国轨。"

〔一〕安井衡云："轨官，量度货财之官。"元材案：轨官者谓主掌会计事宜之官。如《史记·平准书》云："桑弘羊为大农丞，管诸会计事"；《张丞相列传》：张苍"迁为计相。一月，更以列侯为主计四岁。……苍又喜用算律历，故令苍以列侯居相府，领主郡上计者"是也。引申其义，与平准均输等官之性质亦颇相同。

〔二〕元材案：全篇除下文"盐铁抚轨"四字外，更无一语及于盐铁。何以谓"盐铁之策足以立轨官"？当是言以盐铁政策所获之盈利作为资金，为设立轨官之用也。尹桐阳云："盐铁之策行，则可得多数之黄金与币，便用以据人之地。故必先正盐铁之策，然后足以立轨官。"其说是也。盖轨官之立，第一所需要者即为大量之资金，《国蓄篇》所谓"万室之都必有万钟之藏，藏繦千万。千室之都必有千钟之藏，藏繦百万"者也。仅龙夏之地即须布黄金九千，其他自亦不在少数，此项资金自必有其来源。否则巧妇不能为无米之炊，虽立轨官，亦将无济于事。盐铁之策者，即《海王篇》所述之管山海政策，亦即所谓盐铁专卖政策也。据彼处所计算，仅盐一项，万乘之国一月之入即可得六千万。铁官之数所入当与此同。有此资金，则长袖善舞，多财善贾。轨官之立自可顺利进行，无有滞碍矣。又案此亦系根据汉代事实而得之结论。汉自武帝置盐铁官，计盐官二十七郡，为官三十有六。铁官四十郡，为官四十有八。《汉书·食货志》记其成绩（《史记·平准书》同）云："而县官以盐铁之故，用少饶矣。"又云："汉连出兵三岁，诛羌，灭两粤，费皆卬大农。大农以均输盐铁助赋，故能赡之。"又《盐铁论·轻重论》御史云："当是之时，四方征暴乱，车甲之费，克获之赏，以亿万计，皆赡大司农。此皆盐铁之福也。"又云："今大夫君修桓管之术，总一盐铁，通山川之利而万物殖。是以县官用饶足，民不困乏，本末兼利，上下俱足。"足见汉代桑弘羊所主持之各种经济政策，其所得利益，实以盐铁专卖一项为最大最多，而各种经济政策之得以积极推行，亦皆唯盐铁之利入是赖。与此处所云"盐铁之策足以立轨官"者情形正全相同。且以"盐铁"二字连称亦唯汉人始有之。仅《盐铁论》一书中，盐铁二字连称者即达三十四次之多。此又本书成于汉人之一大证也。

〔三〕郭沫若云:“自此以下,凡‘管子’对答之词,与‘盐铁之策’毫无关联,当是他篇脱简羼入于此。”元材案:此说非也。“盐铁之策足以立轨官”,只是说明“立轨官”资金之来源当于盐铁政策所得赢利中取之。自“龙夏之地”以下,乃详论“立轨官”以后之具体措施。惟本文确有错简,即下文“管子曰盐铁抚轨”云云二十五字,当在此处“管子对曰:龙夏之地”之上,与“桓公曰……为之奈何”之后,说详下。龙夏二字又见《山至数篇》。彼处云:“龙夏以北至于海庄,禽兽牛羊之地也。”“龙夏以北”与“龙夏之地”自非一地。“龙夏之地”当系上臾之壤,即“田轨之有余于其人食者”,故放款特多。龙夏疑即龙门大夏。《史记·货殖列传》“龙门碣石北多马牛羊”,与上引《山至数篇》所言正相符合。又《始皇本纪》琅邪刻石云:“六合之内,皇帝之土,西涉流沙,南尽北户,东有东海,北过大夏。”又《李斯传》云:“禹凿龙门,通大夏。”《正义》:“杜预云:‘大夏,太原晋阳县。’按在今并州。”《山至数篇》所谓“龙夏以北”,当即龙门大夏以北,亦即《史记》“龙门之北”也。“至于海庄”,即《史记》“碣石之北”也。此等地名皆系著者任意假设之词,初不必有事实根据。但亦未始不可以看出其时代背景。故备言之。

〔四〕元材案:此布字及下文“布币”之布,即左襄三十年传“皆自朝布路而罢”之布,注:“布路,分散。”犹言发放。“布黄金”、“布币”谓将黄金及货币为资金,发放农贷,以预购其谷物。犹《史记·平准书》之言“散币于邛僰以集之”矣。《山至数篇》“以国币之分复布百姓”及“布币于国”,两“布”字义与此同。

〔五〕元材案:贳者助也。以币贳金,谓以货币为黄金之辅也。金价贵,币价贱,故巨家以金,小家以币。盖即上文“大家众,小家寡”之意。换言之,即大家多借,小家少借也。

〔六〕元材案:周岐山即周地之岐山,太王所迁者,在今陕西省岐山县东北。峥丘又见《轻重丁篇》。细玩两处文意,其地似在西北一带。塞丘则又在峥丘之西,疑指西北边郡而言。《汉书·食货志》云:“初置张掖酒泉郡。而上郡、朔方、西河、河西开田官,斥塞,卒六十万人戍田之。中国缮道馈粮。远者三千,近者千余里,皆印给大农。”颜师古注曰:“斥塞,广塞令却。初置二郡故塞更广也。”《史记·货殖列传》:“塞之斥也,而桥姚已致马千匹。”然则所谓塞丘云云,岂即汉武帝时所斥之塞之反映耶?

〔七〕元材案:古代寿陵有四。一为燕之寿陵。《庄子·秋水篇》:“且子不闻寿陵余子之学步于邯郸与?”成玄英疏:“寿陵,燕之邑。”一为赵之寿陵。《史记·赵世家》:“肃侯十五年,起寿陵。”《集解》徐广曰:“在常山。”一为秦之寿陵。《史记·吕不韦传》:“孝文王后曰华阳太后,与孝文王会葬寿陵。”《正义》:“秦孝文王陵在雍州万年县东北二十五里。”一为汉之寿陵。《汉书·元纪》:“永光四年,以渭城寿陵亭部原上为初陵。”渭城本秦咸阳县,汉高帝元年更名新城,七年罢属长安。武帝元鼎三年更名渭城。故城在今陕西省咸阳县东。此文既云“周寿陵”,自是指周地之寿陵而言。但周无以墓地称寿陵之事。疑此寿陵即汉寿陵。少沙,张佩纶云:“即东莱郡之万里沙。”闻一多云:“少沙即夙沙。在今山东旧胶东道境。”今案少沙究在何处,今已无考。但既云在周寿陵之东,则其地是指东方某地而言甚明。上言“周岐山至于峥丘之西塞丘”,此言“周寿陵而东至少沙”,则著者显系以周畿关中地区为中心。由此以西至西北边郡新斥之塞。由此以东则至滨海之万里沙或夙沙。北则至于龙门大夏。由此等地望观之,则本书必非秦汉以前所作明矣!

〔八〕丁士涵云:"据乃振字误。"郭沫若云:"丁说非是。'寿陵而东至少沙者中田也',既为'中田',且尚不知岁之丰敛,何以即先'振之以币'?说不可通。'据'谓枝持也,即预贷之以币,以作耕事之准备,将来视岁之丰敛,尚须回收,以谷物还付。"元材案:郭驳丁说是也。但"据"即"阴据其轨"及"轨据"之据,乃据而守之之意,解已详上文。谓为枝持,尚未得其义。

〔九〕元材案:三壤即指上文"龙夏之地"、"周岐山以西至峥丘之西塞丘"之山田与"周寿陵而东至少沙"之中田而言。此谓三地之谷已为政府所占有,藏则重,故又坐长至于再什倍也。再十倍即二十倍,解已见《巨(策)乘马篇》。

〔一〇〕丁士涵云:"'齐'字衍。'满衍'是繁盛之义。《山至数篇》云:'伏尸满衍',则'满衍'二字连文。"张佩纶云:"《山权数篇》'梁山之阳',《轻重丁篇》'龙斗于马谓之阳'。今以意定之,梁者梁驺也。《鲁诗传》:'古有梁邹者,天子之田也。''渭''琐'并淄之误。'琐'一作"璅",与'淄'相近。淄阳,淄水之阳。《汉书·地理志》:'齐郡临淄,师尚父所封,如水西北至梁邹入泲。'《周礼·大司徒》'坟衍',注'下平曰衍',言牛马满于齐之衍也。"闻一多云:"梁,梁山;渭,渭水。自昔为产马之地。赵之先祖非子为周孝王主马于汧渭之间,是也。马以梁渭所产者为佳,故马称梁渭。'阳琐'当作'琐阳'。左定七年传'齐郑盟于琐'。晋《地道记》'元城县有琐阳城'(今河北大名县)。梁渭斥马言,然则琐阳殆斥牛言欤?'梁渭琐阳之牛马满齐衍'者,牧养牛马之地虽在齐,其种固不妨来自梁渭琐阳。诸家或欲删'齐'字,或欲改梁渭阳琐为梁驺淄阳,失之泥矣。"郭沫若云:'梁渭'与'阳琐',当是二家姓名。下文云'国为师旅,战车敺就,敛子之牛马。上无币,请以谷视市櫎而庚(更)子牛马',两'子'字均指此有牛马者言。又其下两见'二家'字,故梁渭与阳琐必为二家姓名,文字始成条理。"元材案:梁即梁山,渭即渭水,闻说是也。但"渭阳"二字当连读。梁渭阳,即梁山与渭阳。梁山,《方舆纪要》:"在乾州西北五里。山势迂回,接扶风、岐山二县之境。"渭阳,《汉书·地理志》:"左冯翊阳陵,故弋阳,景帝更名。莽曰渭阳。"故城在今陕西省咸阳县东。琐即左定七年"齐郑盟于琐"之琐,今地未详。衍即《汉书·郊祀志》"其口止于衍"之衍。注引李奇曰:"三辅谓山阪间为衍。"依《山至数篇》"伏尸满衍"一语观之,则"满齐衍"者,谓充满于齐国之平野,犹《盐铁论·盐铁取下篇》之言"原马被山,牛羊满谷",盖极言牛马之多也。此处以梁山渭阳及琐之牛马可以满齐衍,与上文以齐可以在龙夏岐山以西至塞丘,寿陵以东至少沙等地区进行农贷,及《轻重丁篇》以渭水之阳为齐郊,《轻重戊篇》以齐可以令人载粟处芊之南,鲁可以削衡山之南,皆是著者任意捏造事实,以为说明其所谓轻重之策之举例,初未计及所捏造事实之是否合于历史与地理的真实情况,故遂露此破绽也。而著者之屡以周秦汉代及新莽地望(如周岐山寿陵及渭阳江阳等)及三辅方言(如衍)为言,可见其为长安人或虽非长安人而实际居住在长安者,实甚显明。张佩纶不知此理,硬欲证明书中某地为春秋时齐国之某地,徒见其徒劳无功而已!闻氏以"牛马种来自梁渭琐阳"释"满齐衍",郭氏以"梁渭阳琐为二家姓名",均嫌牵

附，故不从之。

〔一一〕猪饲彦博云："'敺'疑当作'区'。言区别马之颠齿以相其长壮也。"张佩纶云："'敺之颠齿'，当作'区其颠齿'。《诗》'有马白颠'。《尔雅·释畜》：'马的颡白颠。'舍人曰：'的，白也。颡，额也。额有白毛。'《论语》马融注：'区，别也。'《后汉书·马援传》：'臣谨依仪氏[illegible]中，帛氏口齿，谢氏唇鬐，丁氏身中，备以数家骨相以为法。'区其齿，《周礼》郑司农注：'马三岁曰駣，二岁曰驹。'《说文》：'二岁曰驹，三岁曰駣。馬八，马八岁也。'量其高壮，《周礼·庾人》：'马八尺以上为龙，七尺以上为騋，六尺以上为马。'元材案：两氏说皆是也。区之颠齿，所以辨马之老少；量其高壮，所以辨马之大小。老少大小不同，价格亦自不一，故须区而量之。

〔一二〕元材案：此当作"战车敺就敛子之牛马"为句。此"敺"字与上"敺"字之作区别讲者不同，此"敺"乃古"驱"字。"战车敺就敛子之牛马"，即《盐铁论·散不足篇》贤良所云"古者诸侯不秣马，天子有牧，以车就牧"之意。

〔一三〕张佩纶云："'二家'当作'为下'。牛马为上，粟为下，犹上文所云：'谷为上，币为下'也。"闻一多云："张改'二家'为'为下'是也。'牛马'下当重'牛马'二字。此读'请以谷视市檳而庚子牛马'句，'牛马为上'句，'粟为下'句。"郭沫若云："原文不当增改。'为上粟二家'者，为此纳粟于'梁渭'与'阳琐'二家也。旧说于梁渭与阳琐均作为地名多事追求，故于'二家'之语不得其解。官家正以粟易牛马，安用于粟与牛马分上下耶？"元材案：张说是也。"而庚子"即"而庚子牛马"之省文，《轻重乙篇》"请以平价取之子"，下亦无"粟"字可证。"为上为下"乃本书特用术语，解已见《巨（策）乘马篇》及本篇上文。盖政府以谷准币，作为偿还牛马之价之用，于是牛马为政府所占有，而谷则散入于民间。聚则重，散则轻，故牛马之价遂进居上风，而谷则退居下风也。若作"为上粟二家"，则全文皆不成辞矣！

〔一四〕赵用贤云："下'二家'一本作'立赀'。"安井衡云："古本作'立赀'。"张佩纶云："元本、朱本下'二家'作'立赀'，涉下'立赀'而误，不足据。'二家'谓'巨家''小家'。"郭沫若云："'二家'即梁渭与阳琐二家，不当改字。作'立赀'乃涉下文'请立赀于民'而误。二家得粟，散之，以求合算。'反准'，即合算也。"元材案：张说是也。"反准"即"谷反准"之意，亦本书特用术语，解已见上文。二家者指上文"巨家""小家"而言。此两种之家或系高田之民，或系中田之民，皆所谓"田轨之有余于其人食"者，与山田之须由政府"布币而调之"或"以君寄币振其不赡"者完全不同。二家之粟，因政府"以币据之"而坐长至二十倍。今又由政府取以庚牛马之主，其粟由二家而散入于民间。散则轻，故其价必将回跌至于原有之水平。如此，一转手间，民间之牛马则已不费政府公帑而尽为国家所占有矣。所谓"二家散其粟，反准，牛马归于上"，即此意也。郭氏以"反准"为"合算"，与本书宗旨不合，故不可从。

〔一五〕元材案："管子曰"三字衍文。或则"管子曰"上应有"桓公曰"云云。此言以收敛之马为马母而假之于民，与上文紧相衔接，不应忽又插入"管子曰"三字。

〔一六〕张佩纶云："《说文》：'赀，小罚以财自赎也。'倍，反也。如《论语》'必使反之'之反，盖覆之也。《汉书·哀帝纪》：'诸王、列侯、公主、吏二千石，及豪富民多畜田宅，无限，与民争利，其议限列。'今曰'内毋有其外'，限内者不罚，限外皆为受罚之地。如此，可得千乘之马也。"许维遹云："'内毋有其外'，义不可通。疑当读作'内无有'为句，'其外皆为赀壤'为句，两'外'字衍其一。"郭沫若云："当读为'有田倍(培)之内，毋有(囿)其外。'盖有田者之疆界当于田内为之培，不得侵越壤土，设囿于田之外。如此则畜牧有所也。"元材案："立赀"亦本书特用术语，即订立合同，说已详《乘马数篇》。许断句及衍一"外"字皆是。"有田倍之"者，谓放借马母时，有田者比无田者加倍以贷也。"内"指内地，"外"指边地。谓牛马乃西北边地之产物，非内地所宜。《盐铁论·未通篇》所谓"内郡人众，水泉荐草不能相赡，地势温湿，不宜牛马"者是也。故当以边地为"立赀"之主要对象，而内地则无之。如此则被鞍之马千乘不难立致，而齐之战车亦由此得以具备，不必另向丘邑之民有所籍求矣。《汉书·食货志》云："令民得畜马边县，官假马母，三岁而归，及息什一，以除告缗，用充仞新秦中。"又云："车骑马乏，县官钱少，买马难得。乃著令：令封君以下至二百石吏以上差出牡马。天下亭，亭有畜字马，岁课息。"前者《通鉴》列在武帝元鼎五年，后者据《集解》在"元鼎六年"。盖武帝时，方北伐匈奴，马队之编建最感需要，故有此举。今本文所谓"齐之战车之具具于此"，岂谓是耶？

〔一七〕元材案："去"即下文"去其田赋以租其山"之去，除去也。"丘邑之籍"者，《汉书·刑法志》云："地方一里为井，……四井为邑，四邑为丘，丘十六井也。有戎马一匹，牛三头。四丘为甸，甸六十四井也。有戎马四匹，兵车一乘，牛十二头。"是战车籍于丘邑，乃古制也。今立赀壤以畜养戎马，不赋于民而千乘以具，故曰"去丘邑之籍"。

〔一八〕安井衡云："'朝夕'犹贵贱也。"张佩纶云："'朝夕'如日景之朝夕，水之潮汐，犹言高下。"许维遹云："'朝夕'与下'高下'对举，则'朝夕'犹美恶也。《管子》一书用'朝夕'者屡矣，往往随文见义，并无定训，此其一也。"郭沫若云："朝夕即潮汐，犹言涨落。安井训为'贵贱'，不误。《管子·轻重篇》每以国谷兼摄主币作用，以此操纵万物之轻重，故曰'国谷之朝夕在上'。"元材案：朝夕指物价贵贱涨落而言，安井及郭氏说是也。郭氏"以国谷兼摄主币作用"之说，除此处外，又分见于《山至数篇》按语中。此与梁启超谓管书中之谷类似于近代之实币，而金属货币则相当于近代之纸币者(见梁著《管子传》)同一误解。实则本书中所言货币，乃货真价实之货币，而谷物则是一种举足轻重之商品，有时亦能代行货币支付手段之职能。本书作者之所以将谷物从万物中抽出列为一方者，只是由于已认识到谷物所处地位之重要。封建国家拥有货币，即可以在一定条件下形成"币重而万物轻"或"币轻而万物重"之局面。但仅仅如此尚有不足，国家还必须同时控制谷物，在一定条件下，形成"谷重而币轻"或"谷轻而币重"，与"谷重而万物轻"或"谷轻而万物重"，方能完全控制商品流通，使统治者获利无穷。《山至数篇》所谓"人君操谷币金衡而天下可定"，即此意也。

〔一九〕猪饲彦博云："'廪'字衍。"丁士涵云："'廪'字衍。'山林械器之高下在上'，与'国谷之朝夕在上'，'春夏秋冬之轻重在上'相对为文。械器资于山林，故曰'山林械器'也。义见下文。"元材案：山林、械器原为二事。山林属于树木专卖政策之范围，械器则指兵器农器及其他与国器君用等有关之手工业生产品而言。“廪器械”者,即政府将所收敛之械器廪而藏之,本篇上文所谓“民之且所用者君已廪之矣”是也。两氏说非。

〔二〇〕元材案:田畴一词,亦汉人常用语。《盐铁论》中凡七见。《礼·月令》“可以粪田畴”,《疏》引蔡氏云:“谷田曰田,麻田曰畴。”

〔二一〕元材案:“田中”,田间也。“贼”即《诗·大田》“及其蟊贼”之贼,《笺》云:“食节曰贼。”《说文》:“贼,败也。”田中有树则害于谷,故曰“谓之木贼”。即《汉书·食货志》所谓“田中不得有树,用妨五谷”是也。荣即《仪礼》“直于东荣”之荣,注:“荣,屋翼也。”此当读“宫中四荣”为句。谓宫中四檐之侧宜以树桑为主,故《孟子·尽心篇》云:“五亩之宅,树墙下以桑。”《汉书·食货志》亦云:“还庐树桑。”若不树桑而树其他树木,则桑叶缺乏,故曰“害女功”。

〔二二〕元材案:仰即《汉书·匈奴传》“匈奴西边诸侯作穹庐及车皆仰此山材木”之仰,恃也、资也。此盖谓田间及房屋之四侧皆不得种植树木,使宫室械器之原料非山无所仰,而山则固为封建国家之所“官而守之”者,故人民如欲经营墓葬,修建房屋,制造或使用械器,不得不向封建国家购买原料。此与《地数篇》及《轻重甲篇》“令北海之众毋得聚庸而煮盐”者,皆是限制私人生产,造成国家独占之具体办法。商鞅所谓“颛山泽之利”者,“山林廪械器之高下在上”殆亦其一端矣。

〔二三〕元材案:“租”即“租税者所虑而请也”之租,解已见《国蓄篇》。此处指木料价格。

〔二四〕元材案:一把之量曰握。《国语·楚语》:“烝尝不过把握。”注:“握,长不出把者。”《周礼·醢人·疏》:“一握则四寸也。”

〔二五〕孙星衍云:“楂即槎之俗字。”孙诒让云:“楂当为柤之俗字。《说文》木部云:‘柤,木闲也。’徐锴《系传》:‘闲,阑也。’柴者栈也。公羊哀四年传云:‘亡国之社盖掩之,掩其上而柴其下。’《周礼·媒氏》“丧祝”注‘柴’并作‘栈’。《淮南·道应训》云:‘柴箕子之门。’柴、柤皆以细木为阑闲,故并举之。孙说未确。”

〔二六〕元材案:“把”即《孟子·告子篇》“拱把之桐梓”之把。赵注:“把,以手把之也。”奉者用也。室奉谓作为修缮房屋之用也。下仿此。

〔二七〕元材案:“围”即《庄子·人间世篇》“三围四围,求高名之丽者斩之;七围八围,贵人富商之家求椫傍者斩之”之围。崔注:“环八尺为一围。”

〔二八〕郭沫若云:“以上文‘高田抚间田山(田)不被谷十倍’例之,此乃言盐铁之利比之常谷为十比一。然此盐铁之利,在上者常操其九分,而仅余一分在下。”元材案:此说非是。“盐铁抚轨”者,谓以盐铁收入为资金,而据守国轨也。盖即上文“盐铁之策足以立轨官”之意。“谷一,廪十,君常操九”者,操即《山至数篇》“常操国谷三分之一”、“常操国谷十分之三”之操。《汉书·严助传》颜师古注云:“操,执持也。”犹言掌握。此谓谷在民间,其重为一。政府以币廪而藏之,则可涨至十倍。除去原有之成本外,其赢余九倍,则完全归入封建统治者掌握之中。《山权数篇》云:“物一也而十,是九为用。徐疾之数,轻重之策也。一可以为十,十可以为百。"语意与此全同。"繇"与"由"通。"安"即《管子·幼官篇》"安入共命焉"之"安"。王念孙释彼处云:"安,语词,犹乃也。"此谓政府既常操其九,则利出一孔,人民衣食所资,皆将由政府而出,予夺贫富之权,完全掌握在封建统治者手中。人民不悟此中奥妙,但"见予之形,不见夺之理",必将误认为出自政府之恩赐而表示感激,自无怨咎之可言矣。又案,此节与上下文皆不衔接,疑当在上文"管子对曰:龙夏之地"以前,"桓公曰……为之奈何"之后,而其下又脱"桓公曰:此言何谓也"句。盖著者以此数语提纲,及桓公再问,然后以"龙夏之地"云云说明其实施之办法。即第一步先以盐铁收入据守三壤之谷,第二步以此再十倍之谷收买牛马,第三步复以牛马假贷于边地人民。此一事也。以下"国谷之朝夕在上"云云,直至"谓之国谷",则专论"租山"之法,又为一事,与本节固无直接关系也。

〔二九〕元材案:"去其田赋以租其山",谓政府应实行木材专卖,免收田亩税。此与《国蓄篇》列举应反对之诸籍时,有田亩而无树木者,似是同一种主张。《海王》及《轻重甲》之有树木而无田亩者又是一种主张。说已详《国蓄篇》。此本书各篇不是一时一人之作之又一证也。又案:木材在汉代,实为社会上需要量最大与价格最高之一种商品。《史记·货殖传》以"山居千章之材"及"淮北、常山以南,河济之间千树萩"与"木千章"为"此其人皆与千户侯等",或"此亦千乘之家"。《索隐》:"《汉书》作千章之楸。服虔云:章,方也。如淳云:言任方章者千枚,谓章,大材也。乐产云:萩,梓木也,可以为辕。"据上文:"封者食租税,岁率户二百,千户之君则二十万。"盐铁会议时,御史大夫桑弘羊亦屡以"隋唐之材"为言。近年各地出土汉墓,大都有内棺外椁二层,所用木材不在少数。此处以租山代替田赋,正与此种情况相符。

〔三〇〕元材案:服租即服籍,解已见《海王篇》。

〔三一〕元材案:菲葬,薄葬。

〔三二〕元材案:"立轨于国",轨即"轨程",亦即指上述富家出重租,贫家出小租之差别租金而言。著者在此,显然认为此种差别租金之实行,乃是均贫富之一种具体措施。故曰"民之贫富如加之以绳"也。此节应与上二节紧相衔接,合为一段,乃梁启超所称为"管子中之森林国有政策"者。因有"盐铁抚轨"一节错简插入其中,遂被割裂耳。本文著者盖亦始终以所谓"无籍于民"为其理财之唯一方法,而田赋则为"所以强求",租山则为"所虑而请"。故主张去其所以强求之田赋而租之于所虑而请之山林。富者多厚葬其亲而又求宫室之美,故需大木者多。使大木之价倍于小木,则富者负担重。贫民以无购买大木之能力,多用小木,故负担轻。课租之目的物为建筑房屋制造棺椁之林木,而租之轻重,则以人民之贫富为衡。胡寄窗云:"差别租金制度表面上是'加惠'于贫民,实质上是更有效更狡猾的财政榨取办法。"(见《中国经济思想史》第十章第三五九页)真一针见血之论也。

《管子·地数》

桓公曰："地数可得闻乎？"

管子对曰："地之东西二万八千里，南北二万六千里。其出水者八千里，受水者八千里。出铜之山四百六十七山，出铁之山三千六百九山。此之所以分壤树谷也。戈矛之所发，刀币之所起也。能者有余，拙者不足。封于泰山，禅于梁父，封禅之王七十二家，得失之数皆在此内。是谓国用〔一〕。"

桓公曰："何谓得失之数皆在此〔二〕？"

管子对曰："昔者桀霸有天下而用不足，汤有七十里之薄〔三〕而用有余。天非独为汤雨菽粟，而地非独为汤出财物也。伊尹〔四〕善通移轻重、开阖、决塞，通于高下徐疾之策，坐起之费时也〔五〕。黄帝问于伯高曰〔六〕：'吾欲陶〔七〕天下而以为一家，为之有道乎？'伯高对曰：'请刈其莞而树之〔八〕，吾谨逃其蚤牙〔九〕，则天下可陶而为一家。'黄帝曰：'此若言可得闻乎？'伯高对曰：'上有丹沙者下有黄金〔一〇〕，上有慈石者下有铜金〔一一〕，上有陵石者下有铅锡赤铜〔一二〕，上有赭者下有铁〔一三〕，此山之见荣〔一四〕者也。苟山之见其荣者，君谨封而祭之，距封十里而为一坛〔一五〕。是则使乘者下行，行者趋〔一六〕。若犯令者罪死不赦。然则与折取之远矣〔一七〕。'修教〔一八〕十年，而葛卢之山发而出水，金从之，蚩尤受而制之，以为剑铠矛戟〔一九〕，是岁相兼者诸侯九。雍狐之山发而出水，金从之，蚩尤受而制之，以为雍狐之戟、芮戈〔二〇〕，是岁相兼者诸侯十二。故天下之君顿戟一怒，伏尸满野〔二一〕，此见戈之本也〔二二〕。"

〔一〕元材案：此段文字，又全见《山海经·中山经》，惟字句间略有不同。"地之东西二万八千里，南北二万六千里"二语，又见《轻重乙篇》。《御览》引《尸子》，同书三十六及《艺文类聚》引《河图括地象》、《吕氏春秋·有始览》、《淮南·地形训》、《广雅·释地》，所言里数，均与此同。可见此乃秦汉时代公认之中国地理常识。"其出水者八千里"二句、《吕氏春秋·有始览》、《淮南·地形训》、《广雅·释地》并同。"出铜之山"二句，《史记·货殖列传·正义》、刘昭《郡国志·注》、《御览·地部》一引并同。惟"出铜之山"句上，并有"凡天下名山五千三百七十"一句，《中山经》亦有之。又"出铁之山"句，《中山经》作"出铁之山三千六百九十"，多一"十"字。"此之所以分壤树谷也"句，《中山经》"之所以"上有"天地"二字，当据补。"刀币"，《中山经》作"刀铩"。"能者有余，拙者不足"二句，又见《管子·形势篇》及《史记·货殖列传》。惟刘昭《郡国志·注》则作"俭则有余，奢则不足"。"封于泰山，禅于梁父"二句，又见《管子·封禅篇》及《史记·封禅书》。《淮南·齐俗训》亦有"尚古之王，封于泰山禅于梁父七十余圣，法度不同"语。谓之封禅者，《史记·封禅书·正义》云："泰山上筑土为坛，以祭天，报天之功，故曰封。泰山下小山上除地，报地之功，故曰禅。言禅者，神之也。"此盖谓南北东西之地，共分为水陆山三者，乃天地分壤树谷之所在，与戈矛刀币之所由产生。均是地也，能者当之则用有余，拙者当之则用不足。自古至今封禅之君不下七十二代之多，得之则兴，失之则亡。得失之由，无不在此三者之内。盖极言地数与国用关系之密切也。又案:《盐铁论·贫富篇》大夫云:"道悬于天,物布于地。智者以衍,愚者以困。"意与此同。"国用"二字解已见《乘马数篇》。

〔二〕丁士涵云:"'此'下脱'内'字。当据上文补。"

〔三〕元材案:汤以七十里云云,又见《孟子》及《淮南子》。《孟子·梁惠王篇》云:"臣闻七十里为政于天下者汤是也。"又《公孙丑篇》云:"王不待大。汤以七十里,文王以百里。"《淮南·兵略训》亦云:"汤之地方七十里而王者,修德也。"所言里数皆同。薄,安井衡云:"亳假借字。"据王国维考证,谓"即汉山阳郡薄县地,在今山东曹州府曹县南二十余里"(见《观堂集林》卷十二《说亳》)。

〔四〕元材案:本书凡两用伊尹事,一见本篇,一见《轻重甲篇》。盖以伊尹通于轻重之术,与管子有薪尽火传之渊源。汉人本有此传说,故本书遂据之为言也。《太平御览》四百七十二富下引《太史公素王妙论》云:"管子设轻重九府,行伊尹之术,则桓公以霸,九合诸侯,一匡天下。"《盐铁论·力耕篇》文学亦曰:"桀女乐充宫室,文绣衣裳。故伊尹高逝游亳,而女乐终废其国。"即其证矣。

〔五〕元材案:"通移"二字又见《轻重甲篇》,但两处意义不同。《甲篇》之"通移",是名词,即《国蓄篇》之"通施",当作通货讲。此处之"通移",则是动词,当作"转化"讲。盖谓伊尹善于促使轻重、开阖、决塞几对矛盾互相向与自己相反之方向转化。换言之,即善于运用轻重之策之意。"费"字不可解,疑是"昔"字之误,当在下文"黄帝"上,谓"昔者黄帝"云云也。"通于……坐起之时",即《山至数篇》"乘时进退"之意。《史记·仲尼弟子列传》云:"子贡好废举,与时转货赀。"废举即坐起也。郭沫若谓"'坐起之费时也',当为'坐起之弗背时也'之误,'弗背'二字误合而为'费'"者失之。

〔六〕张佩纶云:"管书不应杂入黄帝之问。且与上文语不相承。当在'请问天财所出,地利所在,管子对曰'之下。"郭沫若云:"自'黄帝问于伯高曰'至'此见戈之本也'一节,乃前人抄录他书文字为下文'山上有赭者其下有铁'云云作注,而误入正文者。下文有'一曰'云云,亦抄注滥入,可为互证。"元材案:此盖著者设为管子引黄帝与伯高问答之词,与《轻重乙篇》"武王问于癸度曰"云云,皆是随意假托之人名及事实,以问答体说明其经济政策上之主张,初非黄帝伯高武王癸度桓公管仲当日真有此等谈话也。"一曰"云云亦非误抄,说见下文。两氏说皆非。"黄帝"上应有"昔"字,即误衍在上而误为费字者。伯高乃《黄帝内经·灵枢》中假托之人物。《路史·黄帝纪》作栢高,罗苹注云:"栢高旧云岐伯之名,非。据《灵枢》帝曰:'予欲闻阴阳之义。'岐伯曰:'岐先师之所秘,栢高犹不能明。'是栢高非即岐伯。"又《山海经·海内经》:"华山青水之东有山名曰肇山,有人名曰栢高。"郝懿行云:"郭注《穆天子传》云:'古伯字多从木。'"然则伯高即古之栢高矣。

〔七〕元材案:陶即陶冶之陶。《管子·君臣上篇》云:"如冶之于金,陶之于埴,制在上也。"《任法篇》云:"昔者尧之治天下也,犹埴之在埏也,唯陶之所以为。犹金之在垆,恣冶之所以铸。"陶天下为一家,即将国家团结为一,亦即巩固统一,防止分裂,加强中央集权,如埏埴为器也。

〔八〕元材案:莞,草名,解已见《山国轨篇》。树即《山权数篇》"树表置高"之树,谓树立标记作为界限。《路史》引作"时",时即莳,亦树之义也。

〔九〕孙诒让云:"'吾'当为'五',下又脱'谷'字。请刈其莞而树之五谷,言芟草而艺谷也。传本脱'谷'字,校者于五下著一'□',写者不审,遂并为'吾'字矣。"张佩纶云:"'逃'当为'兆'。《揆度篇·注》以'逃其爪牙'为'藏秘锋芒',非是。《庄子·天下篇》'兆于变化',《释文》:'兆本作逃。'是其证。《说文》:'兆,分也。'兆其蚤牙,谓分别其蚤牙,即下所谓见荣也。"元材案:二说谬甚。"吾"字应下属。"蚤牙"即爪牙。《揆度篇》及《国准篇》皆有"黄帝逃其爪牙"之语,《路史》引亦作"逃其爪牙"。逃者去也(见赵岐《孟子·尽心篇·注》)。此盖谓山中矿产可制兵器与钱币,而兵器钱币之于人,犹禽兽之有爪牙。苟欲防其为乱,必先禁其擅管山海之利,去其爪牙,以免为虎附翼。故《揆度篇》曰:"谨逃其爪牙,不利其器。"不利其器,则无所凭以为乱,而天下一家,自可陶埴而成矣。

〔一〇〕尹桐阳云:"凡黄金苗线多与疵人金相杂。疵人金黄色,在空气中与养气相合则变丹色。经雨水冲刷成为碎粒,故曰'上有丹沙者下有黄金'。丹沙形如粟,故一名丹粟。郭璞《江赋》又谓之'丹砾'。《荀子》谓之'丹干'。《逸周书·王会》:'卜人以丹沙。'《西山经》:'皇人之山其上多金玉,其中多丹粟。隗山多采石黄金,多丹粟。槐江之山其上多藏黄金,其阳多丹粟。'均丹沙之称也。"

〔一一〕尹桐阳云:"'慈'之言孳也。慈石即长石。长石受水及空气之变化,渐成为土。复受植物酸化,消化其中杂质,即成为净磁土,多含铜铅锡银等矿,故曰'上有慈石者下有铜金',非指性能吸铁之慈石言也。性能吸铁之慈石专产于铁山。《寰宇记》:'淄川县,商山在县北七十里,有铁矿,古今铸焉。亦出磁石。'《淮南·说山》:'慈石能引铁。及其于铜则不行。'均是。铜金即铜也。金有五色,其赤者别之曰铜,实则铜仍金类耳。《中山经》:'密山西百里曰长石之山,多金玉。'长即慈也。"

〔一二〕安井衡云:"陵读为棱。棱石,石之有棱角者,盖谓方解石之属。"尹桐阳云:"陵石谓有棱之石。凡火成石均有角度,如花岗石、长石等是也。此种石多产锡铅铜等矿。《北山经》'维龙之山阳有金,阴有铁,多垒石',垒即陵耳。《十三州志》'当利县东有陵石城',盖以所产石而名县。《寰宇记》谓即阳石,误矣。铅,青金也。锡,鉛也。铜有赤铜白铜青铜之别。赤铜,《神异经》谓之丹阳铜,今称红铜。其用最广。《中山经》:'昆吾之山,其上多赤铜。'《西山经》:'京山阳多赤铜。'"

〔一三〕尹桐阳云:"赭,赤土也。今称土珠。铁矿未与空气相会,为深蓝色。其表面铁矿与空中之养气相配者则为赭色,故曰'上有赭者下有铁'。《中山经》:'求山、求水中有美赭,阳多金,阴多铁。'《北山经》:'少阳之山下多赤银,水中多美赭。'注引此作'山上有赭者其下有铁'。"

〔一四〕元材案:荣犹今言矿苗。

〔一五〕元材案：封，积土为墙以为疆界也。谨，严也，谓郑重其事。《北堂书钞》一百四十四引作"遥"，非是。坛，又见《轻重乙篇》，用土所筑之台。古有大事，多设坛，如朝会、盟誓、封拜大将皆用之。此所以为坛而祭之者，盖欲神奇其事，使人民过此者不敢任意侵犯之也。《轻重丁篇》云："故智者役使鬼神而愚者信之"，义与此同。

〔一六〕元材案："乘者下行，行者趋"，即《吕氏春秋·慎大篇》"表商容之闾，士过者趋，车过者下"之意，犹清人之所谓"文武官员至此下马"矣。

〔一七〕安井衡云："折读为硩。硩音彻，挑擿也。《说文》：'硩，上擿山岩空青珊瑚堕之。'"尹桐阳说同。元材案："折"即《墨子·耕柱篇》"昔者夏后开使蜚廉折金于山而陶铸之于昆吾"之折，开也。取者采也。"与折取之远"者，钱文霈云："言山不封禁，则听民折取。今封禁其山，则内守国财，与听民折取相去远矣。"得其义矣。

〔一八〕元材案：教，令也。解已见《山至数篇》。

〔一九〕元材案：葛卢，地名。《后汉书·郡国志》："东莱郡葛卢有尤涉亭。"《史记·五帝本纪·索隐》引此作"蚩尤受卢山之金而作五兵"。发，开发。制，管制，犹言垄断。铠即《汉书·尹赏传》"被铠扞持刀兵者"及《王莽传》"禁民不得挟弩铠"之铠，颜师古注云："铠，甲也。"《周礼·夏官·司甲·注》："古用皮谓之甲，今用金谓之铠。"《初学记》："首铠谓之兜鍪，亦曰胄。臂铠谓之釬，颈铠谓之錏鍜。"此与剑及矛戟皆当时最坚利之武器，故尹赏及王莽皆以铠及其它兵器列为禁品。

〔二〇〕元材案：雍狐、芮亦地名。《荀子·荣辱篇》"所谓以狐父之戈钃牛矢也"，杨倞注："时人旧有此语，喻以贵而用于贱也。狐父，地名。《史记》伍被曰：'吴王兵败于狐父。'徐广曰：'梁砀之间也。盖其地出名戈。'其说未闻。《管子》曰：'蚩尤为雍狐之戟。'狐父之戈岂近此耶？"据此则杨氏以为"雍狐之戟"，即"狐父之戈"。然《典论》云："周鲁宝雍狐之戟，狐父之戈。"则雍狐与狐父又显为二地。总之，本书所有地名人名，皆著者任意假托之词，不必指真人真地而言，姑以某甲某乙视之可矣。芮戈，即芮地之戈。疑芮地亦出名戈，如雍狐之戈矣。安井衡训"芮"为"短"，谓"戈短于戟，故曰芮戈"者非。

〔二一〕元材案：顿读如《左襄四年传》"甲兵不顿"之顿，注："顿，坏也。"《正义》："顿谓挫伤折坏。"《汉书·严助传》："不劳一卒，不顿一戟。"颜师古注云："顿，坏也。一曰顿读如钝。"又《史记·主父偃传》："古之人君一怒，必伏尸流血。"此言"顿戟一怒，伏尸满野"，语意相同。

〔二二〕丁士涵云："'见戈'疑'得失'之坏字。上文云：'得失之数皆在此内。'是其证。"姚永概云："上文'是岁相兼者诸侯九'，又曰'是岁相兼者诸侯十二'，则'见戈'当作'见兼'。作'戈'者涉上文'芮戈'而误。"元材案：戈者兵也。见戈之本谓兵争之根源也。此言黄帝行封山之令十年之后，而葛卢、雍狐两山之金属矿产先后为蚩尤所垄断，故得开发之以为制造各种兵器之用，遂以发生兼并诸侯，伏尸满野之惨剧。此无它，实由于矿产之未能由黄帝彻底统制有以致之。换言之，即不能"逃其爪牙"之过也。《盐铁论·复古篇》大夫云："铁器兵刃，天下之大用也，非众庶所宜事也。"故主"名山大泽不以封"，以免"下之专利"，义与此同。丁、姚二氏说皆失之。又案：蚩尤本古史传说中人名。《书·吕刑》："蚩尤惟始作乱，延及于平民。"《史记·五帝本纪》："蚩尤作乱，黄帝征师诸侯，与蚩尤战于涿鹿之野，遂禽杀蚩尤。"至汉高祖定天下，立蚩尤之祠于长安。（见《史记·封禅书》）。《盐铁论·结和篇》及《论功篇》亦数数称之，作为好弄兵者之代名词。一九七三年长沙马王堆汉墓出土帛书，有"十大经"一种，全书共分十五篇，叙述黄帝平定蚩尤，巩固统一的故事更为详尽。此处所谓蚩尤，似是汉初吴王濞之反映。上引伍被言"吴王兵败于狐父"，又《史记·五帝本纪·索隐》引此文作"蚩尤受卢山之兵而作五兵"，卢上无葛字，卢山在今江西，正吴王属地，《汉书·吴王濞传》所谓"吴有豫章郡铜山"者也。又《盐铁论·禁耕篇》云："夫权利之处，必在深山穷泽之中，非豪民不能通其利。异时盐铁未笼，布衣有朐邴，君有吴王。专山泽之利，薄赋其民，赈赡穷小，以成私威。私威积而逆节之心作。夫不早绝其原而忧其末，若决吕梁，沛然其所伤必多矣。太公曰：'一家害百家，百家害诸侯，诸侯害天下，王法禁之。'今放民于权利，罢盐铁以资暴强，遂其贪心，众邪群聚，私门成党，则强御日以不制，而并兼之徒，奸形成也。"与此亦可互参。

桓公问于管子曰："请问天财所出，地利所在〔一〕。"

管子对曰："'山上有赭者其下有铁，上有铅者其下有银〔二〕。'一曰〔三〕：'上有铅者其下有鉒银〔四〕，上有丹沙者其下有鉒金，上有慈石者其下有铜金。'此山之见荣者也。苟山之见荣者，谨封而为禁。有动封山者罪死而不赦。有犯令者，左足入，左足断，右足入，右足断〔五〕。然则其与犯之远矣〔六〕。此天财地利之所在也。"

桓公问于管子曰〔七〕："以天财地利立功成名于天下者谁子也〔八〕？"

管子对曰："文武是也〔九〕。"

桓公曰："此若言何谓也？"

管子对曰："夫玉起于牛氏边山，金起于汝汉之右洿，珠起于赤野之末光。此皆距周七千八百里，其涂远而至难，故先王各用于其重，珠玉为上币，黄金为中币，刀布为下币。令疾则黄金重，令徐则黄金轻。先王权度其号令之徐疾，高下其中币而制下上之用〔一〇〕。则文武是也。"

〔一〕元材案：天财解在《国蓄篇》。地利即地中之利。《管子·乘马篇》云："因天财，就地利。"又《度地篇》云："以其天材地利之所生养其人以育六畜。"材即财。三文皆以天财地利并称，均指自然资源而言。与《孟子·公孙丑篇》"天时不如地利，地利不如人和"之地利专以山川之险为言者不同。

〔二〕尹桐阳云："铅矿均含有银质，故铅矿可名为银矿。今常宁县北乡水口山铅矿其一例也。"

〔三〕宋翔凤云："'一曰'以下十一字皆校者语，而误作正文。则校语入正文者多矣。故《管子》难读也。"元材案："一曰"云者，乃又一种说法之意，故并述之以作参考。《管子·法法篇》两用"一曰"。尹注云："管子称古言，故曰'一曰'。"刘绩云："按此乃集书者再述异闻。"

其说是也。此法《韩非子》及《吕氏春秋》多用之。《史记·秦始皇本纪》及《郦食其传》亦有此例。当是古人行文之通用体裁。犹《大匡篇》"或曰"下尹注之言"集书者更闻异说,故言'或曰'"矣。

〔四〕俞樾云:"按《玉篇·金部》:'鉒,送死人具也。'然则'鉒银''鉒金',殊不可通。疑'钰'字之误。《五音集韵》曰:'钰,坚金也。'"元材案:鉒银鉒金,当是当时矿学专门术语。似不必以意改动。

〔五〕元材案:"有犯令者,左足入,左足断"云云与《史记·平准书》孔仅、东郭咸阳所谓"敢私铸铁器煮盐者,釱(音第,铁钳)左趾,没入其器物",意义相同。

〔六〕元材案:犯即上文"有犯令者"之犯。"与犯之远矣",上文作"与折取之远矣",折取即犯之之具体表现也。许维遹释"犯"为"发掘"者非。

〔七〕元材案:"问于管子"四字衍。何如璋云:"文非更端,作'公又曰'便合。"其说是也。

〔八〕张佩纶云:"'立功成名',当作'立刀成布'。'谁子','子'字涉下而衍。"元材案:此说非是。立功成名亦汉人常用语。《盐铁论·贫富篇》文学云:"故贤士之立功成名,因资而假物者也。"《褒贤篇》大夫云:"非立功成名之士,而亦未免于世俗也。"《遵道篇》文学云:"是以功成而不堕,名立而不顿。"是其证。又《揆度篇》云:"臣之能以车兵进退成功立名者,割壤而封。"作"成功立名",义与此同。"谁子"即何人。

〔九〕元材案:谓周文王、武王也。此亦假托之词。

〔一〇〕王念孙云:"'牛氏'当作'禺氏'。见《国蓄》、《揆度》、《轻重甲》、《轻重乙》四篇。"孙星衍云:"《揆度篇》、《轻重乙篇》'洿'皆作'衢'。"俞樾云:"'各'当为'托',声之误也。《国蓄篇》作'先王为其途之远,其至之难,故托用于其重',可证。《揆度篇》作'先王度用其重','度'亦当为'托'。"钱文霈云:"《揆度篇》作'度用于其重',则此篇之'各',《国蓄篇》之'托',皆'度'字之声误。言先王揆度而用其重也。"钱氏又云:"'高下其中币而制下上之用',《揆度篇》作'先王高下其中币利下上之用'。'制'字当即'利'字,形近之讹。"元材案:本书文同而字句各异之处甚多。且"牛""禺"一声之转。牛氏、禺氏实皆月支之音译,犹美利坚之或为米利坚,意大利之或为义大利,俄罗斯之或为露西亚也。"各"与"托""度"字义虽异,而句义则略同。"各用于其重"者,谓分别其轻重而用之。托则谓凭依其轻重而用之,度则谓量计其轻重而用之也。制与利亦不冲突。从消极方面言之谓之制,从积极方面言之则谓之利。凡事皆有正反两方面,盖犹《国蓄篇》言"王霸之君去其所以强求,废其所虑而请,故天下乐从也",而《轻重乙篇》则曰"亡君废其所宜得而敛其所强求,故下怨上而令不行"矣。此等处正可证明各篇不是一时一人所作,不必一一据彼改此。权度者,《孟子·梁惠王篇》:"权然后知轻重,度然后知长短,物皆然,心为甚。王请度之。"朱注:"权,称锤也。度,丈尺也。"度之谓称量之也。言物之轻重长短,人所难齐,必以权度度之而后可见。"高下其中币"云云,与《管子·乘马篇》"黄金者用之量也"有同一之意义。量者量度。用即"以制下上之用"之用,乃指价值而言。盖三币并行,若无一定之尺度,无一定之权衡,则一切交换与贷借,均感不便。故以黄金为主币，则不仅对于物品可为价值之尺度，对于贷借可为价格之标准。而且上下两币之交换比例，亦皆得以主币为其公量焉。故《揆度篇》云："桓公曰：马之平贾万也，金之平贾万也。吾有伏金千斤，为此奈何？管子对曰：君请使与正籍者皆以币还于金，吾至四万，此一为四矣。吾非埏埴摇橐而立黄金也。今黄金之重一为四者，数也。"又《轻重甲篇》云："得成金一万余斤。桓公曰：安用金而可。管子对曰：请以令使贺献出正籍者必以金，金坐长而百倍。运金之重以衡万物，尽归于君。"即此所云"高下其中币而制下上之用"之实例也。

桓公问于管子曰："吾欲守国财〔一〕而毋税于天下〔二〕而外因天下，可乎？"

管子对曰："可。夫水激而流渠〔三〕，令疾而物重。先王理其号令之徐疾，内守国财而外因天下矣。"

桓公问于管子曰〔四〕："其行事奈何？"

管子对曰："夫昔者武王有巨桥之粟，贵籴之数〔五〕。"

桓公曰："为之奈何？"

管子对曰："武王立重泉之戍〔六〕，令曰：'民自有百鼓之粟者不行〔七〕。'民举所最粟〔八〕以避重泉之戍，而国谷二什倍，巨桥之粟亦二什倍。武王以巨桥之粟二什倍而市缯帛，军五岁毋籍衣于民。以巨桥之粟二什倍而衡黄金百万，终身无籍于民。准衡之数也〔九〕。"

桓公问于管子〔一〇〕曰："今亦可以行此乎？"

管子对曰："可。夫楚有汝汉之金，齐有渠展之盐，燕有辽东之煮〔一一〕。此三者亦可以当武王之数。十口之家，十人咶盐〔一二〕。百口之家，百人咶盐。凡食盐之数，一月〔一三〕丈夫五升少半，妇人三升少半，婴儿二升少半。盐之重，升加分耗而釜五十，升加一耗而釜百，升加什耗而釜千〔一四〕。君伐菹薪〔一五〕，煮沸水为盐〔一六〕，正而积之〔一七〕三万钟。至阳春，请籍于时。"

桓公曰："何谓籍于时？"

管子曰："阳春农事方作，令民毋得筑垣墙，毋得缮冢墓。丈夫〔一八〕毋得治宫室，毋得立台榭。北海之众毋得聚庸而煮盐〔一九〕。然盐之贾必四什倍〔二〇〕。君以四什之贾〔二一〕，修河济之流〔二二〕，南输梁赵宋卫濮阳。恶食无盐则肿〔二三〕。守圉之本，其用盐独重〔二四〕。君伐菹薪，煮沸水以籍于天下。然则天下不减矣〔二五〕。"

〔一〕许维遹云："'欲'下脱'内'字。下文云'内守国财'，是其证。"

〔二〕王寿同云："'税'当为'挩'。挩者夺之假字也。《轻重甲篇》'知万物之可因而不因者，夺于天下。夺于天下者，国之大贼也'，此与'欲守国财而毋税于天下而外因天下'，义正相同，故知'挩'即'夺'之假字也。下文云：'夫本富而财众，不能守，则税于天下。五谷兴丰，巨钱而天下贵，则税于天下。''税'亦当作'挩'。"钱文霈说同。元材案：税即租税之税。"税于天下"者，谓国财为天下诸侯所得，如以租税奉之也。本义自明，何必多费曲折耶？安井衡释"税"为"遗"，郭沫若以"税为税驾之税，舍也"，亦皆不可从。国财承上文天财地利而言。

〔三〕猪饲彦博云:"'渠'当作'遽',疾也。"安井衡云:"渠、巨通,大也。"张佩纶云:"'流渠'当作'渠流'。《说文》:'渠,水所居。'言水激则止水皆流。"元材案:当以猪饲说为是。渠即《荀子·修身篇》"其义渠渠然"之渠。杨注:"渠读如遽。古字渠遽通。渠渠,不宽泰之貌。"流渠犹言水流甚急也。

〔四〕何如璋云:"'问于管子'四字衍。"闻一多说同。

〔五〕尹注云:"武王既胜殷,得巨桥粟,欲使籴贵。巨桥仓在今广平郡曲周县也。"张佩纶云:"此战国谬说也。武王发钜桥之粟,经典屡见,无作贵籴解者。使出自管子,胡为舍《周礼》仓廪之成法而为此不根之言乎?"元材案:此亦借武王为说明之例,非真有其事也。贵籴之数,犹言提高粟价之术。

〔六〕尹注云:"重泉,戍名也。假设此戍名,欲人惮役而竞收粟也。"元材案:《史记·秦本纪》:"简公六年,堑洛城重泉。"《集解》:"《地理志》重泉县属冯翊。"《正义》引《括地志》:"重泉故城在同州蒲城县东四十五里。"重泉之名至秦简公时始有之,此亦本书非秦以前人所作之一证也。

〔七〕元材案:鼓,解已见《山国轨篇》。"民自有"者,指人民自藏之粟而言,非责其输粟于政府也。

〔八〕尹注云:"举,尽也。最,聚也,子外反。"陈奂云:"'最'当为'冣'。尹注音'子外反',则讹'最'矣。"陶鸿庆云:"武王之令,使民自聚百鼓之粟,非责其输粟于公。今云尽所聚粟,则文不通矣。所下当有脱字。盖谓民如尽其所有以聚粟,故国谷之价二十倍(国谷谓谷之散在民间者),巨桥之粟价亦二十倍。所谓'万物轻而谷重'也。"元材案:最即《公羊隐元年传》"会犹最也"之最,注:"最,聚也。"不改字亦通。此处"所"字指财物言,解已见《山至数篇》。"民举所最粟"者,谓人民尽出其所有财物以聚粟也。《揆度篇》云:"君朝令而夕求具,民肆其财物与其五谷为雠。"《轻重甲篇》云:"且君朝令而求夕具,有者出其财……。""举所"即"肆其财物""出其财"之义矣。

〔九〕张佩纶云:"两'巨桥之粟二什倍',后当作'以国谷二什倍'。其意以发粟使军兴,以国谷实金府也。"陶鸿庆云:"巨桥之粟二什倍,武王以二什倍市缯帛,又以二什倍衡黄金,合之则为四什倍,其数不相当矣。'以巨桥之粟'下两'二'字皆衍文。盖武王以粟价什倍之赢市缯帛,又以什倍之赢衡黄金,合之正二什倍也。所谓'谷重而万物轻'也。"尹桐阳云:"'市缯帛军',帛,百也。军同緷,大束也。"郭沫若云:"上'巨桥之粟'当为'国粟'。两'二'字不当去。上文云'民举所最粟,以避重泉之戍,而国粟二什倍,巨桥之粟亦二什倍',二什倍之国粟乃民所献以避戍者,二什倍之巨桥之粟乃因粟价涨,而原有之粟亦涨也。以国粟市缯,以巨桥之粟衡黄金,乃分别使用之。'巨桥之粟'不应重出。'市缯帛军'当为'市缯万军'之误。尹桐阳读'军'为'緷',是也。'衡黄金百万'则当为'衡黄金万斤'。盖万之简笔'万'误为'百',而斤复误为'万'也。《通典·食货》十二引无'百万'字,盖以意删。"元材案:此当以"帛"字绝句,"军"字下属。又全文无一衍字或误字。此即所谓"武王贵籴之数"。其法:先以紧急命令立为重泉之戍，而规定人民自有百鼓之粟者得享免戍之权利。于是人民为避免戍役，争相尽其家之所有财物以为购粟之用，因而国内谷价骤涨二什倍，巨桥之粟亦必因之同涨二什倍。然后运用此二什倍之巨桥之粟，或收购缯帛，即可以供给全国军队五年服装之用。或收购黄金百万，则可以终身不加赋于民。此处“自有”二字应注意。谓人民只须自己家中藏有百鼓之粟，便可免戍，非谓献诸政府也。盖政府之意，仅希望提高国内谷价，使巨桥之粟价随之提高，即已达其目的。所谓“国谷”，是指国内之谷而言，解已见《巨(策)乘马篇》，非谓国家所有之粟也。国家所有之粟，只是“巨桥之粟”。故下文“市缯帛”，“衡黄金”，皆用此粟。两言“以巨桥之粟”者，乃谓此粟可以分别作两种不同之用途，并非谓缯帛黄金同时收购也。谓之“百万”者，盖亦着者夸大之词，犹《海王篇》之言“百倍”矣。以上各说皆非。准衡，解已见《山至数篇》。

〔一〇〕何如璋云：“承上文。‘问于管子’四字亦衍。”

〔一一〕元材案：此三句又见《轻重甲篇》。尹注彼处云：“渠展，齐地。沛水所流入海之处，可煮盐之所也。”何如璋云：“汝、汉二水在楚界，渠展齐地，辽东燕界。煮即煮盐。与上句互文。”今案：汝汉在秦汉时尝产黄金，说已详《国蓄篇》。《汉书·地理志》，齐地置有盐官者有勃海郡之章武，千乘郡，及琅邪郡之海曲、计斤、长广。不知此渠展系指何地。又燕地置有盐官者，有辽西郡之海阳及辽东郡之平郭。此谓准衡之数，不仅限于粟之一端而已。即楚国之黄金与燕齐之盐亦可同样为之，故曰“亦可以当武王之数”也。

〔一二〕孙星衍云：“咶，《御览·饮食部》三十二引俱作舐。”张佩纶云：“‘咶’，‘舐’俗字，当作‘舓’。然盐非以舌食者，当作‘甛’。《说文》：‘甛，美也。’《周礼·盐人》饴盐注：‘饴盐，盐之甛者。’是其证。言无人不以盐为美。”钱文霈云：“咶、餂通，以舌探物也。”元材案：《荀子·强国篇》云：“是犹伏而咶天。”杨倞注云：“咶与舐同。”舐，俗舓字。《说文》“舓，以舌取物也。”又作狧。《汉书·吴王濞传》：“狧糠及米。”《说文》：“狧，犬食也。”可见狧即食也。《海王篇》及下文“凡食盐之数”皆作“食”，即其证。

〔一三〕庞树典云：“‘一月’二字盖‘一岁’之讹。后人因《海王篇》有‘终月’之语，而不晓其义，遂妄改‘岁’为‘月’，遂与下文‘阳春’之语不相应。”元材案：原文不误。庞说之谬，辨已见《海王篇》。

〔一四〕钱文霈云：“此当作‘升’字为句。‘加’字下脱‘五’字。下文‘千’字下脱‘升’字。言以盐重一升为率，加五分耗，则一釜可余五十升；加一耗，则一釜可余百升；加十耗，则一釜可余千升也。盐以轻重计，而耗以升斗计者，度量衡咸起于黄钟，衡量之数可互准也。”元材案：此说谬甚。耗，《海王篇》作“彊”，皆指钱而言，解已见《海王篇》。

〔一五〕元材案：菹薪又见《轻重甲篇》，尹注彼处云：“草枯曰菹。”《轻重甲篇》又云：“山林菹泽草莱者，薪蒸之所出。”然则菹薪即山林菹泽草莱之缩词矣。

〔一六〕元材案：煮沸水为盐，历来注者不一其说。洪颐煊谓“‘沸’当作‘沸’”，戴望说同。何如璋谓“‘沸’当作‘海’”，闻一多谓“‘沸’当为‘沛’”，均不可通。惟于鬯谓“沸为盐之质”，最为近之。于氏云:“沸盖谓盐之质。盐者已煮之沸,沸者未煮之盐。海水之可以煮为盐者,正以其水中有此沸耳,故曰‘煮沸水为盐’。‘沸’非水名之‘济’。水名之‘济’,《管子》书中自通作‘济’字,不作‘沸’字。洪颐煊《管子义证》谓沸水清,不能为盐,因援《轻重甲篇》作‘煮沸水为盐’,以‘沸’为‘沸’字之误。戴望《校正》据宋本此‘沸’字正作‘沸’。然窃谓沸、沸二字既各本岐出,未可偏执。且在古音,朿声、弗声同部,又安见不可相假?要作‘沸’非水名之‘济’。洪谓‘沸水清,不能为盐’,则误矣。若作沸,亦非煮海水使沸涫之谓(沸涫之沸,《说文·鬲部》作鬻),实通指海水中盐质而已。何以见之?《轻重乙篇》云:‘夫海出沸无止。’是明明沸出于海水。出于海水而可为盐,非盐之质乎?若为水名之济,济水何尝出于海?彼文‘沸’字,宋本亦作‘沸’。若谓煮海水使沸涫,则曰海出沸,可通乎?抑沸之言䃋也。至今俗语盐䃋连称,䃋、沸并谐朿声,然则作‘沸’殆较作‘沸’为近云。”据此,则沸水云者,当即今之所谓卤水。胡寄窗谓“煮沸水,即等于煮白开水”(见所著《中国经济思想史》第十章三五八页),则失之更远矣!

〔一七〕元材案:“正积”之义,解已详《海王篇》。

〔一八〕洪颐煊云:“‘丈夫’当为‘大夫’。《轻重甲篇》‘孟春既至,农事且起,大夫毋得缮冢墓,治宫室,立台榭,筑墙垣。’其证也。《御览·饮食部》二十四引此亦作‘大夫’。”猪饲彦博、安井衡说同。

〔一九〕元材案:尹注《轻重甲篇》云:“北海之众,谓北海煮盐之人。本意禁人煮盐,托以农事,虑有妨夺。先自大夫起,欲人不知其机,斯为权术。”又云:“庸,功也。”今案:此即所谓杜绝竞争,限制生产之意,所以造成盐之独占价格也。庸与佣通,解已见《巨(筴)乘马篇》。《汉书·景纪》后三年诏云:“吏发民若取庸采黄金珠玉者坐臧为盗。”所谓取庸,即此处之聚庸矣。又《盐铁论·复古篇》云:“往者豪强大家得管山海之利,采铁石鼓铸,煮盐,一家聚众或至千余人。大抵尽收放流人民也。”亦作“聚”,不作“取”。(韦昭注《汉书》以取庸为“用其资以顾庸”者非。)

〔二〇〕元材案:“然盐之贾必四什倍”,然即《国蓄篇》“然者何也”之然,指上文云云而言,犹言“如此”也。《轻重甲篇》即作“若此则盐必坐长而十倍”。闻一多以“然”为“然则”者失之。

〔二一〕丁士涵云:“‘四什’下脱‘倍’字。”

〔二二〕王念孙云:“案‘脩’当为‘循’。言循河济而南也。”元材案:此说是也。《太平御览》八百六十五引此,正作“循”。

〔二三〕元材案:恶食谓所食不美也。《史记·货殖传》:“鸿沟以东,芒砀以北属巨野,此梁宋也。虽无山川之饶,能恶衣食,致其畜藏。”然则恶食者乃汉时梁宋一带之通俗矣。又案:“梁赵宋卫濮阳”,又见《轻重甲篇》。梁赵又见《轻重戊篇》。梁指汉时梁孝王之梁国而言,说详《轻重戊篇》。赵亦三家分晋后之国名。管子时安得有梁赵?至“濮阳”二字,既非国名,又非特别重要之地。惟《战国策》称吕不韦为濮阳人。至《史记·货殖传》始有“濮上之邑徙野王”

之语。盖汉代天下一统，采用郡国并行制。有不少诸侯国名，多沿用周末旧诸侯国名。统计本书所提国名，共有虞(《巨(策)乘马》、《乘马数》、《国准》、《轻重戊》)、夏(《国准》、《轻重戊》)、殷(《国准》、《轻重戊》)、周(《国蓄》、《山国轨》、《山至数》、《地数》、《揆度》、《国准》、《轻重甲、乙、丁、戊》)、齐(凡五十七见，不具引所见篇名)城阳、济阴(《山至数》、《轻重丁》)、晋(《山权数》)、孤竹、离枝(《山权数》、《轻重甲》)、秦(《山至数》、《揆度》、《轻重戊》)、楚(《地数》、《轻重甲》、《轻重戊》)、燕(《地数》、《揆度》、《轻重甲、戊》)、梁、赵、宋、卫、濮阳(《地数》、《轻重甲、戊》)、越、吴(《轻重甲》)、发、朝鲜(《揆度》、《轻重甲》)、禺氏(牛氏)(《国蓄》、《地数》、《揆度》、《轻重甲、乙》)、纪氏(《轻重乙》)、莱、莒(《轻重乙、丁、戊》)、滕、鲁(《轻重乙》)、衡山(《轻重戊》)、代(《轻重戊》)等三十国。其中，吴、楚、鲁、衡山、齐、城阳、燕、赵、梁、济阴、代等十一国，见于《史记·景纪》及《汉兴以来诸侯年表》，滕国见于《史记·惠景间侯者年表》，发(北发)、禺氏(月氏)见于《汉书·王恢传》及《西域传》，朝鲜、越国见于《史记·平准书》、《朝鲜传》及《南越传》。以上皆属于汉代所建国名或兄弟民族国名。又除莱、莒、滕、纪、离枝、孤竹、禺氏、城阳、济阴等九国外，其余二十一国皆见于《史记·货殖传》中。仅《轻重戊》一篇所举虞、夏、殷、周、齐、鲁、梁、莱、莒、楚、代、衡山、燕、秦、赵共十五国中，即有鲁、梁、楚、代、衡山、燕、齐、赵八国与《史记·景纪》相同，及虞、夏、殷、周、齐、秦、代、鲁、赵、燕、梁、楚、衡山等十三国与《货殖传》相同。而且《货殖传》以"鲁梁"及"燕代"连称，《轻重戊篇》亦以"鲁梁""燕代"连称。又本书所举国名，如齐、赵、周、鲁、燕、楚、宋、卫、梁、吴、越、秦、衡山、孤竹、令支、晋、虞、夏、殷、朝鲜等二十国，皆见于《盐铁论》中，《货殖传》为司马迁对中国经济主要是汉代经济活动之具体记载，《盐铁论》则为参加会议各方代表之发言记录。决不能谓为两书所有国名，皆是从《轻重篇》抄袭而来，而必系《轻重篇》抄袭两书。关于此点，予将在有关各篇中分别论之。此又本书为汉人所作之一证也。

〔二四〕许维遹云："本犹国也。《轻重甲篇》作'守圉之国'，足证'本'与'国'同义。"郭沫若云："'本'乃'邦'之替字。汉人讳邦，或易以义同之'国'，或代以音近之'本'。"元材案：两说是也。尹注《轻重甲篇》云："本国自无盐，远馈而食。圉与御同。"

〔二五〕张佩纶云："'天下不减矣'，当依《山至数篇》作'天下不吾洩矣'，语意始明。"元材案：此说是也。洩即泄，解已见《乘马数篇》。钱文霈谓"减，损也，言不损于文武之数"者非。此正承上文桓公问"毋税于天下而外因天下"及管子答"内守国财而外因天下"之意而言。"然盐之贾必四十倍"以上，即"内守国财"之事也。自此以下，即"外因天下"之事也。若作不减，则不可通矣。

桓公问于管子曰："吾欲富本〔一〕而丰五谷，可乎？"

管子对曰："不可。夫本富而财物众，不能守，则税于天下。五谷兴丰〔二〕，巨钱〔三〕而天下贵，则税于天下。然则吾民常为天下虏矣。夫善用本者，若以身济于大海〔四〕，观风之所起。天下高则高，天下下则下。天高我下〔五〕，则财利税于天下矣。"

桓公问于管子曰〔六〕:"事尽于此乎?"

管子对曰:"未也。夫齐衢处之本〔七〕,通达〔八〕所出也,游子胜商之所道〔九〕。人求本〔一〇〕者,食吾本粟,因吾本币〔一一〕,骐骥黄金然后出。令有徐疾,物有轻重,然后天下之宝壹为我用。善者用非有,使非人〔一二〕。"

〔一〕元材案:本节"本"字凡七见,皆当作"国"字讲,与上文"守围之本"之"本"字相同。

〔二〕戴望云:"'兴'乃'与'字之误。与读为举,皆也。言五谷皆丰也。"张佩纶云:"'兴'当为'举'之坏。"元材案:"兴丰"一词在本书凡四见,即丰盛之意,乃本书习用术语,解已见《巨(策)乘马篇》。二氏说非。

〔三〕俞樾云:"此本作'吾贱而天下贵'。言五谷兴丰,则吾国之谷价贱而天下贵矣。故曰'五谷兴丰,吾贱而天下贵,则税于天下,然则吾民常为天下虏矣'。今作'巨钱'者,'吾'字缺坏,止存上半之'五',遂误为'巨'。至'贱'之与'钱',字形相似,音又相同,致误尤易矣。"张佩纶说同。

〔四〕戴望云:"'身'疑'舟'字之误。"

〔五〕王念孙云:"'天高'当作'天下高'。《轻重丁篇》作'天下高我独下'。"安井衡说同。元材案:"天下高"二句,解已见《乘马数篇》。

〔六〕何如璋云:"文承上。'问于管子'四字衍。"闻一多说同。

〔七〕元材案:"夫齐衢处之本"云云,又见《轻重乙篇》。惟彼处作癸度答武王语,又改"齐"为"吾国"。衢处之义,已详《国蓄篇》。惟此处及《轻重乙篇》所谓之"衢处",与《国蓄篇》及《轻重甲篇》所谓之"衢处",内容略有不同。《国蓄篇》及《轻重甲篇》,从国防上立言,故有"托食"、"壤削"之虞。此及《轻重乙篇》则从经济上立言,故交通愈便利则商业愈发达,国家所得之利益亦因之而愈大。《史记·货殖传》云:"洛阳街居在齐、楚、秦、赵之中。""街居"即"衢处"也。又《盐铁论·通有篇》大夫云:"燕之涿蓟,赵之邯郸,魏之温轵,韩之荥阳,齐之临淄,楚之宛邱,郑之阳翟,二周之三川,富冠海内,皆为天下名都。非有助之耕其野而田其地者也。居五诸侯之衢,跨街冲之路也。故物丰者民衍,宅近市者家富。富在术数不在劳身,利在势居不在力耕也。"两处所论,亦是从经济上立言者也。

〔八〕戴望云:"'达'字当是'道'字之误。"钱文霈说同。元材案:《荀子·王霸篇》:"通达之属莫不服从。"《儒效篇》同。杨倞注:"通达之属,谓舟车所至之处也。"《庄子》:"通达之中有数。"又《史记·郦食其传》:"夫陈留天下之冲,四通五达之郊也。"此处"通达",承上文"衢处"而言,即"四通五达"之意。戴氏说非。

〔九〕猪饲彦博云:"'游子胜商',《轻重乙》作'游客蓄商'。"丁士涵云:"'胜'当作'媵'。《方言》《广雅》并曰:'媵,寄也。''寄商'犹'客商'也。"尹桐阳云:"'胜商',任商也。谓行商而自任物也。"元材案:"胜"当作"幐"。幐即縢。《国策·秦策》:"赢縢履蹻。"縢,囊也。《左成三年传》:"郑贾人有将置于褚中以出。"郭庆藩注《庄子》,释褚为囊,云:"褚可以囊物,亦可以囊人也。"然则幐与褚皆商贾随身必带之物,幐商犹云负担货囊之商人也。

〔一〇〕俞樾云:"'求'乃'来'字之误。言人来吾国也。"

〔一一〕元材案:因者用也。"因吾本币",谓使用吾国之货币。

〔一二〕元材案:"骐骥黄金然后出",《轻重乙篇》作"然后载黄金而出"。盖皆指外人之来吾国者将其国之骐骥黄金输入吾国而言。盖齐为天下名都,街衢五通,乃商贾之所臻,万物之所殖者,故天下之商人来齐贸易者必多。司马迁所谓"人物归之,繈至而辐协"者是也。此等商人既至齐国,不能无食无用。而欲有食有用,非以彼国之骐骥黄金及其他宝物换成齐之国币以与齐之商人交易不可。故所食者必齐之粟,所用者必齐之币。然后政府运用命令之徐疾,轻重其食用与骐骥黄金万物之比价。若是则天下之宝物本非齐之所有者,皆可源源而来,尽为我所利用矣。所谓"善者用非有,使非人",即此道也。何如璋以"骐骥黄金然后出"为"外人载吾之骐骥黄金以出",钱文霈以"骐骥黄金"四字当在"然后"之下,"天下之宝"之上者皆非。又案此段文字及《轻重乙篇》癸度所言,皆与前在《乘马数篇》所引《盐铁论·力耕篇》大夫论"异物内流,利不外泄"一段语意略同。所谓"骐骥黄金然后出"及癸度所谓"然后载黄金而出",即彼处"夫中国一端之缦,得匈奴累金之物"与"赢驴驼馳衔尾入塞,驒騱騵马尽为我畜"之说也。所谓"天下之宝壹为我用",即彼处"钧羌胡之宝","鼲鼦狐貉采旃文罽充于内府,而壁玉珊瑚琉璃咸为国之宝"之说也。"善者用非有,使非人"二语又见《事语篇》及《轻重甲篇》。惟《事语篇》此二语乃桓公转述佚田之言而管子非之,此处及《轻重甲篇》则又极口称赞之,此又本书各篇不出自一时一人之手之一证也。

《管子·轻重乙》(节选)

桓公曰:"衡谓寡人〔一〕曰:'一农之事必有一耜一铫一镰一鎒一椎一铚〔二〕,然后成为农。一车必有一斤一锯一釭一钻一凿一銶一轲〔三〕,然后成为车。一女必有一刀一锥一箴一钛〔四〕,然后成为女〔五〕。请以令断山木,鼓山铁〔六〕。是可以无籍而用足。'"

管子对曰:"不可。今发徒隶而作之,则逃亡而不守。发民,则下疾怨上〔七〕。边境有兵,则怀宿怨而不战。未见山铁之利而内败矣。故善者不如与民〔八〕,量其重,计其赢,民得其十,君得其三〔九〕。有杂之以轻重〔一〇〕,守之以高下。若此,则民疾作而为上虏矣〔一一〕。"

〔一〕元材案:衡,财政机关名称,解已见《巨(策)乘马篇》。此处又借为人名。何如璋所谓"衡亦假设之名以明轻重者"是也。

〔二〕元材案:耜、铫,解已见《海王篇》。镰,《集韵》"或作镰"。《杨子方言》:"刈钩自关而西或谓之镰。"即今之镰刀。鎒同耨。《诗》"庤乃钱镈",《传》:"镈,鎒也。"《疏》:"鎒或作耨。"《汉书·王莽传》:"予之南巡,必躬载耨,每县则薅,以劝南伪。"颜师古注云:"耨,锄也。薅,耘去草也。"《字诂》云:"头长六寸,柄长一尺。"《国策》:"操铫鎒与农人居垄亩之中。"《淮南·说山篇》:"治国者若鎒田,去害苗者而已。"《盐铁论·申韩篇》:"非患铫耨之不利,患其舍草而去苗也。"耨与铫不同。铫是大锄,耨是小锄。椎,《说文》:"铁椎也。"《汉书·贾山传》"隐以金椎”,服虔云:“以铁椎筑之。”即筑土用之工具。铚,《说文》:“获禾短镰也。”《王莽传》:“予之西巡,必躬载铚,每县则获,以劝西成。”即收获用之镰刀。

〔三〕元材案:斤、锯,解已见《海王篇》。釭,车釭。《方言》:“车釭,齐燕海岱之间谓之锅,或谓之锟。自关而西谓之釭。盛膏者谓之锅。”钱绎《笺疏》:“釭之言空也。毂口之内,以金嵌之曰釭。”《说文》:“釭,车毂中铁也。”王氏以“中”字义未明,改为“口”,并云:“口者衔轴之处。每一毂,内外两口,皆有釭。”一毂两轮,当有四釭,谓之一釭者,盖此处只计算制车时需要用铁之各种器物,非按件数计算也。孙诒让不悟此理,谓“此云一釭,则不可通。釭当为钽之误”者失之。钻,《说文》:“所以穿也。”即穿孔用之钻子。《海王篇》作“锥”。凿,解已见《海王篇》。銶,尹注云:“奇收切,凿属。”《诗·豳风》“又缺我銶”《传》:“木属曰銶。”《释文》:“凿属。一解云:‘今之独头斧。’”轲,丁士涵云:“‘轲’当为‘柯’,即斧柄。”今案:斧柄乃木制,何必列为铁制工具之一?《说文》:“轲,车接轴也。”贯于车毂中持轮而转者谓之轴。车接轴,即将轴之两端以铁包之,以免为车釭所磨损。丁说失之。又案:据《方言》,镰及釭皆关以西人用语,在齐则称釭为锅。此亦本文作者不是齐人而是关以西人之一证也。

〔四〕元材案:刀,解已见《海王篇》。此处锥字与《海王篇》车工之锥不同。彼处“锥”字即此处车工之“钻”,此处“锥”字则为女工用以打鞋底之锥子。“箴”即针,《海王篇》作“鍼”。《太平御览》八三〇引作针。鉥,尹注云:“时橘切,长针也。”

〔五〕元材案:以上文字又见《海王篇》。惟彼处“衡谓寡人曰”作“铁官之数曰”。又所列各种生产工具,此处较《海王篇》为多。《海王篇》所列女工工具,只刀、针二种,此处则有刀、锥、箴、鉥四种,增加二种。《海王篇》所列农具只耒、耜、铫三种,此处则有耜、铫、镰、鎒、椎、铚六种,减少一种,增加四种。《海王篇》所列车工工具只斤、锯、锥、凿四种,此处则有斤、锯、釭、钻、凿、銶、轲七种,增加三种。此又不同时代有不同反映之一证也。

〔六〕安井衡云:“断山木,以为炭也。鼓山铁,鼓橐铸铁也。”戴望云:“‘鼓’乃‘豉’字之误。《说文》:‘豉,有所治也。读若垦。’此因声以得义。铁在山中,利垦治之也。”元材案:安井说是,戴氏说非也。鼓者鼓铸也,此汉人通用术语。《史记·货殖传》:“蜀卓氏之临邛,即铁山鼓铸。”又云:“迁孔氏南阳,大鼓铸。”《汉书·终军传》:“徐偃矫制使胶东鲁国鼓铸煮盐。”《淮南·本经篇》云:“鼓橐吹埵以销铜铁。”《盐铁论·复古篇》云:“往者豪强大家得管山海之利,采铁石鼓铸煮盐。”《水旱篇》云:“故民得占租鼓铸煮盐之时。”又云:“县官鼓铸铁器,大抵皆为大器。”又《刺权篇》云:“鼓金煮盐,其势必深居幽谷。”皆其证也。至其取义之由,据《终军传·如淳注》云:“铸铜铁,扇风火,谓之鼓。”以今语释之,即用鼓风炉冶铸铜铁。犹《揆度篇》之言“摇炉橐而立黄金”矣。

〔七〕元材案:两“发”字皆作征发讲。徒,刑徒。隶,奴隶。作,指从事“断山木鼓山铁”之劳动而言。《汉书·惠纪》:“三年六月,发诸侯王列侯徒隶二万人城长安”,即“发徒隶”之例。“逃亡不守”者,谓徒隶不愿劳动而逃亡,无法管理之也。发民,征发良民从事无偿劳动。《汉书·景纪》:“后三年,诏令吏发民若取庸采黄金珠玉者,坐臧为盗。”韦昭注云:“发民,用其民。”“发民则下怨上”，即《盐铁论·水旱篇》贤良所谓“卒徒作不中程，时命助之。发征无限，更繇以均剧，故百姓疾苦之”之意。

〔八〕元材案：“与民”即《汉书·食货志》董仲舒所谓“盐铁皆归于民”，《盐铁论·能言篇》贤良所谓“罢利官，一归之于民”及《相刺篇》文学所谓“商工市井之利未归于民，民望不塞也”之意，犹言放任人民自由经营也。

〔九〕安井衡云：“‘十’当为‘七’，字之误也。”元材案：此说是也。此谓政府应将山铁交由人民经营，并按三七比例分配盈利，无须自行经营也。

〔一〇〕元材案：杂，杂乱。“杂之以轻重”犹言“荡之以高下”。言使物价或轻或重，不可捉摸。

〔一一〕丁士涵云：“‘虏’乃‘膚’字误。”李哲明说同。张佩纶云：“虏，《说文》：‘获也。’为上虏，言为上力战而大获。对怀怨不战言。”元材案：诸说皆非。疾，力也。《吕氏春秋·尊师篇》“疾讽诵”，注：“疾，力也”是也。虏即下文“为天下虏”及《地数篇》“然则吾民常为天下虏矣”之虏，即俘虏之意。谓民之力作，有如俘虏者然，虽欲不为上用而不可得。《国蓄篇》所谓“故民无不累于上也”，义与此同。又案此文系对于衡所主张之山铁国营政策表示反对之意见。其理由即为劳动力之来源问题。如以徒隶为之，则恐其不易管理而或致逃散，若以良民为之，又因其为额外的力役之征，必将引起其对于政府之恶感。不仅平时有“下疾怨上”而令不行之现象，而且一旦边境发生战争，亦皆怀宿怨而不肯为君致死。故山铁国营，不惟无益于国，而且其害实有不可胜言者。此种思想之发生，实亦有其时代之背景，决非无病呻吟之谈。考汉代盐铁政策，在孔仅时，本为官民合营。所谓“募民自给费，因官器作煮盐，官与牢盆”是也。至桑弘羊主政，始一律改为国营。故《盐铁论·复古篇》大夫云：“故扇水都尉彭祖宁归，言‘盐铁令品’，令品甚明。卒徒衣食县官，作铸铁器，给用甚众，无妨于民。”夫既曰“衣食县官，给用甚众”，其为纯粹国营而非民营或官民合营可知。又曰“卒徒”，则其所用劳动工人，有奴隶（徒）亦有良民（卒）又可知。此一政策施行之结果，较完全由私人自办者，据代表政府之大夫所言，其优点固甚多。《盐铁论·禁耕篇》大夫云：“卒徒工匠以县官日作工事，财用饶，器用备。家人合会，褊于日而勤于用，铁力不销炼，坚柔不和。故有司请总盐铁，一其用，平其贾，以便百姓公私。……吏明其教，工致其事，则刚柔和，器用便。”括而言之，即山铁国营为私人自办所不可及者，约有六端。即（一）有充分之时间（日作工事），（二）有雄厚之资金（财用饶），（三）有统一之规格（一其用），（四）有公平之价格（平其贾），（五）有担任设计指导之工程师（吏明其教）及依照设计指导而工作之熟练的劳动工人（工致其事），（六）有合于当时科学水平的冶金比例（刚柔和）。如此，则由私人自办而发生之（一）“褊于日而勤于用”（时间及资金不足），（二）“铁力不销炼”，（三）“坚柔不和”等种种弊端，便可完全免除，而所铸造之器物，亦自无不适用之患矣（器用便）。然以上所论，不过从理论上言之耳。事实上能否如其所期一一实现，则全视各地主持人——盐铁官长吏等之是否严格奉行法令以为决定。据《盐铁论·水旱篇》贤良云：“县官鼓铸盐铁，大抵多为大器，务应员程，不给民用。民用钝弊，割草不痛。是以农夫作剧，得获者少，百姓苦之矣。”又云：“今县官作铁器多苦恶，用费不省。卒徒烦而力作不尽。家人相一，父子戮力，各务为善器。器不善者不集(售)。农事急，挽运衍之阡陌之间。民相与市买，得以财货五谷新弊易货，或时贳。民不失作业，置田器，各得所欲，更繇省约。县官以徒复作缮治道桥，诸发民便之。今总其原，一其贾，器多坚硬，善恶无所择。吏数不在，器难得。家人不能多储，多储则镇生。弃膏腴之日，远市田器，则后良时。盐铁贾贵，百姓不便。贫民或木耕手耨，土耰啖食。铁官卖器不售，或颇赋与民。卒徒作不中程，时命助之。发征无限，更繇以均剧。故百姓疾苦之。”又《禁耕篇》文学云：“故盐冶之处，大抵皆依山川，近铁炭。其势咸远而作剧。郡中卒践更者多不勘，责取庸代。县邑或以户口赋铁而贱平其准。良家以道次发僦运盐铁，烦费。邑或以户。百姓病苦之。”可见汉代盐铁国营政策中，所用工人主要皆出于徒隶。但亦有因卒徒作不中程而临时征发良民以“时命助之”者。故一则曰“百姓苦之矣”，再则曰“百姓疾苦之”，三则曰“百姓病苦之”。“下疾怨上”甚矣。盐铁会议举行于汉昭帝始元六年(公元前八一年)，上距汉武帝元封元年(公元前一一〇年)桑弘羊为治粟都尉兼领大农，尽代孔仅管理天下盐铁之时，不过二十九年耳。其时桑弘羊尚健存，而其流弊即已如此。但贤良文学对于奴隶逃亡，均无一语及之。《史记·平准书》载卜式为御史大夫，因孔仅言盐铁时，亦只列举“县官作盐铁，铁器苦恶，贾贵，或强令民卖买之”等三弊，而不言奴隶逃亡。至成帝时，始连续发生颍川及山阳之两次铁官徒暴动。《汉书·成纪》载：“阳朔三年(公元前二二年)夏六月，颍川铁官徒申屠圣等一百八十人杀长吏，盗库兵，自称将军，经历九郡。遣丞相长史御史中丞逐捕。以军兴从事，皆伏辜。”又载：“永始三年(公元前一四年)十二月，山阳铁官徒苏令等二百二十八人攻杀长吏，盗库兵，自称将军，经历郡国十九。杀东郡太守汝南都尉。遣丞相长史御史中丞持节督趣逐捕。汝南太守严䜣捕斩令等。迁䜣为大司农，赐黄金百斤。”关于后者，《汉书·天文志》及《五行志》亦各有记载。《天文志》云：“永始三年，十二月庚子，山阳铁官亡徒苏令杀伤吏民，篡出囚徒。取库兵、聚党数百人为大贼。逾年，经历郡国四十余。”《五行志》云：“山阳亡徒苏令等党与数百人盗取库兵，经历郡国四十余。皆逾年乃伏诛。”一则曰“山阳铁官亡徒”，一则曰“山阳亡徒”，足证当日铁官徒隶之逃亡不守，实已成为不可否认之事实。而其暴动所经历之地方竟达四十余郡国之多，占汉代全国郡国一百三之百分之四十余。其范围之广，声势之大，与罗马之以斯巴达卡斯(?——纪元前七一)为首之奴隶大起义，可谓东西相映，无独有偶。于此，吾人可得下列结论，即本文著者在盐铁政策上之意见，与桑弘羊实已完全不同。其所以发生不同意见之原因，第一，由于著者对于财政经济，素持“物之所生不若其所聚”之主张，故认为与其自行生产，不如使人民生产而以轻重之策操纵之，反可收到“一可为十，十可为百”之效果。第二，由于吸收桑弘羊盐铁国营政策施行以后发生流弊之实际经验与教训，故遂提出此修正之意见。惟于此有应特别注意者，即“善者不如与民”一语，亦自有其时代背景。汉武帝实行盐铁专卖政策，一开始即遭到不少人之反对。东郭咸阳、孔仅所谓“沮事之议不可胜听”(《史记·平准书》)者，全属事实。董仲舒即曾提出“盐铁皆归于民”之建议(《汉书·食货志》)，司马迁亦发为"上者因之,……最下者与之争"(《史记·货殖列传》)之言。至昭帝始元六年,举行盐铁会议时,代表反对派之贤良文学,更大肆鼓吹其"宜修孝文时政"(《汉书·杜延年传》)的复古主张,一则曰"今郡国有盐铁、酒榷、均输,与民争利,……愿罢盐铁酒榷均输"(《盐铁论·本议篇》),再则曰"文帝之时,无盐铁之利而民富"(《非鞅篇》),三则曰"设机利,造田畜与百姓争荐草,与商贾争市利,……愚以为非先帝之开苑囿池籞可赋归之于民"(《园池篇》),四则曰"商工市井之利,未归于民,民望不塞"(《相刺篇》),五则曰"罢利官,一归之于民"(《能言篇》)。可见以盐铁与民,乃是自董仲舒、司马迁以来直至贤良文学,所共有之一贯主张。今本书在许多经济政策方面,基本上是与桑弘羊一派相同,独至山铁一项,却又采取与桑弘羊相反之贤良文学的意见。因此,不仅可以证明本书之写成,当在成帝时两次铁官徒暴动以后,而且还可以证明本书与《盐铁论》间之关系,确实是本书抄《盐铁论》而不是《盐铁论》抄本书,殆已毫无疑义矣!又案:郭沫若于引用拙稿本节前半段文字之后,又加以案语云:"马氏以《管子轻重》诸篇作于王莽时,故以此徒隶逃亡作为成帝时铁徒暴动之反映,说虽新颖,但大有可商。考春秋中叶齐灵公时器《叔夷钟铭》,已有'造铁徒四千为汝敌寮'语,而秦代亦有'铁官'(见《史记·自叙》'司马昌为秦主铁官,当始皇之时')。是可证铁初发现时固主要为官营。官营,则徒隶逃亡乃经常事,不必至成帝时始有铁徒暴动发生。奴隶暴动,非至大火燎原,例为史官所不载。且如陈涉吴广起义,亦为徒隶大暴动,虽非铁官徒,然不能断言其中固毫无铁官徒存在也。《汉书·食货志》董仲舒疏:'(秦)田租口赋,盐铁之利,二十倍于古。……民愁无聊,亡逃山林,转为盗贼',此语尤足证铁徒逃亡暴动之事,不始于汉。"今案:此处有两点应该注意。第一,关于《叔夷钟铭》"造铁徒四千"云云,原文作"遖(省作陶,或释造)戜徒四千",近已有人认为与铁无关。据称:"叔夷钟为齐灵公(公元前五八一——前五五四年)时器。中心问题是'戜'可否释为铁。从文字衍变看,戜、戜的出现,自应早于铁。戜、戜与戴同,都是指黑色,引申为隶徒或庶人的代名词。所指身份,与'土驭'(即'徒御')相近。有人认为'戜人'和'陶戜徒'都应是一种服兵役的自由民。从上引《叔夷钟铭》的前后文义看,陶戜,也有可能是地名。总之,这个字与铁无关。"(见一九七六年《文物》第八期黄展岳:《关于中国开始冶铁和使用铁器的问题》)第二,一个历史问题,不能孤立地去求解决。毛泽东同志教导云:"世界上的事情是复杂的,是由各方面的因素决定的。看问题要从各方面去看,不能只从单方面看。"此实吾人分析问题之最要法门。即以《轻重乙》本篇而论,篇中有"壤列"一词,乃董仲舒《春秋繁露·爵国篇》"地列"二字之演变。又有"如胸之使臂,臂之使指"二语,则抄自贾谊《陈政事疏》。"善者不如与民",则与董仲舒及《盐铁论》贤良文学之意见完全相同。而其所谓"兼霸之壤三百有余里",则竟下与《汉书·刑法志》所论毫无二致。至"汝汉之金""禺氏旁山之玉",亦皆为汉代现实事实之反映,前者见于《盐铁论·力耕篇》,后者据王国维考证,亦汉文景时事。此外,本节所列农工业生产工具,比《海王篇》所列为多,仅农器一项,即有鎌、鎒、椎、铚四种为《海王篇》所未有。而鎒与铚,乃王莽巡狩时所亲自携带以为天下之倡导者。又车工所用之"釭",据《方言》乃关以西人用语,在齐人则称之为"锅"。

则此文作者似亦是关以西人，而非齐人。又“通货”一词，在《盐铁论》中，尚只称为“通施”，本书《国蓄篇》亦称为“通施”。至本篇乃忽改称为“通货”。若与上面所述各事联系观之，则此“货”字亦只能认为是王莽所造宝货五品之反映，而不是所谓“齐邦法化”“即墨法化”之化，亦甚明显。总而言之，本书所言盐铁政策，从其全部建制，及由此建制而派生之各种有关专门术语，如“管”“筦”“鄣”“衡”“准”“长度”“巧币”“公币”“公钱”“平贾”“月贾”，殆无一而不是汉代现行经济政策及现实社会经济生活之反映。当然，亦有若干字句或事实，曾孤立地见于古时文物之中，如“铚”字见于《诗·周颂·臣工》，“铁官”见于秦始皇时。此如《墨经》中有关于光学之纪录，确为事实。但如果据此即断定今日之声光化电等科学原理及其规律，在二千余年前之《墨子》书中即已形成，则未能免于“但见树木不见森林”之讥矣！

贰

考古资料篇

齐地历年出土铁器统计表

时间	地点	器类	名称	时代	发表刊物
1995年3月至5月	长清县五峰镇北黄崖村南	兵器	铁援铜内戈1	春秋早期偏晚	《考古》1998年第9期
1986年3月	沂水县城西北王家庄子乡石景村西岭	生活用具	削1	春秋中晚期	《考古》1988年第3期
1982年秋	新泰市小协镇郭家泉村北柴汶河北岸	?	箍形铁器、带铁箍的块状物、带铁箍的灰白色块状物	春秋晚期	《考古学报》1989年第4期
1972年秋	济南市文化西路千佛山北麓基建工地	?	铁片1	战国中期	《考古》1991年第9期
1996年5月	临淄区齐都镇南马坊村东700处	生活用具	釜1	战国中期	《考古》1999年第2期
1971年12月至1972年5月	淄博市旧临淄县郎家庄村旁	农具	镬9、斧5、锄1、凿1削2	东周	《考古学报》1977年第1期
1956年7月	青岛市崂山郊区东古镇村	衣饰	带钩1	东周	《考古》1959年第3期
1984年秋	淄博市淄川区罗村镇南韩村东北	农具	锄1	战国	《考古》1988年第5期
1983年12月	临沂金雀山西北侧的南坛百货楼工地	兵器、生活用具	矛1、剑5、勺1、环首刀3、长条器1	战国晚期至西汉中晚期	《文物》1989年第1期
1992年9月至1993年1月;1993年5月至6月	淄博市临淄区永流乡商王村西侧	生活用具、兵器	剑1、杆形器40、削4、针50、条形器2、锄1、夯1、锸4、铁柄玉匕1、包金铜镈铁柲铜铍1	战国晚期	《临淄商王墓地》,齐鲁书社1997年5月
1973年夏	文登县简山公社铁权村	度量衡	铁权1	秦代	《文物》1974年第7期

（续表）

时间	地点	器类	名称	时代	发表刊物
1978年11月至1980年11月	淄博市临淄区大武乡窝托村南	兵器、生活用具、车马器、农具	铠甲、殳2、戟141、矛6、铍20、杆形器180、镬1、臿1、锄1、削3、暖炉1、辖8、釭8、车垫4、车饰19、马衔2、销3、残铁器4、环2	西汉初年	《考古学报》1985年第2期
1992年9月至1993年1月；1993年5月至6月	淄博市临淄区永流乡商王村西侧	农具	锸4	西汉前期	《临淄商王墓地》，齐鲁书社1997年5月
1972年2月	临沂县白庄公社南坦大队金雀山北侧断崖	兵器、生活用具	钫1、鼎1、釜1、剑1、匜1	西汉前期	《考古学集刊》第1辑
1972年9月	莱芜县牛泉公社亓省庄大队	农具铁范	犁范、犁阳范、双镰范、镢范、铲范、耙范	西汉前期	《文物》1977年第7期
1997年4月	临沂市内银雀山中段市畜牧局旧址新建楼基地槽内	兵器	剑1	西汉中期	《考古》1999年第5期
2000年5月至6月	青岛市平度灰埠镇潘家村东北的界山上	生活用具、农具、兵器	壶3、鏊1、镬1、剑2	西汉中期	《考古》2005年第6期
1982年2月	五莲县张家仲崮村北仲崮山阳半坡上	生活用具	灯1	西汉中期偏晚	《文物》1987年第9期
1997年	潍坊市寒亭区朱里镇后埠下村西的土埠岭上	农具、生活用具	锸4、犁1、斧1、削1、刀2、镊子1、带钩1	西汉中、晚期	《山东省高速公路考古报告集》(1997)
1978年1月	青岛市北郊崂山县城阳公社古庙大队	生活用具	镊1	西汉中晚期	《考古》1980年第6期
1992年9月至1993年1月；1993年5月至6月	淄博市临淄区永流乡商王村西侧	兵器、生活用具、农具	剑2、刀1、削6、锸4	西汉后期	《临淄商王墓地》，齐鲁书社1997年5月
1997年8月	阳谷县定水镇吴楼村西北砖窑厂	兵器、农具	剑2、环1、镬齿1	西汉晚期	《考古》1999年第11期

（续表）

时间	地点	器类	名称	时代	发表刊物
1995年12月	威海市环翠区桥头镇黑石屯村	农具	镬1	西汉	《考古》1997年第5期
1979年4月	青岛市崂山县城阳公社古庙大队	兵器、生活用具	环首刀1、剑1	西汉	《文物资料丛刊》第9辑
1958年10月	临淄齐故城内	农具	锛5、斧4、镬2、锄2、凿1、铲1、犁1、镰1、锯1	西汉	《考古》1961年第6期
1986年3月至5月	莱芜市城子县村	石范	双刀范1	西汉	《考古》1989年第2期
1978年12月	莱西县小沽河东岸院里公社岱墅村东	兵器、生活用具	钢剑1、刀1、削1、镇4	西汉	《文物》1980年第12期
1997年5月	临沂市兰山区义堂镇化沂庄村西	农具	削1、镬1、铲1、锸1	汉代	《山东省高速公路考古报告集》(1997)
1997年7月	潍坊市寒亭区朱里镇会泉庄东南300米	农具	锸2	汉代	《山东省高速公路考古报告集》(1997)
1997年春	长清县平安店镇小范庄村南金牛山北坡上	夯具	夯2	汉代	《山东省高速公路考古报告集》(1997)
1984年10月至1985年10月	淄博市临淄区金岭镇以南乙烯厂区	农具、兵器、车器	铲1、锛3、镬1、锸1、戟1、剑1、釭1、钩2、环3、镶金铁块、残断铁条等	东汉	《考古学报》1999年第1期
1985年4月	临淄区孙娄乡孙家营村	农具	犁铧2、锄3、镢1、斧1	战国	《临淄文物志》，中国友谊出版社1990年
？	临淄区	度量衡	权1	秦汉	《临淄文物志》，中国友谊出版社1990年
1964年夏至1966年5月	临淄齐国故城		冶铁遗址	东周、汉代	《文物》1972年第5期

齐地历年出土铁器考古文献目录

1.山东长清县仙人台周代墓地 …………………… 山东大学考古系　崔大庸　任相宏
2.山东沂水发现一座东周墓 ……………… 沂水县博物馆　马玺伦　孔繁刚　赵慧荣
3.山东新泰郭家泉东周墓
…………………………… 山东大学历史系考古专业　山东省新泰市文化局　马良民
4.济南千佛山战国墓 ………………………………………………………… 李晓峰　伊沛扬
5.山东淄博市临淄区南马坊一号战国墓 …………… 淄博市博物馆　徐龙国　王　滨
6.临淄郎家庄一号东周殉人墓 …………………………………………… 山东省博物馆
7.青岛市崂山郊区东古镇村东周遗址 …………………… 山东省文物管理处　李步青
8.淄博市南韩村发现战国墓 …………………………………… 淄博市博物馆　于嘉芳
9.山东临沂金雀山九座汉代墓葬 ……………………………… 临沂市博物馆　冯　沂
10.临淄商王墓地战国晚期墓葬 ……………………………… 淄博市博物馆　徐龙国
11.山东文登发现秦代铁权 ………………………………………………… 蒋英炬　吴文棋
12.西汉齐王墓随葬器物坑 …………………………………… 淄博市博物馆　贾振国
13.临淄商王墓地西汉前期墓葬 ……………………………… 齐故城博物馆　朱玉德
14.山东临沂金雀山一号墓发掘简报 ……………………………… 临沂文物组　刘心健
15.山东省莱芜县西汉农具铁范 …………………… 山东省博物馆　朱　活　毕宝启
16.山东临沂市银雀山的七座西汉墓
…………………………………………… 银雀山考古发掘队　徐淑彬　高本同　苏建军
17.山东青岛市平度界山汉墓的发掘
……………………………… 青岛市文物局　平度市博物馆　林玉海　荆展远　王艳
18.山东五莲张家仲崮汉墓 ………… 潍坊市博物馆　五莲县图书馆　曹元启　王学良
19.山东潍坊后埠下墓地发掘报告
………… 山东省文物考古研究所　寒亭区文物管理所　郑同修　李曰训　王会田　潘　波
20.青岛市郊区发现汉墓 ………………………………………………………… 孙善德
21.临淄商王墓地西汉后期墓葬 ……………………………… 淄博市博物馆　贾振国
22.山东阳谷县吴楼一号汉墓的发掘

齐地历年出土铁器考古资料

1.山东长清县仙人台周代墓地

戈 1件(M6:GS12)。援为铁质,内为铜质。援较宽大,短胡,上有三个长方形穿;内也较宽大,上有一长方形穿。近穿部饰卷云纹。通长27.5厘米。

2.山东沂水发现一座东周墓

铁削 1件。锈蚀严重,残断。环形首,削身微呈弓形。残长20.5、宽1.2～1.5厘米。

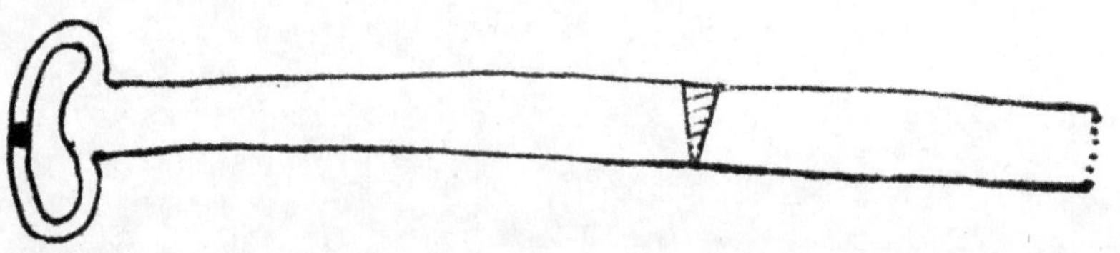

3.山东新泰郭家泉东周墓

铁器 2件。M8出土,锈蚀严重。8:8,为一凹形铁条,中部有扭结,两端顶部微内曲。观其形状,似原为一扁梯形铁箍,后截去梯形的顶端段。宽17、铁条直径1.2厘米。该器出在椁西挡板上方偏西10厘米,估计原来放在椁盖上。8:7,是一件不知名块状物上的铁箍,系用铁条缠绕一周扭结固定在上面的。截面形状锈蚀不清,带锈直径约0.8厘米。

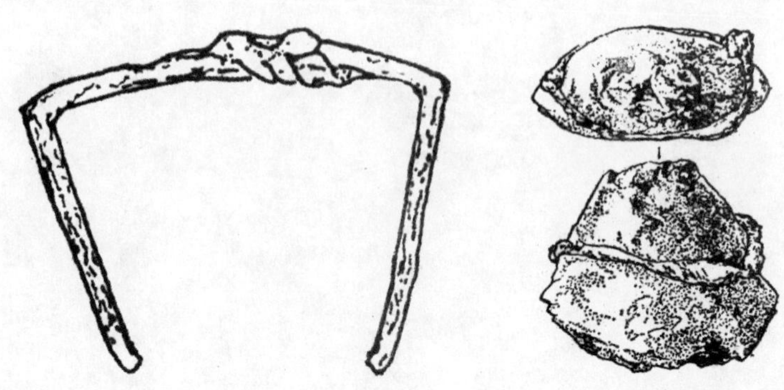

4.济南千佛山战国墓

铁片　1件(JCZ 72:028)。通体锈蚀,不辨何器。长11.9、宽9厘米。

5.山东淄博市临淄区南马坊一号战国墓

铁斧　1件(M1:03)。填土中采集。锈蚀较甚。平面呈长方形,顶端宽厚,銎呈长方形,銎内朽木尚存,刃部稍窄,呈圆角弧形。长14、宽7.6、厚5厘米。

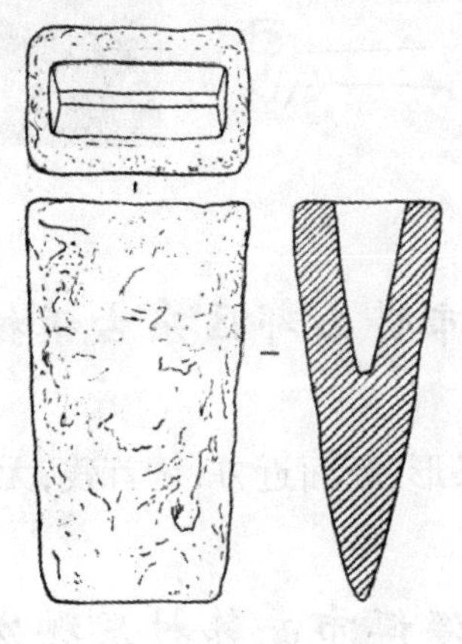

6.临淄郎家庄一号东周殉人墓

盗坑中发现铁农具10件。计有:

镬　9件。其中四件形体较长,椭圆銎。五件较宽,长方形銎。

斧　5件。

锄　1件。方銎,已残。

凿　1件。

铁器上有的还锈结着椁板或骨、石珠子。

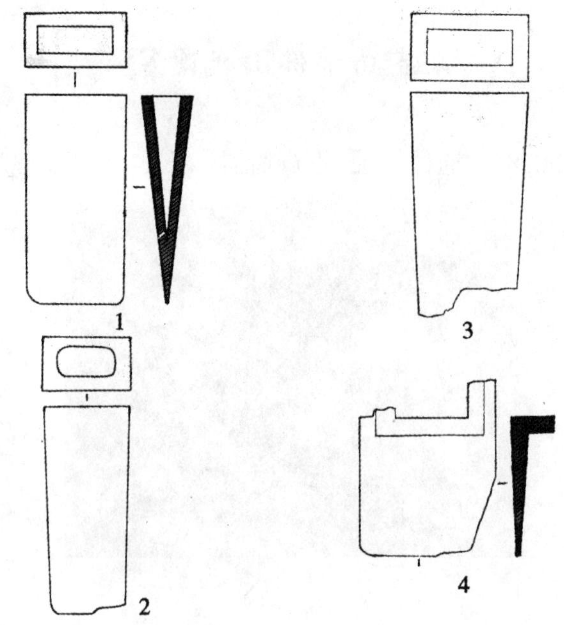

这些铁器应是盗墓者遗弃的盗掘工具。

铁削 2件。形制相同,均残损。较完整的一件(M1:1),直柄环首,弧背,削锋残缺,残长21.5厘米。

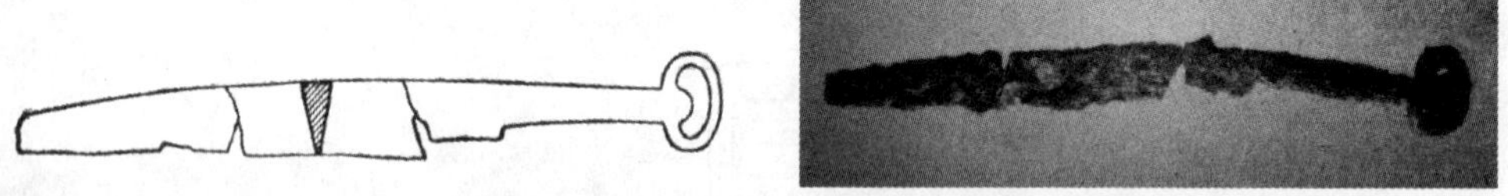

7.青岛市崂山郊区东古镇村东周遗址

铁带钩 1件。器身作方条形,断面近方,钩首残,无钮。长6.8、最宽处0.9、厚0.5厘米。

8.淄博市南韩村发现战国墓

锄 1件(M9:1)。长22.8、宽10.5、厚4厘米,六边形,凸方銎。

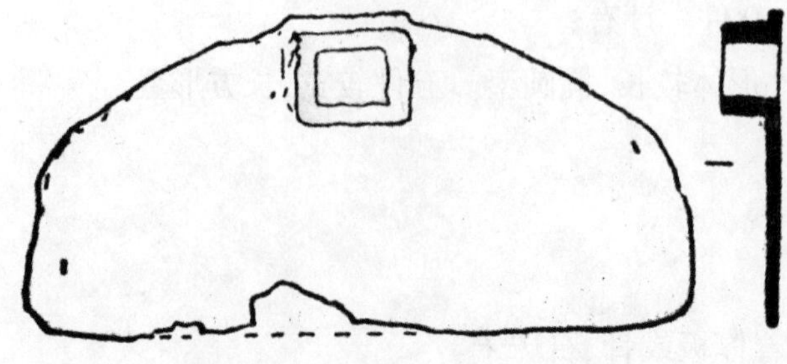

9.山东临沂金雀山九座汉代墓葬

矛 1件(M33:48)。锋刃,中线起脊,断面呈菱形,骰扁平,插入柄内。鞘、柄均为木质,外髹黑漆,柄端有一铜帽。矛身长27、柄长90.5厘米。

剑 5件。形制略同,只有1件较完整。M31:51剑身断面呈扁菱形,利刃,颈扁平,裹有一层麻丝,外套木胎黑漆剑柄,圆首铜格。全长93.3厘米。剑鞘为木胎,外髹黑漆,中间附一珥。(M33:49、M34:26、M26:2、M29:6)

环首刀 3件。M31:9刀背厚而外弧,长27.4厘米。M33:29刀背平直,长30.3厘米。M33:44刀背略弧,长40.5厘米。

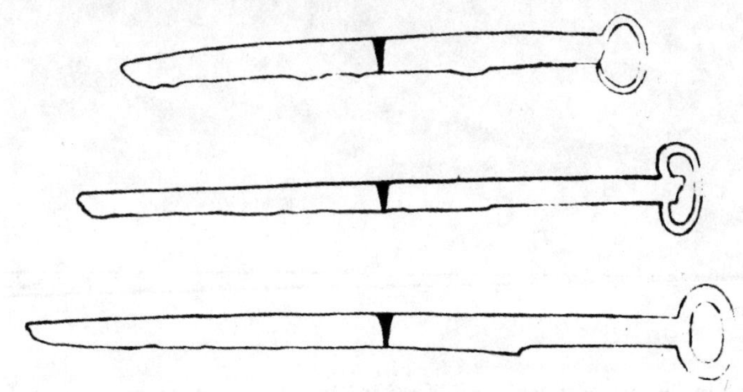

勺 1件(M31:17)。勺头圆形,柄细长,柄端背面套一铁环。勺头直径10.4~11、深3、柄长22.8厘米。

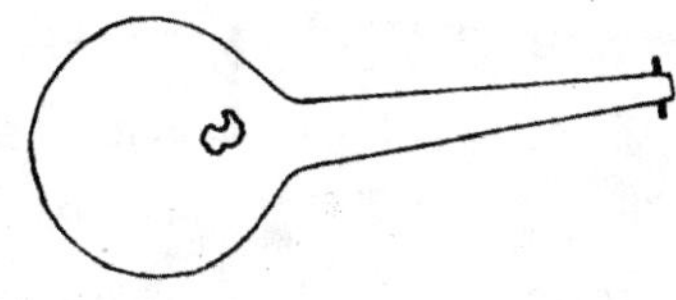

长条器 1件(M31:10)。扁平细长,一端弯曲呈环首。长50.7、最宽0.7、厚0.3厘米。

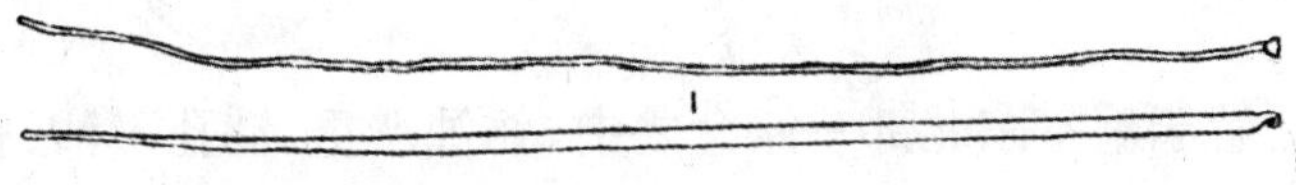

10.临淄商王墓地战国晚期墓葬

剑 1件(M2:49–①)。属玉具剑,包括剑身和玉质剑首、剑格、剑璏、剑珌等。剑身细长扁平,中脊稍高,剖面呈扁菱形,附有剑鞘朽迹。剑鞘用薄木做成,外面缠以丝织品,丝织品上有菱形带纹痕迹。剑首为圆形,剑格断面呈菱形,表面均雕刻花纹。铁剑通长108、宽3.5厘米。

杆形器 40支。置于M2墓室北部,分两捆堆放,每捆20支。锈蚀较甚。圆杆形,一端渐细呈尖状,外面附有朽木痕,应为兵器。M2:33,长29.1、粗端径0.9厘米。

削 4件。锈蚀较甚,附有木鞘朽迹。环首,根据刀身形状的差异分二式。

Ⅰ式刀 1件(M2:26)。刀身微曲,刃、柄有明显分界。通长29.6、宽2.8、背厚0.5、柄长6.8、环首径4.2厘米。

Ⅱ式刀 3件。刀身窄直。M1:84–③,通长14.6、宽1、背厚0.2、环径3厘米。

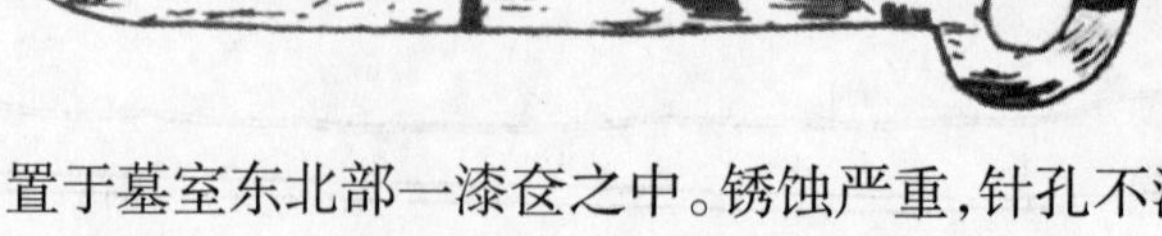

针 约计50枚。置于墓室东北部一漆奁之中。锈蚀严重,针孔不清,长约4.8、径约0.15厘米。

条形器　2件。残断。长条形，横断面呈长方形。置于铜炉附近，可能是拨火用具。M1:20-④，残长42、宽1.4、厚0.7厘米。

锄　1件（M3:01）。出土于填土之中。六边形，双面刃，上部有长方形銎，内存朽木痕迹。高12.8、刃宽21.8厘米。

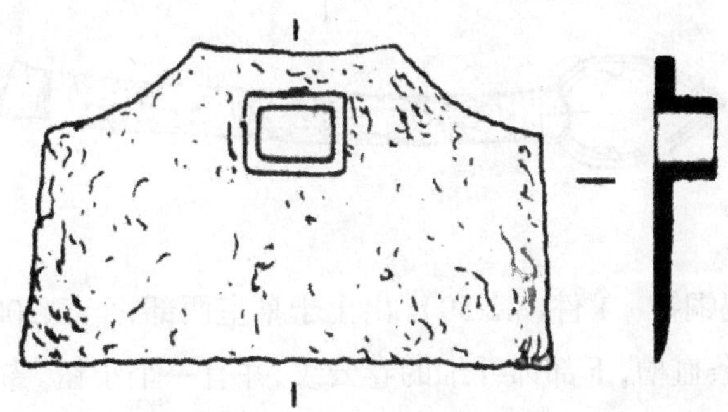

夯　1件（M3:02）。出土于墓内夯实的填土之中。圆柱形，上端有銎，内存朽木痕迹，下端略小，平底。出土时外底部黏附下凸的泥饼。口径6.5、底径6、高8.8厘米。

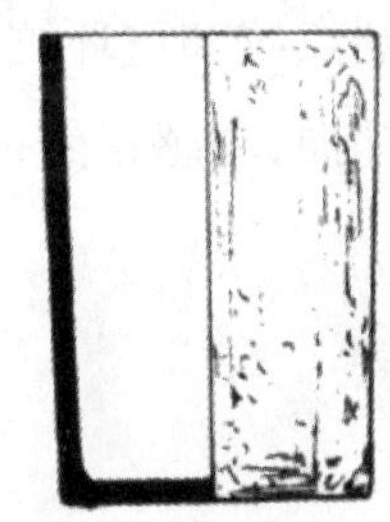

锸 4件，出土于M3和M4的填土中。“凹”字形，上端有銎，残存朽木痕迹，下端外弧双面刃。M3:03，高7.2、刃宽7.7厘米。

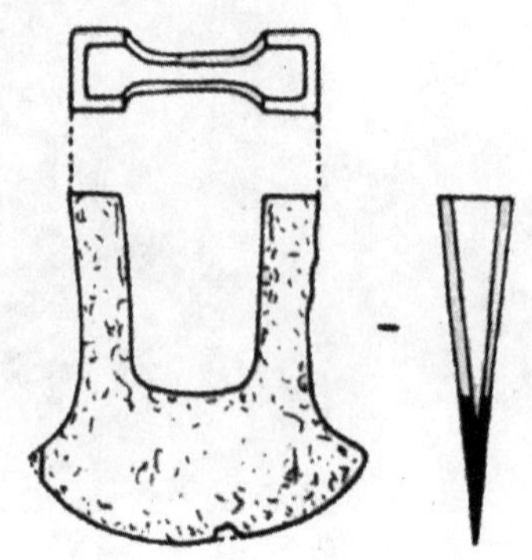

铁柄玉匕 1件（M1:38-②）。完整。首、环以白玉制成。首呈鸡心形，尖锋，中间起脊，四周为铜边所包。首下部为节状长方形銎，镶于柄部。铁柄略弯曲，断面呈三角形。柄下部有一鎏金铜螭虎，口衔扁圆形玉环。长20.9、首宽2.7、环宽5.1厘米。

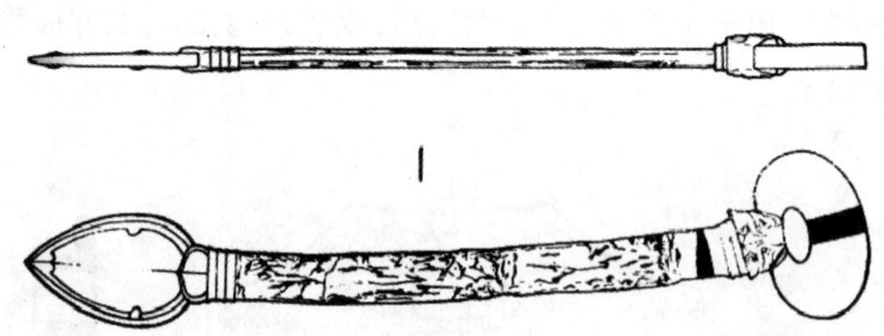

包金铜镦铁柲铜铍 1件（M2:59）。出土于墓室西部，全长208厘米。剑形铜首，断面呈菱形，两面各有三条血槽，下部饰纤细的卷云纹，并有一个小钮。铍首长26.6、宽5厘米。铁柲呈柱形，下部稍粗，据柲表面朽迹分析，当时柲表缠有丝线，长164、径1.8～2.8厘米。铜镦呈椭圆形，长12.3、径2.1～3厘米。表面包金，中上部饰宽带弦纹，并包银箍一周，除两侧面刻画阴线重环纹外，前后两面皆浮雕对称的龙凤纹图案。龙张口露齿，身体弯曲，足趾粗壮锋利；凤勾喙，羽冠，羽翅伸展，尾上翘，两足站立，翅和羽毛都用纤细的阴线加以刻画。龙凤以墨晶石为珠，身饰极细的弧线纹、圆点纹和重环纹，齿趾包银，形如钩镰。弯曲反转的龙体和伸展散开的凤羽，时隐时现，互相穿插，动感强烈，体现了高超娴熟的雕刻工艺。

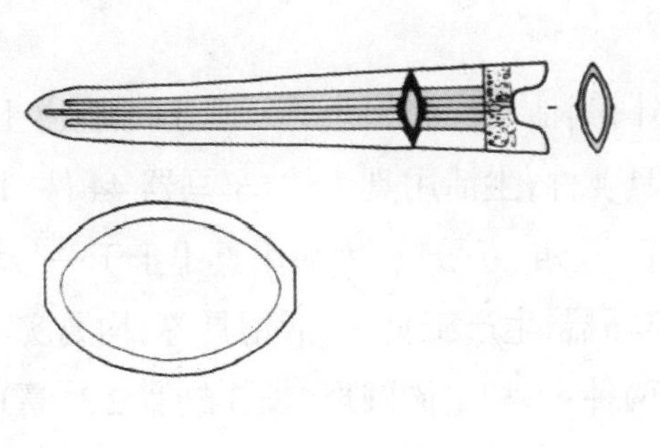

11.山东文登发现秦代铁权

铁权 1件。略呈扁圆形,平底,顶上铸半圆形的鼻,权旁镶一块铜诏版。通高19.4、腹围80、底径25厘米。重32.257千克。诏版长方形,横行11.1、上下最宽8.6厘米,边沿残缺不甚整齐。因权腹围是圆的,所以铜版略有弧度,正好镶在铁权旁一长方形的凹框内。铜版上刻秦始皇二十六年诏文,刻字九行,计四十字。诏文读为:

廿(六年),皇(帝尽)并兼天下诸侯,黔首大(安),立号为皇帝。乃诏丞相状、绾,法度量,则不壹,歉疑者皆明壹之。

12.西汉齐王墓随葬器物坑

铁器是陪葬坑中的重要随葬品，除二号坑外，其他坑均有出土，以三、五号坑出土数量最多。共410余件，其中兵器350余件，生产工具4件，生活用具1件，车马器44件，其他6件。兵器出土于三、五号坑，生产工具分别出土于一、四、五号坑，生活用具出土于一号坑，车马器全属四号坑出土。以兵器最丰富，其次是车马器、生产工具、生活用具等，均属实用器。

铠甲 数件堆放在一起，锈为一堆。甲片分两种：一种呈椭圆形，长3.5、宽2.3、厚0.1厘米，编缀成鱼鳞状，每片上都钻有小圆孔，部分甲片中间贴方形金箔，箔长1.4、宽1.2厘米。另一种为长方形，长3.8、宽3.2、厚0.1厘米，每片上钻有六个孔，部分甲片中部贴方形金箔。

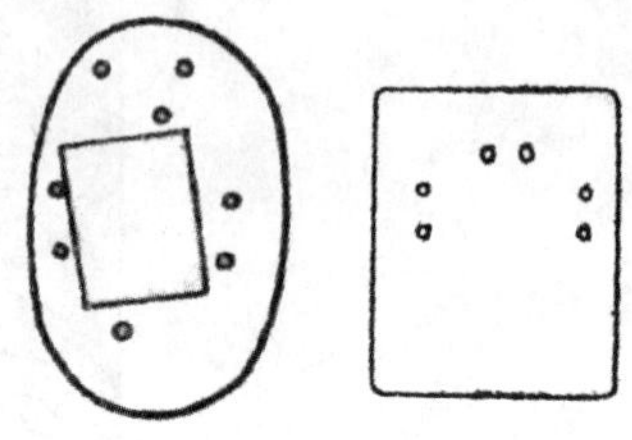

殳 2件。出土于五号坑，与矛、戈、戟等放在一起。细长如棍，上细下粗，断面呈圆形。5:44，直径1.8～2.7、长270厘米。

戟 141件。出土于三、五号坑，成捆堆放。作“卜”字形。刺、援外有黑褐色漆鞘，鞘系麻布胎。援内端贯穿一铜冒，用麻交叉缚缠以固定冒柲，刺胡长35.6、援长14厘米。

具筒状铜镦，銎如杏仁形，高8.4厘米。柲已朽，髹黑褐色漆，朱绘菱形纹，戟镦全长约290厘米。

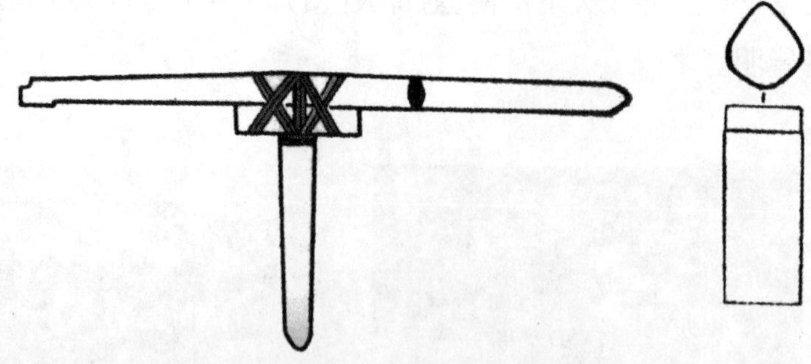

矛 6件。出土于五号坑，成束堆放，锈蚀较甚。分二式。

I式：2件。矛叶断面略呈菱形，后端有圆銎，銎口齐平。5:43-5，全长18厘米。具筒状铜镦，銎如杏仁形，长7.9厘米。柲已朽，矛柲镦总长268厘米。

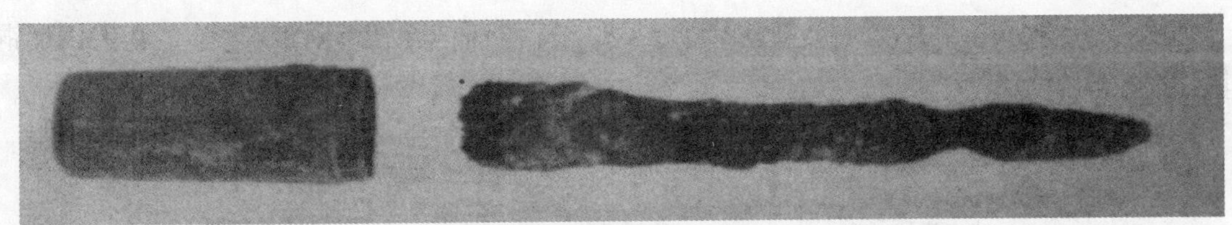

II式　4件。矛叶断面略呈菱形,末端呈偃月形。柲已朽,每件中部装有铜、银箍各一,均为腰鼓状,圆形銎。铜箍系铸成,5:43-1,高1.8厘米。

银箍系卷成,内有两插钉,卷到柲上固定,5:43-1,高2.25、径1.8厘米。

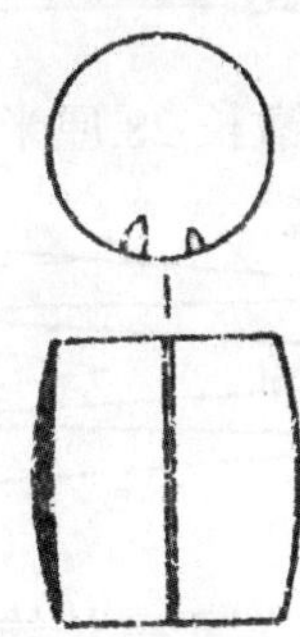

矛均具铜镦,分二种,每种二件。一种为管状,圆形銎,上粗下细,末端呈球形,长9.6厘米。另一种为管状,圆形銎,上粗下细,末端较平,长8.4厘米。

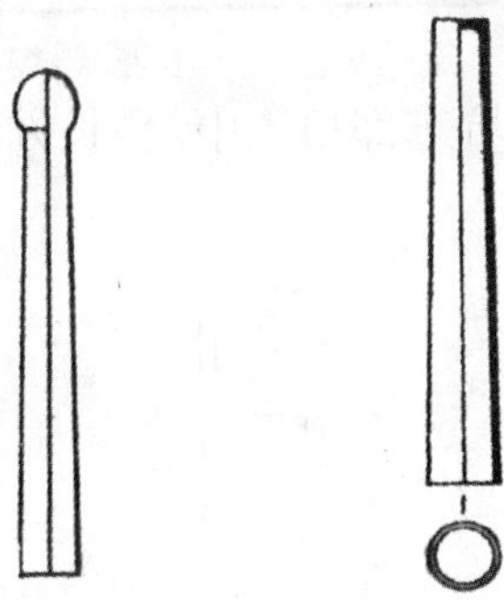

5:43-1,残长19、銎径2.4厘米。矛、柲、镦全长约244厘米。

铍 20件。出土于五号坑，成束堆放。剑形首，断面呈菱形，扁锥形茎，茎套尖齿形铜箍，箍槽刻云纹和尖齿纹。

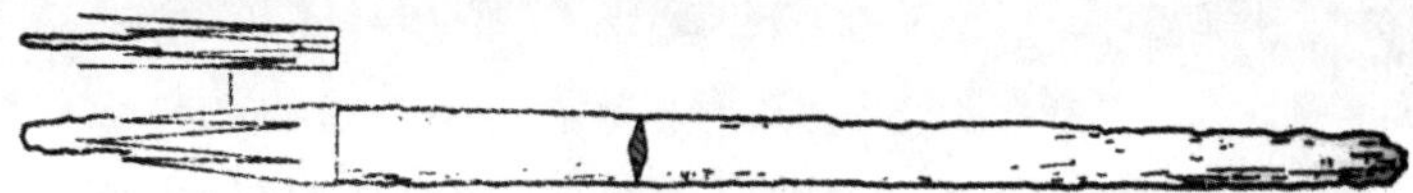

柲已朽，具铜镦，横断面呈菱形，中部饰宽带弦纹一周，前部有六个尖齿嵌入柲内。5:48-1，弦纹前部凿刻尖齿纹和对称的流云纹，后部凿刻流云纹。

5:48-2，宽带弦纹上凿刻三角纹，前、后刻对称流云纹。

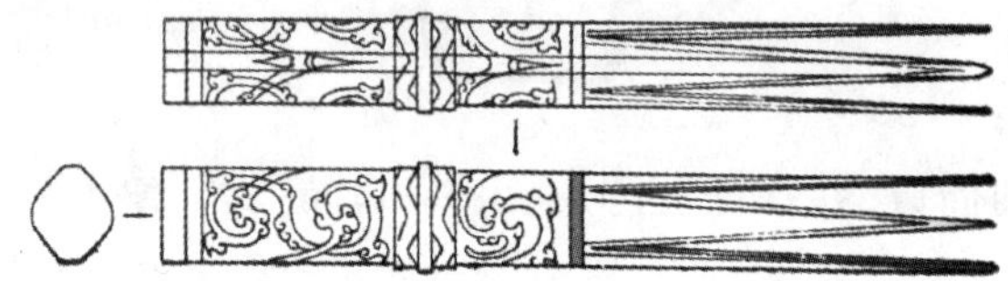

5:48-1，铍首长72厘米，箍长13.3、镦长28厘米，首、柲、镦总长290厘米。

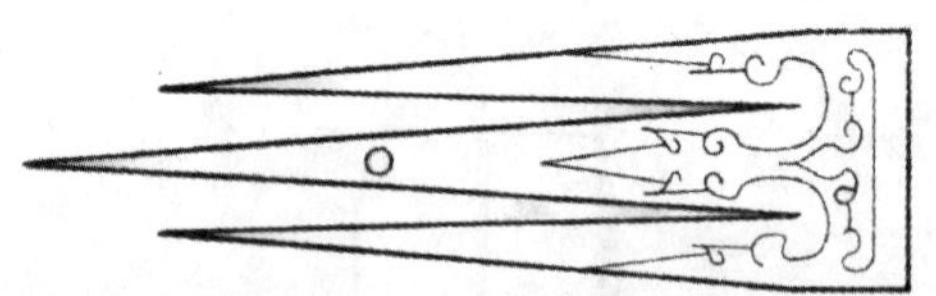

杆形器 约180件。出土于三号坑，置于一长约80、宽约43、高约20厘米的漆箱之内。叠放，已锈成一块，杆涂红漆。3:53-1，长39厘米。

钁 1件(1:01)。出土于一号坑东部填土中。呈长方形，上端有长方形銎，下端有外弧双面刃。长16、刃宽5.5厘米。

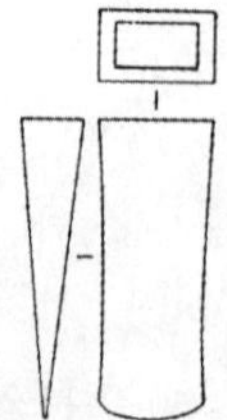

臿 1件(4:01)。出土于四号坑中部填土中。“凹”字形，上端有銎，下端有外弧双面刃。高8、刃部宽7.2厘米。

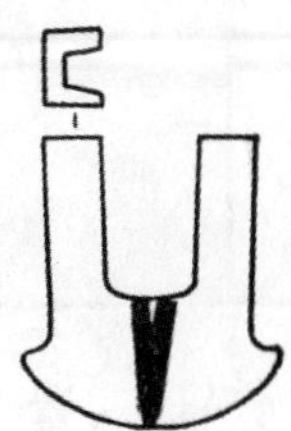

锄　1件(5:20)。出土于五号坑东部。呈六角形,上部有长方形横銎,下端有外弧单面刃。高11.4、刃宽18.6厘米。

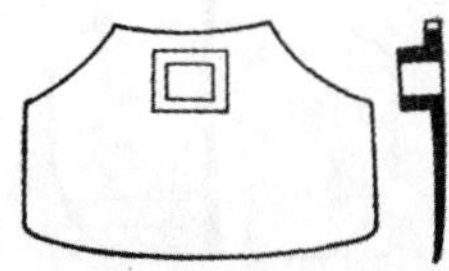

削　3件。出土于一号坑。大小相近,锈蚀较甚,已破碎。1:70,环首,扁条形铜柄,外弧双面刃。长37、宽3.2厘米。

暖炉　1件(1:55)。出土于一号坑中部。作长方形,口大底小,沿上有提梁二个,底部镂长条形和直角形通气孔各四个,底部附四蹄足,前后两壁各饰环钮二个。长51.5、宽37.5、高18.3、壁厚0.7厘米。

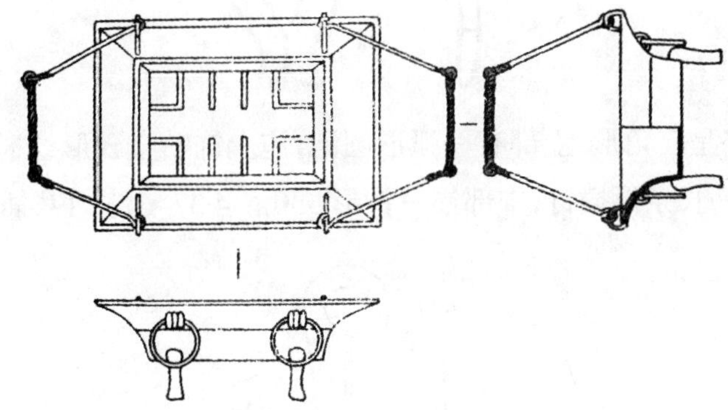

辖　8件。出土于四号坑,分属四辆车,紧靠车軎。圆筒状,锈蚀较甚。4:23,径5.8、高3.3厘米。

釭　8件。出土于四号坑,分属四辆车,嵌入毂内端。形状相同,锈蚀较甚。截锥状,小端有对称的两个凸销,以便固定于毂中,凸销处有朽木痕迹。4:18,高4.2、厚0.8、小端内径8.4、大端内径8.8厘米。

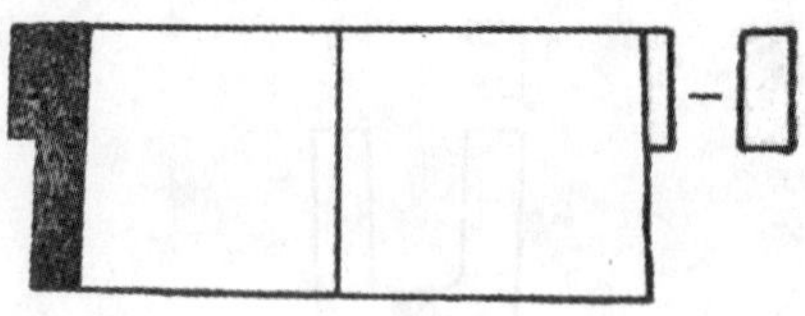

车垫 4件。出土于四号坑，分属1、2号车，置于车毂之上、轮舆之间。大小相近，形状相同。铲形，形体扁平，窄端粘有朽木痕迹。4:2，长11.7、宽11.4厘米。

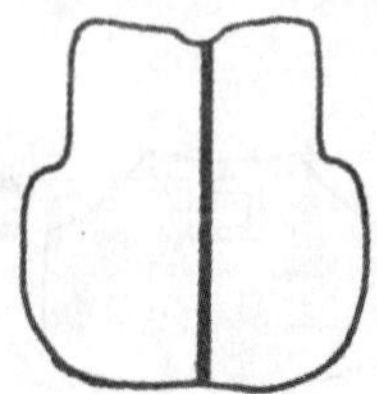

车饰 19件。出土于四号坑2、3号车舆之内，属车上的饰品。铁质，锈蚀较甚，花纹漫漶不辨。分三式。

I式 5件。略呈鱼形，上端有一弧形圆泡，泡面上饰贴金花纹，与铁泡锈成一块，难以分辨。圆泡背面有一长条形插钉，中部及下部有孔二个。4:37-5，长7.5、插钉长1.4厘米。

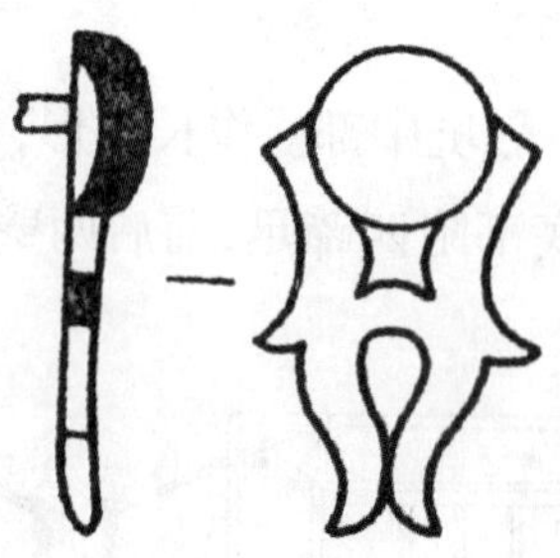

II式 6件。略呈三角形，上部有一弧形圆泡，泡上饰贴金云形纹，与铁泡锈成一块，难以分辨。泡背面有一长条形插钉，中部镂一针形长孔。4:37-6，长17、插钉长0.6厘米。

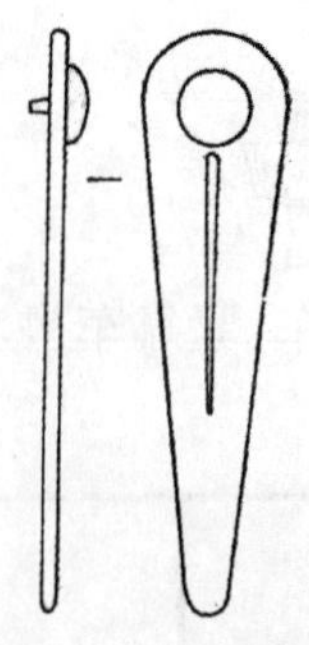

III式 8件。半球状，背面为凹形，有插钉。泡面上饰数个小圆泡，包金，与铁泡锈在一块，难以分辨。4:37-7，径3.6、高1.6厘米。

马衔 2件。出土于四号坑，大小相近，形状相同。作两节式，每节中部作扭索状，端部有大小扁环各一，以小环衔接，大环内串有长条形铁镳，断面呈方形，锈蚀较甚。4:21-13，衔长 20 厘米。

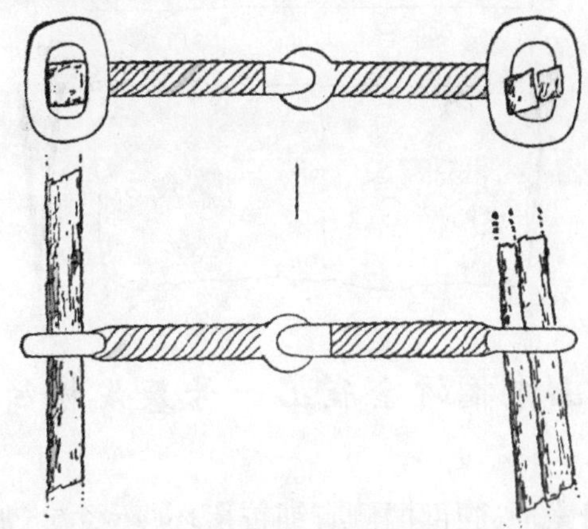

销 3 件。出土于四号坑,属车上的构件。长方形,锈蚀较甚。4:21-11,长 4.5 厘米。

环 2 件。出土于三号坑中部。大小相同,圆形,锈蚀较甚。3:67,径 16.2 厘米。

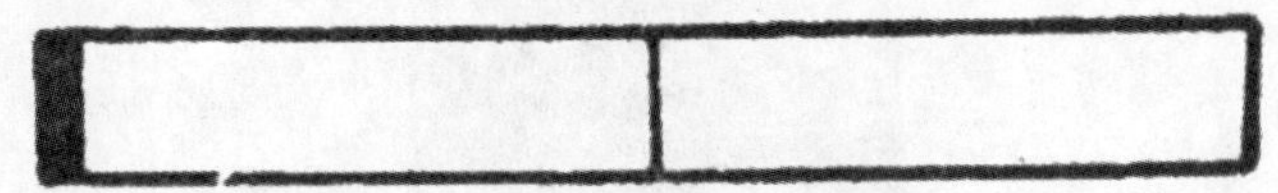

残铁器 4 件。出土于三号坑,锈蚀、残碎较甚。三件为长条形,残长 10~15 厘米。3:65,呈“卜”形,长 13 厘米。

13.临淄商王墓地西汉前期墓葬

锸 4 件。分出于 M13、M39 夯层填土中,属挖掘墓穴的工具,锈蚀较甚,分二型:

I 型 3 件。大小形制相同。分出于 M18、M13。凹字形,长方形銎,弧形双面刃,两端外撇。M13:01,高 7.3、刃宽 7.6、銎端长 5.5、宽 2 厘米。

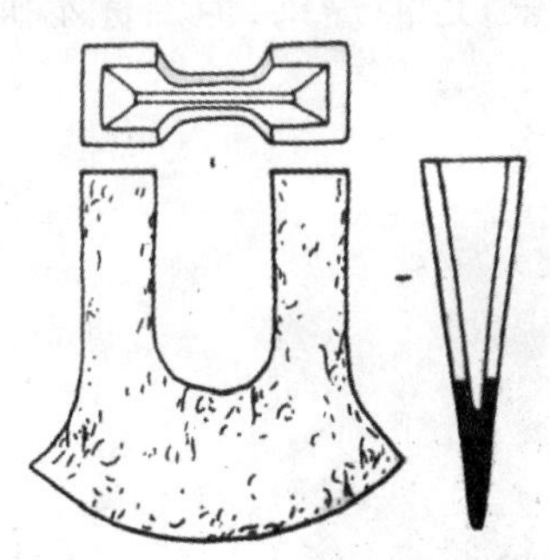

II 型 1 件(M39:01)。平面略呈梯形,上宽下窄,上端有銎,纵切面呈楔形,銎端长 13.9、宽 1.5、刃宽 12.8 厘米。

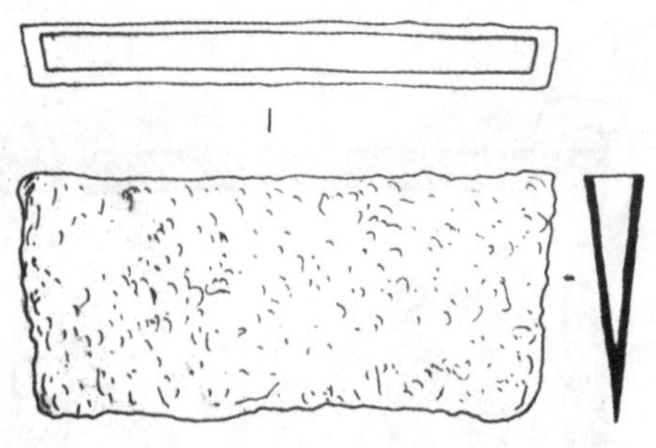

14.山东临沂金雀山一号墓发掘简报

钫 1件(M1:8)。器身素面,腹部两侧有铺首衔环,环径5.5厘米。清理器内淤泥时,发现内有粮食遗存(类似稷粒)。口径12.4、底径13、通高35厘米。

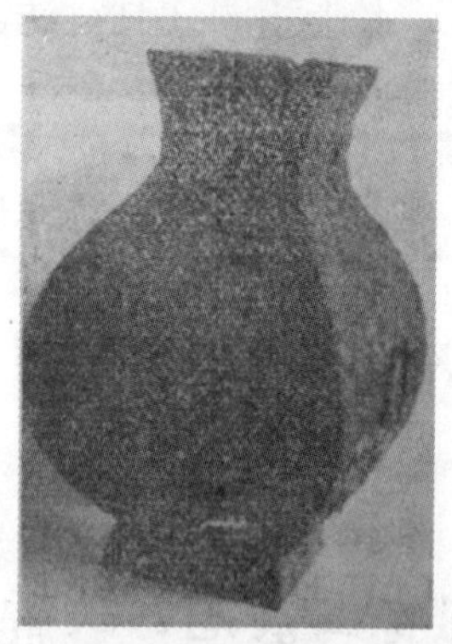

鼎 1件(M1:9)。已残碎,附耳,缩口,扁圆腹,马蹄形三足,腹部凸棱一周,器壁较薄。通高26、口径20、腹径26厘米。

釜 1件(M1:10)。素面侈口,短颈,鼓腹,圆底。肩左右各有一半圆形鼻钮,高19.5、口径13.6、腹径22厘米。器内有破碎的蔬菜一束,经中国科学院植物研究所俞德俊同志鉴定,认为其中有一短杆中空有节并有平行维管束,近似芹菜,但因标本破碎,数量太少,尚无法肯定。

匜 1件(M1:11)。素面,腹下部内收,平底,全长32.3、宽25.8、深8.5厘米。

剑　1把(M1:12)。茎已残断,身轻薄细长,双刃有脊,断面菱形,刃锋利。残长47厘米。木鞘已朽,仅残存漆皮。

15.山东省莱芜西汉农具铁范

莱芜铁范共发现24件,现将完整的分述如下:

犁范　2合4件,形制相同。阴阳双合。范高25.5、宽28.2厘米。每合重7.3千克。前端近直角。范表面各有长方形把手。范内犁槽呈"V"形,刃宽5~7、上宽26.3厘米。后尾铸槽,阴范呈半月形,阳范呈圆锥形。范左右边缘各有凹凸接榫相对。阳范右翼犁槽上有阴文"山"字标志。

阴范外面

犁阳范内"山"字

犁　1件。是山字形犁范铸件。"V"形,前端近直角,有凸脊,两侧有孔。犁高13、宽22.5厘米,重0.3千克。

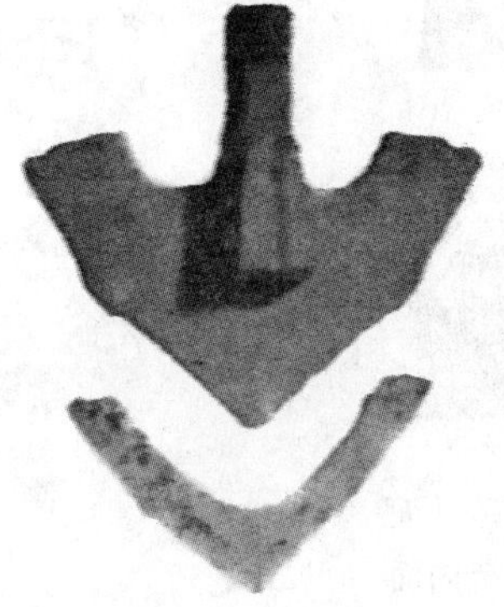

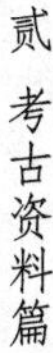

犁阳范 3件。大小同上，形制稍异，属于另一种犁范。前述2合犁范的阳范作展翅鹰状，后尾两翼之间形成圆弧曲线；这3件后尾两翼连成直线。犁铸槽断面较弯曲。每件重4.15千克。范内左侧铸槽上有阴文“汜”字标志。

双镰范 一合两件。阴阳双合。弯月形。长22、高10厘米。一合重5.4公斤。范表两面各有长方形把手。范内钩镰铸槽两道，长25.5、高1.8～2.6厘米。槽尾有浇注口，上下边缘有凹凸接榫四对。阴范把手前有阳文“李”字标志。

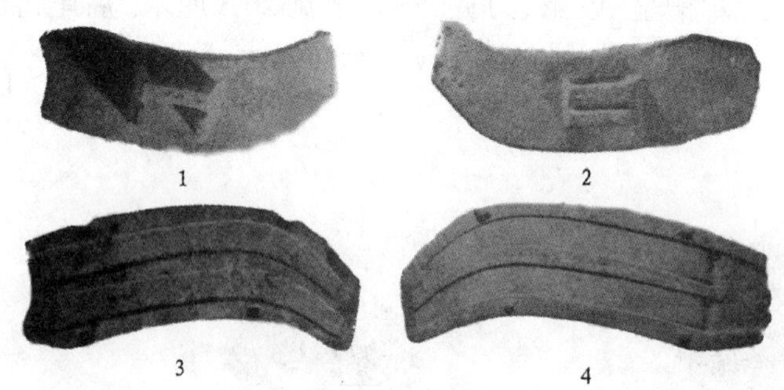

镢范 1合2件。阴阳双合。范近长方形，高20、宽9.7～11.8厘米，两侧略向内凹进。一合重5.2千克。范表两面各有长方形把手。范内铸槽高12.5、下宽10.3厘米。銎部弦纹两道，后为浇注和卡“芯子”（内范）的沟槽，左右边缘接榫一对。阳范銎部有阴文“口”字标志。

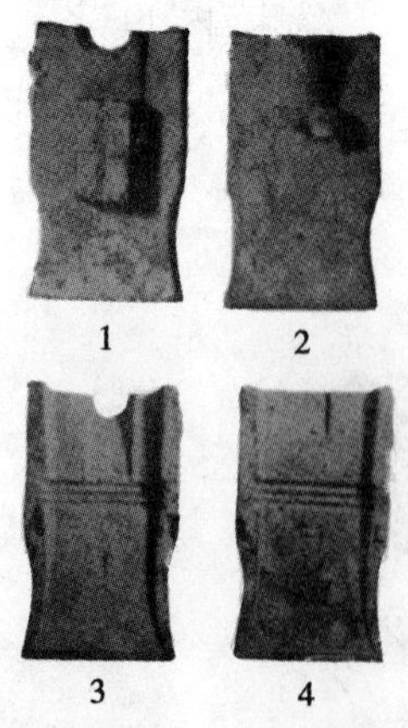

1 阴范外面 2 阳范外面

3 阴范内面 4 阳范内面

镢阳范内“口”字

铲范，大小两种。

大铲范　3合6件。阴阳双合。范近梯形，高20、宽7.8～12.8厘米。每合重4.4千克。两面各有把手。范内铸槽高14.2、刃宽11.5、銎宽5.7厘米。方銎，周有弦纹两道。后尾为浇注和卡芯子的沟槽，两侧边缘凹凸接榫二对。阳范内銎部有阴文“山”字标志。此外大铲阳范一件，形同上，范内也有“山”字标志，重2.25千克。

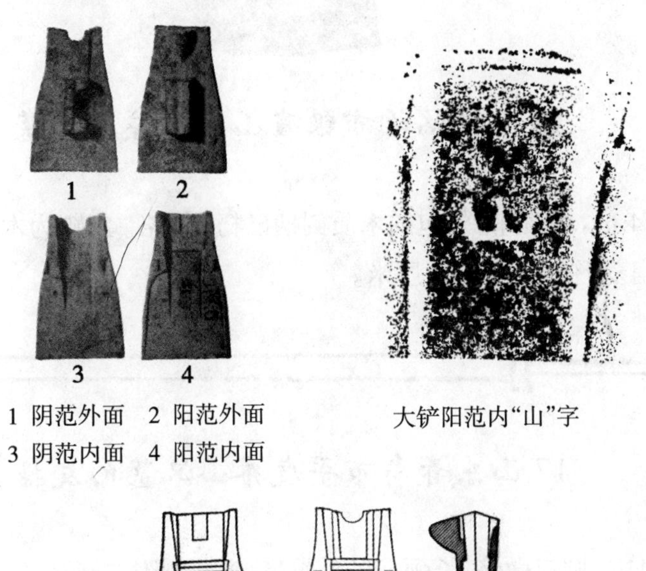

1 阴范外面　2 阳范外面
3 阴范内面　4 阳范内面

大铲阳范内“山”字

左：阳范　中：阴范　右：合范

小铲阳范　4件。形同大铲范，尺寸略小，高17.5、宽11.5厘米，每件重1.6千克。阳范内也有阴文“山”字标志，部位同上。

耙范　一件。舌形阳范，高19.5、宽13.5厘米，重1.9千克。范表有长方形把手，范内有耙齿铸槽八条，槽长12.7～13.4厘米，中间两条稍短。齿径0.9厘米左右。后为浇注口。边缘凹凸接榫三对。无标志。

16.山东临沂市银雀山的七座西汉墓

剑　1件(M4:1)。颈扁平,外包的木质剑柄已朽。铜格。剑鞘为木胎,外髹黑漆。剑身中部断缺,断面呈扁菱形。残长90.5厘米。

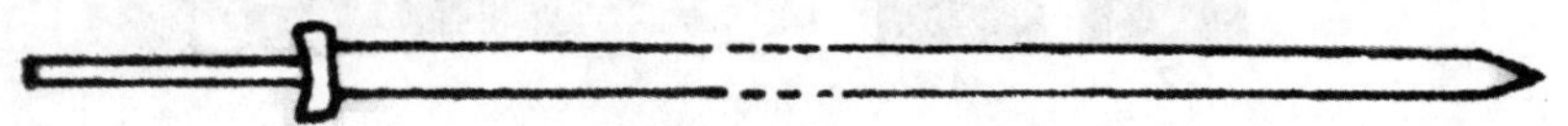

17.山东青岛市平度界山汉墓的发掘

壶　3件。M1:6,圆口微侈,长颈,溜肩,鼓腹,腹两侧附二环耳,圈足。口径15.5、圈足径15、高32.5厘米。

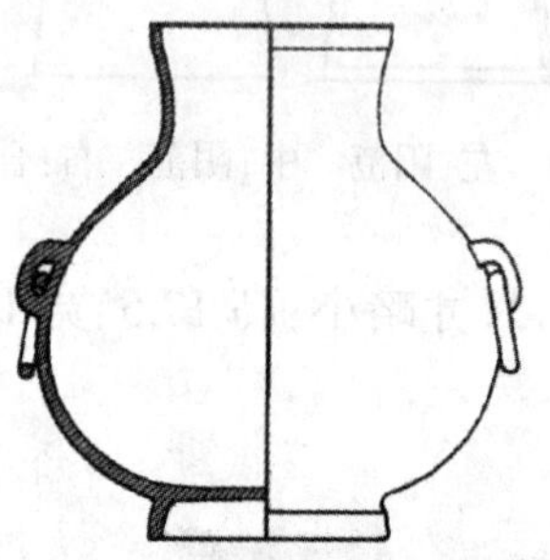

M1:49,残破严重。圆口,鼓腹,腹两侧附二环耳,圈足。口径17.2、圈足径18.5厘米。M1:51,残破严重,残片上附着较多席痕。仅发现单耳。

鍪　1件(M1:48)。已残。侈口,圆唇,束颈,圆鼓腹一侧有残环耳,圜底近平。口径13.5、最大腹径21.6、高20厘米。

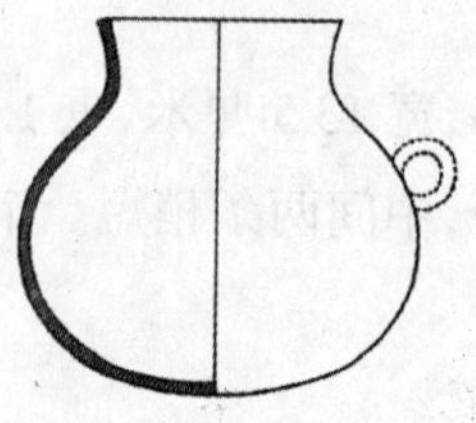

镢 1件(M1:10)。长条形,两面刃,斜面,长方銎。长15.7厘米。

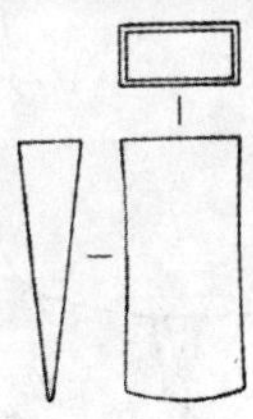

18.山东五莲张家仲崮汉墓

灯 1件(M3:7)。平盘,细高柄,柄部饰一周凸弦纹,喇叭形圈足。锈蚀严重。口径15、底径12.4、高24厘米。

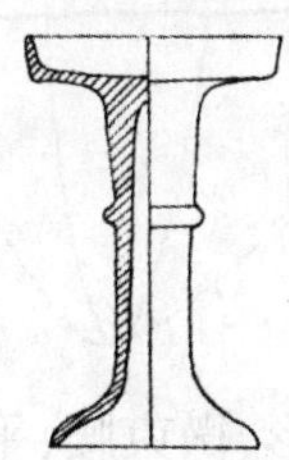

19.山东潍坊后埠下墓地发掘报告

铁器多出自扰土,共11件。器形有锸、斧、犁、刀、削、带钩、镊子等,锈蚀严重。

锸 4件。分二型。

A型 2件。长方形,平刃,中空成銎。标本M84:01,首部较刃部略宽。首宽11.8、刃宽11、长7.4厘米。

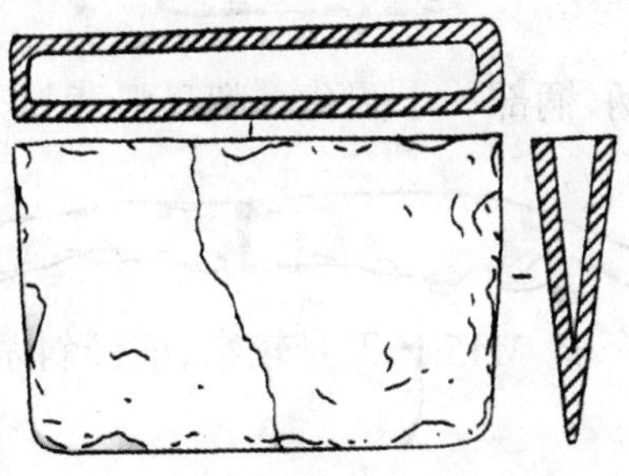

标本M26:01,器较M84:01窄,首、刃宽度等同。长6、宽13.4厘米。

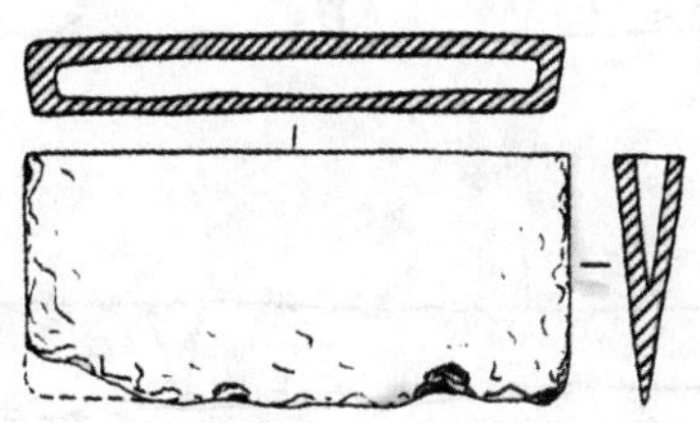

B 型　2 件。“凹”字形。标本 M15:01，弧刃。首宽 13.6、刃宽 12.8、长 7.6 厘米。

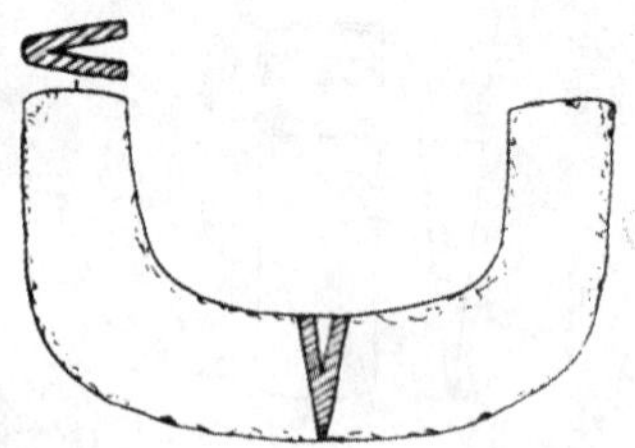

犁　1 件(M40:01)。此物为一明器。器体作三角形，实心，底面平整，上面中部凸起，残去一角。顶端残宽 4.1、长 3.4 厘米。

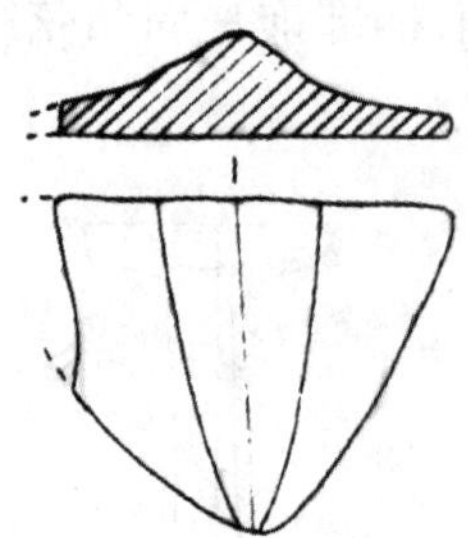

斧　1 件(M25:02)。器体略呈长方形，微束腰，平刃，中空成銎。首宽 6.5、厚 2.8 厘米，刃宽 8.2、长 9.3 厘米。

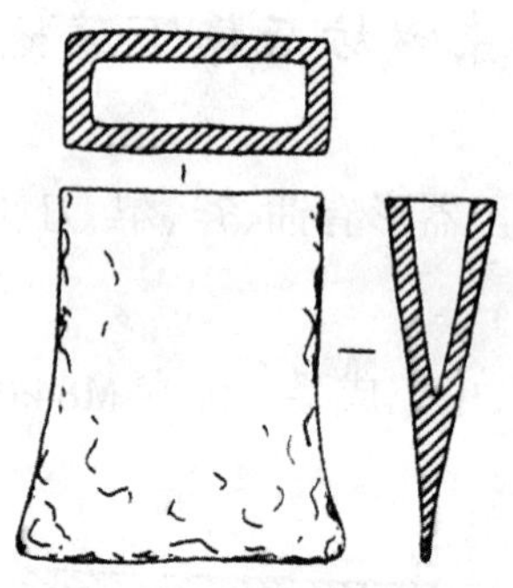

削　1 件(M21:01)。短柄，柄部一小圆孔。削身弧背弧刃。通长 38 厘米。

刀　2 件。环首，直背，平刃。M45:1，刀身较窄，前锋斜杀。通长 18.4 厘米。M66:01，残，刀身较宽。通残长 18.2 厘米。

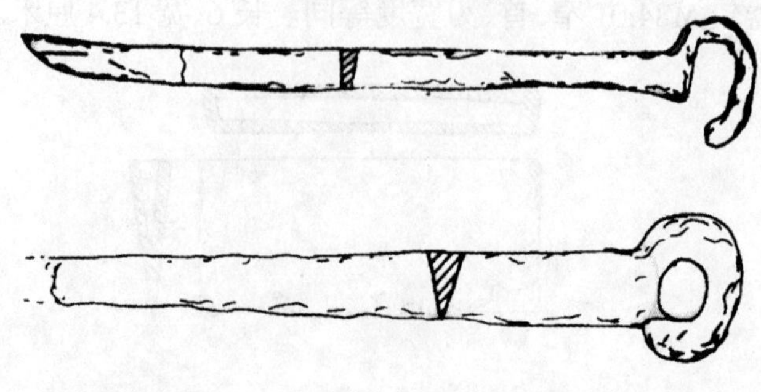

镊子　1 件(M54:8)。锈蚀严重。残长 11 厘米。

带钩　1 件(M43:2)。琴面形,体较肥短,背部一圆钮,钩折较长。长 5.2、腹宽 1.4 厘米。

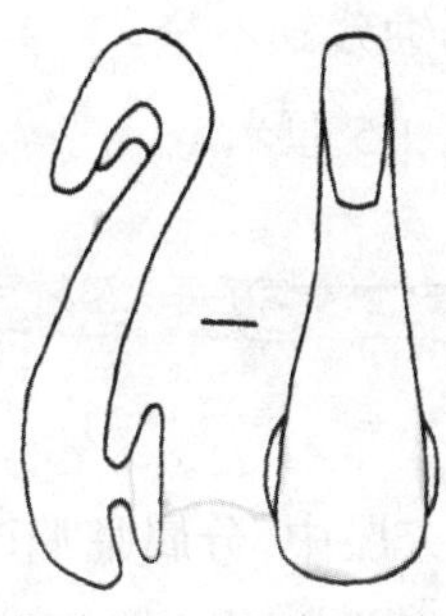

20.青岛市郊区发现汉墓

镊　1 件。完整,两股均扁长条状。通长 10.5、宽 1.2、厚 0.2 厘米。夹内铁锈尚附着木质丝纹痕迹。与铜刷一起出于人骨之左侧。

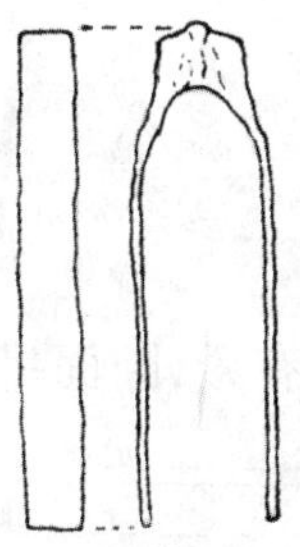

21.临淄商王墓地西汉后期墓葬

13 件,分出于 10 座墓葬中,锈蚀较甚。器形有剑、刀、削、锸等。其中剑、刀、削为随葬品,多置于棺内,铁工具出于夯土中,为筑墓时遗弃。

剑　2 件。分出于 M5、M50,均已残断。M5:5,铜剑首,呈喇叭形,前端附一圆柱形短茎,短茎中间有凹槽,一侧有销孔,镶嵌于铁茎后端。铁茎呈长扁条形,与剑身铸为一体,铜剑格镶于剑身后端。剑身修长,前端有锋,横切面呈枣核形,两面附有剑鞘痕迹。剑鞘系用薄木制成,表面裱附丝麻织品。剑通长约 51.2、最宽 3.2 厘米。

刀 1件(M59:1)。刀身修长,断面呈楔形,前端残缺。长柄,横切面呈椭圆形,刀身黏附刀鞘痕迹。刀鞘用薄木做成,表面裱附丝麻织品。残长57.5、最宽3.2、柄径3厘米。

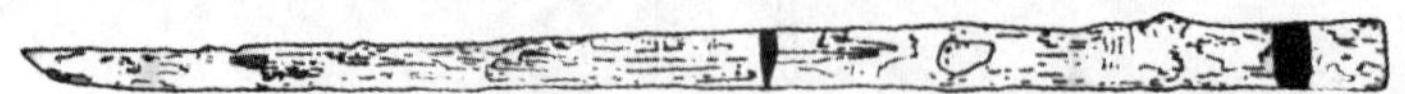

削 6件。分出于五座墓葬中,锈蚀残缺不全。环首,扁条形柄,削背平直,刃部稍突出,前端斜收成锋。M5:4,通长23.7、中宽1.5厘米。

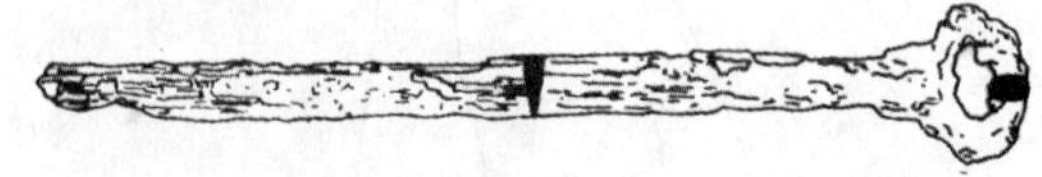

锸 4件。分出于三座墓葬填土夯层中,分属临淄商王墓地出土铁锸的I、III型:

I型 3件。凹字形,形制同西汉前期墓葬出土I型锸相同。M12:01,高7.9、刃宽7厘米。

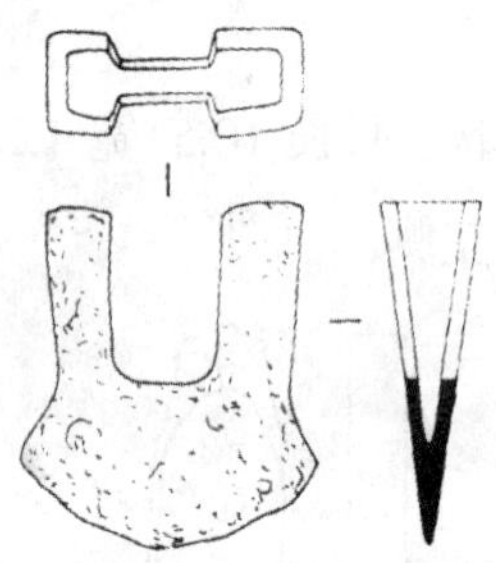

III型 1件(M8:01)。长方形,上端有銎,断面呈楔形。长13.4、銎端厚2.2厘米。

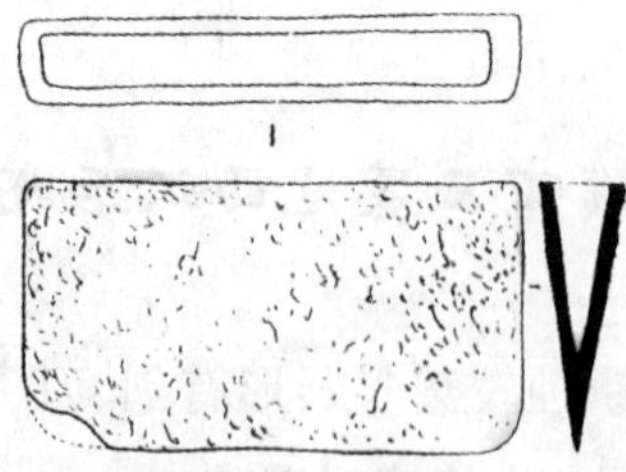

22.山东阳谷县吴楼一号汉墓的发掘

铁器计4件。有剑、环及镬齿诸类。

剑 2件。M1:65,已残断,锈蚀严重,器形小。柱状茎,铜质剑格,残存木鞘痕迹。残长15.5厘米。

M1:66,已残,锈蚀严重。铜质剑格。残长 16.5 厘米。

环 1 件(M1:68)。锈蚀严重,圆形。外径 4.1 厘米。

镢齿 1 件(M1:69)。长 9 厘米。

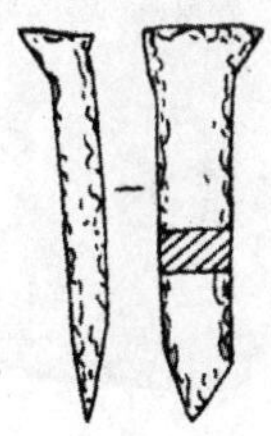

23.山东威海市发现一件汉代铁镢

镢 1 件。刃部稍有崩残。体呈长条形,两侧略内弧,直刃,双面刃,顶部为长方形竖銎以纳柄。通长 19.5、刃宽 6.5 厘米。器身正面铸有阳文隶书“莱一”二字铭。

24.青岛崂山县发现一座西汉夫妇合葬墓

剑 1 件。剑身扁平细长,素面,断面呈菱形,颈扁平,首残,带有铜剑格。残长 78、厚 0.5、宽 3 厘米。

环首刀 1件。已残。扁平椭圆形环首,刀身断面呈三角形。环径2.5×4.2厘米,刃宽1.8、厚0.6、残长19厘米。

25.山东临淄齐故城试掘简报

锛 5件。一种为箭式长方形,顶部两壁略鼓起,长10.8、宽6.5、厚2.5厘米。

另一种为箭式方形,长10、刃宽9.8、厚3.4厘米。

斧 4件。一种为箭式长条形,长13.8、厚3厘米。

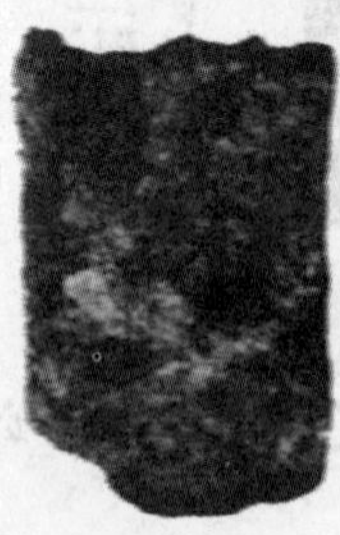

另一种为凹字形,长6.2、厚1.8厘米。

镢 2件。一为长条形,上端有孔,长21厘米。

一为箭式三齿形,残长15.5、齿长11.5厘米。

锄 2件。箭式。一为长方形,长13.7厘米。

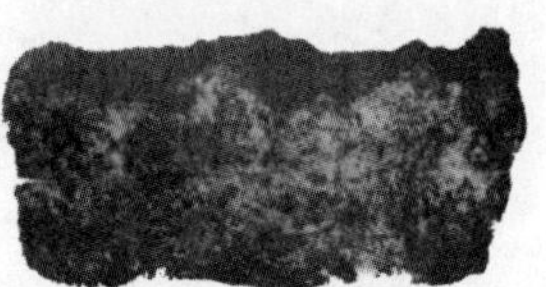

一为半圆形,高14、宽18.4厘米。

凿 1件。顶部因槌击呈丁帽形,长12、宽4.3厘米。

铲 1件。通长17.3、銎长8、刃宽11.3厘米。

犁 1件。已残，中间有三角形脊，铸制。

镰 1件。长27厘米。

锯 1件。已残，宽3.4、齿长0.3厘米。

26.山东省莱芜市古铁矿冶遗址调查

双刀范 为变质岩石质，当地俗称为滑石。体长41.3、厚2.4厘米。刀体模长34.2厘米，两刀并排。

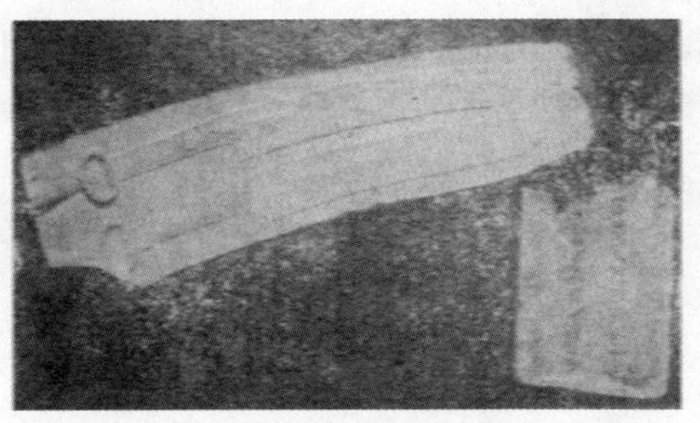

27.山东莱西县岱墅西汉木椁墓

钢剑 1件。淬火度很强,全身烤蓝,锋刃犀利,脊有棱。剑格为铜质,原有木鞘,涂黑漆,鞘口呈菱形,素面,已腐,仅存漆皮。全长108.5、柄长20厘米。

刀 1件。环首,柄扁平,刀身套在鞘内,外涂黑漆。通长48、宽2.3厘米。

削 1件。环首,刀身作烤蓝处理,未锈。长34、宽1.5厘米。

镇 4件。铁铸虎形,每件长9.2、高5厘米,重1050克。

28.山东临沂化沂庄遗址发掘简报

削 1件(H19:1)。直背,直刃,环首。长21.6、宽1.2、环径4厘米。

鑁 1件(G4:1)。长方形,首部略宽,平刃,长方形銎。长10.4、宽4.5~5厘米。

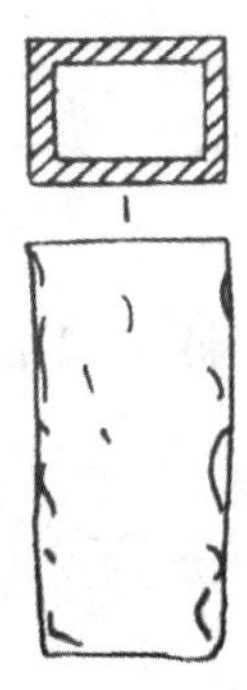

铲 1件(H3:1)。残,残存部分略呈梯形,长方形銎。残长8.4、残宽6～8厘米。

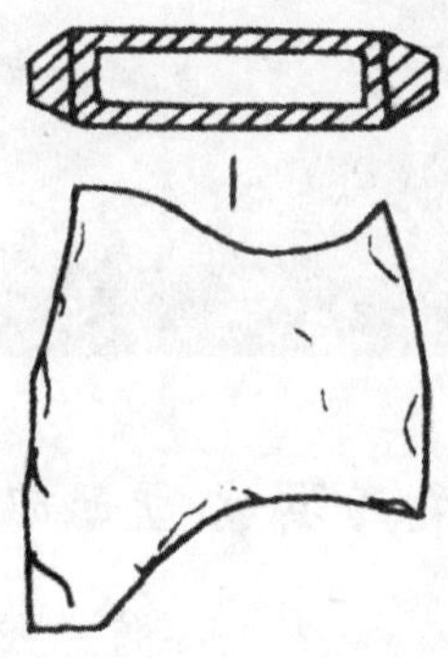

锸 1件(H13:1)。"凹"字形,弧刃。长9、刃宽7.6厘米。

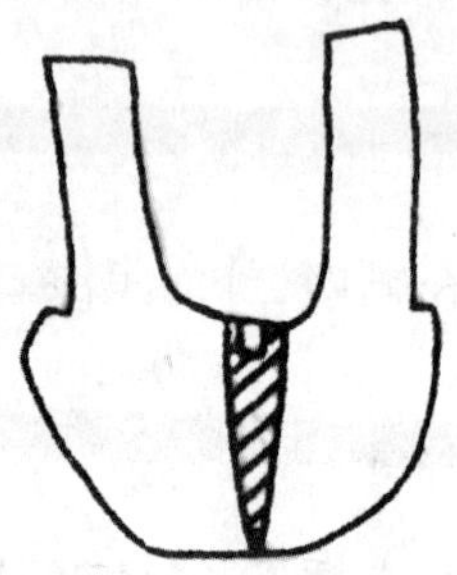

29.山东潍坊会泉庄遗址发掘报告

锸 2件。锈蚀较重,出自M1填土。标本M1:01,长方形,断面呈"V"形。长13.2、宽6.4、銎厚2.2厘米。

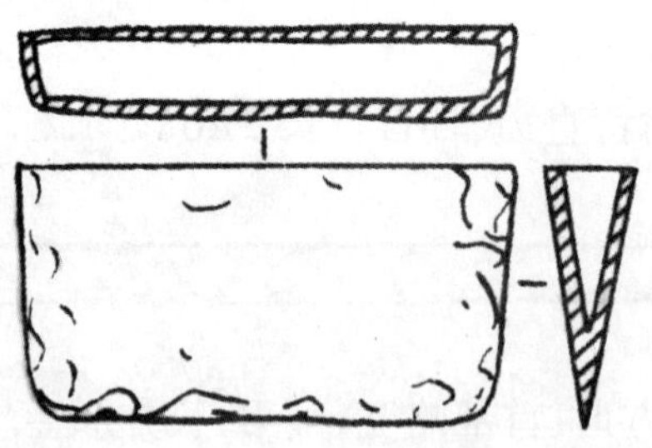

30.山东长清小范庄墓地发掘简报

夯具 2件。皆出土于墓葬的填土中。器呈圆桶状,口略大,壁斜直,平底。标本M13:01,口径6.8、底径6、高7厘米。

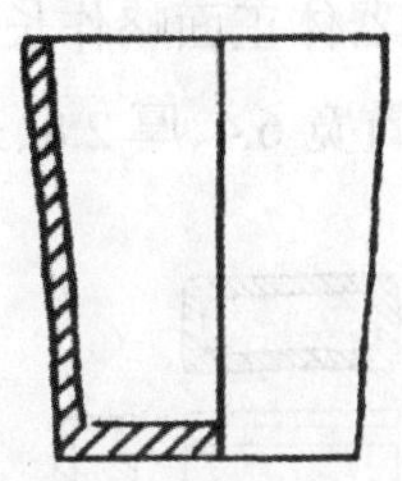

标本 M19:01，口径 7.2、底径 6、高 8.4 厘米。

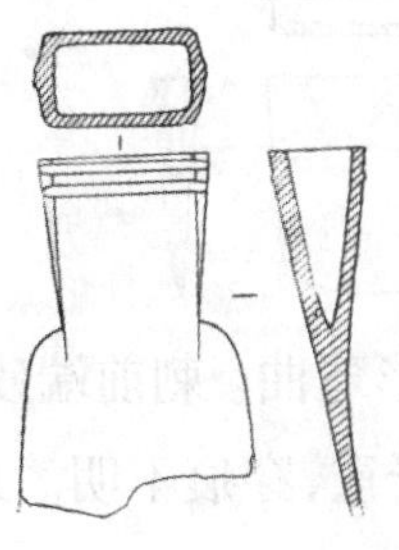

31.山东临淄金岭镇一号东汉墓

铁器共 27 件，器形有铲、锛、镬、锸、戟、剑、钉、釭、钩、环等。

铲 1 件(M1:3)。刃部残缺，铲作空首布形。长方形銎，銎口外侧凸棱两周，侧面有合铸范痕，弧形肩，肩以下渐宽，刃残缺不明。銎长 8.2、宽 4.4、残长 16.6 厘米。

锛 3 件。两件出自前室，一件出自墓道填土。器正面皆呈长方形，微束腰，刃部略宽于首部，銎口长方形。M1:2，弧刃，正锋，刃两侧外拱，首部外侧有一周凸棱，两侧各有一道合范铸痕。首宽 7.8、刃宽 9、长 12.6 厘米。

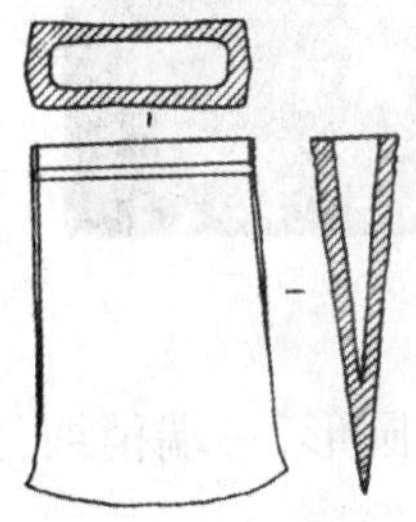

M1:1，与M1:2略同，惟刃平直。首宽8、厚3.4、刃残宽9、残长12厘米。

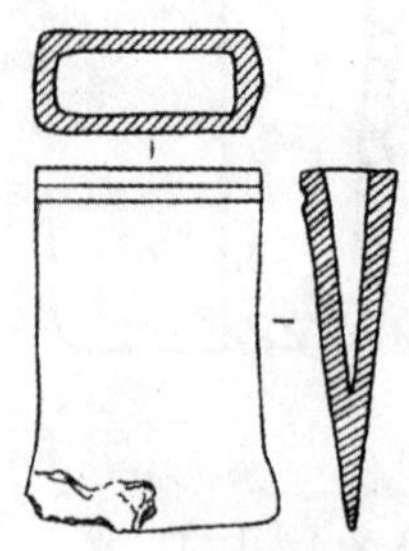

镢 1件（M1:5）。出自墓道填土。器体正面略作长方形，首部中空成銎，銎口外侧有凹槽一周，刃部较首部略窄，弧刃，正锋。首宽6.4、厚2.8、刃宽4.5、长11.2厘米。

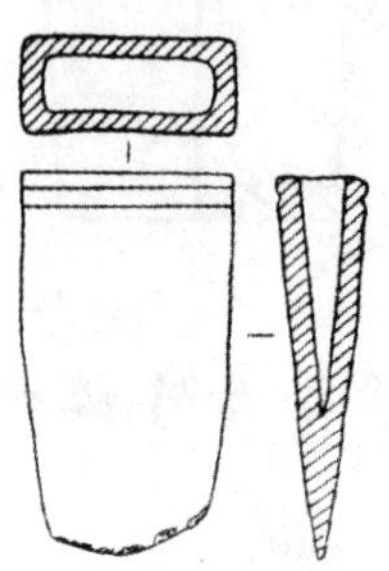

锸 1件（M1:4）。出自墓道填土。器体正面略作长方形。器呈扁平长方形，首宽略大于刃宽，刃微弧。首宽14.1、厚1.4、刃宽13.2、高6.3厘米。

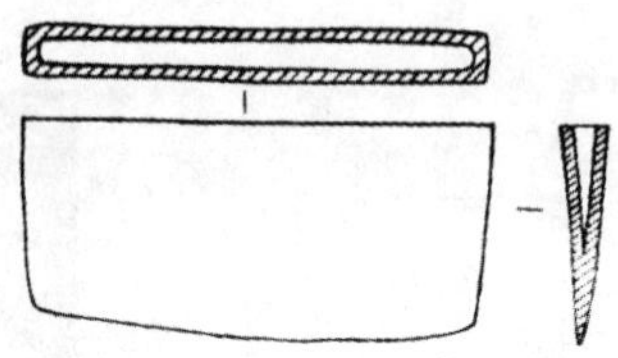

戟 1件(M1:7)。出自前室。锈蚀严重，以变形弯曲。刺前端残，援之内端有一铜籥以冒柲首，銎内残存木柲痕迹。援刺均无脊，因锈蚀严重，穿痕不明。刺弧通长34.5、援长12厘米，铜籥圆筒状，长9.2、口径2.3厘米。

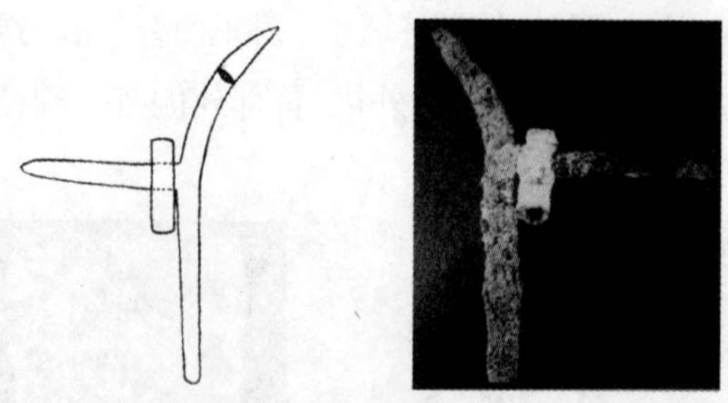

剑 仅存残块。剑身中脊较高，茎扁平较细。

釭 1件（M1:6）。形似螺母，六边形，中间穿孔圆形，一端稍细，另一端略粗。穿孔直径6.4、高3.6厘米。

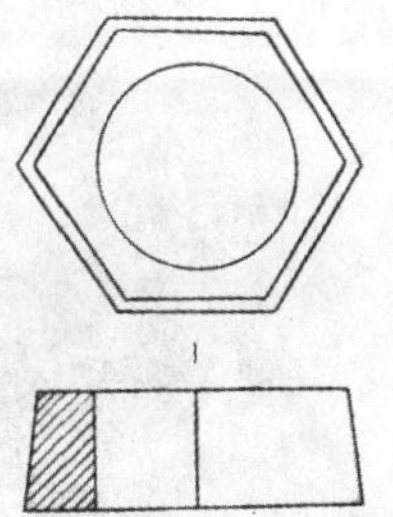

环 3件，均残。皆为圆形。M1:13，环径10.1厘米。

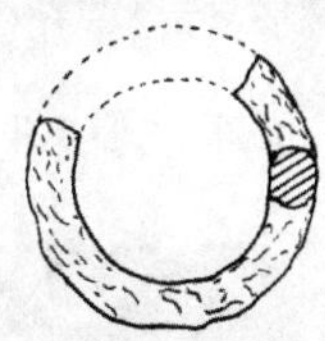

钉 12件，多残断，出自前室。圆形帽，钉断面呈方形。M1:15，通长22.6厘米。

钩 2件，断面均为方形。M1:12，通长22厘米。M1:11，残长14.2厘米。

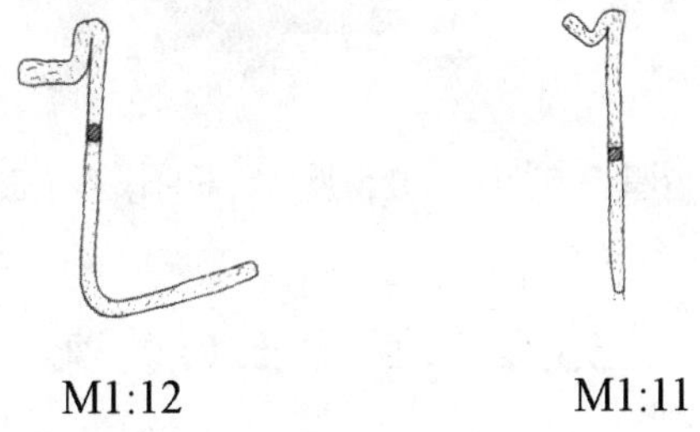

其他还发现镶金铁块、残断铁条一类遗物。

32.临淄孙娄乡孙家营村出土的铁器

1985年4月，在孙娄乡孙家营村齐鲁乙烯排污工程中，出土铁犁铧2件，铁锄3件，铁镢1件，铁斧1件。

犁铧 边长13.5、上宽4、下两角距20.5厘米，槽宽2、槽深1.1厘米。

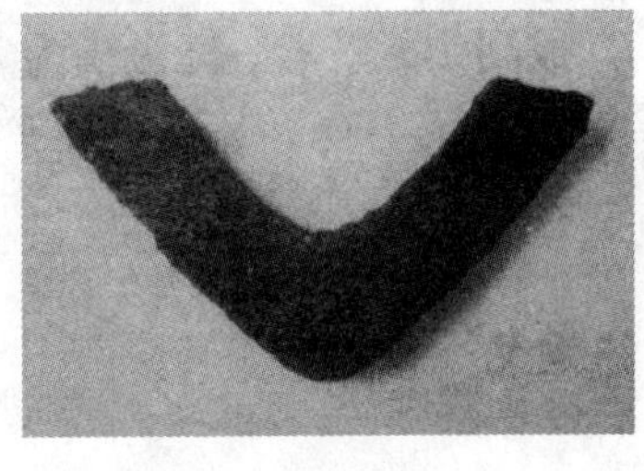

锄 长 11、宽 11、肩宽 9.5 厘米，柄孔 2.5×3.5 厘米。构造性状类似现代用的中型锄。

镢 长 12.2、宽 6、顶端厚 3.7、刃厚 1 厘米，柄孔 5.2×2.6 厘米。

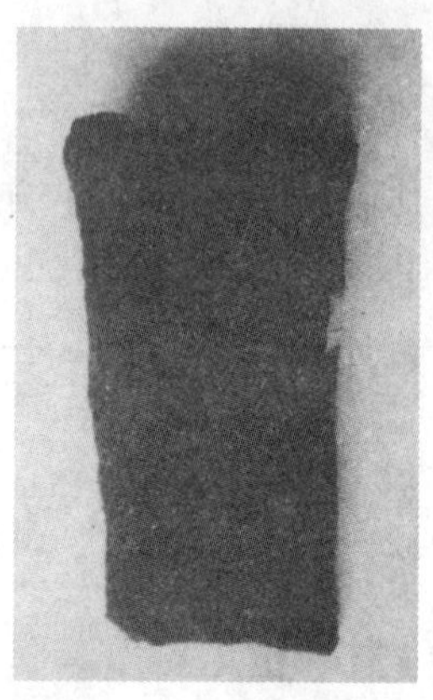

斧 长 12.5、宽 7.5、顶端厚 2.5、刃厚 0.5 厘米，柄孔 3×1.2 厘米。

33.临淄区出土的铁权

铁权 1 件。径 26、高 15、围 83 厘米，重 33 千克。

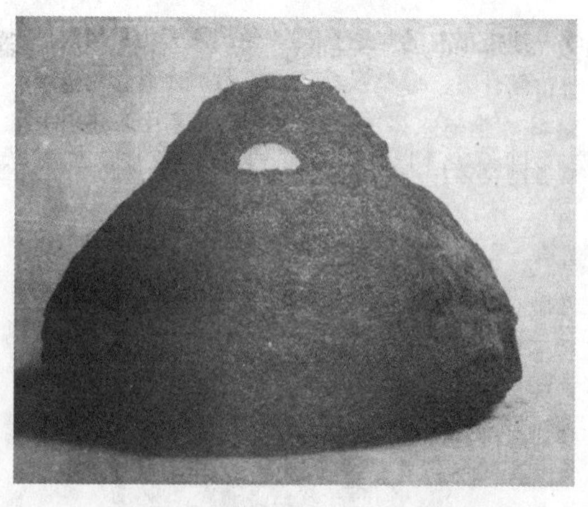

34.临淄齐国故城勘探纪要

故城内,已发现了冶铁、冶铜、铸钱和制骨等四种手工业作坊遗迹。其中以冶铁遗址发现最多,范围比较集中的有六处,小城两处,大城四处。

(1)小城西部炼铁遗址。在小城西门东北200余米。范围南北约150、东西约100米,属于下层堆积(这一带有两层堆积,厚2米左右)。周围有许多夯土遗存,其间并有10米宽的道路通向西门。

(2)小城东部炼铁遗址。在东门以南200余米,靠近东墙,面积南北约70、东西约60米,属第二层堆积(这里一般有三层堆积,厚2米左右),曾有一探孔在铁渣之下的路土中探出瓷片,可能是一晚期的炼铁遗址。

(3)大城西部炼铁遗址。在大城南北河道以西,石佛堂村及村南一带,范围约4~5万平方米,属第三层堆积(这一带有三层堆积,厚2米上下),应是东周晚期的炼铁遗址。

(4)大城中部偏西的炼铁遗址。在南北河道以东,傅家庙村西和西南一带,面积约40余万平方米,属于下层堆积(这一带一般有两层堆积,厚1米多至2米)。

(5)大城南部炼铁遗址。在小城东门以东、韶院村西、刘家寨村以南的大片地区都有炼铁遗迹存在,但中心地区似在大城南墙西门以内,大道的两侧,面积约40万平方米,属于二、三层堆积(这一带地层堆积都在2米左右至3米以上,一般都有三层堆积)。这是六处炼铁遗迹中规模最大、遗迹最丰富的一处。在遗址内,特别是它的北部一带有许多夯土基址,过去这一带曾发现过汉"齐铁官丞"、"齐采铁印"等封,当是汉代的"铁官"所在。

(6)大城东北部的炼铁遗址。在阚家寨村的东南和村北,崔家庄的东北和村北,河崖头村西等大片地区都有炼铁遗迹存在,分布比较广,但不集中。遗迹比较丰富处在崔家庄东北至村西北一带,面积约3~4万平方米,这一带地层堆积厚,高地一般都在3米以上,有三层堆积,炼铁遗迹属第二层,当属东周时期。

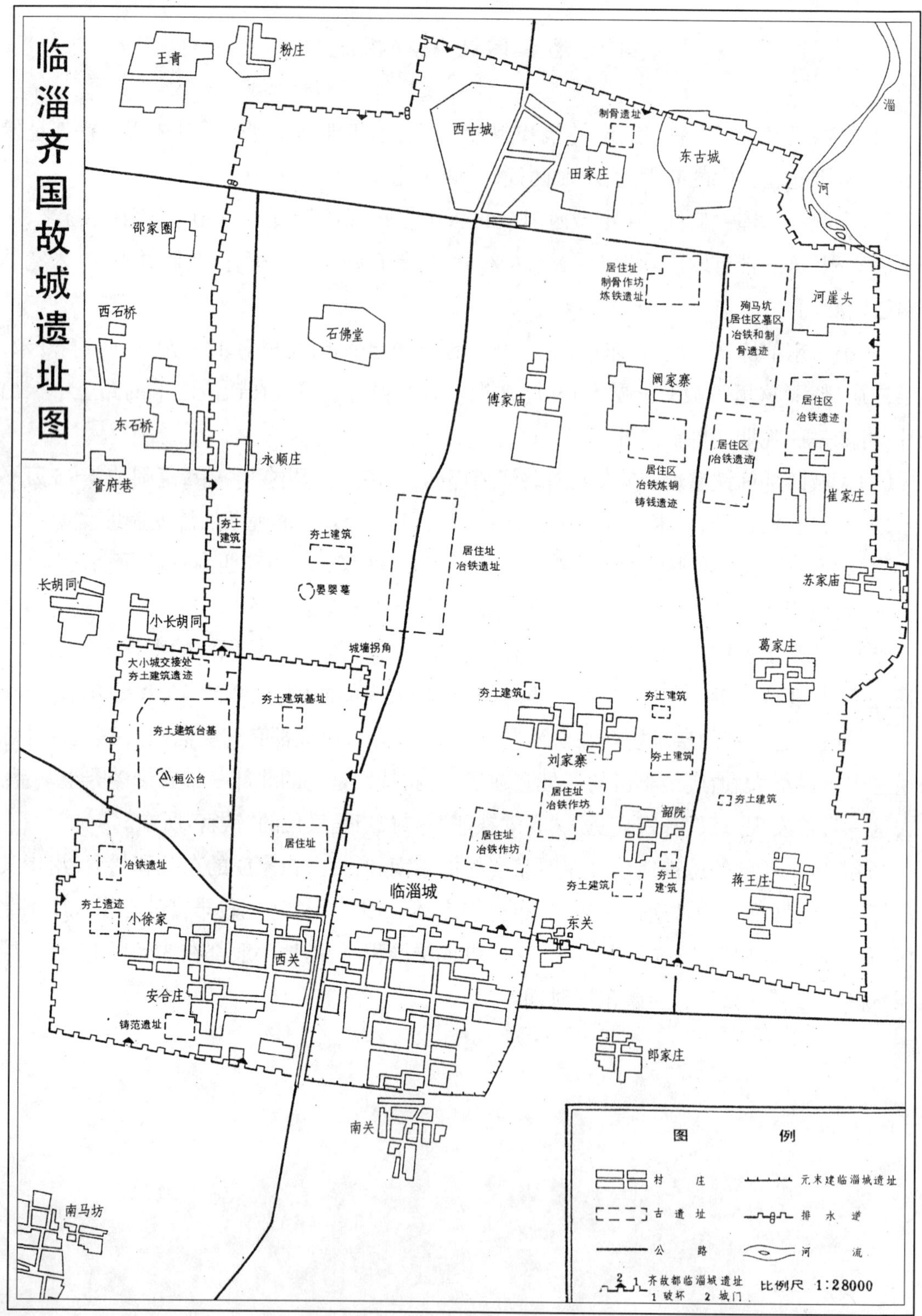
临淄齐国故城遗址图
王青
粉庄
西古城
制骨遗址
田家庄
东古城
淄
河
邵家圈
西石桥
石佛堂
居住址
制骨作坊
炼铁遗址
殉马坑
居住区墓区
冶铁和制
骨遗迹
河崖头
傅家庙
阚家寨
居住区
冶铁遗迹
东石桥
永顺庄
居住区
冶铁遗迹
督府巷
居住区
冶铁炼铜
铸钱遗迹
崔家庄
夯土
建筑
夯土建筑
居住址
冶铁遗址
晏婴墓
苏家庙
长胡同
小长胡同
城墙拐角
大小城交接处
夯土建筑遗迹
葛家庄
夯土建筑基址
夯土建筑
夯土建筑
夯土建筑台基
刘家寨
夯土建筑
桓公台
居住址
冶铁作坊
夯土建筑
部院
居住址
冶铁作坊
居住址
冶铁遗址
夯土
建筑
夯土建筑
蒋王庄
临淄城
夯土遗迹
小徐家
东关
西关
安合庄
铸范遗址
郎家庄
南关
图 例
村 庄
元末建临淄城遗址
古遗址
排水道
公路
河流
齐故都临淄城遗址
1 破坏 2 城门
比例尺 1:28000
南马坊

齐国故城冶炼遗物木炭测年结果

编号	C14 年代	树轮校正 （68.2%可信度）	树轮校正 （95.4%可信度）
1212	1865±30	86AD (15.4%) 108AD 119AD (39.1%) 176AD 191AD (13.8%) 212AD	76AD (95.4%) 230AD
1262	2100±30	170BC (60.8%) 91BC 71BC (7.4%) 60BC	198BC (95.4%) 46BC
1291	2240±25.	380BC (20.7%) 354BC 291BC (47.5%) 231BC	389BC (26.9%) 347BC 319BC (68.5%) 207BC
1292A	2135±25	336BC (2.2%) 331BC 204BC (47.6%) 148BC 141BC (18.4%) 112BC	350BC (12.2%) 309BC 210BC (80.0%) 88BC 77BC (3.1%) 57BC
1292B	2545±25	795BC (44.5%) 753BC 686BC (16.5%) 668BC 611BC (7.2%) 597BC	798BC (48.6%) 746BC 690BC (19.0%) 664BC 645BC (27.8%) 552BC
1297	2165±25	350BC (38.2%) 305BC 209BC (30.0%) 174BC	359BC (47.5%) 278BC 260BC (2.3%) 241BC 236BC (42.8%) 156BC 135BC (2.8%) 116BC
1298	2410±30	517BC (68.2%) 407BC	741BC (11.8%) 689BC 664BC (2.6%) 648BC 549BC (81.0%) 398BC

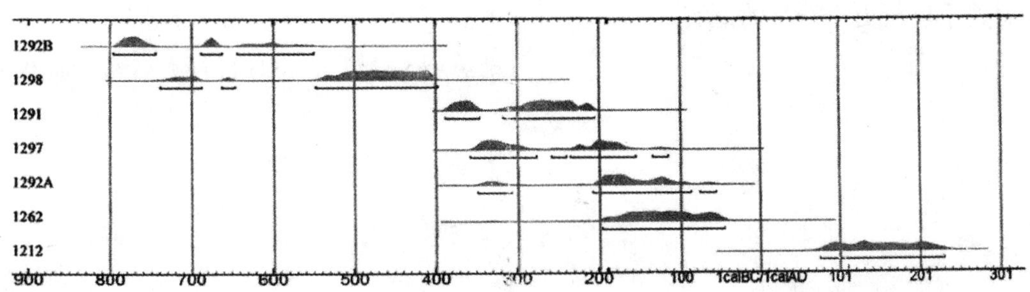

编号	C14 年代	树轮校正 （68.2%可信度）	树轮校正 （95.4%可信度）
2491	2170±30	352BC (40.4%) 296BC 228BC (3.8%) 221BC 211BC (24.1%) 175BC	362BC (92.6%) 157BC 135BC (2.8%) 116BC
2915	2085±30	161BC (20.1%) 133BC 118BC (48.1%) 53BC	194BC (95.4%) 40BC
2918A	2115±30	192BC (68.2%) 99BC	342BC (2.3%) 328BC 204BC (93.1%) 49BC
2918B	2710±170	1129BC (60.4%) 749BC 687BC (2.2%) 666BC 642BC (4.7%) 592BC 577BC (0.8%) 568BC	1298BC (95.4%) 411BC

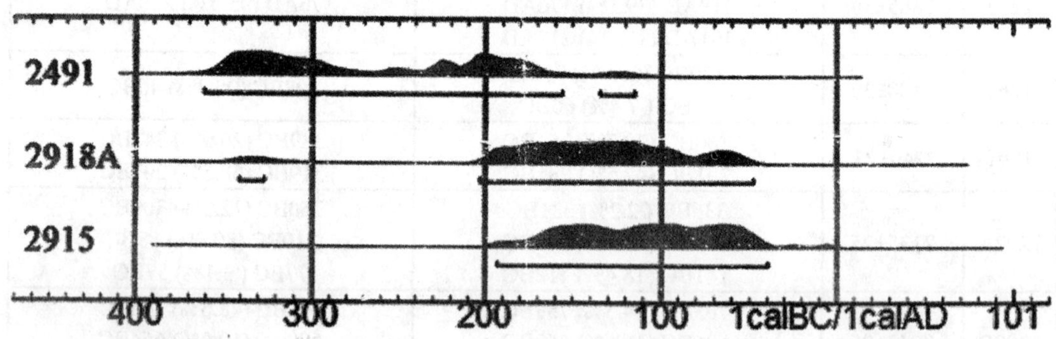

我们对齐国故城冶炼遗物中的木炭进行了 ^{14}C 测年，得到的结果是所使用的木炭的年代大约从西周晚期一直持续到东汉后期(公元前 790～公元 230 年)。

我们对齐国故城冶铁遗址发现的矿石、炉渣等冶金遗物进行了检测,初步认为齐国故城利用的矿石很可能来自于金岭铁矿,以后我们还考虑采用微量元素分析等方法对遗址和矿山的关系进行更进一步的证实。

（北京科技大学冶金与材料史研究所提供）

齐地历年出土铁器分布图

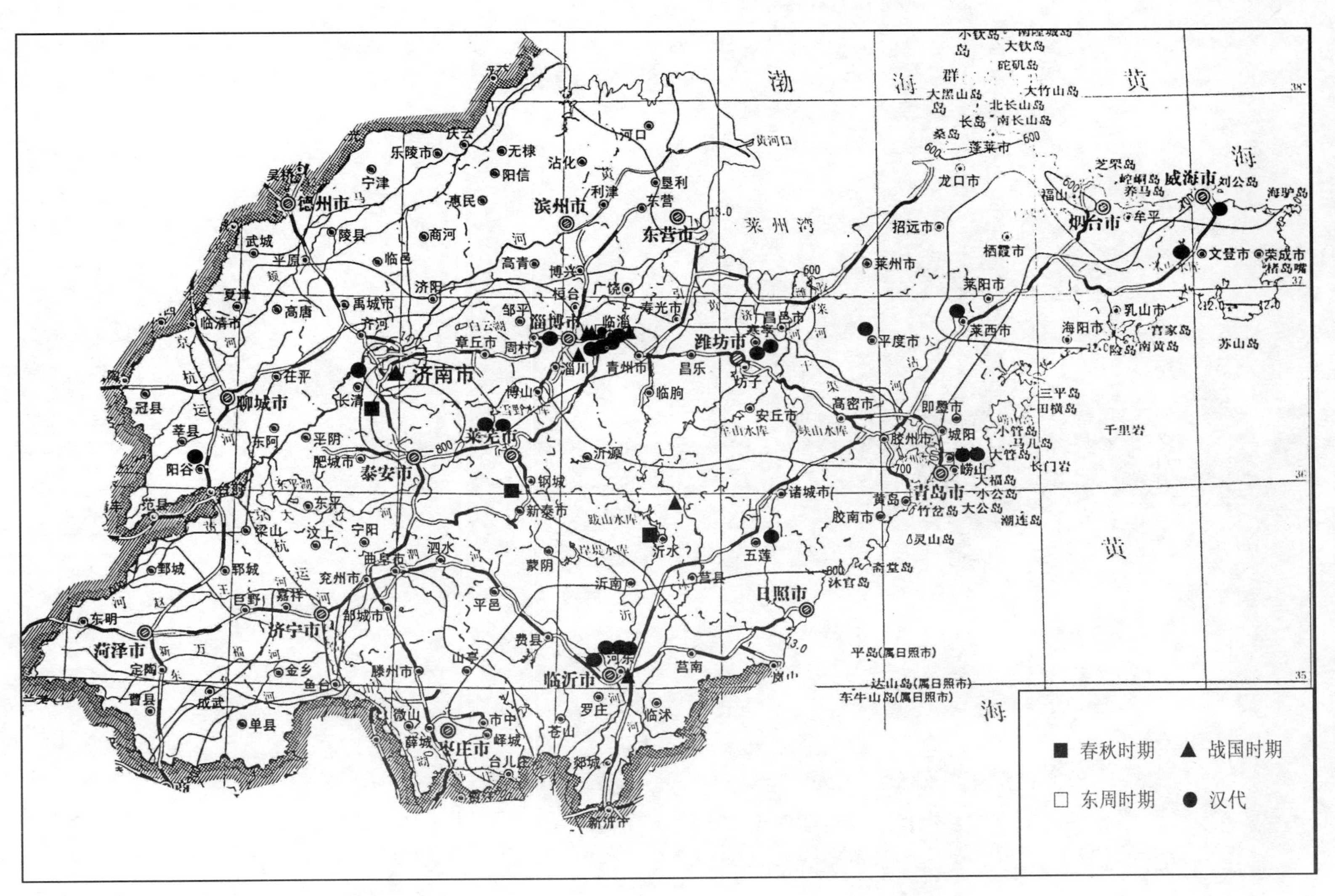

叁

研究资料篇

中国著名历史学家关于中国冶铁起源研究综述

早在20世纪,中国的历史学家就对中国冶铁发源问题有过阐述,其中比较有影响的如郭沫若《奴隶制时代》、《中国当代社会研究》、《十批判书·古代研究的自我批判》,以及翦伯赞《中国史纲要·战国社会经济的发展》、范文澜《中国通史简编》第一编、杨宽《中国古代冶铁技术发展史》中的有关章节。以下是上述著作中有关章节部分内容。

郭沫若(一)

由奴隶制转变为封建制的主要关键当在生产力的发展上去追求。生产力提高了,使旧有的生产关系不能相适应,因而突破了旧有的关系而产生新的关系。

是什么因素把生产力提高了,而且划时代地提高了呢?

在古代,铁的出现和使用是值得特别重视的一个关键性的因素。

战国时代,耕器已普遍用铁是不成问题的。《孟子》书中有"以釜甑爨,以铁耕"的话,可见"以铁耕"在孟子当时和"以釜甑爨"一样已成为常识;更可见"以铁耕"其事不始于战国,必当更要早得多。

秦代已经有铁官。司马迁的先人司马昌就曾经做过秦的铁官(见《史记·太史公自序》)。董仲舒说秦"盐铁之利二十倍于古"(见《汉书·食货志上》),战国时代在董仲舒说来不能算是"古",在秦代看来更不能算是"古"。根据董仲舒这句话,可见设官征收盐铁之利也必然要超越战国时代而更古些。

《考工记》毫无疑问是春秋时代齐国的官书(参看拙著《天地玄黄》中《〈考工记〉的年代与国别》一文),那里有"段氏为镈器",可惜职文适缺。镈器就是耕器,官名"段氏",段即锻之省,可见耕器是以铁为原料的,因为铁须锻炼。以贵重的青铜作耕具是极少数的例外,是仅仅在典礼上使用的。

春秋中叶齐灵公时有名的古器"齐侯钟",铭文里面有"造䥫徒四千"的话。"䥫"应该就是铁字的初文或者省文。由此可见,齐灵公时确已有采铁冶炼的官徒了。(这个䥫字的关系很重要,我以前没有认识清楚,近年来才体会到了。)

因此,管仲相齐桓公"官山海"便可以得出新的意义。"官"者管也,"管海"自然是指管制盐业,“管山”就是把矿产管制起来,这里就包含着铜铁。齐桓公时已有铁的使用,我看是毫无疑问的。

因此,《国语·齐语》里面,管仲所说的“美金以铸剑戟,试诸狗马;恶金以铸钼夷斤欘〔斸〕,试诸壤土”,美金是指青铜,恶金是指铁,也是毫无疑问的。铁在未能锻成钢之前,品质赶不上青铜,故有美恶之分。再者,《管子·轻重》诸篇说到齐有“铁官”,《轻重》诸篇虽已证明是汉文、景时的作品,但依托者不能凭空捏造,多少也是有些根据的。

因此,齐桓公之所以能够划时代地成为五霸之首,在诸侯中特出一头地,在这儿可以找得出它的物质根据。煮海为盐积累了资金,铸铁为耕具提高了农业生产。所以桓公称霸并不是仅仅由于产生了一位特出的政治家管仲,而是由于这位特出的政治家找到了使国富强的基本要素。

如果齐桓公既已使用铁作为耕具,则铁的出现必然更要早些。一种有使用价值的物质要真正被有效地使用,是要费相当长远的摸索过程的,特别是在古代。因此,铁的最初出现必然还远在春秋以前。

《诗经·秦风》有《驷驖》一诗,是秦襄公时候的诗。那是在周平王初年,即东、西周之交。驖据说是马色如铁故名驖,古本也有径作“鐵”的。这可能是铁字见于可靠文献的开始。(《禹贡》有“璆铁银镂”,但那是战国时代的书;《山海经》中有铁,那可能更后。)

要在文献中再往上追溯就很困难了。

从地下发掘的情形来看,又是怎样呢?

近年(一九五〇年十月二十五日至一九五一年一月八日)中国科学院在河南辉县固围村进行发掘,从第一号墓中出土了大量的铁器。《辉县发掘报告》上说:“铁器出土分二处,一处在棺椁外大墓室中,共四十四件,大都是农具,应为造墓时所遗留。一处在南墓道上住穴中,共斧凿刀削等二十件,箭镞等七十九件,大都是工具及兵器类,似为守吏用具。”

这批铁器已被考定为二千二百余年前的古物。“冶炼技术,已有相当程度的进步”(《辉县发掘报告》第八三页)。后经初步化验,已证明当时的冶炼法是所谓早期冶炼法(即固体还原法),而在成型工艺上已使用模具,“模具的使用是在相当发展基础上获得的。因之金属工艺还应该出现得更早些”(《考古学报》一九五六年第二期孙廷烈《辉县出土的几件铁器底金相学考察》)。

另一批值得注意的铁器是一九五三年十月十七日热河兴隆县寿王坟村出土的八十七件各种工具的铁范。计有锄范、双镰范、镬范、双凿范、车具范等(参看《考古通讯》一九五六年第一期郑绍宗《热河兴隆发现的战国生产工具铸范》,又《全国基本建设工程中出土文物展览图录》图版五〇——五二)。这些铁范多有“右酉”二字,准“物勒工名”之例,“右”当是右工师,“酉”当是工师之名。字体是战国时文字。后经调查证明,出土地是“一个具有一定规模的手工业工厂”,铁范是用来铸造铁器的。(根据上注《考古通讯》)

这两批铁器都是属于战国时代,而且可以说都是很幸运的发现。铁器,我们要知道,古代贵族是不屑于拿来殉葬的,平民是舍不得拿来殉葬的。因此,从古代墓葬中找寻铁器是相当困难的事。上述的两批铁器都不是殉葬品,很值得注意。

解放以来出土的战国时代铁器,除上述两大批外,长沙、郑州、山西、东北等地零星出土的也还不少,但可以确切证明是在战国以前的却还没有见到。是不是在战国以前还没有铁器使用呢?从文献上的资料和上举辉县、兴隆两大批出土资料看来,是可以坚决地否定这种说法的!四十年前章鸿钊著《中国铜器铁器时代沿革考》(见章著《石雅》附录),断定春秋、战国之交为"始用铁器时代",考古学家至今还信奉着他的说法,我看是太保守了。

战国以前的铁器,解放前可能已有过出土的机会,但因为骨董家们喜欢的是"吉金乐石",一些腐烂的生产工具不曾被他们重视,因而没有被保存或纪录下来。初期铁器冶炼不精,容易锈蚀而归于消灭,也是不容易被保存下来的。四五年前我在京曾见有带铁的铜兵残件一二件,相传出自殷墟;其物不知何时流入日本,梅原末治据以研究,断论殷代已有铁。(去年年底访问日本时,梅原氏向我当面提及,文章尚未见。)但非经科学发掘,是不足凭信的。

战国以前的铁器,我坚决相信,是可以有大量出土机会的。尽管铁器容易锈蚀,生产工具在使用过程中也多半被销磨改铸,但古代兵器库或农具仓库(如辉县那样)和工厂遗址(如兴隆那样),在更进一步的大规模的基本建设中,必然很幸运地还有发现的可能。我衷心期望着这样幸运的机会多多出现,我也衷心期望着各地从事基建工作的同志和从事考古工作的同志对于古代铁器的出土特别加以重视。尤其在考古工作方面,有计划地探寻并发掘古代冶铁遗址,是值得考虑的。

战国以前的铁器如果能够大量出土,那就可以使古代史分期问题的一种看法,即以春秋、战国之交为奴隶制和封建制的界限,获得更多的铁证了。

(摘自《奴隶制时代》,人民出版社 1954 年)

郭沫若(二)

周代姬姓的这一个氏族大约是发明农业最早的民族。我们看它以农神的"后稷"做自己的祖先便可以知道。它自己也有一个独特的传说系统,从《诗经》上可以看出。远的且不必说,但到了太王,就是那《大雅·绵篇》上所说的"古公亶父",这是文王的祖父,大约到这时候周室才进入了真正的历史时期。那古公亶父是一位穴居野处的牧人,跟着河流西上,走到岐山之下,才嫁给一位姜姓的女酋长。到这儿他才发起迹来。从这首诗看来,周室到古公时都还是氏族社会。而且还要注意的,是周室本姓"姜",自古公发迹以后不知不觉之间便改姓起"姬"来了。这正表现着周室本身在那时的一个社会变革。古公以后便成了一个男姓中心的社会了。

促进这个变革的原因当然是农业的发达,由古公而王季而文王,三代之间便轰轰烈烈地隆盛起来，接连地征服了昆夷、虞、芮、密、阮、共、崇等种族，竟闹到“三分天下有其二”的地步，终于把殷也灭了。农业的这样骤然的发展又是什么原故呢?便是铁器的发明！

中国的铁器时代是有三个段落的：

第一次是用作耕器；

第二次是用作手工业的器具；

第三次是用作武器。

用作武器的第三次进化是自西汉以后才完成的。证明本来很多，我们在这儿只消引出江淹的《铜剑赞》的序文就够了。

“古者以铜为兵。春秋迄于战国，战国迄于秦时，攻争纷乱，兵革互兴，铜既不克给，故以铁足之。铸铜既难，求铁甚易。故铜兵转少，铁兵转多。二汉之世，既见其微。”

这是很重要的一段文献而且也是很正确的。铁兵的发生是在春秋末年，发生在长江一带的淮夷民族。北方的汉民族只用来做工具。《国语》上有管子的一句话：

“美金以铸剑戟，试诸狗马；恶金以铸钼夷斤欘〔斸〕，试诸壤土。”

这所谓美金便是铜，所谓恶金便是铁。《管子》的《海王篇》上也说：

“今铁官之数曰：一女必有一针一刀……耕者必有一耒一耜一铫……行服连轺輂者必有一斤一锯一锥一凿。”

这至少是证明当时的铁已经用到手工业上了。《管子》本来不必是管仲自己做的书，但那书当得是齐国的国史。我们从那文字的古朴、繁复、并无假托的必要上看来，大约它总不会是后人的伪托。

铁要锻炼到能够制针、制刀、制斤、制锯，那是要有相当的冶金术的进步的，所以在铁能炼为钢铁应用到手工业之前，必有一个长时期的应用铣铁或者毛铁的时代。

周代的《考工记》上说：“攻金之工六：筑、冶、凫、栗、段、桃。”“段氏为镈器。”除这段氏以外，其他的五氏所做的削、杀矢、剑、钟、升斗等都说明是青铜器，只有这段氏所做的镈器——就是耕器——没有说明是用什么金属。关于段氏的那一节文章可惜又残阙了，我们虽然得不出一个坚决的结论，但从那“段”字可以引伸出“铁”的意义看来，那所做的镈器一定是“铁器”。

段字，《说文注》曰“椎物也”。案此乃锻之省。“锻小冶也”，虽未明言冶铁，但铁以外之金属则无须乎椎炼。

又《大雅》的《公刘篇》有“取厉取锻，止基乃理”的两句。厉是石器，锻，《毛传》训石，郑笺谓“石所以为锻质”，则是铁矿之意。这儿正表现着取石器和铁器求大兴土木，开辟疆土。《公刘》这诗是周初的文字，所以我们可以断言，在周初的时候铁的耕器是发现了。

就因为有这铁器的发现，所以在周初便急剧地把农业发达了起来。《诗经》上专门关于农业的诗便有《豳风》、《豳雅》、《豳颂》，从牧畜社会的经济组织一变而为农业的黄金时代。周室的乃至中国的所谓“文明”、“文物”，也骤然地焕发起来了。

周室有那样发达的农业，所以它终竟把殷室吞灭了，而且完成了一个新的社会。

那所完成了新的社会是什么呢?我们在《书经》、《诗经》里面不可以看见它使用着多量的奴隶来大兴土木，开辟土地，供徭役征战吗?

《周书》的十八篇中（自《牧誓》至《文侯之命》的十八篇）有八篇便是专门对付殷人说的话（本文中所称《尚书》系据今文的二十九篇），我们看那周公骂殷人是“蠢殷”、“庶殷”，或者说“殷之顽民”，而且把那些“庶殷”征发来作洛邑，用种种严厉的话去恫喝他们，那不完全是表示着把被征服了的民族当成奴隶使用吗?

本来当时的阶级的构成是分成“君子”和“小人”的，“君子”又叫作“百姓”，便是当时的贵族；“小人”又叫作“民”“庶民”“黎民”“群黎”，实际就是当时的奴隶。他们在平时做农夫、百工，在战时就当兵、当伕。这在《大雅》和《小雅》的各诗中，叙述得最为明白，并且如像：

“周余黎民，靡有孑遗。”（《云汉》）

“民靡有黎，具祸以烬。”（《桑柔》）

我们从这些话上看来，可以知道当时的奴隶是怎样受着虐待了。

一方面在族内使用着奴隶，另一方面便向四方八面的异民族进攻。周初的局面被后人粉饰出来虽然很像一个极盛的封建时代，但那全盘是虚伪。我们由最可靠的信史——《诗经》——可以考查得的，直到周宣王时，汉民族都只仅仅蹢居在黄河流域的中部，当时四方八面都还是比较落后的牧畜民族。例如，南方的长江流域便有荆蛮、淮夷、徐戎，西方的有犬戎，北方的有蛮貊、狄人、猃狁，山东一带还有所谓莱夷、嵎夷。所以事实上它还是被四围的氏族社会的民族围绕着的比较早进步了的一个奴隶制的社会。

（摘自《中国古代社会研究》，人民出版社 1954 年出版）

郭沫若（三）

在这儿我还要郑重地纠正我自己的另一个错误，便是关于铁器使用的时期。

中国的铁器时代是秦以后才正式登上了历史舞台，这是毫无疑问的，例如以铁造兵器的史实是在汉代才普遍化了的。江淹的《铜剑赞序》说：“古者以铜为兵。春秋迄于战国，战国迄于秦时，攻争纷乱，兵革互兴，铜既不克给，故以铁足之。铸铜既难，求铁甚易。故铜兵转少，铁兵转多。二汉之世，既见其微。”这和考古上所见到的情形是一致的。存世秦前兵器都是铜制，至迟的有如秦上郡戈和吕不韦戈，足证秦始皇初年都还在用铜兵。汉代的铜兵却一件也不曾发现过。

但铁兵的使用并不始于汉，在战国末年已经在开始使用了。《荀子·议兵篇》“楚人铁釶，惨如蜂虿”，又秦昭王曾赞叹“楚之铁剑利而倡优拙”（《史记·范雎列传》），可见铁兵的使用始于楚。在楚之外也还有别的国家在用铁器的，如中山的力士吾邱鸠的“衣铁甲，操铁杖以战”（《吕氏春秋·贵卒篇》），魏国信陵君的食客朱亥“袖四十斤铁椎，椎杀晋鄙”（《史记·信陵君传》),商鞅的铁殳(《韩非·南面篇》),韩国的铁幕(《韩策》)、铁室(《韩非·内储说上》)等。大率冶铁的技艺还未十分纯熟,没有制出像楚国那样更有效的积极的兵器。

铁兵使用的开始并不就是铁的使用的开始,因为铁要能炼成钢,然后才能铸造成高级的兵器,在钢的使用之前应该还有一段长时期的毛铁的使用的。《孟子》书中已言"以铁耕",可知当时耕具已在用铁。这种使用可以上溯至春秋年间,有文献可考的是在齐国。《管子·海王篇》:"今铁官之数曰:一女必有一针一刀……耕者必有一耒一耜一铫……行服连轺輂者必有一斤一锯一锥一凿。"《管子》多是战国时代及其以后的文字纂集,所纂集的齐国的史籍,可能上溯至管仲时代,又《国语·齐语》也载有管仲的话:"美金以铸剑戟,试诸狗马;恶金以铸钼夷斤欘〔斸〕,试诸壤土。"美金自然是青铜,恶金可能就是毛铁了。

但要再朝上溯,便毫无根据了。《考工记》的"段氏为镈器",职文适缺,是一件遗憾的事,即便是铁器也只是春秋后半叶的情形。《诗经·秦风》"驷驖孔阜"(襄公时诗),说者谓马色如铁故名驖,然安知非马名在先而铁名在后,即金色如驖故名铁?铁字并不古,在西周和以前的铁器也始终没有发现过。殷虚的发掘,得到了不少的铜器,有斧斤刀椎针镞矛戈之属及各种礼器,更还有不少的铜模、铜锅、铜矿及大块孔雀石,而却无丝毫的铁的痕迹。铁的发现不能上溯至殷末,由这比较科学的发掘是可以下出断案的。

我从前发表《中国古代社会研究的时候》,殷虚才刚开始地面试掘,方法是很成问题的,我曾因试掘者董作宾的《新获卜辞写本》后记里面,于"同时出产之副产物"中有一个"铁"字,表示过极大的惊异。这经后来的科学的发掘证明,是从被窜乱了的表层里面所拾得的后代窜入物而已。

但比这更草率的,我竟据《诗经·公刘篇》的"取厉取锻"一语,而解释为周初已发现铁,作为周人的生产力超过了殷人的根源。这所犯的错误相当严重。《公刘篇》绝不是周初的诗,锻字的初文即是段字,有矿石、石灰石以及椎冶的含义,并没有铁矿的意思。我以前根据郑玄"石所以为锻质"的解释认为铁矿,那完全是牵强附会。

现在我却可以得到一个更正确的推论了。冶铁技术的发明和发展不用说是冶金工业的一大进步,而把铁作为耕具及手工具的使用,又增加了整个的生产力,而使社会生产得到了更高一段的发展。这无疑便成为社会变革上的一个重要的契机。但这些事实,我们知道,并非出现于周初,而是出于春秋战国时代,那么,这铁的使用倒真正成为春秋战国时代是古代社会的转折点的"铁的证据"了。

(摘自《十批判书·古代研究的自我批判》,人民出版社 1954 年)

翦伯赞

铁器的广泛使用 春秋末到战国初,铁工具开始在生产中广泛使用。《管子》说农夫必须有铁制的耒、耜、铫,女工必须有针和刀,制车工必须有斤、锯、锥、凿,否则就不能成其事。

《孟子》提到"铁耕",证明当时耕田必定用铁器。根据解放后丰富的考古发掘材料,更加证实了战国时铁工具大量出现这一事实。现在所知,辽宁、河北、山东、河南、陕西、湖南等省都出土有铁器。毫无问题,铁器的使用和生产已普及于许多地区。出土的工具,种类颇多,有犁头、锄、臿、镰、铚之类的农具,也有斧、锛、凿、刀、锤等手工工具,这些铁工具代替了过去的木、石和青铜器,大大提高了工作效率,对社会生产力的发展起着极大的推进作用。

农业生产力的发展 铁器的使用,增强了开荒的能力,使耕种面积不断扩大。当时记载中常提垦辟草莱之事就说明了这点。耕作技术也有了相应的变化,主要是出现了深耕,这是使用木、石工具时无法实现的。《孟子》、《韩非子》说:"深耕易耨"、"耕者且深,耨者熟耘",表明深耕已经普遍推行。《庄子》说:"深其耕而熟耰之,其禾蘩以滋。"《吕氏春秋》说深耕可使"大草不生,又无螟蜮",使禾、麦得到好收成。深耕不仅能提高亩产量,而且还可减轻虫、旱之灾,所以受到人们的特别重视。大约和使用铁器同时,也开始用牛耕田,《国语》说:"宗庙之牺为畎亩之勤。"就是一个例证。

施肥和人工灌溉也有了发展。《荀子》说:"多粪肥田,是农夫众庶之事。"并认为"田肥",就可多收谷实。战国时的粪主要是指以水沤草或焚草为灰,《礼记·月令》说把田间野草烧灰,既除草害,也能肥田。《周礼》有薙氏,专掌"杀草"。这些记载都是关于用草作肥料的例子。《周礼》中还提到施种肥之法,以兽骨汁浸种,可使作物生长得更好。人们对于人工灌溉也很重视,《荀子》说:"修堤梁,通沟浍,行水潦,安水臧,以时决塞,岁虽凶败水旱,使民有所耘艾。"中原一带种稻,更非人工灌溉不可,《战国策》记载西周君放水,东周君方得种稻的故事。《周礼·稻人》讲到如何在田中放水和蓄水。战国时还出现一种叫桔槔的汲水工具,是利用杠杆原理作成的,大约多用于小面积土地的灌溉。

战国时出现了有关农学的著作。《管子·地员篇》记录了许多有关土壤的知识,并指出结合哪些土壤应该种植何种的作物。《吕氏春秋》的《上农》、《任地》、《辩土》、《审时》四篇,是战国末的一部重要农学著作。书中十分强调"深耕熟耨",既要耕得深,还要多耕多耨。在整地方面认为在田间须开沟作垄,好依土壤湿、燥不同而决定将作物种在沟中或垄上。种植作物必须疏密适中,整齐成行。对于农时极为注意,认为播种、收获都"得时",过早为"先时",过迟为"后时",这样都会影响谷物的产量和质量。这些先进经验的提出,反映了当时农业技术的进步。

战国时农产量比过去有了提高。据魏李悝的估计,魏国一百亩田平常年景能收粟一百五十石,如遇大丰收可增加到三百石或六百石。《吕氏春秋》说:"上田夫食九人,下田夫食五人,可以益不可以损,一人治之,十人食之。"这话虽不免有夸大,但随着农业生产力提高,农民能提供多一些的剩余产物应是无疑问的。

水利工程的兴修 水利灌溉工程在战国时获得很大发展,这对农田灌溉和航行都有很大好处。

魏在惠王时曾开大沟引河水南入圃田泽(今河南中牟县西),又引圃田之水到大梁。魏襄王时，邺（今河北临漳）令史起，开渠引漳水灌溉邺一带的土地，使盐碱地变成良田，改变了当地的经济面貌。

秦昭王时，蜀郡守李冰，在今四川灌县附近，将离堆凿开，使岷江变为两股，以分水势，既解除了岷江水害，又可使成都大平原得到灌溉和通航之利。这一工程即后来有名的都江堰。

战国末年，秦用韩国水工郑国，在关中开渠以沟通泾、洛二水，即所谓的郑国渠。渠长三百余里，渠两岸的"泽卤之地四万余顷"，变成"收皆亩一钟"的良田，史称关中于是成为沃野，秦国更为富庶。

手工业的发展 农业生产力的提高和铁器用于手工业，大大推动了手工业的发展。《周礼·考工记》记载官府手工业分制造木器、铜器、玉器、陶器和染色等不同工种。《考工记》有"攻木之工七"、"攻金之工六"、"攻皮之工五"等记载，这又表明在每一工种之中还分不同的专业。手工业内部分工如此细密，反映出手工制造业的发达。

冶铁是新兴起的一种金属冶铸业。随着社会上对铁器的大量需要，冶铁业得到迅速发展。《管子》说："上有赭者，下有铁。"则当时人已知道通过矿苗来找矿的方法了。在《山海经》中提到出铁之山很多处，还有"出铁之山三千六百九十"这样的话。人们对铁矿如此之注意，表明了冶铁生产的规模不断地在扩大。

解放后各地出土的战国铁器，其中以农具、手工工具的数量为最多，兵器、日用器皿则较少。在河北兴隆发现有铸造斧、锄、镰、凿等工具的铁质铸范四十副，在河南新郑发现了泥质的铸范。范的发现，进一步证实战国时已有热铸技术。通过对实物的化验，知道最初多用块炼法而得到纯铁。后来掌握了热铸法。战国晚期，又学会了将纯铁加热渗炭而制成钢的技术。在战国时期的几百年间，由于劳动人民的智慧和才能，冶铁技术获得了很快的发展，这在世界冶金史上也是非常突出的事。

…………

战国时手工业生产仍有相当大部分是由官府经营的。《管子》提到统治者很重视盐业的收入，《管子》又提到齐设有"铁官"，甚至铁矿山也为官府所垄断，严禁人民入内。河北兴隆出土的铁范，上有官府名称的铭记。当然设铁官者不仅限于齐、燕两国。盐、铁业能为统治者提供巨大的收入，因而官府是不轻易放弃的。据器物铭文记载，三晋和秦管理、监督铜器生产的官吏是"工师"或"丞"。秦国冶铸铜器的工匠，多由"鬼薪"、"隶臣"等罪犯奴隶担任。

战国时民营手工业也有很大发展。魏猗顿以煮盐致富，魏的孔氏，赵的卓氏、郭纵，都以冶铁成业。孔氏"家致富数千金"，郭纵甚至"与王者埒富"。由此可见，民营作坊具有很大的生产规模。

（摘自《中国史纲要》，人民出版社 1979 年）

范文澜

西周生产工具是否用铁，照一般现存材料看来，应该说是没有，但也不能断言一定没有。从矿石提炼出铜比炼铁困难得多，从黄铜到青铜，又是一个困难的过程。商朝早期已经用青铜，按照冶炼技术的难易，说西周还不知炼铁，很难说得通。铁的熔点比铜只高八十度（铜熔点一一二〇度，铁熔点一二〇〇度），但因鼓风设备的限制，最初的铁不曾熔解，只能是海绵体的熟铁，性柔软，可锻不可铸，不堪制作需要硬度较高的工具，因之用处不大，不被重视。到春秋初期，已能熔解铁矿石成为生铁。生铁性硬而脆，可铸不可锻，用以铸农具，称为恶金。这是炼铁技术的一个大进步。春秋初期有生铁，西周或西周以前有熟铁，并不足为奇，铁字不见于甲骨文金文，铁器还没有发现，都不是很重要的。《周颂》所载钱、镈、铚等字形，可以推想为金属工具。《载芟篇》说“有略其耜”，《良耜篇》说“畟畟良耜”，略与畟畟都有训为锋利，耜刃锋利，当然是用金属。金属指铜或铁，这里所说金属工具，是铜农器，也可能是用熟铁皮包口的农器，铜农器应是主要的，因为青铜比熟铁硬度高。热河出土战国时制铜锄镰等农具的铁范（出土地点在铜矿附近），足见以铁耕的战国时期，铜制农具还不能全废，西周时期重要农具用铜，也有些用铁，比商时奴隶所用农具进了一步。西周农具主要用铜，并不能得出西周不是封建社会的论断，理由已见《绪言》“初期封建社会开始于西周”篇。

…………

吕尚是炎帝族四岳的后裔。周文王尊吕尚为师，共谋灭商兴周。吕尚的女儿邑姜是武王正妻，生成王和晋国始封者唐叔虞。成王封吕尚为齐侯，赐给他一种特权，得征伐有罪诸侯。西周厉王时，齐献公迁都临淄（山东临淄县）。齐在春秋时期吞并十国，荀子说齐桓公（前六八五年——前六四三年）并国三十五，韩非子说桓公并国三十。齐原是东方大国，经桓公大吞并，成为华夏各国中最富强的国家。桓公依靠大政治家管仲，整顿国政，分全国为二十一乡，其中工商六乡，士十五乡。工商专心本业，免服兵役。士乡即农乡，平时农夫耕田，士“食田”，战时农夫当兵，士当甲士和小军官。士乡五家为一轨，十轨为一里，四里为一连，十连为一乡，五乡为一军。每家出一人，五人为伍，伍有轨长；五十人为小戎，小戎有里有司；二百人为卒，卒有连长；二千人为旅，旅有乡良人；五旅一万人为一军。一国有三军，齐君自率一军，上卿国子高子各率一军。据《齐风·甫田篇》所说，齐襄公（前六九七年——前六八六年）时还保存公田制的形式，管仲废除公田制，改为按土地的肥瘠，定赋税的轻重。齐国有山有海，管仲设盐官煮盐，设铁官制农具，又铸钱调剂物价贵贱，数年之间，国富兵强。前六七九年（齐桓公七年），齐开始称霸。当时楚国也正强盛，连年出兵攻郑。前六五六年（鲁僖公四年）桓公亲率齐、鲁、宋、陈、卫、郑、许、曹八国大军伐楚，追到召陵（河南郾城县）。楚成王使大夫屈完来军前讲和。桓公许和退兵。这是华夏诸侯第一次联合抗楚，虽然不能算是取得了胜利，楚国却暂时不敢北进。

桓公做霸主，曾救邢救卫救北燕，阻止戎狄的侵扰。百余年后，孔子还赞叹齐国的霸业，说：没有管仲，我们大概要披着头发，穿左衽衣，受异族的统治了。管仲、桓公死后，齐国内乱，楚国势力又北进。

前五六七年（鲁襄公六年）齐灭莱（山东黄县东南有莱子城）。莱是东夷族大国，莱亡国后，齐地扩大一倍以上，成为真正的海国，鱼盐之利更盛。

…………

铁字古文作銕，当是东方夷族最先发明冶铁术，为华族所采用。《国语·齐语》载管子说，美金（青铜）用来铸武器，恶金（铁）用来铸农具，足见春秋初期，冶炼技术已经能生产生铁。前五一三年（鲁昭公二十九年），晋国起兵筑城，令兵士铸一个铁鼎叫作刑鼎，鼎上宣布范宣子所作的法律条文。铸鼎的铁是作为军赋向民间征发，足见铁在晋国民间也已经使用。齐晋能铸铁，其他各国也会铸铁。《周礼·考工记》段氏用青铜制镈（农器），粤地农民人人能制铜镈。《考工记》所说，当是指东周以前农具主要用铜的情形。东周时有生铁铸成的农具，作用便显然不同。铁为深耕创造了条件。叔均牛耕法在某些地主或少数农民的田地上有可能被采用。孔子弟子冉伯牛名耕，司马耕字子牛，晋国有力士名牛子耕。耕与牛相连，说明东周后半期已用牛耕田，不过这种进步的耕作法当时并不通行，一般仍用两人并力发一耜的耦耕法。

（摘自《中国通史简编》，人民出版社 1965 年）

杨　宽

铁在远古时代，是在距离遥远的各个地区，在不同时间出现的。中国冶铁技术的发明，同亚洲西南部和欧洲、非洲所有文明国家的冶铁技术是毫无关联的。许多原始的部落在个别的地区，而且在不同的时间，也都已有冶铁技术的发明。

一般说来，冶铁技术发明于原始社会的末期，就是恩格斯所说的野蛮期的高级阶段。恩格斯曾说野蛮期的高级阶段是“从铁矿的冶炼时开始”。又说，“一切文化民族都在这个时期经历了自己的英雄时代：铁剑时代，但同时也是铁犁和铁斧的时代”。（《马克思恩格斯选集》第 4 卷，人民出版社 1972 年版，第 21、159 页）这个铁犁与铁斧时代的到来，对于社会生产力的发展是起着巨大作用的。有许多民族由于掌握了铁器手工业，随着社会生产力的发展，随着财富的增加，随着社会分工的扩大以及交换的发展，逐渐由原始公社制过渡到奴隶制社会。但是我们要知道，并不是所有的民族都是如此的。有许多民族由于自然条件的关系，由于采用人工灌溉的关系，特别是由于掌握了较高的农业生产技术，使生产力有了较大发展，因而在拥有青铜器工具的时候，已经过渡到阶级社会。在这些青铜器时代已进入阶级社会的民族中，是在进入阶级社会后再发明冶铁技术的。例如古代的埃及和巴比伦就是如此，古代的中国也是如此。

…………

中国是世界上最早发明生铁冶铸技术的国家，这项发明要比欧洲早一千九百年。中国又是最早创造生铁柔化处理技术的国家，这一创造要比欧洲早两千三百年。还值得注意的是，河南巩县铁生沟冶铁遗址出土的西汉时期铁镢和河南渑池窖藏铁器中汉、魏时期铁斧具有类似现代球墨铸铁的球墨组织。两千多年来我国人民在冶铁技术上不断有着新的发明和独特的创造，在世界科技发展史上曾经居于遥遥领先的地位。

（摘自《中国古代冶铁技术发展史》，上海人民出版社 2004 年）

以上著述在谈到早期铁器文献资料时，多涉及管子和齐国，这些记载出自《管子》和《国语》，所以一般认为，至少在齐桓公时代，齐国已经开始使用铁器，从而证明，冶铁术的发明至少在齐桓公之前，且齐国是最早冶铁的国家。

先秦两汉铁器的考古学研究(节选)

白云翔

先秦两汉铁器考古学研究课题的提出

铁,是自然界蕴藏量最为丰富的金属之一,其地壳丰度为5.6%,除了以金属状态出现于铁陨石之外,绝大部分以含铁矿物的形式而存在。铁及其合金(主要是铁和碳等元素组成的合金,即钢和生铁)具有优异的性能,如磁性好、强度高、硬度大、可塑性强,易于加工或铸造成型等,因而在人类生产和生活中起着极为重要的作用。以铁矿石的冶炼获得铁的冶铁术的发明,和以铁为原料制造的工具、武器及生活器具等铁器的出现,使人类历史获得了划时代的进步。直到今天,钢铁仍然是现代工业最重要和应用最多的金属材料。

铁,是人类古代历史上产生过革命性作用的最为重要的一种金属。恩格斯曾经指出:铁"是在历史上起过革命作用的各种原料中最后的和最重要的一种原料。所谓最后的,是指直到马铃薯的出现为止。铁使更大面积的农田耕作,开垦广阔的森林地区,成为可能;它给手工业工人提供了一种其坚固和锐利非石头或当时所知道的其他金属所能抵挡的工具"[1]。

铁最终排挤掉石器,并取代了青铜器[2]。铁器的出现,开创了人类历史的一个全新的时代。1813年,历史学家韦代尔·西蒙森在其《概论我国历史上最古老最强大的时期》一书中说:"斯堪的纳维亚最早的居民所使用的武器和工具起初是石质与木质的,这些人后来学会了使用铜。……然后才会使用铁。因而这样看来,他们的文明史可以分成石器、铜器和铁器三个时代,但它们之间不可能丝毫不重叠地截然分开。"后来,担任丹麦皇家北方(北欧)古物博物馆馆长的C.J.汤姆森在组织博物馆的古物陈列时,依据武器和工具的制作材料分成石器、青铜器和铁器,分别代表三个依次承继的时代,并于1836年在其所著博物馆参观指南《北欧古物导论》中,对石器时代、青铜器时代和铁器时代这种"三段分期法"(又称之为"三期说")进行了详细说明。该书英文版《北欧古物指南》1848年出版后,"三期说"逐渐在欧洲得到承认[3]。后来,随着近代考古学在世界各地的兴起,"三期说"逐渐被世界考古界所接受,直到今天。在中国,1927年章鸿钊在其《中国铜器铁器时代沿革考》中说:"继石器时代而起者,前有铜器时代,后有铁器时代。其变革之或迟或速,往往视人文之程度而差。若论其先后之序,则举世殆无不同也。"[4]也就是说,铁器的出现,成为一个时代的标志。

中国是世界上最早出现和使用铁器的国家之一，并且大都认为中国古代的冶铁是独立起源的[5]。早在公元前1300多年前的商代，人们对铁就有了初步的认识，出现了陨铁制品，如河北藁城台西村和北京平谷刘家河商代墓葬出土的铁刃铜钺。在新疆地区，至迟在公元前1000年前后出现人工冶铁制品；在中原地区，至迟在公元前800年前后的西周晚期，冶铁术发明，人工冶铁制品登上了人类历史的舞台。此后相当长的一个历史时期，铁器成为社会生产力发展的重要标志。春秋战国时期，铁器获得相当的发展，极大地推动了社会历史的变革。"春秋后期以来，由于铁器使用等因素，使封建性的个体生产成为可能。"[6]郭沫若之所以提出战国封建制，重要的根据之一是铁器的使用，即："奴隶制与封建制的更替之发生在春秋、战国之交，铁的使用更是一个铁的证据。"[7]以秦王朝的建立为标志的王国时代向帝国时代转变的完成，铁器的使用是其重要的经济技术动因之一。秦汉时期，冶铁获得全面发展并走向成熟，铁器工业成为当时事关国计民生的支柱性产业；铁器成为重要的生产资料和战略物资，在社会生产和生活中扮演了不可替代的角色。汉代初年，割据岭南的南越国与汉廷交恶，吕后"禁南越关市铁器"[8]，南越对实施铁田器禁运，为此迫使南越武帝赵佗三次向汉廷上书请求解禁，从一个侧面反映出铁器在当时社会生产和生活中举足轻重的地位和作用。汉武帝时期，为了加强中央对全国经济的控制和强化中央集权统治，增强国家的财政经济实力，曾采取了一系列新的经济、财政政策，其中重要的措施之一是实行"盐铁官营"，即将煮盐、冶铁之事均收归政府管理；严禁私自铸铁、煮盐；不产铁的郡设小铁官，管理铁器的专卖事宜等[9]。同时，从战国时期开始，铁器及冶铁术向我国的边远地区以及周边国家和地区大规模扩展，先是向东传播到朝鲜半岛以及日本列岛[10]，西汉时期向西传播到西域等地，对汉代西域、朝鲜半岛、日本列岛等地的社会历史发展产生了极大的推动作用。到东汉时期，我国古代的铁器工业已全面成熟，铁器普及社会生活的各个领域，包括边远地区在内的全国各地基本实现了铁器化。魏晋以后，我国古代铁器及铁器工业进人平缓、稳定的发展时期。

很显然，先秦两汉作为我国古代科学技术体系的奠基时期和发展形成时期[11]，是我国古代冶铁从萌芽到发生、从发展到成熟并形成完整的古代铁器工业体系的重要时期，是铁器从无到有、由少到多并基本实现铁器化的重要时期。因此，对这一时期的铁器进行系统研究，是究明我国古代冶铁从发生、发展到古代铁器工业走向成熟之轨迹，铁器从出现、推广应用到普及社会生产和社会生活各个领域之进程的必由之路。春秋战国时期，是我国古代社会历史上的一个大发展、大变革时期，是社会历史从鼎盛的王国时代向帝国时代发展的转折时期和过渡时期[12]，而铁器工业是"当时新兴的也是最重要的手工业部门"[13]，铁器是当时社会生产力的一个重要因素，其发生和发展与当时社会历史的发展和变革有着密切的内在联系。秦汉时期，随着多民族统一的中央集权帝国的建立，是我国古代社会帝国时代的形成和初步发展时期，社会政治、经济、科学技术和文化全面发展的时期，而铁器工业是当时最为重要的支柱性产业，铁器是当时重要的生产资料和战略物资。因此，对先秦两汉时期的铁器和铁器工业进行全面系统的研究，对于认识铁器和古代铁器工业的发生和发展，认识铁器在社会历史发展中的地位和作用，探讨先秦两汉时期社会历史的发展演变及其动因，以及社会政治和经济对铁器发展的影响等，都是极为重要的。这不仅具有重要的史学意义和实践的意义，而且具有重要的理论意义。

就考古学来说，铁器作为一种物质的文化载体，从产生之日起就具有丰富的文化内涵，是重要的文化遗物之一，可以说铁器时代的铁器研究，犹如石器研究之于石器时代、青铜器研究之于青铜时代同样重要。因此，先秦两汉时期铁器的类型学研究、编年研究等考古学基础研究，是东周秦汉考古最基本、最重要的课题之一，对于东周秦汉考古研究的进一步深入具有积极的意义。要之，先秦两汉铁器的系统考古学研究具有重要的学术价值和科学意义，是不言而喻的。

我们知道，古代文献中关于古代铁器和冶铁的记述甚少且过于简略，而考古发现的铁器及相关遗迹和遗物相当丰富，这就使古代铁器的考古学研究不仅成为可能，而且具有其他学科无可比拟的优势。正因为如此，近代学术界在关于古代铁器和冶铁的研究中，无不日益重视考古发现的铁器实物及相关资料；不少学者基于考古发现的铁器及相关遗存对古代铁器和冶铁从不同侧面进行研究，取得了一系列令人瞩目的重要进展，为我们进行系统的研究奠定了坚实的基础。然而，正如下文将要具体说明的那样，20 世纪以来先秦两汉时期铁器和冶铁的研究尽管在许多方面已经展开并且取得了许多重要的成果，但系统性研究明显不足，尤其是系统的考古学研究更是一个空白。因此，就先秦两汉时期的铁器进行系统的考古学研究，不仅是必要的和可能的，更是亟待进行的。

应当指出的是：先秦两汉铁器的研究，并不仅仅是铁器本身的研究，而是从铁器出发对古代钢铁技术、铁器生产、铁器的应用及其在社会生产和生活中的作用等问题的综合研究。

先秦两汉铁器研究的历史与现状

我国有着悠久的金石学传统。早在 900 多年前的宋代，金石学家就开始了商周秦汉等古器物及铭刻资料的收集整理、著录和研究，并逐步形成了独具中国特色的金石学。但是，由于铁器易于锈蚀而不易流传，而地下出土的铁制品又往往是锈迹斑斑的工具或兵器等，因此往往不为喜欢“吉金乐石”的金石学家们所重视。于是，历代金石学著作中很少见到铁器的著录，更谈不上古代铁器的研究。我国古代铁器的研究，肇始于 20 世纪 20 年代，即章炳麟所著《铜器铁器变迁考》[14]和章鸿钊所著《中国铜器铁器时代沿革考》[15]。从此以后，文献历史学家继续根据古代文献（有时也结合地下出土遗物）对我国古代铁器进行研究的同时，考古学家和冶金史学家则根据考古发现并结合文献记载对古代的铁器和冶铁进行研究。回顾 20 世纪以来先秦两汉铁器研究的发展历程，可以大致划分为三个阶段。

第一个阶段：20 世纪 20 年代至 40 年代末，先秦两汉铁器研究的肇始阶段。

在西学东渐的影响下，这一阶段人们开始注意到先秦两汉铁器以及铁器在古代社会发展中的作用，并根据文献记载加以研究。当时，研究的重点是铁器的发生、早期发展和在社会生活中的应用。如章鸿钊在其《中国铜器铁器时代沿革考》中曾作过如下论述：中国“始用铁器时代，春秋战国之间，即西元前五世纪。吴楚诸国，冶炼渐精，始制铁兵，惟仍以用铜为多。铁器渐盛时代，自战国至汉初，即自西元前四世纪至纪元之始。是时农具及日用诸器已盛用铁，惟兵器尚兼用铜。铁器全盛时代，东汉以降，即自西元一世纪至今日。东汉兵器已盛用铁，其后铜愈乏，甚乃禁用铜器”。应当说，古代铁器研究的肇始，在一定程度上受到了西方考古学的影响，而结论之所依，仍是文献记载。值得提及的是，先秦两汉铁器在这一时期已经有所发现并见诸考古论著。1927 年辽宁旅顺貔子窝高丽寨的发掘中出土铁器 20 余件，包括空首斧、锛、直口锸、横銎镢、六角锄、镰刀和剑等，其年代或可早到战国晚期〔16〕。1928 年旅顺老铁山附近的牧羊城址发现战国秦汉时期的铁空首斧、镞、刀等〔17〕。1929 年旅顺南山里刁家屯村民在取土中发现一批铁器，被放置在一个陶瓮中，有竖銎镢、直口锸、铲、铚刀等计 20 余件，其年代为战国晚期，可能是一处铁器窖藏〔18〕。1930 年春，燕下都考古团在对燕下都老姆台建筑基址的发掘中发现了战国时期的铁锛、铁铤铜镞等，并于 1932 年简要地发表了考古发掘报告〔19〕。1931 年旅顺营城子前牧城驿附近的 2 号汉代砖室墓出土 2 件铁器残片〔20〕。1940 年邯郸赵国故城的发掘中，发现有铁凿和铁斧等〔21〕。1941 年河北省万安北沙城 6 号西汉墓出土 4 件虎形铁镇〔22〕。1942 年山西省阳高县古城堡西汉墓葬出土铁剑、削刀、锸、空首斧、镈、夹子、镊子、笔架形器、环首钉、钉子等铁器〔23〕。此外，河北省北部地区也发现有铁铚刀〔24〕、陕西宝鸡斗鸡台汉墓出土有铁锯〔25〕等。然而，当时尚缺乏对先秦两汉铁器的专门整理和研究。

第二个阶段：20 世纪 50 年代初至 60 年代末，先秦两汉铁器研究的形成阶段。

新中国成立之后，随着社会主义革命和建设事业的全面展开，科学教育事业蓬勃发展，历史学研究和考古学研究出现空前的繁荣。正是在这样的大的社会背景之下，先秦两汉铁器研究随之逐步开展起来。具体到当时的学术和历史背景，以下三点尤其值得注意。其一，随着全国各地田野考古的大规模展开，先秦两汉铁器的实物资料大量发现，如 1951 年河南辉县固围村 5 座墓葬出土战国晚期铁器 175 件〔26〕；1953 年河北兴隆县寿王坟村出土战国晚期铁铸范 87 件〔27〕；1955 年辽宁辽阳三道壕汉代聚落遗址出土以生产工具和车马机具为主的西汉铁器 265 件〔28〕；1958～1959 年间，河南巩县铁生沟汉代冶铁遗址进行了大面积揭露〔29〕；1954 年发现河南南阳瓦房庄汉代铸铁遗址，并于 1959～1960 年间进行大规模发掘〔30〕等。此后，全国各地先秦两汉铁器不断出土，铁工场址也陆续有所发现。先秦两汉铁器及相关遗存的考古发现，引起了学术界的关注，不少学者相继涉足先秦两汉铁器研究。其二，50 年代关于中国古代史分期问题大论战高潮的出现〔31〕，使铁器在社会历史发展进程中的地位和作用受到前所未有的重视，即“大家在讨论这个问题时，几乎没有一位不接触到中国古代冶铁技术的发明和发展问题”〔32〕，尤其是“西周封建论”和“战国封建论”者更是如此，使得学术界在探讨中国古代社会发展进程中对先秦铁器，即中国铁器的起源和早期发展进行讨论。其三，随着50年代末“全民大炼钢铁”在全国波澜壮阔地展开，古代铁器和冶铁受到社会的广泛关注。与此相适应，学术界从不同的侧面对中国古代的冶铁技术及其成就进行研究和总结。20世纪50～60年代，关于先秦两汉铁器的研究及其成果，归纳起来主要有以下四个方面。

第一，是先秦两汉铁器与铁工场址的考古发现和研究，主要包括考古发现的铁器资料的梳理及研究，铁工场址的发掘和综合研究。就前者来说，主要有出土铁器的综台分析[33]和概括的总结[34]，某些遗址和墓葬中出土铁器的介绍和分析[35]，有关铁农具[36]、铁兵器[37]的专题研究，汉代铁器的区域性研究[38]，以及外国学者关于中国早期铁器时代铁器及铁器工业的综合考察[39]等。这些研究，大都是根据考古发现的铁器资料，对某一历史阶段或某一地区或某一类铁器进行考察，对铁器的类型和特征进行分析，进而对当时铁器的使用状况以及社会生产力发展水平加以说明，对于先秦两汉铁器的考古学研究具有开创性意义。这一时期关于铁工场址的考古发现和研究，除了前述兴隆寿王坟村战国铁铸范、巩县铁生沟汉代冶铁遗址、南阳瓦房庄汉代铸铁遗址的发掘和研究外，还有河南新郑仓城村铸铁遗址[40]、河北承德汉代矿冶遗址[41]、河南鹤壁汉代冶铁遗址[42]、江苏徐州利国驿采矿冶铁遗址[43]以及其他战国秦汉古城址中冶铁遗址的调查，山东滕县汉代铸范的发现[44]等，从而拉开了先秦两汉铁工场址考古发掘和研究的序幕，开创了东周秦汉考古研究的新领域。

第二，是先秦两汉铁器的冶金史学研究，即通过对先秦两汉铁器的科学鉴定、测试和分析等冶金学研究，考察当时的钢铁技术和铁器制造工艺。考古发现的铁器是古代钢铁技术史研究的最直接和最重要的实物资料，利用现代科学技术对其金属成分、结构等进行分析，能够直接获得有关当时钢铁技术和制作工艺的大量重要信息。这一时期冶金史学家先后对考古发现的先秦两汉铁器进行了金相学观察，从而对当时的钢铁技术及铁器制造工艺获得了初步的认识[45]。尽管当时的科学鉴定主要限于金相学观察和分析，方法比较单一，鉴定的铁器实物资料也有限，甚至某些鉴定结果可能存在历史局限性[46]，但毕竟标志着古代铁器和冶铁的研究中开始引入自然科学的方法，可以说是古代铁器和钢铁技术研究在方法上的重要创新，为后来现代科学技术的大量应用奠定了基础，其开创之功不可磨灭。

第三，是在中国古代史分期问题的大讨论和古代社会历史发展进程的讨论中论及先秦铁器。在这样的讨论中，关于先秦铁器的论述主要集中在两个方面的问题上：一个方面是中国铁器出现的时间问题，即冶铁的起源问题；另一个方面，是铁器在古代社会历史发展中的作用问题。在很多情况下，上述两个方面的问题是交织在一起进行讨论的。当时，有相当一批历史学家或多或少地论述到我国铁器的起源及其在社会历史发展中的作用。就代表性的观点而言，杨宽提出：“西周时代已发明了冶铁术，曾经长期的运用于农具的制造……春秋战国间不是发明冶铁术的时期，而是冶铁术发展的时期。”[47]郭沫若认为：铁的发现大约是在西周末年，春秋初年已经有铁器的使用[48]。进而强调：“由奴隶制转变为封建制的主要关键当在生产力的发展上去追求。……铁的出现和使用是值得特别重视的一个关键性因素。”“战国以前的铁器如果能够大量出土，那么……以春秋、战国之交为奴隶制和封建制的界限，获得更多的铁证了。”[49]鱼易根据春秋时期社会变革的出现并结合文献记载推论：“中国用铁大概是在春秋初年，到春秋中叶的齐桓公时就较普遍了。……铁生产工具的出现，必然会促使社会关系发生变化。”[50]而李学勤在分析了有关文献资料后认为，“严格地说，并没有一条文献材料可以证明春秋时代或其以前已有铁器”[51]。这里需要说明的是，对于把冶铁术和铁器同社会性质联系在一起的史学观念和方法，童书业颇不以为然，“有没有铁器，并不是奴隶社会和封建社会的主要分野，因为奴隶社会也可以使用铁器”[52]。

第四，是在中国古代钢铁技术发展史的系统论述中论及先秦两汉铁器和钢铁技术及工艺。有关通论中国古代铁器和钢铁技术的论著，除了杨宽的《中国古代冶铁技术的发明和发展》、《中国土法冶铁炼钢技术发展简史》两书有系统的论述外[53]，还有不少通论性论著[54]。同时，还有不少学者就先秦两汉时期的钢铁技术及铁器的使用等有关问题进行了专门的讨论和总结，也取得了不少的成果[55]。这些研究，显然与当时“全民大炼钢铁”的社会背景不无关联，但在客观上对于推进先秦两汉时期铁器及钢铁技术的学术研究，对于深入了解和认识中国古代冶铁的起源及其早期发展是具有积极意义的。

应当说，20 世纪 50～60 年代作为中国古代铁器研究的真正起步和初步形成阶段，先秦两汉铁器及冶铁的研究初具规模：铁器及铁器生产遗迹和遗物资料有了一定的积累，有关的文献资料得到反复的梳理和分析；以考古资料为主、引入现代科学技术的分析与鉴定、结合文献记载进行综合研究的方法初步形成；铁器与冶铁相关的一些基本问题，如冶铁的起源和早期发展、铁器的类型及其使用状况、铁金属的冶炼及铁器制造技术、铁器的使用及其在社会历史发展中的作用等，都已经有不同程度的讨论，并取得了积极成果，从而为后来先秦两汉铁器研究的繁荣奠定了坚实的基础。

第三个阶段：20 世纪 70 年代初至 21 世纪初，先秦两汉铁器研究的发展阶段。

以 20 世纪 50～60 年代的发现和研究为基础，从 70 年代初开始，先秦两汉铁器及冶铁的研究逐步走向深入，进入到一个全面发展的阶段，呈现出繁荣的局面。这一阶段主要的社会历史和学术背景是：其一，以 1972 年《考古学报》、《考古》和《文物》等中国考古学“三大杂志”复刊为契机，考古工作迅速恢复，考古调查和发掘逐步展开。同时，大量以往的田野考古资料先后得到整理和刊布，考古学研究逐步走向深入。其二，随着科学技术的发展并与考古学的发展相适应，现代科学技术在考古学中的应用获得迅速发展，越来越多的科学技术手段被引入到考古发掘和研究之中，并且两者的结合、考古学家和科学技术专家的合作日趋自觉和紧密。其三，1976 年“文化大革命”结束以后，随着社会主义现代化建设的全面展开，整个科学文化事业迎来了明媚的春天，广大科学工作者以前所未有的热情投入到各项科学研究之中。其四，随着新时期的思想解放和改革开放，尤其是对外学术交流的日益增多，人们的思想得到极大的解放，人们的视野获得极大的拓展，广大科学工作者努力借鉴外国的经验，不断采用新的方法和手段，不断开辟新的研究领域，在世界科学文化的大潮中努力建设中国特色和中国气派的中国科学。在这样的社会历史背景之下，随着考古新发现的与日俱增和考古学与自然科学结合的日益紧密，先秦两汉铁器及冶铁研究取得长足进展。这一时期研究的重点及主要成果，可以归纳为以下几个方面。

第一，中国冶铁起源研究取得新进展。冶铁起源的研究，作为古代铁器研究中的一个基本问题，70 年代以来仍然为学术界所关注。尽管历史学家似乎不再有 50 年代那样的研究热情，但却成为不少考古学家和冶金史学家关注的焦点问题，一直在进行相关的探讨。尤其是随着早期铁器发现的不断增多，并且利用多种现代科学技术对其进行分析鉴定，冶铁起源研究不断获得新的进展。1972 年，河北藁城台西村商代中期墓葬中出土一件刃部镶嵌有铁金属的铜钺[56]，引起学术界极大关注。其铁刃部分，最初的化学定性、定量分析以及金相、电子探针微区分析、X 射线透视等鉴定结果认为系古代熟铁，并且曾一度被作为殷代已有人工冶铁的证据[57]。但后来的鉴定结果表明，铜钺的铁刃并不是人工冶炼的铁，而是陨铁经加热锻打后嵌到钺体上的[58]。最终的研究结果虽然否定了殷代存在人工冶铁的推论，但确认了殷代已经开始使用陨铁制品的事实，并且引发了人们对中国冶铁起源的更为深入的思考。1976 年，黄展岳发表《关于中国开始冶铁和使用铁器的问题》，通过对文献记载和考古发现的综合研究，“把开始冶铁和使用铁器的时间推定在春秋后半叶，即公元前六七世纪间；并且认为，最早冶炼和使用铁器的地区很可能是在楚国”，并且生铁和块炼铁是大致同时发生的[59]。这一认识，成为当时及后来一个时期中国铁器起源最有代表性的观点[60]。但也有的学者主张，中国块炼铁技术的发明在西周中期以后、春秋中期以前，而生铁冶炼技术的发明至迟在春秋中期[61]。后来，有的学者就世界范围内铁器的起源进行讨论[62]，为中国冶铁起源研究提供了有益的借鉴。

20 世纪 80 年代末以来，随着早期铁器的一系列新的发现，中国冶铁起源研究成为考古学研究的热点问题之一。一方面，是 70 年代末至 80 年代末期间，新疆地区的早期铁器先后有不少发现，根据 ^{14}C 测年，其中相当一部分铁器的年代早于公元前 5 世纪，有些还甚至早到公元前 10 世纪乃至公元前 13 世纪。另一方面，进入 90 年代，在晋南、豫西和关中地区先后发现了西周晚期和春秋早期的铁器，其中有的经鉴定属于人工冶铁制品。这些发现，启发人们对中国冶铁起源进行新的思考和探索，学术界先后发表不少论著，提出了许多新的观点[63]。如陈戈认为，“我国与世界上其他各文明古国一样，在公元前 1000 年左右，亦即西周时期，就已经开始冶炼和使用铁器，从而进入了早期铁器时代”。唐际根认为“中国境内的人工冶铁最初始于新疆，时间约在公元前 1000 年以前”，中原地区的冶铁技术，“很可能由新疆沿河西走廊传入”。笔者则提出“我国人工冶铁制品出现于公元前 10 世纪前——新疆地区和公元前 9 世纪——中原地区，人工冶铁分别独立起源于新疆地区和中原地区——当然不排除人工冶铁发生之初两地之间有着某种信息的交流或传播，并且在早期发展中各自形成了特有的铁器传统”。当然，上述诸说之间还存在着某些分歧，各种观点都有待于更多的考古发现去检验或修正，但在中国冶铁起源的认识上，毕竟比以往大大地深化了。

需要指出的是，与冶铁的起源研究相关联，学术界对边远地区铁器的出现和使用问题加以关注并进行探讨。譬如，在60年代研究的基础上，继续对云南和贵州等西南地区、广东和广西等岭南地区早期铁器进行讨论[64]。80年代以后新疆地区早期铁器及其起源的研究受到重视，已如前所述。90年代以后，随着东北地区早期铁器的发现日益增多，尤其是这一地区先秦时期考古学文化谱系的逐步建立和其绝对年代的初步明了[65]，学术界在东北边疆地区铁器的出现和使用问题上也提出了许多值得重视的意见[66]。我国边远地区铁器出现和使用问题的研究，对于全面、完整地认识我国古代铁器的起源、发展、传播以及早期铁器时代等问题，都具有十分重要的学术意义。

第二，先秦两汉铁器考古研究的深入和扩展。一方面，是原有研究专题的继续进行和逐步深入，如关于东周铁农具、东周铁器及其社会意义的考察[67]，先秦铁器的使用对古代社会发展进程之影响的研究[68]等。另一方面，是研究领域的不断拓展：在铁器本身的研究上，继续生产工具研究的同时，兵器武备[69]、生活器具等[70]的研究逐步展开；继续进行铁器形态、功能及社会意义等研究的同时，研究的视野有所扩大，如铁器铭文[71]、铁器的生产[72]、铁器所反映的文化交流及中国冶铁术的向外传播[73]等。另外，还有不少系统研究中国古代农业和农业生产工具的论著中，也往往论及先秦两汉时期的铁农具[74]。

第三，铁工场址考古发掘与研究的继续和深化。钢铁冶炼和铁器制造的铁工场遗址，蕴藏着与铁器及冶铁、制铁有关的大量的、多方面的信息，是古代冶铁和铁器研究中最为重要的考古遗存，日益受到考古学界的重视。70年代以后，一批50~60年代的发掘资料先后刊布[75]的同时，对冶铁遗址的考古调查和发掘进一步展开，尤其是郑州古荥镇汉代冶铁遗址、温县西招贤村汉代烘范窑遗址、登封告成镇东周阳城南郊战国西汉铸铁遗址、鹤壁鹿楼战国西汉冶铁遗址、湖南桑植朱家台汉代铸铁遗址等的大规模发掘，获得了一大批从采矿、冶炼到铁器铸造和加工制作等方面的重要资料。正是以这些铁工场址的发掘以及相关遗迹和遗物的发现为基础，考古学家和冶金史学家相结合，对当时的钢铁技术和生产过程进行了深入研究，极大地丰富了人们对当时的铁器、钢铁技术及铁器工业的认识[76]。

第四，铁器与钢铁技术的冶金史学研究开创新局面。铁器与钢铁技术的冶金史学研究，20世纪50年代已经起步，70年代以来迅速发展，研究方法和手段不断创新，个案研究和综合研究都取得较大进展。就研究方法和手段来说，在继续采用金相学观察的同时，电子探针、X射线荧光分析等技术逐步被采用，检测手段更为先进和多样化，铁器的检测内容更为多样，结论更为准确。就个案研究来说，主要是对某一遗址或墓葬考古发掘出土的铁器或某一件铁器进行科学鉴定和测试，分析铁器的成分和组织结构，以探讨其冶炼和制造工艺技术。这种研究日益受到考古学家和冶金史学家的广泛重视，大量铁器得到检测，获得了丰富的有关钢铁技术和加工工艺等信息，不断深化了人们对古代钢铁技术发展进程的认识。如藁城台西村和平谷刘家河商代铁刃铜钺铁刃部分为陨铁制品的确定；三门峡虢国墓地出土铁刃铜器的鉴定与研究，确认了我国目前已知最为古老的人工冶铁制品，究明了当时的人工冶铁采用的是块炼法，并且出现了块炼渗碳钢[77]。晋南天马——曲村出土的铁器系过共晶白口铁制品的科学鉴定结果，把我国古代液态生铁冶铸的出现时间提前到了公元前 8 世纪至公元前 7 世纪[78]。大量战国秦汉铁器的科学鉴定和分析，为探讨我国古代生铁、脱碳铸铁、韧性铸铁、铸铁脱碳钢、炒钢等钢铁技术以及淬火等热处理工艺等，提供了可靠的依据，成为这一时期古代铁器之冶金史学研究的一个重要生长点。正是以各地出土的大量铁器的科学鉴定与分析为基础并结合文献记载，冶金史学家从不同侧面对我国先秦两汉时期的钢铁技术及其发生和发展等进行了多种形式的综合研究并取得丰硕成果[79]，既是对以往钢铁技术史研究的总结，又为以后的研究奠定了基础。

总起来看，20 世纪尤其是 20 世纪的后 50 年间，我国古代铁器和冶铁的研究从无到有，并且取得了相当的进展。就先秦两汉铁器来说，地下发掘出土的铁器以及与冶铁相关的遗迹和遗物资料已经有了相当的积累，并且还将不断增多。以考古调查和发掘的实物资料为基础、结合铁器的科学分析和鉴定并参考文献记载进行铁器和冶铁研究的现代研究方法已基本成熟，并且还将不断得到完善。铁器及冶铁研究的一些基本问题都有不同程度的开展，如：关于中国冶铁的起源研究，已经完全改变了过去的认识；出土铁器的科学分析和鉴定成果斐然，在此基础之上的钢铁技术史及铁器制造工艺史研究已经初具体系；铁器的分类整理、分析和综合考察等取得不少成果，并将逐步细化和深化；关于铁器在古代社会历史进程中地位和作用问题，经历了 20 世纪 50～70 年代的热烈讨论和近年来的冷静思考，目前正在走向深入。上述研究及其成果，为今后的研究奠定了良好的基础。然而，相对于铁器在人类历史上极其重要的地位和作用，相对于我国古代冶铁的悠久历史和辉煌成就以及对整个东亚铁器发展史的贡献，相对于数以千计的铁器实物的考古发现，相对于世界上其他国家繁荣的古代铁器研究[80]等，可以说我国目前学术界对古代铁器和冶铁的研究还缺乏足够的重视，铁器的系统和深入研究相对滞后，并且长期以来“是侧重技术性研究，和社会历史的研究没有很好的结合起来”[81]。先秦两汉铁器研究亦然，尤其是系统的考古学研究尚属空白。因此，总结和学习前人的研究实践及其成果，清醒客观地认识目前存在的问题，就先秦两汉铁器进行系统的考古学研究，从而把中国古代铁器的研究不断推向前进，是摆在我们面前的一个重要任务。

中国冶铁的起源及初期发展

我国早期铁器的考古发现及其冶金学研究，使我们从考古学上考察中国古代冶铁的起源成为可能。关于我国古代冶铁起源的探索，主要包括三个方面：一是冶铁发生的时间；二是冶铁发生的地域；三是冶铁的技术特征。通过对考古发现的早期铁器进行综合观察便不难看出，新疆地区和中原地区的早期铁器虽有某些相似性，但差异更为明显，并且两地之间无论在地域上还是在铁器的内涵上都缺乏有机的联系。因此,尽管早在商代和西周时期新疆地区和中原地区就已经有着某种程度的交流和联系[82],但中原地区和新疆地区的冶铁可能是各自独立起源的,并且经历了各自的早期发展,形成了各自的传统。

一 新疆地区冶铁的起源

在新疆地区,铁器的出现不晚于公元前1000年,有的甚至可能早到公元前13世纪。譬如,哈密焉不拉克墓地的12个 ^{14}C 测年数据中,有9个数据的年代早于公元前1000年,并且出土铁器的墓葬都属于该墓地的第一期墓,而出土有铁小刀的M31棺木的 ^{14}C 测年数据为公元前1312～前1127年[83];穷科克墓地的 ^{14}C 测年在公元前1000年前后;察吾乎沟口一号和二号墓地大部分墓葬的年代为公元前900～前470年;群巴克Ⅱ号墓地出土铁器的ⅡM4、ⅡM7、ⅡM10、ⅡM12等4座墓的 ^{14}C 测年为公元前829～前767年;阿拉沟口墓地和阿拉沟内墓地的年代在为公元前775～前510年之间。至于早期铁器的材质,尚未见到有关其成分和性质的科学鉴定报告,但据认为“它们已不是陨铁而是人工铁,而且是我国目前已知的最早的人工铁,其中釜片、短剑之类很可能是铸造而成”[84]。就早期铁器的器物类型和特征来看,是以各种小刀为主,装饰品次之,有少量的剑类兵器,未见掘土工具和砍伐工具,也很少见铜(金、玉等)铁复合制品。至于早期铁器的发展进程,尚不甚明了,但从铁器的出土状况观察,似乎可以看到早期铁器的使用由少到多的发展趋势。如焉不拉克墓地出土铁器的墓葬年代不晚于公元前1000年,发掘的76座墓葬中只有M31和M75出土铁器,并且这两座墓在该墓地中属于规模较大、随葬品较多的墓,似乎说明当时铁器的使用有限。群巴克Ⅰ号和Ⅱ号墓地的年代稍晚,为公元前950～前600年,先后三次共发掘墓葬56座,出土铁器的墓至少8座以上;铁小刀出土时,往往与一串羊椎骨同放在一个木盘中;并且Ⅰ号墓地的M27(葬有29人)出土铁器14件,或许反映出当时铁器使用的增加。然而,在铁器出现之后的千余年间,冶铁技术没有发生重大进展,铁器也主要限于小件工具、装饰品以及剑类兵器等。很显然,新疆地区的铁器的起源和早期发展有着其特有的技术传统和文化特征。

新疆地区铁器的发生,可能与西亚地区存在着某种联系。最新的发现和研究表明,西亚地区的人工冶铁术至少可以上溯到公元前19世纪,此后迅速发展并逐步向周围地区传播。如在以色列加札附近的格拉尔(Gerar)发现了公元前13世纪的冶铁遗址,出土有炼炉以及鹤嘴斧、镰刀、犁头等铁器。一般认为,北非、欧洲、中亚等地的铁器,都是在西亚的影响下发生的[85]。新疆地区地处中亚,地理上与西亚毗邻。这里公元前10世纪前后的铁器已经有较多的发现,有的铁器可能早到公元前12世纪甚至更早,然而,迄今尚未发现早于公元前3世纪的冶炼遗存。因此,新疆地区的早期铁器应当是在西亚的直接影响下发生的,但从西亚传入的究竟是冶铁术还是铁器抑或两者兼有之,尚有待于更多的发现和深入的探讨。

二 中原地区冶铁的起源

在中原地区,藁城台西和平谷刘家河商代中晚期的铁刃铜钺最为古老,约当公元前13世纪前后。尽管这时的铁器属于陨铁制品,并且陨铁和人工铁在其成分和性能、自然界的存在状况以及获取和加工方式上有别，但它们毕竟同属于铁金属。将陨铁锻打成薄片用于兵器的刃部，表明当时人们对铁金属及其性能已经有了一定的认识；多个地点多件铁刃兵器的出土，表明到商末周初人们对陨铁器的制作和使用已经达到了一定的程度。如果说《逸周书·克殷》中的“玄钺”所指为铁钺[86]，那么这种铁钺应当是陨铁制品；《礼记·月令》中“铁骊”的“铁”字如果是指铁的颜色，那么这种铁同样应当是天然陨铁。就世界范围来看，有不少古代民族都曾有过偶尔利用陨铁的情况，而陨铁的偶尔利用也并不一定导致冶铁的发生[87]。但是，中国的情况有所不同[88]，商代中期至西周初年陨铁的使用已经不是偶然现象，当时对陨铁的认识、加工和利用已经基本成熟，从而拉开了我国古代先民利用铁金属的序幕，并且商代和周初利用陨铁制作兵器刃部的技术与西周晚期乃至春秋早期用陨铁和人工铁制作兵器和工具刃部的技术可以说一脉相承。因此有理由认为，在中国的中原地区，陨铁的利用为人工冶铁的出现积累了知识，准备了条件，两者有着密切的内在联系。也正是以对陨铁的认识、加工和利用的实践为基础，在商代西周青铜冶铸业高度发达的历史和技术背景之下，人们逐步发明了通过冶炼铁矿石而获得铁的人工冶铁技术。

中原地区的人工冶铁制品以三门峡虢国墓地出土的西周晚期铁援铜戈、玉柄铁剑和铜骹铁叶矛等最为古老，约当公元前 800 年前后。但值得注意的是，人工冶铁出现之后，陨铁制品依然存在，如三门峡虢国墓地出土的 6 件铁器中，除了 3 件人工冶铁制品（M2001:393 玉柄铁剑、M2009:730 铜钺铁叶矛、M2001:526 铁援铜戈）外，还有 3 件陨铁制品（M2009:703 铁援铜戈、M2009:720 铜銎铁锛、M2009:732 铜柄铁削刀），并且这些铁器都是铜（玉等）铁复合制品。这些利用陨铁制作的铜（玉等）铁复合制品，无论其形态结构还是加工技术，都与商末周初的陨铁制品一脉相承。这也从一个侧面说明，中原地区人工冶铁的出现与陨铁的加工和利用有着密切的内在联系。另外，三门峡虢国墓地出土铁器的两座墓均为国君之墓，而其他墓葬中未见铁器出土，说明铁制品在当时仍然属于珍贵稀有之物。由此观之，三门峡虢国墓地两座国君墓所处的西周晚期，尚处于人工冶铁的发生阶段，或者说距离人工冶铁最初的发生时间尚为时不远。因此可以说，中原地区的人工冶铁大约是在公元前八九世纪的西周晚期出现的，并且是在商代中期以来长期加工和利用陨铁的基础上发生的。至于中原地区人工冶铁最初的发生地域，有可能是在今豫西、晋南及关中一带。因为，这一地区属于西周王朝的中心统治区，是当时政治、经济和科技文化的发达地区；西周晚期和春秋早期的铁器集中发现于这一地区，并且出土的剑、戈、矛、削刀、锛等铁器，其形制结构乃至其花纹风格，都与当地同时期的青铜器相同，看不到外来文化因素的明显影响，说明它们是在当地制造的；三门峡虢国墓地西周晚期的块炼渗碳钢铁剑和铁矛、曲沃天马——曲村遗址春秋早期过共晶白口铸铁残片，都是迄今所知最为古老的块炼渗碳钢和液态生铁制品，说明当时这里的冶铁技术处于领先水平。

三　中原地区冶铁的初步发展

人工冶铁技术在中原地区诞生之后，很快出现了技术进步和革新，并逐渐形成了特有的铁器传统。三门峡虢国墓地 M2001∶526 铁援铜戈的铁援为人工块炼铁制品，表明中原地区人工冶铁技术始于块炼铁的冶炼。这同世界上其他冶铁起源地最初的冶铁技术是相同的，也是块炼法[88]。同时，在相当长的一个时期，块炼铁技术一直在使用。如天马——曲村遗址春秋中期的 86QJ7T44③:3 铁条、宝鸡益门村 2 号墓春秋晚期之初的铁剑残片、六合程桥 2 号墓春秋晚期的铁条等，经鉴定都属于块炼铁制品。但是，块炼铁冶炼技术产生的同时或不久，就发明了块炼渗碳钢技术，如三门峡虢国墓地 M2001:393 玉柄铁剑的剑身和 M2009:730 铜骹铁叶矛的铁叶就是用块炼渗碳钢制成的。块炼渗碳钢技术，是块炼铁在加热、锻造过程中与炭火接触，碳渗入铁中，使其增碳硬化成为块炼渗碳钢，从而其硬度和性能赶上和超过青铜。这种技术的产生，对冶铁技术的传播和发展具有重要意义。块炼渗碳钢技术，在我国曾被长期应用，如春秋晚期的长沙杨家山 M65:5 剑，就是用块炼渗碳钢制成的。液态生铁的冶铸，更是冶铁技术一项重大发明。曲沃天马——曲村遗址春秋早期后段 84QJ7T12④:9 铁器残片和春秋中期前段的 84QJ7T14③:3 铁器残片，经鉴定均为过共晶白口铁，是迄今所知我国最早的铸铁残片，证明早在公元前 8 世纪，我国已经开始了液态生铁的冶炼，比这种技术在欧洲的出现早了 2000 多年。此外，春秋晚期还有可能发明了铸铁脱碳技术。此后，生铁和块炼铁技术同时并存发展，形成了我国古代先进而独特的钢铁技术传统。

中原地区早期冶铁的进步和发展，还表现在铁器形态结构的演进、类型的多样化和应用的扩展等方面。在商代和西周初年，铁仅限于铁刃铜钺和铁援铜戈等大型兵器刃部的制作，并且是陨铁。到了西周晚期，随着人工冶铁的出现，铁开始扩展到剑、矛等兵器和锛、削刀等工具的制作上。[89]不过，这时的铁器依然主要是铜铁复合制品。如果宜昌上磨垴遗址第 5 层出土的铁凹口锸和锛被定为春秋中期的年代断定无误，再结合凤翔秦公 1 号大墓春秋中晚期铁铲、锸、削刀等的出土，可以认为，公元前 7 世纪的春秋中期开始了全铁器的制作，并且铁器种类扩展到了铲、锸等土作农耕器具上。到了公元前 5 世纪初的春秋晚期，开始用生铁铸造容器，出现了像长沙杨家山 M65:1 那样的铁器皿。但需要指出的是，中原地区的早期铁器中，迄今未见到诸如指环、耳环、手镯之类铁装饰品的报道，而铁制装饰品的发达是新疆地区早期铁器的特点之一，这也从一个侧面说明，中原地区和新疆地区的早期铁器属于不同的铁器传统。

就中原地区早期铁器的发现地域看，西周晚期的铁器集中在豫西一带；公元前 7 世纪春秋早期铁器的发现地域西起关中和陇东一带，东到山东济南一带，北有晋南曲沃天马——曲村的发现，南有长江三峡的发现；公元前 6 世纪的春秋中晚期，铁器的发现地域继续扩大，在西起陇东、东到江苏六合，北起山西长子、南达湖南长沙的广阔地域都有所发现。不同时期早期铁器的分布状况，会随着考古发现的不断增多而有所修正和充实，但它们毕竟在某种程度上反映了春秋时期铁器应用地区不断扩大的趋势。

中国铁器时代的开端与春秋时期铁器的应用

根据考古发现并结合冶金学研究成果和文献记载，我们论定我国古代冶铁的起源，分别是公元前10世纪前的新疆地区和公元前9世纪的中原地区，并且两地在初期发展中各自形成了特有的铁器传统。那么，中国的铁器时代始于何时、铁器在当时的社会生活中具有什么样的地位和作用等问题，便需要进一步探讨。

一 关于中国铁器时代的开端

从铁器出现的时间上看，公元前13世纪的商代中晚期出现了陨铁制品，并且到公元前11世纪的商末周初，陨铁加工技术已基本成熟，并且一直延续到西周晚期。但是，陨铁制品的出现并不能作为铁器时代开始的标志。从世界范围上说，陨铁制品的出现最早可能上溯到公元前5000年，而公元前2000年以前的陨铁制品在埃及、土耳其、伊拉克等地都有不少发现[90]，但国际学术界都没有根据陨铁制品的出现而确定铁器时代的开始年代。就我国的情况而言，商代和周初的铁器，仅有钺和戈，均为兵器之属，尤其是钺在当时更是权力的象征。用陨铁制作铜钺的刃部，说明对于当时的人们来说，铁金属不仅是一种贵重的稀有金属，甚至具有某种神秘的色彩或者宗教的意义，于是铁金属的使用是同地位和权力相联系的。即使西周晚期人工铁器出现之初，依然如是。因此，我国铁器时代的开始，显然不能根据陨铁制品的出现定在商代。

从人工冶铁制品的出现来看，新疆地区出现于公元前10世纪甚至更早，但是，新疆地区人工冶铁技术及其制品的来源尚不明了，在相当长的时期技术上没有出现突破，更为重要的是新疆地区的人工冶铁并没有对整个中国古代冶铁的发生和发展产生大的影响。中原地区人工冶铁制品出现于公元前9～前8世纪的西周晚期，这一地区的人工冶铁技术及其制品有着独立起源、连续发展的完整的链条，并由此发展成为整个古代中国完整的冶铁体系，甚至新疆地区汉代以后冶铁的发展也受到了中原地区的直接影响[91]。因此，我国铁器时代的开始应当以中原地区的人工冶铁及其制品为基准来确定。

根据中原地区人工冶铁的发生和早期发展状况，可以认为，我国的铁器时代始于公元前8世纪初的两周之际，或者说春秋时代的开始也就是我国铁器时代的开始，其标志是中原地区人工冶铁的发生，块炼渗碳钢技术、液态生铁冶铸技术的发明，全铁制品的出现，以及冶铁地域的初步扩展。具体说来：中原地区人工冶铁的发生虽然大致在公元前9～前8世纪的西周晚期，但当时尚处于人工铁器和天然陨铁并用的阶段，冶铁技术限于块炼铁以及块炼渗碳钢技术；铁器在结构上多为铜(玉等)铁复合制品，其种类限于兵器和车马用木作工具；铁器仍属于珍贵稀有之物，其使用仅限于国君等高级贵族，分布地域也局限于豫西一带。因此，公元前9世纪的西周晚期，尚处于人工冶铁的发生阶段，还不能说此时已经进入到铁器时代。但是，到了春秋早期，随着液态生铁冶炼技术的发明，开始了块炼渗碳钢技术与液态生铁冶铸技术的并存发展；铜（玉等）铁复合制品继续存在的同时，全铁制品可能已经出现，铁器种类开始向土作农耕器具扩展；铁器的应用领域和范围有所扩大，铁器分布地区逐步向关中——陇东至山东、晋南至长江北岸扩展。因此，我国铁器时代的开始推定在公元前 8 世纪初的两周之际或春秋初年，是符合历史实际的。

二 关于春秋时期铁器的社会地位和作用

春秋初年铁器时代到来了，并且公元前 8～前 5 世纪的整个春秋时期，古代冶铁获得了初步的发展，如冶铁技术不断革新和进步，铁器的结构和种类逐步改进，铁器的应用不断扩展。很显然，春秋时期是我国古代冶铁的初期发展阶段。那么，应当如何科学地认识和客观地评价春秋时期我国冶铁的发展水平、铁器的使用状况，尤其是铁器在整个社会生产和社会生活中的地位和作用呢？

关于春秋时期的铁器及其使用状况，古籍中有所记述，但对于这些文献记载，学术界往往有信与不信的截然不同的解释。至于考古发现的铁器资料，又不可避免地带有一定的时代局限性——即随着新的考古发现的不断增多而使得铁器的种类和数量不断改变。这就要求我们对考古发现和文献记载都必须辩证地分析。

就考古发现的春秋时期中原地区的铁器资料来说，迄今发现人工冶铁制品的地点有 26 处，铁器约 80 余件，其中至少有半数为铜铁复合制品，而种类有斧、锛、镢、锸、铲、砍刀、刮刀、削刀等生产工具，戈、矛、剑以及铁铤铜镞等兵器，鼎形器、环、铁丸和铁条等。就其出土状况分析，除出土于遗址的铁器外，出土于墓葬者大多出于贵族墓，出土于小型墓葬者仅有长沙杨家山 65 号墓和山东沂水春秋墓两例，并且其年代均为春秋晚期。就春秋铁器及其种类、出土地点的数量而言，今后自然还会不断增加，因此不能仅仅根据其数量的绝对值来考察当时铁器的使用状况，而是应当通过与同类青铜器乃至非金属制品的比较进行考察。

考古发现的春秋时期青铜器的数量及出土地点尚未有全面的统计，但通过典型遗址和墓葬可以窥见其一斑。譬如：山东长清仙人台 6 号春秋早期墓出土铁援铜戈 1 件，而出土青铜兵器有戈 2 件、矛 1 件、剑 1 件、短剑 1 件和镞 30 件等。江苏程桥 2 号春秋晚期墓出土铁条 1 件，而同出的铜兵器和工具有剑 3 件、戈 4 件、矛 2 件、镞 2 件、削刀 3 件以及锛、锸、铲、凿、齿刃镰刀各 1 件。山西长子县牛家坡 7 号春秋晚期墓出土铁铤铜镞 7 件和铜环首铁削刀 4 件，同墓出土的铜兵器和工具有戈 2 件、剑 1 件及环首削刀 4 件，而同一墓地的其他 3 座春秋晚期墓出土有戈、剑、镞、环首削刀等铜兵器和工具计 18 件，但无铁器出土。1951～1954 年间长沙及其近郊发掘的 29 座春秋晚期墓中，出土铁器的仅有杨家山 65 号墓。又如，1961～1987 年间，山西侯马市上马村墓地发掘西周晚期至春秋战国之际墓葬 1383 座，出土有铜斧、凿、锯、削刀等铜工具 33 件和铜戈、矛、管銎斧、铍、镞等铜兵器 172 件，但无铁器发现[92]。1987～1988 年间，山西临猗程村墓地发掘东周墓葬 52 座和车马坑 8 座，其年代为公元前 600 年～前 450 年的春秋中晚期，墓中出土青铜兵器和工具 70 多件，但无铁器出土[93]。长沙浏城桥1号春秋晚期墓，出土有戈、矛、剑、戟等铜兵器计17件，斧、刮刀、削刀等铜工具计5件，但无铁器出土[94]。安徽舒城九里墩春秋晚期墓出土戈、矛、剑、殳、镞等铜兵器计22件，锛、斧、铲、齿刃镰刀等铜工具计15件，但同样无铁器出土[95]。当然，墓葬中铁器的随葬由于受到丧葬观念的影响，可能导致墓葬出土铁器的多寡与实际生活中铁器的使用状况有一定差距[96]，但是，居住和作坊遗址的铜器和铁器出土状况应当是社会实际生活的真实反映，而春秋时期的居住和作坊址中铁器的出土同样稀少。如地处山西省侯马市西郊牛村古城一带的侯马铸铜遗址，是春秋中期至战国早期的铸铜作坊址，绝对年代为公元前6世纪初至公元前4世纪初，先后发掘约5000平方米，出土各种铜工具105件、各种非金属工具264件，而铁工具仅有削刀残片2件且属于战国早期[97]。与此相类似的典型遗址和墓葬资料还有很多。很明显，考古发现的春秋时期的兵器和工具中，不仅铜制品的种类远远多于铁制品，而铜制品的数量更是同类铁制品的百倍以上。更为重要的是，春秋时期的青铜冶铸遗址有不少发现，并且其规模巨大[98]，然而，真正属于春秋时期的冶铁遗址迄今尚未见到。

种种考古发现告诉我们：春秋时期作为我国古代冶铁的初期发展阶段，的确，冶铁的技术发生了重大革新和进步，铁器的结构和种类有所改进，铁器的应用领域和地域也在不断扩展。但是，春秋时期铁器的使用还非常有限，尚未真正应用于农业生产[99]，也并非“已是普遍存在之物”[100]，更谈不上普及；铁器的冶铸和生产尚附属在青铜冶铸业之中，作为一种产业的铁器工业尚未形成；铁器在社会生活中发挥的实际作用仍然有限，对社会变革的推动作用尚未真正显现出来。由此观之，春秋齐桓公时期（公元前685～前643年）齐国的冶铁和铁器使用，显然没有达到《管子》中所说一女必有一刀一锥一箴一铢、一农之必有一耜一铫一镰一鎒一椎一铚等的程度；如果认为《国语·齐语》：“美金以铸剑戟，试诸狗马；恶金以铸鉏、夷、斤、斸，试诸壤土”的确是管仲对齐桓公所言之语，那么“恶金”一词还是应当解释为“劣质粗铜”更符合历史的实际[101]；《左传》昭公二十九年所载晋国所铸刑鼎，大概是铜鼎；至于《吴越春秋·阖闾内传》和《越绝书·越绝外传》关于欧冶子、干将冶铁铸剑的记载，或许在一定程度上反映了吴、楚两国春秋晚期的铁器冶铸状况。从总体上说，春秋时期是我国铁器时代的初级阶段，在某种意义上，也可以说是“铜铁并用时期”。

考古发现以及冶金学研究成果和文献记载显示出，在我国，早在公元前13世纪的商代中晚期，已经开始了天然陨铁的加工和利用；人工冶铁制品的出现，在新疆地区是公元前10世纪甚至更早，在中原地区大致是公元前9～前8世纪的西周晚期；我国古代的人工冶铁，分别起源于新疆地区和中原地区——当然不排除人工冶铁发生之初两地之间有着某种信息的交流或传播，并且在早期发展中各自形成了特有的铁器传统：即中国古代铁器的“西北系统”和“中原系统”[102]。中原地区的人工冶铁，是以陨铁的长期加工和利用为基础，在商代西周高度发达的青铜冶铸业的背景下发生的，并且在初期发展中很快形成了块炼铁技术与液态生铁技术并存发展的独特的钢铁技术传统。

我国古代冶铁及早期发展的综合研究表明，我国的铁器时代始于公元前8世纪初的两周之际或春秋初年，春秋时期是我国古代冶铁的初期发展阶段，是我国铁器时代的初级阶段，也可以说是我国历史上的“铜铁并用时期”。春秋时期，铁器的使用有限，铁器在社会生产和生活中的实际作用也同样有限。春秋时期冶铁及铁器使用经历了一个逐步发展和扩大的过程，正是在走过了春秋300多年的发展道路之后，我国的古代冶铁于春秋战国之际开始进入到一个快速发展阶段。此后，铁器工业逐步形成，铁器的使用逐步普及，铁器真正作为先进生产力的代表极大地推动了社会历史的前进。

（原文摘自《先秦两汉铁器的考古学研究》，科学出版社2005年）

注释：

〔1〕恩格斯：《家庭、私有制和国家的起源》，《马克思恩格斯选集》第四卷第159页，人民出版社1972年。按：马铃薯原产于南美洲，16世纪后半叶由西班牙人引种到欧洲，到18世纪末，成为欧洲大陆国家和英格兰西部的主要农作物。

〔2〕恩格斯：《家庭、私有制和国家的起源》，《马克思恩格斯选集》第四卷第157页，人民出版社1972年。

〔3〕格林·丹尼尔著、黄其煦译：《考古学一百五十年》第29～43页，文物出版社1987年。按：《北欧古物导论》又译作《北方文物陈列指南》。

〔4〕章鸿钊：《石雅·附录·中国铜器铁器时代沿革考》（下编）第15页，1927年。

〔5〕A.柯俊：《冶金史》，见《中国大百科全书·矿冶》第753页，中国大百科全书出版社，1984年。B.（日）潮见浩：《从考古学所见古代的铁》，《日本古代的铁生产》第4页，（日本）六兴出版1991年。

〔6〕中国科学院考古研究所：《新中国的考古收获》第61页，文物出版社1962年。

〔7〕郭沫若：《奴隶制时代·中国古代史的分期问题》第6页，人民出版社1973年。

〔8〕《史记·南越列传》。又，《汉书·西南夷两粤朝鲜传》：高后出令曰“毋予蛮夷外粤金铁田器”。

〔9〕《汉书·食货志》。

〔10〕A. 云翔：《战国秦汉和日本弥生时代的锻銎铁器》，《考古》1993年第5期453页。B.王巍：《东亚地区古代铁器及冶铁术的传播与交流》，中国社会科学出版社1999年。

〔11〕杜石然主编：《中国科学技术史·通史卷》第116页，科学出版社2003年。

〔12〕白云翔：《20世纪中国考古发现述评》，《二十世纪中国百项考古大发现》第37页，中国社会科学出版社2002年。

〔13〕中国科学院考古研究所：《新中国的考古收获》第63页，文物出版社1961年。

〔14〕章炳麟：《铜器铁器变迁考》，《华国月刊》第2期（1925年）第5册1页。

〔15〕章鸿钊：《石雅·附录·中国铜器铁器时代沿革考》（下编）第21页，1927年，北京。

〔16〕(日)浜田耕作:《貔子窝——南满洲碧流河畔史前时代遗迹》第60、61页,东亚考古学会,1929年。

〔17〕(日)原田淑人:《牧羊城——南满洲老铁山麓汉及汉以前遗迹》第1~10页,东亚考古学会,1931年。

〔18〕(日)浜田耕作等:《南山里——南满洲老铁山麓汉代砖墓·铁器墓》第26、27页,东亚考古学会,1933年。按:调查者认为出土铁器的遗迹是墓葬,但实际上可能是窖藏。

〔19〕傅振伦:《燕下都发掘报告》,《国学季刊》第3卷(1932年)第1号175~182页。

〔20〕(日)森修:《营城子——前牧城驿附近的汉代壁画砖墓》第28页,东亚考古学会,1934年。

〔21〕(日)驹井和爱等:《邯郸——战国时代赵都城址的发掘》第82、107页,东亚考古学会,1954年。

〔22〕(日)水野清一等:《万安北沙城——蒙疆万安县北沙城及怀安汉墓》第45页,东亚考古学会,1946年。

〔23〕(日)小野胜年等:《阳高古城堡——中国山西省阳高县古城堡汉墓》第80~84页,(日本)六兴出版1990年。

〔24〕J.G.Anderson,*An Early Chinese Culture*,PL.1 and 2,Peiking,1923.

〔25〕苏秉琦:《斗鸡台沟东区墓葬》第228页,国立北平研究院史学研究所,1948年。

〔26〕中国科学院考古研究所:《辉县发掘报告》第69~109页,科学出版社1956年。

〔27〕郑绍宗:《热河兴隆发现的战国生产工具铸范》,《考古通讯》1956年第1期29页。

〔28〕东北博物馆:《辽阳三道壕西汉村落遗址》,《考古学报》1957年第1期119页。

〔29〕河南省文化局文物工作队:《巩县铁生沟》,文物出版社1962年。

〔30〕河南省文化局文物工作队:《南阳汉代铁工厂发掘简报》,《文物》1960年第1期58页。

〔31〕林甘泉等:《中国古代史分期讨论五十年》(1929~1979),上海人民出版社1982年。

〔32〕杨宽:《试论中国古代冶铁技术的发明和发展》,《文史哲》1955年第2期26页。

〔33〕黄展岳:《近年出土的战国两汉铁器》,《考古学报》1957年第3期93页。

〔34〕中国科学院考古研究所:《新中国的考古收获》第60~62、75~76页,文物出版社1961年。

〔35〕A.蒋若是:《洛阳古墓中的铁制生产工具》,《考古通讯》1957年第2期81页。B.湖南省文物工作队李正光:《长沙、衡阳出土战国时代的铁器》,《考古通讯》1956年第1期77页。

〔36〕A.李文信:《古代的铁农具》,《文物参考资料》1954年第9期80页。B.殷涤非:《试论东周时期的铁农具》,《安徽史学通讯》1959年第4/5期29~46页。C.曾庸:《汉代的铁制工具》,《文物》1959年第1期16页。D.于豪亮:《汉代的生产工具——锸》,《考古》1959年第8期440页。

〔37〕李京华:《汉代的铁钩镶与铁钺戟》,《文物》1965 年第 2 期 47 页。

〔38〕李家瑞:《两汉时代云南的铁器》,《文物》1962 年第 3 期 33 页。

〔39〕(日)关野雄:《中国考古学研究·中国初期铁器文化之考察——关于铜铁过渡期的解明》第 159 页,日本东京大学东洋文化研究所,1956 年。

〔40〕刘东亚:《河南新郑仓城发现战国铸铁器泥范》,《考古》1962 年第 3 期 165 页。

〔41〕罗平:《河北承德专区汉代矿冶遗址的调查》,《考古通讯》1957 年第 1 期 22 页。

〔42〕河南省文化局文物工作队:《河南鹤壁市汉代冶铁遗址》,《考古》1963 年 10 期 550 页。

〔43〕南京博物院:《利国驿古代炼铁炉的调查及清理》,《文物》1960 年第 4 期 46 页。

〔44〕李步青:《山东滕县发现铁范》,《考古》1960 年第 7 期 72 页。

〔45〕A.孙廷烈:《辉县出土的几件铁器底金相学考察》,《考古学报》1956 年第 2 期 125 页。B.林寿晋:《关于战国铁器鉴定问题的说明》,《考古通讯》1957 年第 1 期 132 页。C.华觉明等:《战国两汉铁器的金相学考察初步报告》,《考古学报》1960 年第 1 期 73 页。D. 杨根:《兴隆铁范的科学考察》,《文物》1960 年第 2 期 20 页。

〔46〕根据迄今对中国古代钢铁技术的研究成果来看,当时关于辉县固围村出土铁铲和铁斧等冶炼方法以及成型技术的认识,可能需要重新审视。

〔47〕杨宽:《试论中国古代冶铁技术的发明和发展》,《文史哲》1955 年第 2 期 28 页。

〔48〕郭沫若:《奴隶制时代》第 32 页,人民出版社 1973 年。按:该文最初发表于 1952 年。

〔49〕郭沫若:《希望有更多的古代铁器出土——关于古代史分期问题的一个关键》,《人民日报》1956 年 9 月 18 日第 7 版。引自《奴隶制时代》第 202～207 页,人民出版社 1973 年。

〔50〕鱼易:《东周考古上的一个问题》,《文物》1959 年第 8 期 64 页。

〔51〕李学勤:《关于东周铁器的问题》,《文物》1959 年第 12 期 69 页。

〔52〕童书业:《从中国开始用铁的时间问题评胡适派的史学方法》,《文史哲》1955 年第 2 期 30 页。

〔53〕杨宽:《中国古代冶铁技术的发明和发展》, 上海人民出版社 1956 年;《中国土法冶铁炼钢技术发展简史》,上海人民出版社 1960 年。

〔54〕此类通论性著作主要有:

A.湖南省博物馆:《中国钢铁史话》,湖南人民出版社 1959 年。B.洛阳市第一高级中学历史教研组:《中国冶炼史略》, 河南人民出版社 1960 年。C. 高林生等:《中国古代钢铁史话》,中华书局 1962 年。

〔55〕此类论述很多,择要举例如下:

A.周志宏:《中国早期钢铁冶炼技术上创造性的成就》,《科学通报》1955 年第 2 期 25～30 页。B.张子高:《关于我国古代人民对于铁的性能认识和应用的二三事》,《文物》1959 年第 1 期 22 页。C.王苏等:《我国在钢铁冶炼工业上的伟大创造》,《文物》1959 年第 1 期 26 页。D.高林生:《关于我国早期的冶铁技术方法》,《考古》1962 年第 2 期 99 页。

〔56〕河北省博物馆等:《河北藁城台西村的商代遗址》,《考古》1973 年第 5 期 266 页。

〔57〕唐云明:《藁城台西商代铁刃铜钺问题的探讨》,《文物》1975 年第 3 期 57 页。

〔58〕A.李众:《关于藁城商代铜钺铁刃的分析》,《考古学报》1976 年第 2 期 17 页。B.叶史:《藁城商代铁刃铜钺及其意义》,《文物》1976 年第 11 期 56 页。

〔59〕黄展岳:《关于中国开始冶铁和使用铁器的问题》,《文物》1976 年第 8 期 68 页。

〔60〕北京钢铁学院等:《中国冶金简史》第 40～46 页,科学出版社 1978 年。

〔61〕杨宽:《中国古代冶铁技术发展史》第 34～37 页,上海人民出版社 1982 年。

〔62〕A.涂厚善:《有关印度铁器时代开始年代的问题》,《华中师范大学学报(哲学社会科学版)》1986 年第 6 期 75 页。B.孔令平等:《铁器的起源问题》,《考古》1988 年第 6 期 542 页。

〔63〕A. 陈戈:《新疆出土的早期铁器——兼谈我国开始使用铁器的时间问题》,《庆祝苏秉琦考古五十五年论文集》第 431 页,文物出版社 1989 年。B.张宏明:《中国铁器时代应源于西周晚期》,《安徽史学》1989 年第 2 期 14 页。C.唐际根:《中国冶铁术的起源问题》,《考古》1993 年第 6 期 563 页。D.赵化成:《公元前 5 世纪中叶以前中国人工铁器的发现及其相关问题》,《考古文物研究》第 294 页,三秦出版社 1996 年。E.韩建武等:《中国古代人工铁的考古发现及其相关问题》,《陕西历史博物馆馆刊》第 10 辑(2003 年)78 页。F.白云翔:《中国的早期铁器与冶铁的起源》,《桃李成蹊集——庆祝安志敏先生八十寿辰》第 298 页,香港中文大学中国考古艺术研究中心,2004 年。

〔64〕A.杨式梃:《关于广东早期铁器的若干问题》,《考古》1977 年第 2 期 98 页。B.黄展岳:《南越国出土铁器的初步考察》,《考古》1996 年第 3 期 51 页。C.李龙章:《西汉南越王墓"越式大铁鼎"考辨》,《考古》2000 年第 1 期 72 页。D.蓝日勇:《广西战国铁器初探》,《考古与文物》1989 年第 3 期 77 页。E. 张增祺:《云南铜柄铁剑及其有关问题的初步探讨》,《考古》1982 年第 1 期 60 页。F.宋治民:《三叉格铜柄铁剑及相关问题的探讨》,《考古》1997 年第 12 期 50 页。G.宋世坤:《贵州早期铁器研究》,《考古》1992 年第 3 期 245 页。

〔65〕杨志军等:《二十年来的黑龙江区系考古》,《北方文物》1997 年第 4 期 5 页。

〔66〕A. 谭英杰等:《黑龙江中游铁器时代文化分期浅论》,《考古与文物》1993 年第 4 期 80 页。B.李陈奇等:《松嫩平原青铜与雏形早期铁器时代文化类型的研究》,《北方文物》1994 年第 1 期 2～9 页。C.张伟:《松嫩平原早期铁器的发现与研究》,《北方文物》1997 年第 1 期 13 页。

〔67〕A.雷从云:《战国铁农具的考古发现及其意义》,《考古》1980 年第 3 期 259 页;《三十年来春秋战国铁器发现述略》,《中国历史博物馆馆刊》1980 年第 2 期 92 页。B. 黄展岳:《试论楚国铁器》,《湖南考古辑刊》第二辑 142 页,岳麓书社 1984 年。

〔68〕赵化成:《论冶铁术的发生及其铁器的使用对中国古代社会发展进程的影响问题》,《文化的馈赠——汉学研究国际会议论文集·考古学卷》第 240 页,北京大学出版社 2000 年。

〔69〕A. 杨泓:《汉代兵器综论》,《中国历史博物馆馆刊》1989 年总第 12 期 55 页;《汉代兵器二论》,载《揖芬集——张政烺先生九十华诞纪念文集》第 115 页,社会科学文献出版社 2002 年。B.中国社会科学院考古研究所技术室等:《广州西汉南越王墓出土铁铠甲的复原》,《考古》1987 年第 9 期 853 页。C.山东省淄博市博物馆等:《西汉齐王铁甲胄的复原》,《考古》1987 年第 11 期 1032 页。D.孙机:《略论百炼钢刀剑及相关问题》,《文物》1990 年第 1 期 72 页。E.钟少异:《汉式铁剑综论》,《考古学报》1998 年第 1 期 35 页。F.白荣金:《西安北郊汉墓出土铁甲胄的复原》,《考古》1998 年第 3 期 79 页。G.白荣金:《呼和浩特出土汉代铁甲研究》,《文物》1999 年第 2 期 71 页。

〔70〕A.全洪:《试论东汉魏晋南北朝时期的铁镜》,《考古》1994 年第 12 期 1118 页。B.岳洪彬等:《中国古代的铁三足架》,《南方文物》1996 年第 4 期 42 页。C.傅举有:《两汉铁钱考》,《湖南考古辑刊》第二集 183 页,岳麓书社 1984 年。D.刘森:《中国铁钱》第 16~27 页,中华书局 1996 年。

〔71〕李京华:《汉代铁农器铭文试释》,《考古》1974 年第 1 期 61 页;《新发现的三件汉铁官铭器小考》,《考古》1999 年第 10 期 79 页。

〔72〕彭曦:《战国秦汉铁业数量的比较》,《考古与文物》1993 年第 3 期 97 页。

〔73〕A.李京华:《试谈日本九州早期铁器来源问题》,《华夏考古》1992 年第 4 期 106 页。B.云翔:《战国秦汉和日本弥生时代的锻鋬铁器》,《考古》1993 年第 5 期 453 页。C.王巍:《东亚地区古代铁器及冶铁术的传播与交流》,中国社会科学出版社 1999 年。

〔74〕A.陈文华:《中国古代农业科技史图谱》,农业出版社 1991 年。B.周昕:《中国农具史纲暨图谱》,中国建材工业出版社 1998 年。

〔75〕河南省文物研究所:《南阳北关瓦房庄汉代冶铁遗址发掘报告》,《华夏考古》1991 年第 1 期 1 页。

〔76〕A.河南省博物馆等:《河南汉代冶铁技术初探》,《考古学报》1978 年第 1 期 1 页。B.河南省博物馆等:《汉代叠铸——温县烘范窑的发掘和研究》,文物出版社 1978 年。C.《中国冶金史》编写组:《从古荥遗址看汉代生铁冶炼技术》,《文物》1978 年第 2 期 44 页。D.赵青云等:《巩县铁生沟汉代冶铸遗址再探讨》,《考古学报》1985 年第 2 期 157 页。E.李京华:《中原古代冶金技术研究》第 53~122 页,中州古籍出版社 1994 年。F.李京华等:《南阳汉代冶铁》,中州古籍出版社 1995 年。

〔77〕韩汝玢等:《虢国墓出土铁刃铜器的鉴定与研究》,《三门峡虢国墓》第一卷第 559 页,文物出版社 1999 年。

〔78〕韩汝玢:《天马——曲村遗址出土铁器的鉴定》,《天马——曲村(1980~1989)》第三册第 1178 页,科学出版社 2000 年。

〔79〕A.李众:《中国封建社会前期钢铁冶炼技术发展的探讨》,《考古学报》1975 年第 2 期 1 页。B.李众:《从渑池铁器看我国古代冶金技术的成就》,《文物》1976 年第 8 期 59 页。C.北京钢

铁学院:《中国冶金简史》,科学出版社1978年。D.韩汝玢等:《中国古代的百炼钢》,《自然科学史研究》第3卷(1984年)第4期317页。E.北京钢铁学院冶金史研究室:《我国古代钢铁冶金技术的重大成就》,《中国冶金史论文集》第147页,北京钢铁学院学报编辑部,1986年。F.华觉明:《中国古代金属技术》,大象出版社1999年。

〔80〕日本古代的冶铁术是从中国传入的,铁器出现年代大致在公元前3世纪前后,但日本学术界关于古代铁器与冶铁的研究相当发达,相关论文数百篇,学术专著时有出版,如仅笔者所见之20世纪90年代以来出版的专著就有:洼田藏郎《铁的文明史》(1991年,雄山阁);潮见浩《东亚出土铁器地名表》(1991年,广岛大学);奥野正男《铁的古代史——弥生时代》(1991年,白水社);风箱研究会编《日本古代的铁生产》(1991年,六兴出版);川越哲志《弥生时代的铁器文化》(1993年,雄山阁);松井和幸《日本古代的铁文化》(2001年,雄山阁)等。

〔81〕华觉明等:《中国冶铸史论集·前言》第2页,文物出版社1986年。

〔82〕河南安阳殷墟出土玉器2000余件,其玉料经鉴定以新疆玉居多数(见中国社会科学院考古研究所:《殷墟发现与研究》第324页,科学出版社1994年);陕西扶风周原西周宫殿基址出土的2件西周中期的蚌雕人头像,具有中亚白种人的特征(见尹盛平:《西周蚌雕人头种族探索》,《文物》1986年第1期46页),有人研究认为是古代新疆地区的吐火罗人(见林梅村:《开拓丝绸之路的先驱——吐火罗人》,《文物》1989年第1期73页)。

〔83〕中国社会科学院考古研究所编:《中国考古学中碳十四年代数据集》第319页,文物出版社1991年。

〔84〕陈戈:《新疆出土的早期铁器——兼谈我国开始使用铁器的时间问题》,《庆祝苏秉琦考古五十五年论文集》第427页,文物出版社1989年。按:新疆地区的早期铁器在科学鉴定之前,可以推测属于人工铁——块炼铁制品,但不宜推定有铸铁。

〔85〕孔令平等:《铁器的起源问题》,《考古》1988年第6期542页。

〔86〕《逸周书·克殷》:武王"击之以轻吕,斩之以黄钺。……乃右击之轻吕,斩之以玄钺"。孔晁注:"玄钺,黑斧也。"按:将上下文联系并结合考古发现看,"黄钺"可能是指铜钺,而"玄钺"可能是指铁钺。

〔87〕从世界范围来看,许多文化发展较早的民族,都有过使用陨铁的历史。如在埃及,曾在格尔泽的古墓中发现了公元前3500年前埃及史前时代用含镍7.5%的陨铁做成了铁珠,还在公元前2千年十一王朝的一个墓里发现过用含镍10.5%的陨铁制成的镶银的辟邪虎符;在西亚,年代为公元前3500年的两河流域乌尔王墓中曾出土过含镍10.9%的陨铁碎片。并且不少事实还证明,偶尔使用陨铁制品,并没有直接导致人工冶铁的发明。

〔88〕华觉明:《中国冶铸史论集·陨铁、陨铁器和冶铁术的发生》第279页,文物出版社1986年。按:该文指出:"从我国冶铁术历史发展的特点看,尚不能排除陨铁器制作、使用对冶铁术发生具有某种影响的可能性。"

［89］杨宽:《中国古代冶铁技术发展史》第2～5页,上海人民出版社1982年。

［90］(日)洼田藏郎:《铁的文明史》第21页,(日本)雄山阁,1991年。

［91］《汉书·西域传(上)》:"自宛以西至安息国……其地皆无丝漆,不知铸铁器。及汉使亡卒降,教铸作它兵器。"

［92］A.山西省考古研究所:《上马墓地》,文物出版社1994年。B.山西省文物管理委员会侯马工作站:《山西侯马上马村东周墓葬》,《考古》1963年第5期229页。按:此次发掘共14座东周墓,其中M1～M4为战国中期墓。

［93］中国社会科学院考古研究所:《临猗程村墓地》,中国大百科全书出版社2003年。

［94］湖南省博物馆:《长沙浏城桥一号墓》,《考古学报》1972年第1期69页。

［95］安徽省文物工作队:《安徽舒城九里墩春秋墓》,《考古学报》1982年第2期237页。

［96］黄展岳:《试论楚国铁器》,《湖南考古辑刊》第二集154页,岳麓书社1984年。

［97］山西省考古研究所:《侯马铸铜遗址》第404～425页,文物出版社1993年。

［98］中国社会科学院考古研究所:《中国考古学·两周卷》第414～427页,中国社会科学出版社,2004年。

［99］春秋时期铁器是否已经应用到农业生产之中，是关系到如何评价铁器的使用程度及其社会作用的关键问题之一。根据目前的发现,尽管可以说春秋中期开始出现了铁锸以及铁铲、春秋晚期出现了竖銎镢等,但这两种工具属于土作工具,并不是专门用于农业生产的农具(参见白云翔:《殷代西周是否大量使用青铜农具的考古学观察》,《农业考古》1985年第1期70页),镰刀、铚刀等专门的农具均为铜制而尚未发现铁制者(参见云翔:《齿刃铜镰初论》,《考古》1985年第3期257页)。铁器真正应用于农业生产之中,应当是春秋晚期开始的。

［100］杨宽:《试论中国古代冶铁技术的发明和发展》,《文史哲》1955年第2期26页。

［101］白云翔:《"美金"与"恶金"的考古学阐释》,《文史哲》2004年第1期54页。

［102］西北系统铁器,是以新疆地区及其邻近地区早期铁器为代表的铁器系统,其钢铁技术以块炼铁技术为特征;其铁器类型以各种小刀和锥等小型工具,指环、镯、耳环、带饰和泡饰等装身具,短剑、箭镞等小型兵器以及马具等为特征。中原系统铁器,是以晋豫陕地区及其邻近地区早期铁器为代表的铁器系统,其钢铁技术的特征为块炼铁技术和液态生铁冶铸技术并存,并以生铁冶铸技术为主;其铁器类型以斧、锛、凿、铲、锸、镢以及环首削刀等大型土木施工、农耕和加工工具,带钩等装身具,长剑、中长剑、矛、戈等大型兵器及箭镞等兵器武备,车马机具以及容器等日用器具等为特征。

关于中国开始冶铁和使用铁器的问题

黄展岳

冶铁的发明,在人类历史上,曾产生过划时代的作用,一切文化民族都不例外。恩格斯指出:"铁已在为人类服务,它是在历史上起过革命作用的各种原料中最后的和最重要的一种原料。"[1]因此,探讨开始冶铁和使用铁器的问题,是具有重要意义的。

中国是什么时候开始冶铁和使用铁器的?这个问题,过去曾有过许多推论,但问题并没有解决。随着考古工作的深入展开,这个问题我以为是到了基本上可以解决的时候了。1957年,我曾经把中国开始冶铁和使用铁器的时间推定在春秋时代[2]。二十年来,这个看法基本上没有改变,但当时的一些论据则感未尽妥帖。经过这些年来的考察,如果在考古发掘中没有新的突破,似乎可以比较具体地把它推定在春秋后半叶,约公元前六七世纪之间。

为了对这个问题有比较全面的了解,有必要先将过去和现在仍然存在的我所不能同意的一些看法提出来讨论。这些看法认为中国殷代或西周时期已经冶铁和使用铁器。这些看法欠妥,原因大致来自四个方面:第一,据后代(主要是战国和汉代)文献逆推,而忽视文献本身的可靠性;第二,文献记载可信,但注释、解读失当而造成误解;第三,考古断代上存在的问题;第四,科学考察上的认识问题。以上四个方面,可归纳为古籍征引和考古材料的使用两个问题。这两个问题,将分别在下面第一节和第二节中进行讨论。在第三节中准备阐述我个人推断的依据和结论,不妥处请同志们指正。

一

殷代或西周论者,在古籍征引方面,一般引用下面一些史料作为立论的依据:

(1)《书·禹贡》:"(梁州)厥贡璆铁银镂砮磬。"

(2)《书·费誓》:"锻乃戈矛,砺乃锋刃。"

(3)《诗·大雅·公刘》:"取厉取锻。"

(4)《诗·秦风·驷驖》:"驷驖孔阜。"

(5)《礼记·月令》:"孟冬……驾铁骊。"

《禹贡》系战国时人拟作[3],《月令》本于《吕氏春秋》或同出一源,约为秦汉间人所作[4]。两篇都是儒家托古之作,这基本上已成定论。把它们当作战国秦汉间史实的反映固可,如遽以信从那是古代(夏、商、西周)的真实史料,当然是很成问题的。《费誓》、《公刘》、《驷驖》三篇中涉及铁器问题的是对"锻"字和"驖"字的解释。最初把"锻"释为"锻铁"的是孔颖达,但传《诗》的毛亨早就指出:"锻,锻石也。"(今本脱一"锻"字,此处从阮元《校勘记》补正)郑玄《笺》:"锻石所以为锻质也,厚乎公刘,于豳地作此宫室,乃使渡渭水为舟,绝流而南,取锻厉斧斤之石。"与孔颖达同时人陆德明在《经典释文》中谓:"锻本作碫。"又,《说文·石部》:"碫,厉石也。"《广雅·释器》:碫,"砺也"。王念孙《疏证》:"碫、锻、段,并通。"以上足以说明厉(砺)与锻(碫)正是磨砺和锻捶青铜工具的石具。

有人认为,青铜器都是铸造的,不能锻捶。其实,青铜器是可以锻捶的,锻捶后可以增加硬度。根据韦特(Witter)的试验,含锡5%的青铜,铸造的硬度是68Brinell,再经锻捶,硬度上升到176～186B.;含锡10%的青铜,铸造后的硬度是88B.;再经锻捶,硬度上升到228B.[5]。唐兰先生对故宫所藏的殷周青铜工具和兵器曾作过细心观察,也证明大都是经过锻捶的[6]。

至于"驖"字,那种认为因有"鐵"故称黑马为"驖"的说法,是没有根据的。驖、鐵是假借于"臷"的后起字,可以认为,先有代表黑色的"臷"字,而后有代表黑马的"驖"字,再后又出现代表黑色金属的"鐵"字[7],似较为合理。郑注、孔疏都说驖即骊,指深黑色,均未引申为铁。在没有其他确证之前,可暂保留此说,而不一定另作新的解释。

(6)《管子·海王篇》:"今铁官之数曰:一女必有一针一刀,若其事立。……不尔而成事者,天下无有。"

(7)《管子·地数篇》:"凡天下……出铁之山三千六百九山。"

(8)《管子·轻重乙篇》:"……请以令断山木鼓山铁,是可以毋籍而用足。"

(9)《越绝书·越绝外传》记宝剑:"欧冶子、干将凿茨山,泄其溪,取铁英,作为铁剑三枚……"

(10)《吴越春秋·阖闾内传》:"干将作剑,采五山之铁精,六合之金英……而金铁之精,不销沦流……于是干将妻乃断发剪爪……金铁乃濡,遂以成剑。"

《管子》一书乃战国秦汉文字总汇[8],基本上反映了战国末至汉代的真实情况。后两书系汉人著作[9],所谓冶铁铸剑的故事也不是真实的[10]。考古工作证明,吴越宝剑皆青铜制造。江陵出土的越王句践剑[11]、州句剑[12],以及传世的吴攻敌王夫差剑[13]、吴季子之子剑[14]等等,皆青铜制,并非铁制。

(11)西周班毁铭:"土驭戜人。"

(12)齐叔夷钟铭:"遒(省作陶,或释造)戜徒四千为汝敌寮。"班毁有谓成王时器,有谓康王或穆王时器。叔夷钟为齐灵公(公元前581～前554年)时器。中心问题是"戜"、"戜"可否释为"鐵"?从文字演变看,"戜"、"戜"的出现自应早于"鐵"。"戜"、"戜"与"臷"同,都是指黑色,引申为隶徒或庶人的代词,所指身分与"土驭"(即徒御)相近。有人认为"戜人"和"陶戜徒”都应是一种服兵役的自由民[15]。从上引叔夷钟铭的前后文义看,陶、践也有可能是地名。总之,这个字与铁无关。

至此,在古籍和金文的征引方面就只剩下《国语·齐语》和《左传》昭公二十九年的材料了。这两条材料,引用的人最多,影响也最大。为了便于有个比较全面的理解,现将整段文字移录出来:

(13)《国语·齐语》:“桓公问曰:‘夫军令则寄诸内政矣,齐国寡甲兵,为之若何?’管子对曰:‘轻过而移诸甲兵。’(韦注:轻其过,使以甲兵赎其罪也)桓公曰:‘为之若何?’管子对曰:‘制,重罪赎以犀甲一戟,轻罪赎以鞼盾一戟,小罪谪以金分。(韦注:小罪不入于五刑者,以金赎,有分两之差,今之罚金是也。《书》曰:“金作赎刑。”)宥闲罪。索讼者,三禁而不可上下,坐成以束矢。美金以铸剑戟,试诸狗马;恶金(韦注:恶,粗也)以铸鉏夷斤斸,试诸壤土。’甲兵大足。”

《管子·小匡》所载略同,显系抄自《国语·齐语》。

《齐语》似为春秋战国之际所撰,虽然依托管仲与齐桓公的对话,但仍应视为春秋战国之际历史的反映。考古发掘证明,春秋战国之际已有铁器,但据这条材料中的个别字立论却有问题,关键是“恶金”可否指为“铁”。齐桓公和管仲的对话,说的是怎样解决甲兵不足的问题。管仲献策:按犯人罪行的轻重、大小,分别用不等量的美金、恶金赎罪。显然,这里说的美金是指优质铜,恶金是指劣质铜,三国时韦昭也是这样解释的。《淮南子·氾论训》对此曾有征引,其义甚明,与铁根本扯不上。

(14)《左传》昭公二十九年:“冬,晋赵鞅、荀寅帅师城汝滨,遂赋晋国一鼓铁,以铸刑鼎,著范宣子所为《刑书》焉。”

可惜这段文字不通,西晋杜预也没有讲通。现存《左传》出于杜预本,早于杜预的曹魏时人王肃,在其抄辑的《孔子家语·正论解》引此段时,“一鼓铁”作“一鼓钟”,自注云:“三十斤谓之钟,钟四谓之石,石四谓之鼓。”[16]南宋欧阳士秀[17]以及清初周永年、卢文弨、袁枚等[18]均指出,“一鼓铁”实为“一鼓钟”之误。“鼓”、“钟”皆量名,“一”乃齐一之义。东汉服虔和曹魏张揖也是主张把“鼓”释为量器单位的[19]。据此,这段传文应改为:

“……遂赋晋国,一鼓钟,(以)[20]铸刑鼎……”

晋国新兴地主阶级代表人物赵鞅,在向奴隶主进行武装夺权的战争中,令晋国中行赋税,统一量制,同时颁布范宣子的《刑书》于鼎上,这些都是变法措施,是完全符合历史真实的。这个铸上(或刻上)《刑书》的鼎,自应理解为铜鼎。根据解放后对我国古代铁器的多次科学考察,当时铁的冶铸能不能达到如此高度的工艺水平,也还是个问题。这也可以说明此鼎实是铜鼎。

此外,还有一些纯属臆测之论,这里就不一一辩正了。

总之,根据现存的古籍和金文材料,企图说明中国开始冶铁和使用铁器的问题,是很困难的。研究这个问题,必须更多地依靠考古发现及其研究成果。

二

考古发掘和出土物的科学考察,无疑是解决中国始用铁器问题的主要依据。但是,由于种种原因,在考古断代以及科学考察的认识上还存在一些问题。

我们认为,在科学考察方面,至少有下列四例必须澄清:

(15)传为1931年小屯出土殷代铜兵器其中含有少量的铁[21]。

这批铜兵器,经日人山内淑人化验的有二十六件,其中二十二件实用器含铁为0.2~0.4%;四件明器含铁0.89~1.23%。山内认为铜器中夹杂的铁是因"特殊目的而添入"的。梅原末治据此认为殷代已知用铁。其实这是缺乏冶金常识所致。铜矿中,如辉铜矿(Chalcocite)、孔雀石(Malachite)等皆含有少量的铁。古人炼铜不精,铜器中夹杂少量的铁是正常现象。埃及上古时代(即史前及第一、二王朝,公元前3000年左右)所出的红铜器,含铁为0.2~0.6%,最多至2.5%,从来没有人以为埃及此时已知炼铁[22]。

(16)1972年藁城台西村商代遗址出土的一件铁刃铜钺[23]。

《简报》断此器为商代中期遗物。经有关单位初步检验,认为刃口部分是古代熟铁。最近经过北京钢铁学院会同有关单位对这件器物进行了全面的科学考察,确定刃部是陨铁加热锻成的[24]。它表明商代中期人们已掌握了一定水平的锻造技术和对铁的认识,熟悉铁的热加工性能,并识别铁与青铜在性质上的差别,但这同人工冶炼的铁毕竟是不同的两回事。青铜时代偶尔利用陨铁制器,在外国也曾发现过。其中年代最早的是埃及史前时代(约公元前3500年)在格尔泽(Gerzeh)墓中出土的两组(一组七个,一组两个)陨铁做成的管状小珠。许多事实还证明,偶尔用陨铁制器,并不能直接导致人工冶铁的发明[25]。

(17)传为1931年浚县出土的两件西周铁刃铜器。

这批材料最初发表于1946年,日人梅原末治于1954年著文断为冶炼的铁,并且认为这两件的发现是"划时代的事实"[26]。但是,1970年美国人盖登斯(R.J.Gettens)等作了科学分析,证明刃部实是陨铁所制[27]。梅原末治文中还提到另有一件传为西周时的铁柄铜斧,由该文插图所示,便知其为赝品,可置不论。

(18)日人发现的芮公钮钟上的铁管。

此器口呈椭圆形,顶上有一钮,器身又有一钮。顶钮基部有铁锈,器内相当于顶钮基部处有两个切断的角形铁管。日人杉村勇造推断此钟的制作年代似在芮国尚未遭受秦、晋二国压迫以前,即公元前708年以前;并认为角形管是悬挂振舌的铁环痕迹,遂推定西周已有铁器[28]。这是错误的。从此器器形看,它与西周钟绝不类,而与日本弥生时代的铜铎[29]却颇为一致。悬挂振舌的铁环是原来铸上的,还是后加的,似乎还需留待进一步考察。因此,我们认为这是一枚摹刻西周芮公钟铭文的日本铜铎,摹刻的底本则可能是流入日本的芮公甬钟[30]。

考古材料的断代不确,影响就更大了。造成断代不确的原因很多,有的是考古工作中的问题,有的是历史分期不一致所造成的。春秋战国的分界线过去一直存在多种划分法——公元前480,前476,前471,前453,前403[31]——前后相差近八十年。即使对分界线统一了认识,但由于政治历史的更迭与实物的演变往往不尽一致,春秋末期的实物与战国初年的实物有时实难区别,由此而出现的断代分歧是可以理解的。不过,为了讨论用铁这个问题,有些断代需要再加考虑。以现在通行的春秋战国的分界线(公元前476年)为准,我们认为下列几批被视为春秋时代的铁器需要重新审定。

(19)青岛崂山东古镇东周遗址出铁带钩一件[32]。

(20)侯马北西庄东周遗址出残铁犁铧一件[33]。

两个《简报》都断出土铁器属春秋时代,可惜对铁器的器形及其出土情况未作交代,或交代过于简略,又都没有附图。从文字报导和同出的器物图分析,崂山遗址的主要出土物(骨锥、大量石器和陶片)应属周初或更早。北西庄遗址出有春秋遗物,也有战国及其以后的遗物。因此,对这两件铁器的年代,目前还不便讨论。

(21)长治分水岭12号墓、14号墓共出铁器二十件[34]。

这两座墓,原报告定在战国,有人改定在春秋中期[35]。改定的主要依据是,14号墓出土的一件铜戈(应为戟),戈上铭文的第一个字(图一:1)被释为"周"字;另一件戈铭的头二字(图一:2)被释为"宜无"。由此推论,"周"即晋悼公(名周);循所谓"名号通例"法则,又推得"周"与"宜无"当是一名一字。因而定此墓的年代在晋悼公和戎狄之际,即公元前569年~前557年。并说,墓中出土的铁器也应是悼公之世所制。12号墓的墓制、随葬物与之类同,应属同时。且不论这种演绎推理法是否可以成立,让我们先审定一下这个被释为"周"字的铭文。据释者说,这个字与虢季子白盘和毛公鼎铭文中的"周"字字形相近。我们查核这两件铜器铭文中的三个"周"字(图一:3、4),却发现与之极不相类。退一步说,即令指此为"周"字,也不说明以"周"为名的器物即为晋悼公之器(金文中以"周"为名的颇多)。指为"宜无"的"无"字,字迹不清,以暂缺为是,更不宜凭空推断"周"与"宜无"之间的名号关系。

该文改定此二墓属春秋中期的另一依据是,墓室积石积炭和铜礼器上有蟠螭纹饰。发掘工作证明,这两种情况乃是黄河流域春秋战国大墓所习见,而不是春秋中期墓所特有。不能把某一较长历史时期的一般现象指为其中某一特定阶段的特殊现象。

图一 铜器铭文

1、2.长治分水岭14号墓戈铭(《考古学报》1957年1期11页)
3.毛公鼎铭(《两周金文辞大系》3册131页)
4.虢季子白盘铭(同上88页)

长治分水岭先后发表了同类型墓葬三十二座[36]。这批墓葬,属于同一墓地,除169号墓、170号墓稍早外,其他大体上可以确定为三家分晋(公元前403年)到上党尽为秦有(公元前259年)这一时期的韩墓。细读报导,对它们的断代序列基本上是清楚的。1959年对25号墓(此墓与12号墓为并穴合葬)和26号墓(此墓与14号墓为并穴合葬)的发掘,以及1972年对169号墓和170号墓(这二墓也是并穴合葬)的发掘,更有助于对12号、14号墓的年代的推定。这六座并穴合葬墓,随葬器物组合和重要器物特征基本一致,都同属于韩国早期墓;其相对年代大致是:169、170号墓早于14、26号墓,后者又早于12、25号墓。

根据对三晋兵器铭刻体例演变的分析,12号墓、14号墓出土的铜兵器也应是韩国早期器[37]。

(22)陕县后川2040号墓出金质腊首铁短剑一件[38]。

《简报》定在春秋末期,随后,原作者改定在战国早期[39]。有人根据此墓在京的展品,考订此墓应属战国中期[40]。因材料未全部发表,暂依原作者后说较妥。

(23)洛阳中州路2717号墓出铜环首铁小刀一件[41]。

(24)信阳长台关1号墓出铁带钩五件(其中错金嵌玉的二件)[42]。

(25)江陵望山1号墓出错金铁带钩一件[43]。

原报告分别定此三墓为战国早期墓、战国墓和楚墓,日人林巳奈夫一律改定在春秋后期后半[44]。郭沫若同志考证长台关1号墓出土的编钟铭文属春秋时期,因而主张把此墓年代提到春秋晚期[45]。我们重作分析,推定前二墓应属战国早期,后墓应属战国中期后半。理由如次:

洛阳中州路发掘的二百六十座东周墓的年代分期,除个别墓可能偏早或偏晚外,基本上是准确的。2717号墓是中州路九座主要以青铜器随葬的墓葬之一。从这九座墓的铜器型式变化及其交替情况分析,2717号墓无疑是年代最晚的一座。此墓出Ⅳ、Ⅴ式铜鼎、Ⅱ式铜豆和I～Ⅲ式铜壶,依报告标型,它们分别相当于Ⅱ、Ⅲ式陶鼎、Ⅱ式陶豆和Ⅰ、Ⅱ式陶壶。据以划分春秋与战国的重要陶器是:

春秋末——鼎(Ⅱ)、豆(Ⅰ)、罐(Ⅳ为主)

战国初——鼎(Ⅱ、Ⅲ)、豆(Ⅰ、Ⅱ)、壶(Ⅰ)

依此对照,可以确定2717号墓应属战国早期。

长台关1号墓,从墓室结构和随葬器物分析,兼有春秋和战国的特征。在同一墓中并存年代早晚不同的器物的现象,这在考古工作中是经常遇到的,判断该墓的时代自应以最晚出的器物为准。此墓出土的铜编钟、木方壶、陶方鉴、陶圆鉴、陶簠等的形制,确与春秋晚期的寿县蔡侯墓、新郑墓的同类铜器相似,但主要的铜陶礼器和漆器,例如鼎、壶、镬、盉、细把豆、盘、俎,以及铜勺和彩绘铜镜,却与长沙[46]、辉县[47]战国早、中期墓的同类器物更为接近。尤其是墓中出土的竹简,简文书体与同出的编钟铭文和蔡侯钟铭不同,而与望山1号墓简文、仰天湖25号墓简文[48]和"鄂君启节"铭文[49]相近。综合上面的分析,推定此墓属战国早期后半应是比较妥当的。

望山1号墓出越王句践铜剑。句践在位于公元前495年～前465年,林氏以公元前453年为春秋战国分界线,故定句践剑的制作年代为春秋后期后半,这是可以的。但据此剑而定此墓亦属同期就不对了。望山1号墓的个别随葬器物,年代可能稍早,但大量的是战国时期才出现的新型器物,例如马蹄足鼎、高足壶、高把豆、漆豆、耳杯,以及彩绘木雕等等。出土的竹简文字中,发现了楚简王、声王、悼王的名号[50]。这三个楚王相继于公元前431～前381年在位,这就明确地断定此墓的年限应在此三王以后。值得注意的是,此墓附近的藤店1号墓,出土了句践曾孙州句(前448～前412年在位)剑[51],两墓出土的器物型式及器物组合关系又很接近。句践剑和州句剑发现于江陵,决不是偶然的。它们很可能是楚威王灭越(公元前334年)[52]之役的战利品,随后被埋入墓中的。由此推定此墓的大部分随葬器物应属战国中期后半。

以上3座墓的年代既经推定,其墓中所出的铁器,在没有其它确证以前,理应以该墓入葬的年代为准。

三

摒除古籍征引和考古材料使用的错误之后,我们将进而转入本文的正面阐述。

中国在什么时候开始人工炼铁,早期的开矿、炼炉型式、燃料、熔剂、鼓风到炼出铁来的整个过程又是怎样的,古籍没有记载,考古工作也还没有发现这方面的材料。因此,本文所要讨论的实际上是开始使用铁器的年代问题。既然古籍缺乏可靠的记载,考古发现无疑就成为最重要的依据了。

在已发掘的殷代、西周以至春秋早期的遗址和墓葬中,至今还没有发现冶铁遗址或铁器实物,出土的兵器主要是青铜铸造,农具和手工具还是木、石、骨、蚌器,以及少量的青铜工具。这种情况,怎能令人相信殷代、西周和春秋早期已知冶铁和用铁呢?

截至目前,发表于文物考古刊物上、年代可以确定为春秋末期的铁器有三例:

(1)长沙龙洞坡52·826号墓出铁削(原作匕首)一件(图二:1)[53]

(2)六合程桥1号墓出铁块一件(图二:4)[54]

(3)六合程桥2号墓出铁条一件(图二:5)[55]

另外,有些报告断代比较笼统,细加检视,我以为可以把下面三起定在春秋末期:

(4)长沙识字岭314号墓出铁臿(原作锛)一件(图二:3)[56]

(5)长沙一期楚墓出铁臿(原作铲)、铁削数件[57]

(6)常德德山12号墓出铁削一件(图二:2)[58]

可以确定为春秋末期的铁器就是这些(约十件)。数量很少,器类简单,形体薄小,这是铁器刚出现不久的征象。它们可能是被当作珍贵的物品而随葬墓中的。联系战国初年的后川金饰铁短剑、中州路的铜环首铁小刀,以及长台关的错金嵌玉铁带钩,也表明了春秋战国之际,铁还是一种稀有的珍贵的金属。金相考查证明,程桥2号墓铁条为块炼铁锻成,1号墓铁块为白口生铁[59]。生铁的发明是冶金史上一件了不起的成就，在我国，生铁与块炼铁则可能是同时发明的。就冶炼技术来说，它们同属于早期阶段。当然，这些被发现的铁器年代会比实际开始使用铁器的时间晚些，但相距不会太久，估计其间距离大约几十年到一百年。所以，我把开始冶铁和使用铁器的时间推定在春秋后半叶，即公元前六、七世纪间；并且认为，最早冶炼和使用铁器的地区很可能是在楚国。

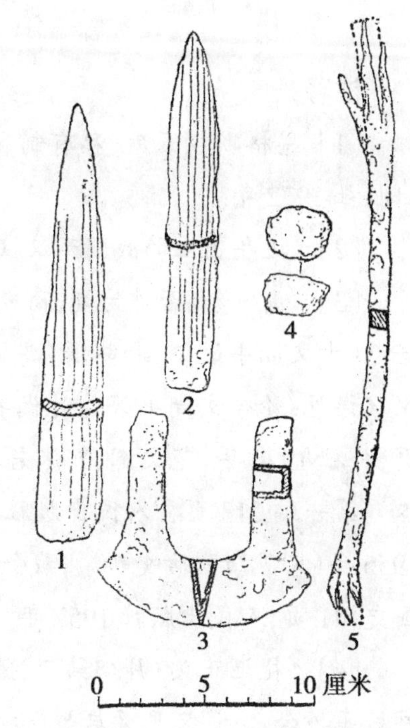

图二 春秋末期铁器

1.长沙龙洞坡52.826号墓出土铁削
2.常德德山12号墓出土铁削
3.长沙识字岭314号墓出土铁块
4.六合程桥1号墓出土铁块
5.六合程桥2号墓出土铁条

春秋中叶以后，铁器处于初期阶段。但铁器作为一种新的生产力因素，它一经出现，便赋有无限的生命力。这时，正是中国奴隶制开始向封建制过渡的时期，铁器的发明，对社会变革的过程无疑是起着促进作用的。

“铁使更大面积的农田耕作，开垦广阔的森林地区，成为可能；它给手工业工人提供了一种其坚固和锐利非石头或当时所知道的其他金属所能抵挡的工具。”[60]恩格斯描绘的铁器的这种威力，在中国大抵是从战国中期开始出现的。《孟子》、《荀子》、《韩非子》和《管子》所记载的冶铁用铁事实[61]，也是战国中期及其后的情景。

这时，新的封建生产关系已在各诸侯国基本上建立起来，许多诸侯国先后实行了变法。正是上层建筑领域内的这种重大变革、生产关系的这种重大变革，对生产力的迅速发展起了巨大的反作用，为冶铁技术的发展和铁器的普遍使用创造了重要的条件。

考古工作证明，就在这时，七国的广大地区都有铁器出土，社会生产部门中，铁器逐步代替木、石、骨、蚌器和青铜器，有些部门并已取得支配地位。冶炼技术已由早期的块炼铁提高到块炼渗碳钢，与块炼铁同时出现的白口生铁已发展为展性铸铁[62]。冶炼技术在短短几百年间取得飞跃发展，在以后的很长历史时期中，又一直居于世界冶金技术的前列，这是世界冶金史上所罕见的。铁器的巨大变化，标志着社会生产力的迅猛发展，它对开发山林、扩大耕地面积、发展水利和交通、提高工农业生产，都起了重要的作用；同时为铁制武器的生产和使用开拓了道路。在法家提倡的“耕战”政策的推动下，铁兵器被广泛使用于全国的统一战争中，为在政治、经济、文化各个领域内扫除奴隶主复辟势力、促进统一的中央集权制封建国家的出现，作出了贡献。这也是我们研究生产关系与生产力、上层建筑与经济基础之间矛盾运动的一个很好实例。

（原文刊载于《文物》1976年8期）

注释:

〔1〕恩格斯:《家庭、私有制和国家的起源》,《马克思恩格斯选集》第四卷159页,人民出版社1972年。

〔2〕《近年出土的战国两汉铁器》,《考古学报》1957年3期,93～108页。

〔3〕《禹贡》能否作为夏、商或西周的可靠文献,古代有些经学家已提出怀疑。详见清阎若璩《古文尚书疏证》和胡渭《禹贡锥指》。最先把《禹贡》断为战国时人拟作的是顾颉刚先生。详见《论今文尚书著作时代书》和《询〈禹贡〉伪证书》,均见《古史辨》第一册,200～207页,朴社1926年。范文澜、郭沫若、杨宽等历史学家均采此说。分别见《中国通史简编》(修订本)第一编213页,人民出版社1965年;《中国古代社会研究》335～342页,人民出版社1955年(又见《评〈古史辨〉》,载《古史辨》第七册下编,361～367页,开明书店1941年);《战国史》41页,人民出版社1957年。

〔4〕《礼记正义·月令第六》篇首孔疏:《月令》"本《吕氏春秋》十二月纪之首章也,以礼家好事抄合之。"又见梁启超《古书真伪及其年代》126～128页,中华书局1955年;容肇祖:《月令的来源考》,《燕京学报》18期,1935年。

〔5〕考格兰:《旧世界史前时期红铜青铜的冶炼》(H.H.Coghlan, Notes on the Prehistoric Metallurgy of Copper and Bronze in Old World, *Occasional Papers on Technology*, 4.Pitt Rivers Museum University of Oxford, London,1951)44页。

〔6〕唐兰:《中国古代社会使用青铜农器问题的初步研究》,《故宫博物院院刊》1960年总2期,14页。

〔7〕参考辛树帜《禹贡新解》(农业出版社1964年)93页《徐旭生先生来函》。

〔8〕见郭沫若《管子集校·校毕书后》,科学出版社1956年。

〔9〕清姚际恒:《古今伪书考》,见《古籍考辨丛刊(第一集)》310～311页,中华书局1955年。

〔10〕详王念孙《广雅疏证·释器》。

〔11〕《湖北江陵三座楚墓出土大批重要文物》,《文物》1966年5期,图版壹。

〔12〕《湖北江陵藤店一号墓发掘简报》,《文物》1973年9期,图版贰。

〔13〕《双剑誃古器物图录》上卷。

〔14〕《攈古录金文》二之一。

〔15〕李学勤:《关于东周铁器的问题》,《文物》1959年12期,69页。

〔16〕清代孙志祖(《家语疏证》)、范家相(《家语证伪》)、陈士珂(《孔子家语疏证》)等经学家都认为《孔子家语》是王肃伪造的,全不可信,现在有人也持这种态度。我们认为,清儒贬黜王肃,系囿于经学流派的偏见,我们不应重蹈这种错误。《家语》作为一本书,虽为伪作,但其摭取《左传》作为伪造的来源时,仍可作为校勘《左传》之用,持全盘否定是不对的。

〔17〕欧阳士秀:《孔子世家补》。参看杨宽:《中国土法冶铁炼钢技术发展简史》35 页注 18 引,上海人民出版社 1960 年。

〔18〕卢文弨:《抱经堂文集》卷十九《与周林汲(永年)太史书》。袁枚:《随园随笔》卷十八《辨讹类下·左氏赋一鼓铁之讹》。清末俞樾门生储乃墉、周梦熊、冯一梅各著《一鼓铁解》一篇。储取杜预说,周取服虔说,冯取欧阳士秀说,但谓钟乃"钟鼎之齐"的省文。详见《诂经精舍课艺七集》卷七。

〔19〕《左传》昭公二十九年正义引服虔云:"鼓,量也。"《广雅·释器》:"斛谓之鼓。"

〔20〕"以铸刑鼎"的"以"字疑为衍文,否则,"以"字下必有实物(原料或资金)。以前所以误改"锺"为"铁"(如果确是"改"的话),便由于此。但不论属于哪一种,均与铁无关。

〔21〕梅原末治:《中国青铜器时代考》,胡厚宣译本,49~50 页,商务印书馆 1936 年。

〔22〕卢卡斯:《古代埃及的手工业和材料》(A.Lucas, *Ancient Egyptian Materials and Industries*, 3rd revised edition, London, 1948.)542~543 页。并参看《禹贡新解》74~75 页《夏鼐先生来函》和 83 页《翁文灏先生来函》。夏函"埃及第一、二王朝(公元前 2000 年左右)"中的"二千年"应改为"三千年",恐系抄误或排印时误植所致。

〔23〕《河北藁城台西村的商代遗址》及文末《试验报告》,《考古》1973 年 5 期,266~270 页。

〔24〕李众:《中国封建社会前期钢铁冶炼技术发展的探讨》,《考古学报》1975 年 2 期,1 页。

〔25〕同〔22〕卢卡斯书 270 页。

〔26〕梅原末治:《关于中国出土的一批铜利器》,见《京都大学人文科学研究所创立廿五周年纪念论文集》1~21 页,1954 年。

〔27〕盖登斯等:《两件中国古代的陨铁刃青铜武器》(1971 年英文版)。转引自《河北藁城台西村的商代遗址》一文后的夏鼐《读后记》,《考古》1973 年 5 期,271 页。

〔28〕杉村勇造:《芮公钮钟考》,见《中国古代史之诸问题》73~90 页,1954 年。

〔29〕参看《铜铎的铸造》,见《世界考古学大系》第二册,92~104 页,图版 53~79,东京,1960 年。伊藤祯树《围绕铜铎之诸问题》,见《日本考古学之诸问题》89~80 页,东京,1964 年。

〔30〕参看李学勤《近年考古发现与中国早期奴隶制社会》,《新建设》1958 年 8 期,53 页。李文正确指出,所谓芮公钟,题铭乃伪刻。但他认为摹刻的底本是《西清古鉴》卷三六的周太公钟,并说此器"实为大型的铃",恐不确。

〔31〕参看杨宽《战国史》1~3 页。

〔32〕《青岛市崂山郊区东古镇村东周遗址》,《考古》1959 年 3 期,143~146 页。

〔33〕《侯马北西庄东周遗址的清理》,《文物》1959 年 6 期,42~44 页。

〔34〕《山西长治分水岭古墓的清理》,《考古学报》1957 年 1 期,103~118 页。

〔35〕殷涤非:《试论东周时期的铁农具》,《安徽史学通讯》1959 年 4、5 期合刊,29~44 页。

〔36〕同〔34〕。又,《山西长治分水岭战国国墓第二次发掘》,《考古》1964 年 3 期;《山西

长治分水岭126号墓发掘简报》,《文物》1972年4期;《长治分水岭269、270号东周墓》,《考古学报》1974年2期。

〔37〕黄盛璋:《试论三晋兵器的国别和年代及其相关问题》,《考古学报》1974年1期,42页。黄文对此戈铭文的头一字释为"寅"字,似可信。

〔38〕《1957年河南陕县发掘简报》,《考古通讯》1958年11期,74～76页。

〔39〕《新中国的考古收获》61页,文物出版社1961年。

〔40〕王世民:《陕县后川2040号墓的年代问题》,《考古》1959年5期,262页。

〔41〕《洛阳中州路》111页,图版陆伍之9,科学出版社1959年。该图版之10系铜刀〔M:2717:69〕,误作铁刀,应改正。

〔42〕《河南信阳楚墓出土文物图录》,河南人民出版社1959年。又,《信阳长台关发掘一座战国大墓》,《文物参考资料》1957年9期,21～23页。

〔43〕同〔11〕,36页,图二〇,报告和图版说明均误作铜带钩,应改正。

〔44〕林巳奈夫:《中国殷周时代的武器》附论二《春秋战国时代文化的基础性编年》471～564页,京都,1972年。在此书中,林氏把一批出有青铜兵器的战国墓提到春秋后期。对这批墓葬,我们重新作了审定,认为其中大部分仍以断在战国时期为宜。关于这个问题,本文未遑论及。这里只就其中出有铁器的长治分水岭14、12号墓、洛阳中州路2717号墓、信阳长台关1号墓、江陵望山1号墓进行讨论。

〔45〕郭沫若:《信阳墓的年代与国别》,《文物参考资料》1958年1期,5页。

〔46〕《长沙发掘报告》112、311、322、349号墓出土的鼎、豆,壶、勺等,见图二四之4、图二五之1、图二七之4和图三二等。《长沙楚墓》,《考古学报》1959年1期,图一之2(鼎)、图版叁之2(盉),之5(豆)、之6(瓮),以及图版伍之2(壶),捌之15(勺),等等。

〔47〕《辉县发掘报告》固围村1、5、6号墓出土的鼎、壶、匜、鸟柱盘等,见图版肆陆之3、肆柒之1、柒伍之8、柒柒之1、柒柒之4,等等。

〔48〕《长沙仰天湖第25号木椁墓》,《考古学报》1957年2期,图版叁至伍。

〔49〕郭沫若:《关于"鄂君启节"的研究》,《文物参考资料》1958年4期,3～7页。殷涤非、罗长铭,《寿县出土的"鄂君启节"》,同上,8～11页附图。

〔50〕承参加望山简文整理工作的李家浩同志见告。

〔51〕同〔12〕。

〔52〕《史记·越王句践世家》:"楚威王兴兵而伐之,大败越,杀王无彊,尽取故吴地至浙江,北破齐于徐州。而越以此散……"清代学者对这条记载颇有怀疑,据黄以周考证,楚灭越应在楚怀王二十二年(公元前307年),详见《儆季杂著·史说略·史越世家补并辨》。如是,则此墓的入葬上限又应推迟二三十年。

〔53〕顾铁符:《长沙52·826号墓在考古学上诸问题》,《文物参考资料》1954年10期,68～70页。

〔54〕《江苏六合程桥东周墓》,《考古》1965年3期,113页。

〔55〕《江苏六合程桥二号东周墓》,《考古》1974年2期,119页。

〔56〕《长沙发掘报告》37页,书末墓葬登记表一,图版叁伍,7。此墓出陶鬲、钵、罐各一件,器形与龙洞坡52·826号墓出土的同类陶器相同。

〔57〕参看《长沙楚墓》,《考古学报》1959年1期,41～60页。此文系综合报导,出土物与墓葬关系无从一一校核。根据报导分析,第一期墓约十多座,出有铁器的约三五座,每墓出一件。

〔58〕《湖南常德德山楚墓发掘报告》,《考古》1963年9期,461～462页。12号墓出土的铁削与龙洞坡52·826号墓铁削相同而略小。从发表的早期陶器看亦类似。

〔59〕程桥2号墓铁条的考查结果,见〔24〕,9页。程桥1号墓铁块的考查结果,承北京钢铁学院柯俊同志面告。

〔60〕同〔1〕。

〔61〕《孟子·滕文公》:"许子……以铁耕乎?曰:然。"《荀子·议兵》:"宛巨铁釶。"《韩非子·南面》:"铁殳。"又《内储说上·七术》:"积铁"、"铁室"。

〔62〕同〔24〕,5～9页。

陨铁制器和人工炼铁

黄展岳

1972年，河北藁（音稿）城台西村商代遗址中出土一件铁刃铜钺，其刃部一度被误认为是古代人工冶炼的熟铁[1]。后来，北京钢铁学院对这件器物作了全面的考察，确定其刃部实为陨铁锻制[2]。从此，公开坚持刃部为人工炼铁的人大概没有了。但是，在某些著作和个别文章中仍可看到一些含糊其辞的说法，例如："在商代，铁的使用已经开始了"[3]；"台西遗址铁刃青铜钺的出土，无疑把我国使用铁的历史推到了三千多年前的商代"[4]，等等。一些大学、中学的历史教材采用了这一说法，影响极大。什么叫"用铁"?这些文章的作者都没有明确交代，但用意很清楚，就是"使用铁器"。他们仍然是把这件铁刃铜钺作为我国开始使用铁器的实物见证。

利用陨铁制器，能不能叫"使用铁器"?为什么在藁城铜钺铁刃被确定为陨铁之后，有人还要据此说商代已经开始使用铁器？我们认为除了有人相信那几条似是而非的史料以外，最重要的原因恐怕有两条：一是混淆陨铁与人工炼铁的根本区别；二是误认陨铁制器必然导致人工炼铁的产生。关于那几条史料的可靠性问题，我在1976年的一篇小文中已经提出看法[5]，这里不再赘述。本文只就上面提出的两条谈一下个人的看法。

第一，陨铁是天体陨落的流星铁，形成于太空，不需要任何加工；冶铁取之于矿石，要经过人工加热、提炼、锻打的复杂过程。诚然，陨铁的主要成分也是铁镍合金，但二者毕竟是不同质的两回事。把"陨铁制器"说成"铁的使用"、"铁的发现"、"使用铁器"，是不确切的、不科学的。

第二，世界上许多文化发达较早的民族，在青铜时代都有过利用陨铁制器的历史。在古埃及，考古工作者曾在开罗南格尔泽（Gerzeh）前王朝时期（公元前3500年左右）的墓中，发现过九颗含镍7.5%的陨铁管状小珠；公元前2000年左右十一王朝的墓中，也出土过含镍10.5%、装以银柄的陨铁辟邪护符。在西亚，两河流域乌尔王（公元前2500年）墓出土过含镍10.9%的陨铁碎片以及若干可能是陨铁制成的装饰品。在美洲，除了爱斯基摩人外，几个古文化中心的各族人民，包括墨西哥的阿兹特克（Azteca）部落、尤卡坦（Yucatan）的玛雅（Maya）人和秘鲁的印加（Inca）人，以及密西西比河流域的印第安人，都使用过陨铁制的箭头、小刀和工具[6]。

30.同上，刃部渗碳层(400×)：深色，珠光体；白色，铁素体。

图版陆

31.满城 M1 错金书刀(1:5197)刃部淬火组织(700×)，中间黑条状，夹杂物；下侧，淬火马氏体；上侧，未淬透层，马氏体及细珠光体(黑色团状)。

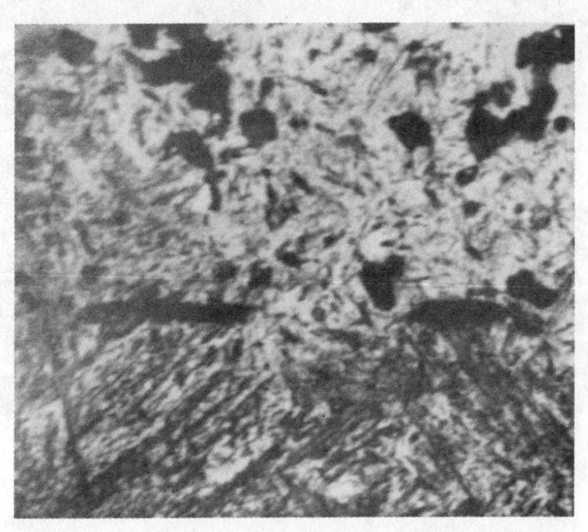

32.满城 M1 铁铠甲片(1:5117)外层组织(200×)：铁素体，晶界少量渗碳体。

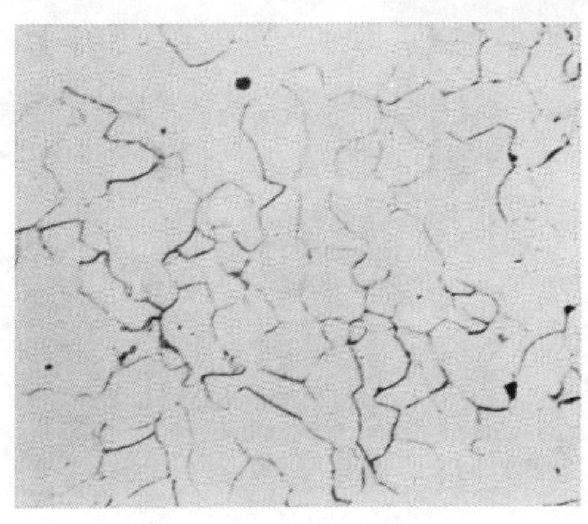

33.呼和浩特二十家子出土西汉铁铠甲片(T126②:2),中心组织:铁素体、珠光体及夹杂物。

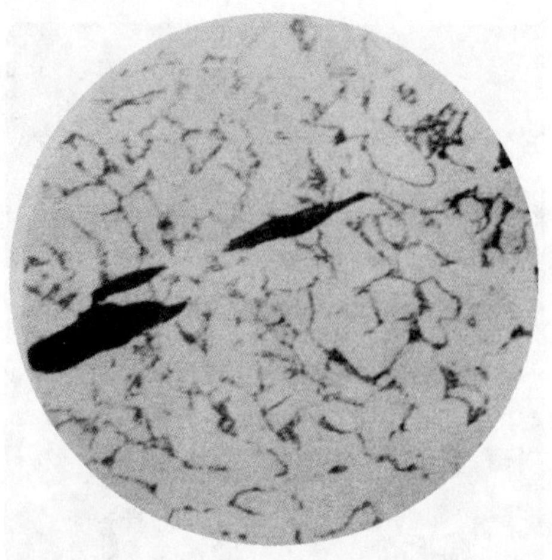

34.临沂苍山东汉永初卅炼钢刀组织(500×),基体组织:细珠光体及微量铁素体(白色颗粒),横断面夹杂物:细长夹杂,硅酸盐;不变形,深色:FeO 及硅酸盐。

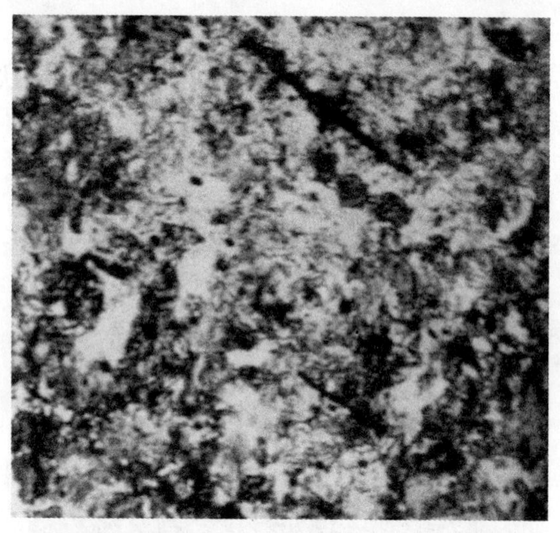

35.同上,横断面夹杂物分布(200×)。

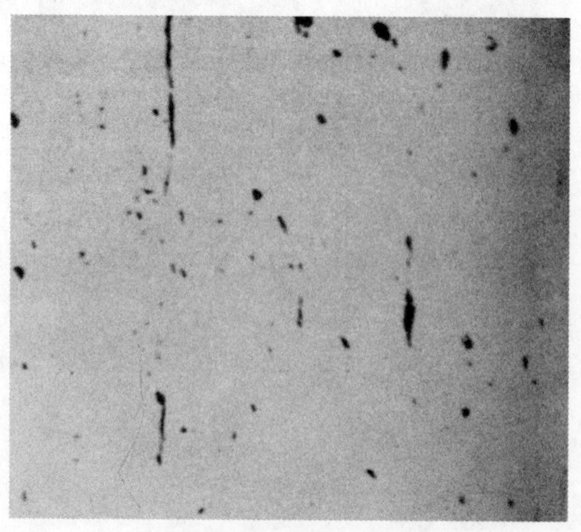

36.渑池汉魏铁钺(257号)组织(600×)白色,铁素体;片状,珠光体基体及偶见球状石墨。

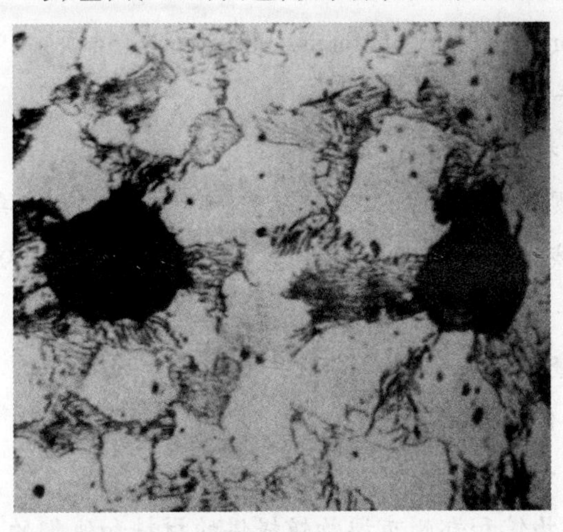

注释:

〔1〕甘肃齐家文化遗址和墓葬中曾多次发现红铜制的工具和饰品,材料见:《甘肃武威皇娘娘台遗址发掘报告》,《考古学报》1960年2期,59、60页;《甘肃永靖大何庄遗址发掘报告》,《考古学报》1974年2期,53、54页;《甘肃永靖秦魏家齐家文化墓地》,《考古学报》1975年2期,74、87页。甘肃齐家文化的年代经^{14}C测定为公元前17世纪左右(距今3690±90年和3660±95年),见《考古》1972年1期,55页。

〔2〕详见《河南偃师二里头早商宫殿遗址发掘简报》,《考古》1974年4期;《河南偃师二里头遗址三、八区发掘简报》,《考古》1975年5期。出土青铜凿、刀、镞、爵、锛等共十多件,时代属二里头三期。年代经^{14}C测定为公元前1245±90年,树轮校正年代范围是公元前1590～前1300年,相当于商代早期。

〔3〕《河北藁城台西村的商代遗址》,《考古》1973年5期,266～271页。

〔4〕河南洛阳博物馆发掘,简报将在《考古》发表。

〔5〕齐村铁镈现存河北省博物馆。固围村铁镈(原报告作铲)见《辉县发掘报告》105页,图版柒陆,7。

〔6〕《长沙发掘报告》66页,图版叁伍,7。原报告作锛,并定此墓为战国,从同出的器物分析,年代应提到春秋战国之交。

〔7〕《考古学报》1960年1期,75、76页。鉴定报告作铲。

〔8〕《战国西汉铁器的金相学考查初步报告》,《考古学报》1960年1期,75、76页。

〔9〕《铜绿山古矿井遗址出土铁制及铜制工具的初步鉴定》,《文物》1975年2期,21页。

〔10〕简报见《河北易县燕下都44号墓发掘报告》,《考古》1975年4期233、234页。鉴定报告见同期241～243页。

〔11〕河南省博物馆发掘,资料未发表。

〔12〕《南阳汉代铁工厂发掘简报》,《文物》1960年1期,58～60页。

〔13〕R.A.F de Réaumur:L'Art de Convertir le Fer Forgé en Acier et l'Art d'Adoucir le Fer Fondu.1722,见 L.Aitchison:A History of Metals,1960,453～454 页。

〔14〕《文物》1975 年 2 期,24 页图七。

〔15〕考古所发掘资料。

〔16〕《热河兴隆发现的战国生产工具铸范》,《考古通讯》1956 年 1 期。

〔17〕《近年出土的战国两汉铁器》,《考古学报》1957 年 3 期,99 页。

〔18〕《文物》1960 年 1 期,60 页。

〔19〕《新疆文物调查随笔》,《文物》1960 年 6 期,24～28 页。

〔20〕《后汉书·杜诗传》。

〔21〕《三国志·魏志·韩暨传》。

〔22〕根据河南省博物馆和郑州市博物馆提供的材料和他们的分析。

〔23〕《巩县铁生沟》,文物出版社 1962 年。古荥镇遗址是郑州市博物馆提供的资料。

〔24〕《江苏六合程桥东周墓》(1 号墓),《考古》1965 年 3 期,113 页。此墓出铁丸一件。《江苏六合程桥二号东周墓》,《考古》1974 年 2 期,119 页。此墓出铁条一件。

〔25〕《长沙 52·826 号墓在考古学上诸问题》,《文物参考资料》1954 年 10 期,69 页。

〔26〕《辉县发掘报告》,69～95 页,图版伍陆、伍柒、陆肆。

〔27〕《文物》1975 年 2 期,6～10 页。

〔28〕发掘报告见《考古学报》1957 年 3 期,85 页。鉴定报告见《考古学报》1960 年 1 期,79 页。

〔29〕《考古》1975 年 4 期,230～236 页。

〔30〕铁剑系辽阳三道壕西汉末村落遗址出土,见《考古学报》1957 年 1 期。鉴定报告见《考古学报》1960 年 1 期,79 页。

〔31〕《文物》1975 年 2 期,21 页。

〔32〕《中国土法冶铁炼钢技术发展简史》196 页,上海人民出版社 1960 年。

〔33〕《呼和浩特二十家子古城出土的西汉铁甲》,《考古》1975 年 4 期,258 页。

〔34〕《山东苍山发现东汉永初纪年铁刀》,《文物》1974 年 12 期,61 页,图版伍。

〔35〕《洛阳晋墓的发掘》,《考古学报》1957 年 1 期,181 页,图一二,5。

〔36〕《巩县铁生沟》,文物出版社 1962 年。

〔37〕《文选》卷二五。

〔38〕《奈良县栎本东大寺山古坟出土的汉中平年纪的铁刀(口绘解说)》,《考古学杂志》48 卷 2 号,1962 年。

〔39〕见 Metals Handbook,1948 版,*The Americari Society for Metals*, 504 页。

〔40〕转译自《资本论》英文版第一卷由 D.Torr 编译的 1938 年附录,George Allen&Unwin Ltd,818 页。这一段以及另外三段位于《资本论》中文版第一卷 683 页(1975 年版)第 5 行"因

而,劳动生产率的增长"句的后面。

〔41〕《重修政和经史证类备用本草》卷四。

〔42〕《北齐书·方伎列传》。

〔43〕《晋书·张协传》。

中国早期铁器(公元前5世纪以前)的金相学研究

韩汝玢

(北京科技大学冶金与材料史研究所)

自1974年开始在柯俊教授(中国科学院院士,材料物理、技术科学史专家)领导下,与各省、市文物考古工作者密切协作,对许多墓葬和遗址出土铁器进行了金相学研究,对于判断和了解古代各时期钢铁冶炼技术是很有效的。研究表明,中国在17世纪以前,至少有10项钢铁技术居世界领先地位,对世界文明作出了重要贡献(表一)。随着我国田野考古工作的新进展,对于中国何时开始使用铁器,何时开始人工冶铁,早期铁器的冶金学特征等问题,金相学研究近年来有新的成果,值此《文物》月刊500期之际,特撰此文。

表一　中国钢铁技术的十大发明

发明内容	时间(公元世纪)	
	中国	欧洲
生产出白口铁铸成实用器物	前6	14
用退火生产韧性铸铁农具	前5	18
用铸铁模成批生产农具、工具	前4～前3	19
用生铁炒炼熟铁	前2	18
生铁固体脱碳成钢:铸铁板脱碳,叠锻成型	前5	
百炼钢法制造名刀剑	1～2	6
水排鼓风用于冶铸	1	16
发明“灌钢法”——用液态生铁对熟铁渗碳成钢	4	
用煤/焦作为炼铁燃料	10/16	17
活塞式木风箱鼓风用于冶铸	17	18

一　关于研究方法

美国麻省理工学院材料科学、冶金史专家C.S.Smith教授最先提出,应该把考古材料中存储的有价值的信息,尽可能地“开发”出来”[1]。因为在金属文物中存在着各种有意义的问题,通常与制作技术有关,包括矿石、燃料来源,冶炼技术,铸造方法,成分,均匀性和机械加工性能等方面,都可能用现代科学鉴定方法得出重要的结果。对于铁器文物最重要、最基本的是使用光学金相显微镜进行金相学的研究,目的是确定被测铁器的组织、成分特征,进而了解其制作技术。由于金相鉴定必须取样,往往影响对铁器文物的研究,为了保持铁器文物的完整性,曾使用在铁器文物表面进行金相鉴定的方法,这种方法对于铸铁器如白口铁、灰口铁,或者大型铸铁件,有时可以得到较满意的结果;但由于样品制备条件及金相显微镜设备的限制,往往不能拍摄理想的照片;此外,由于有些铁器的表面组织不能显示内部的组织结构状态,如表面是渗碳或脱碳的组织是否是工匠有意进行的,则不能准确判定,影响对铁器文物的制作技术得出正确结论。若想要对古代某一时期遗址或墓葬出土的铁器文物提供反映当时钢铁制作技术及水平更有价值的结果,以丰富充实该遗址反映的社会经济、文化、生活的内涵,需要与文物考古工作者密切合作,取得共识:1.鉴定相当数量的出土铁器,选择铁器的数量依赖于该遗址出土的铁器的数目。2.最有可能代表当时生产技术水平的是工具、农具、兵器类铁器,对于马具、钉、镜、灯等生活用具亦不应该忽略。3.除选择铁器外,还要对本遗址或附近出土的冶金遗物如矿石、炉渣、炉壁、鼓风管、半成品等进行鉴定。4.金相学研究的重要手段是光学金相显微镜,但单独使用金相显微组织的观察是不够的,必须配合进行其他的实验方法,如应用 X 射线照相法显现铁器锈蚀层下的错金铭文、铁器中镶嵌不同质地材料,铸造缺陷,锈蚀程度及不同部位的连接方法等。

近年来电子显微分析仪器向综合性、多样化方面发展,在仪器的设计、制造、使用方面有新突破,使得聚集很细的电子束打到待测金属文物试样上产生各种信息,可以得到样品中微观形貌、结构、成分等有用资料,应用电子显微术研究金属文物也包括在金相学的研究范畴之中。对铁器主要是应用电子显微术研究所含夹杂物的成分、分布形貌、数量与铸、锻、热处理等技术的关系;由于铁器中夹杂物细薄分散,成分复杂,应用电子光学仪器进行微区成分分析,结合钢铁制品的金相组织的特征,可以判定是块炼渗碳钢、铸铁脱碳钢,还是炒钢制品;是由一块或数块原料折叠锻打,还是仅嵌(贴)钢于刃口制成;是否经过淬火、局部淬火或退火处理等。为发掘出土的中国古代不同时期、不同地区、不同种类的钢铁器物的制作技术,提供统一的判定标准,得出科学的论据。

铁器进行金相学研究必须取样,要与文物考古工作者紧密合作,取残片要知道原属器物的出处、器物名称、部位;取自器物残断处,要考虑不影响原铁器的主要形状;基本完整的器物尽量选择缺口残破处;或用 0.1 毫米钼丝线切割机切下一小块,待鉴定完毕,可易复原修复。图一表示一些不同类型铁器取样部位的最佳位置,是取自平行或垂直于铁器的锻造方向。

根据作者及同事们的研究经验,对铁器文物的金相学研究应包括以下内容:1.铁器文

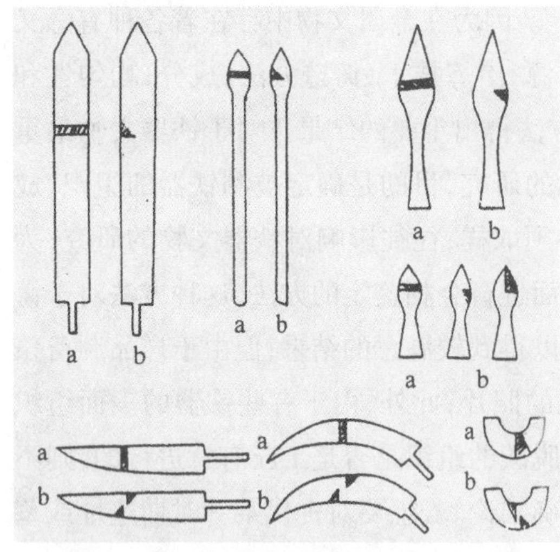

图一　铁器金相样品取样的最佳部位
a 表示允许在文物的模截面处取样
b 表示不允许在文物的模截面处取样

物中碳含量及其分布、存在状态及形貌特征；2.用 2%～4%硝酸酒精浸蚀液浸蚀后样品显示的组织、组成及特征；3.对特定的组织按国际标准测定晶粒大小；4.对某些特定组织进行硬度或显微硬度的测量；5.样品中存在的夹杂物类型、分布、形貌特征及其成分分析；6. 必要时用硫印法、磷印法显示硫、磷元素在样品组织中的分布。对铁器文物的显微组织摄取金相照片、二次电子像等，由于古代工匠在制作钢铁制品时多凭经验，限于当时条件会有许多偶然因素，造成铁器制品中存在不均匀；或由于埋葬地下经历世纪至千纪室温时效变化，使铁器文物的显微组织发生了变化（如晶界移动、新沉淀的析出相等），因此与现代钢铁制品的金相组织会有许多不同。研究者必须对出土铁器多作金相学的研究，不断积累经验，对于同时代、同类型、不同地点出土的铁器多作观察、分析比较，甚至有时需要反复观察才能得出较正确的结论。

二　开始使用铁器（陨铁制品）

人类最早使用的铁是陨铁，由铁镍合金组成，其含镍量在 4%～20%（大部分为 5%～10%），钴含量在 0.3%～1%。陨铁在太空从高温到冷却的速度极为缓慢，故可形成特殊的魏氏组织，其中的镍、钴成层状分布（图二、图三、图四）[2]。因此用陨铁制成的器物，用金相学及电子显微术是很容易识别的。中国古代用陨铁制作青铜兵器、工具的刃部，开始于公元前 14 世纪。截至目前已发现 7 件（表二）。表明至迟在公元前 14 世纪中国古代工匠已认识和熟悉了铁的热加工性能，了解铁与青铜在性质上是有差别的。但是使用陨铁与人

图二　新疆准噶尔陨铁的魏氏组织

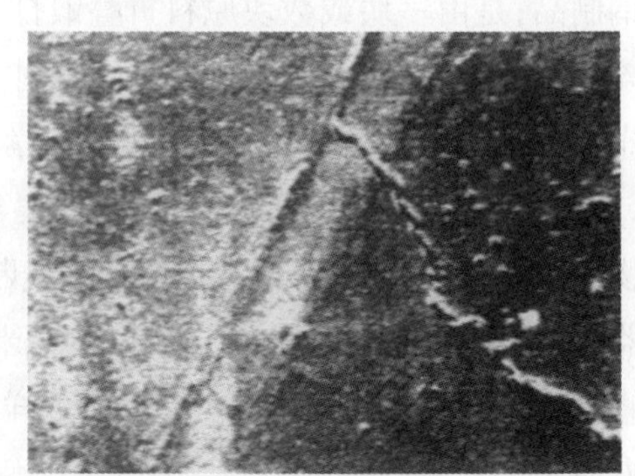

图三　广西南丹陨铁风化壳二次电子像

工冶铁之间有什么联系，目前尚不清楚。最近的考古发掘及研究表明，河南三门峡虢国墓地M2009墓发现了3件用陨铁作刃的青铜戈(703)、锛(720)和刻刀(732)，同时在M2001和M2009分别发现了用人工冶铁作刃的铜芯玉柄铁剑和铜刀(730)，若此两墓年代确定为西周末(公元前9世纪～前8世纪)，此2件应是目前中原地区年代最早的人工冶铁制品，陨铁与人工冶铁制品在三门峡虢国墓葬中同时存在的事实，是值得重视的新结果。

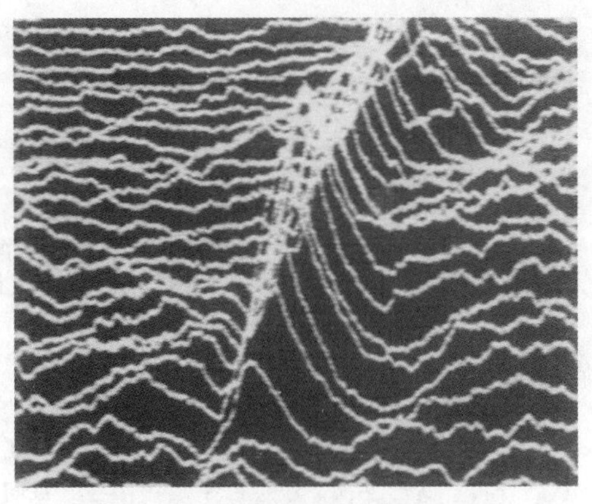
图四　同图三区域镍分布鸟瞰图

表二　中国发现的陨铁制品

序号	名称	出土地点	年代	Ni 含量	资料来源参见注释
1	铁刃铜钺	河北藁城	商中期 14C. B. C	锈层:0.8% ~2.8% Ni	〔3〕
2	铁刃铜钺	北京平谷	商中周 14C. B. C	1.9% ~18.4% Ni	〔4〕
3	铁刃铜钺	河南浚县	商末周初 10C. B. C	6.7% ~6.8% Ni　22.6 ~29.3% Ni	〔5〕
4	铁援铜戈	河南浚县	西周末 9C. B. C	5.2% Ni	〔5〕
5	铜柄铁锛	河南三门峡	西周末 9C. B. C	12.5% ~12.8% Ni	〔6〕
6	铜柄铁戈	河南三门峡	西周末 9C. B. C	27.4% Ni	〔6〕
7	铜柄铁刻刀	河南三门峡	西周末 9C. B. C	31.4% ~35.6% Ni	〔6〕

三　早期人工冶铁制品(公元前5世纪以前)

由于古文献记载的局限性，或涉及的文字含义不清，学者解释各异，重要的著作如《冶铁志》已佚等原因，使中国人工冶铁始于何时何地，多依赖于考古发掘出土的实物来提供重要线索，对它们进行金相学的研究，揭示早期铁器文物的冶金学特征，为解决中国何时何地开始人工冶铁的问题提供确切的实物证据。截至目前属于战国早期以前墓葬及遗址出土的铁器(公元前5世纪以前，新疆地区及年代有争议者未计入)共计130余件(表三)，出土地点见图五。

由表三知铁器多出自墓葬，除个别情况外(如宝鸡益门)，每处出土数量较少，分布较分散，至今尚未发现属于公元前5世纪以前的冶铁遗址，而且出土铁器多数锈蚀严重，给金相鉴定工作带来困难，表三中列出的铁器经过金相学研究的共计28件(表四)，仅占早期铁器的21%，数量较少，尤其有些重要的铁器尚未经过金相学的研究，故不能完全反映战国早期及以前冶铁技术水平的全貌。即使为数不多的研究，仍可得到如下的重要结果。

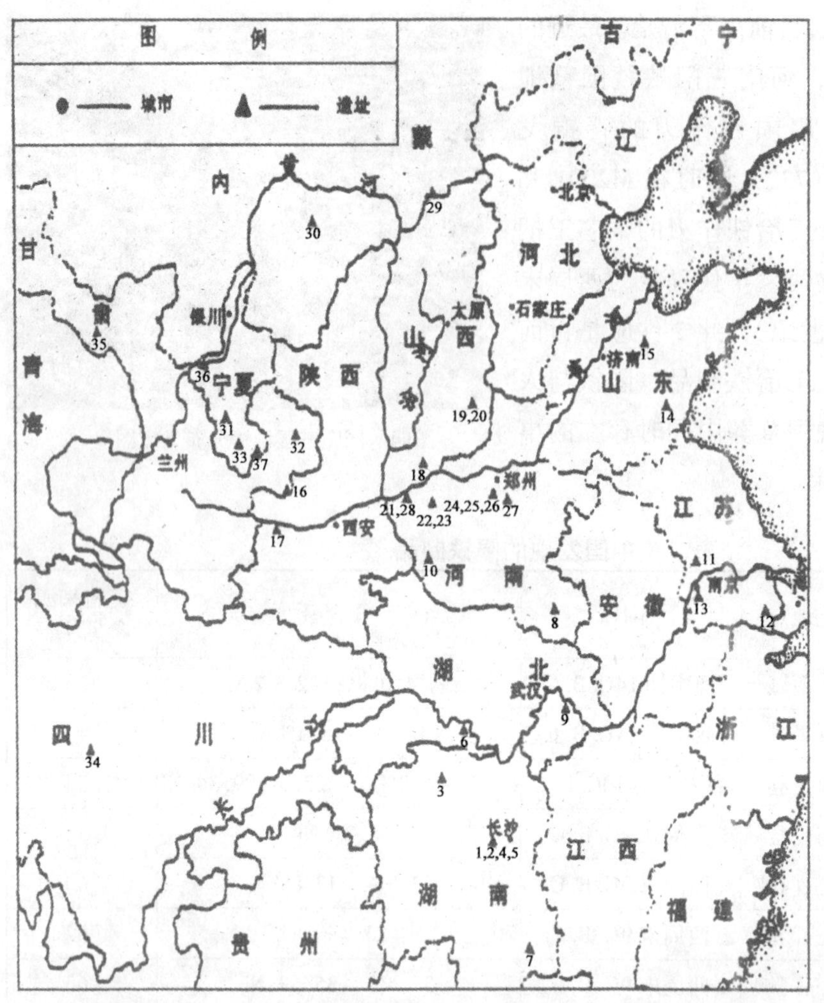

图五 公元前5世纪以前人工冶铁铁器出土地点分布示意图

1、2、4、5.长沙 3.常德 6.信阳 7.资兴 8.大冶 9.江陵 10.淅川 11.六合 12.苏州 13.南京 14.沂水 15.临淄 16.灵台 17.宝鸡 18.垣曲 19、20.长治 21.陕县 22、23.洛阳 24～26.登封 27.新郑 28.三门峡 29.凉城 30.杭锦旗 31.西吉 32.庆阳 33.固原 34.荥经 35.永昌 36.中卫 37.彭阳

表三 春秋至战国时期(公元前5世纪前)出土铁器统计表

出土地点	铁器名称	时代	资料来源
湖南长沙杨家山 M65	钢剑1,削1,鼎形器1	春秋晚期	《文物》1978.10
湖南长沙窑岭 M15	鼎1	春秋战国之际	同上
湖南常德德山楚墓	削1,镢1	春秋战国之际	《考古》1963.9
湖南长沙楚墓	锸、削3～5件	春秋晚期	《考古学报》1959.1
湖南长沙 M314	锸1	春秋晚期	《长沙发掘报告》
湖南长沙龙洞坡52.826	削1(原作匕首)	春秋晚期	《文物参考资料》1954.10
湖南信阳长台关1号楚墓	带钩5(其中错金嵌玉2)	春秋战国之际	《文物参考资料》1957.9
湖南资兴	削2、刮刀1、锄6、锛1	战国早期	《考古学报》1983.1
湖北大冶铜绿山	斧1	战国早期	《文物》1975.2
湖北江陵太晖观	锥1	战国早期	《考古》1973.6
湖北江陵纪南城	斧1	战国早期	《楚都纪南城考古资料汇编》

（续表）

出土地点	铁器名称	时代	资料来源
河南淅川下寺10号楚墓	玉茎铁剑1	春秋晚期	《文物》1980.10
江苏六合程桥M1	铁丸1	春秋晚期	《考古》1965.3
江苏六合程桥M2	铁条1	春秋晚期	《考古》1974.2
江苏苏州吴县儛尼山7号墩	铲1	春秋晚期	南京博物院提供
山东沂水	环首削1	春秋中晚期	《考古》1988.3
山东临淄	削2	春秋战国之际	《考古学报》1977.1
甘肃灵台景家庄	铜柄铁剑1	春秋早期	《文物》1981.4
陕西宝鸡益门M2	金柄铁剑、金首铁刀等20件	春秋晚期	《文物》1993.10
山西天马曲村	残铁片2、条形铁1	春秋中期	北京大学考古系提供
山西长治分水岭M14	铲3、凿1、斧、镢等5件	战国早期	《考古学报》1957.1
山西长治分水岭M12	凿1、锤1、镢4、斧5	战国早期	同上
河南陕县后川M2040	金质腊首铁短剑1	战国早期	《考古通讯》1958.11
河南洛阳中州路西工段M2717	铜环首铁削1（原报告作铁刀）	战国早期	《洛阳中州路（西工段）》
河南洛阳水泥厂	铲1、锛2	春秋战国之际	《考古学报》1975.2
河南登封王城岗周代文化遗存	铁器残片（似铲）	春秋晚期	《登封王城岗与阳城》
河南登封告成东周阳城遗址	镰1，锄1，锥1	战国早期	同上
河南登封阳城铸铁遗址	镢6、锄6、削1	战国早期	同上
河南新郑南岗M7	铁片1	春秋晚期	《中原文物》1993.1
河南三门峡上村岭虢国墓M1、M9	玉柄铁剑1、铜柄铁刀1	西周晚期	河南省文物研究所
内蒙凉城毛庆沟Ⅰ期M63，Ⅱ期M6、9、39	双鸟纹牌饰6、剑1、鸟形牌饰7、带饰1	Ⅰ期春秋早期，Ⅱ期春秋中、晚期	《鄂尔多斯青铜器》
内蒙杭锦旗桃红巴拉墓	刀2、圆形锈块器形难辨2	春秋晚期	同上
甘肃永昌	残铁镭1	春秋早期	《考古》1984.7
甘肃庆阳	矛1、铜柄铁剑2	春秋战国之际	《考古》1988.5
宁夏西吉	铜柄铁剑1	春秋战国之际	《考古》1990.5
宁夏中卫	铜柄铁剑2	春秋战国之际	《考古》1989.11
宁夏固原	铜柄铁剑2	春秋战国之际	《内蒙古文物与考古》1993.1
宁夏彭阳	铜柄铁剑1	春秋战国之际	同上
四川荥经	斧1	春秋战国之际	《考古》1984.12

1.早期铁器形体薄小,器形简单,不少用金、玉、青铜作柄,有的铁器还错金嵌玉,表明它们是被当作珍贵物品埋葬的,这应是人工冶铁出现不久的征象,如河南三门峡虢国 M2001 出土的玉柄铁剑。

2.一些铁器的形制与同时期青铜制品形制相同,如甘肃、宁夏属于北方草原文化的陇山地区,发现了 9 件铜柄铁剑,时代是公元前 8 世纪~前 5 世纪[7]。分 4 式,其中Ⅰ式、Ⅱ式剑形制按同时期青铜剑仿制,Ⅰ式剑具有北方青铜短剑特征,剑格上兽面纹又受中原纹饰影响,Ⅱ式剑与内蒙古桃红巴拉 M1 出土青铜剑相似。双鸟纹牌饰、带扣亦有相似的情况,但牌饰、带扣均未进行金相学的研究。

表四　金相鉴定的早期铁器

锻造铁器			铸铁器		
出土地点	名称	材质	出土地点	名称	材质
湖南长沙杨家山	剑 1	含碳 0.5% 块炼渗碳钢	湖南长沙杨家山 M65	鼎形器 1	白口铁
江苏六合	铁条 1	块炼铁	湖北江陵	斧 1	白口铁
江苏苏州吴县	铁铲 1	含碳 0.2% 块炼渗碳钢	江苏六合	铁丸 1	白口铁
山东临淄	削刀 1	块炼铁	山西长治	1	脱碳铸铁
甘肃灵台	铜柄铁剑 1	块炼渗碳钢	湖北大冶	斧 1	脱碳铸铁
河南三门峡 M2001	玉柄铁剑 1	块炼渗碳钢	河南洛阳水泥厂	锛 1	脱碳铸铁
河南三门峡 M2009	铜柄铁矛 1	块炼渗碳钢	河南洛阳水泥厂	铲 1	韧性铸铁
山西天马——曲村	铁条 1	块炼铁	山西天马——曲村	残铁器 2	白口铁
宁夏固原	铜柄铁剑 2	块炼渗碳钢	河南登封阳城	镢 5、锄 1	脱碳铸铁
宁夏西吉	铜柄铁剑 1	块炼渗碳钢	河南新郑	铁片 1	白口铁
宁夏彭阳	铜柄铁剑 1	块炼渗碳钢	小计	16 件	
小计	12 件				

3.山西天马——曲村发现的晋文化墓葬、遗址,经北京大学考古系、山西省文物考古所科学发掘,根据地层和各类陶器组合的关系,将该遗址文化层分为 7 层,在第 4 层(时代定为春秋早期偏晚,约公元前 8 世纪)发现铁器残片 1 件(编号为 84QJT12④:9);在第 3 层发现有 2 件铁器,1 件铁条较完整(编号 84QJ7T44③:3),另 1 件铁器残片(84QJ7T14③:3),时代分别定为春秋中期偏早及春秋中期偏晚(约公元前 7 世纪)[8]。这 3 件铁器均进行了金相学的研究。2 件铁器残片,残存数量较少,器形难辨,但其金相组织均显示的是铸铁的过共晶白口铁(图六),它们是迄今为止中国最早的铸铁器残片,铁条显示的是块炼铁(图七)。此遗址的铁器是生铁与块炼铁制品同时并存,与江苏六合程桥东周墓出土的情况类似;但时代提前了约 100 年[9]。

4.中国古代早期使用的冶铁技术之一与世界其他地区相类似亦是块炼法,表四中经过金相鉴定的 28 件早期铁器中 12 件是锻件,是块炼铁或块炼渗碳钢制品,由于铁器大多锈蚀严重，经过小心制备样品、仔细鉴定和观察，在铁锈层中仍可发现较小的金属铁及渗碳体，还有条状的复合夹杂物（图八、图九），有的在铁锈中仍保留原块炼渗碳钢组织中珠光体的痕迹（图一〇、图一二）。块炼铁是铁矿石在较低温度下用木炭在固态条件下还原得到的，铁矿石中杂质元素的不均匀性常带入块炼铁产品中，块炼铁产品含碳<0.06%，显示纯铁素体组织；含有较多的氧化亚铁夹杂，且分布不均匀；有的含有氧化亚铁——铁橄榄石共晶夹杂（图一一、图一三、图一四），夹杂物中 P、S、Mn、Si 等含量波动较大，这是原矿石中成分不均匀造成的；有的还含有 1%～3%铜的氧化物。以上是判定块炼法制品重要的冶金学特征。块炼铁在加热锻造过程中与炭火接触，碳渗入铁中，使其增碳硬化，成为块炼渗碳钢，用它制作兵器和工具，其性能才能赶上甚至超过青铜，只有块炼渗碳钢对钢铁技术的传播和发展才能起重要作用。湖南长沙杨家山 M65 出土的钢剑残留极少金属，但在光学显微镜下仍可见已球化了的渗碳体，其碳含量约为 0.5%，是块炼渗碳钢制品（图一五）。

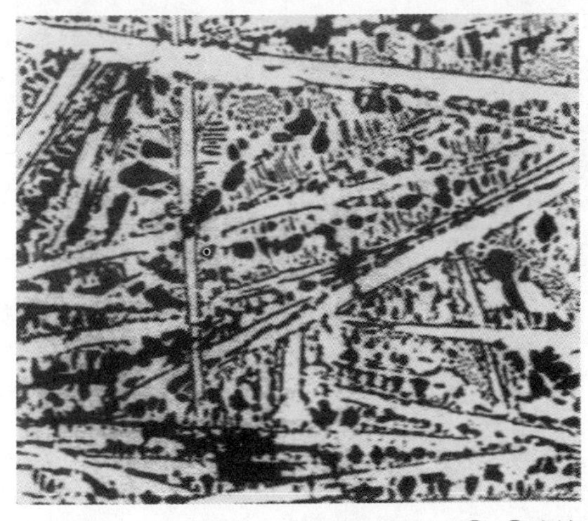

图六　山西天马——曲村 84QJ7T14③:③残铁片的金相组织，过共晶白口铁　×125

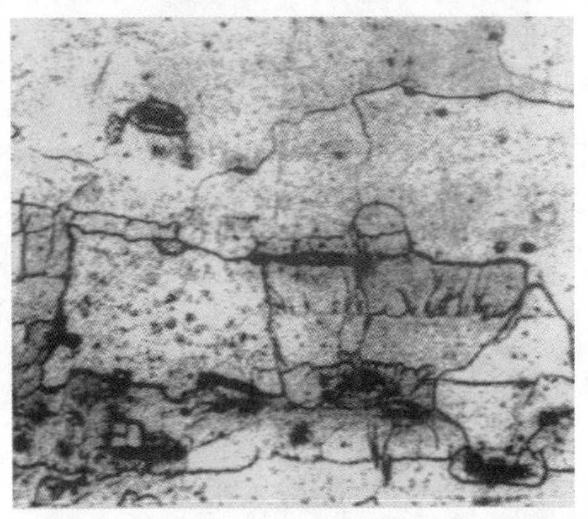

图七　山西天马——曲村 84QJ7T14③:③铁条的金相组织，粗大的铁素体和夹杂物　×100

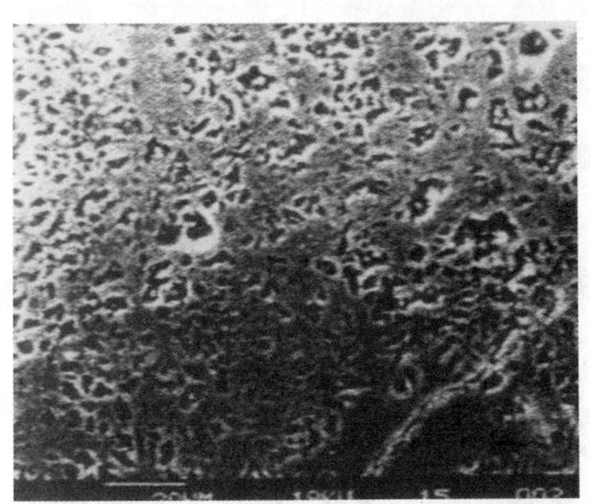

图八　河南三门峡虢国墓地出土玉柄铁剑锈层中原珠光体组织的痕迹（扫描电镜二次电子像）

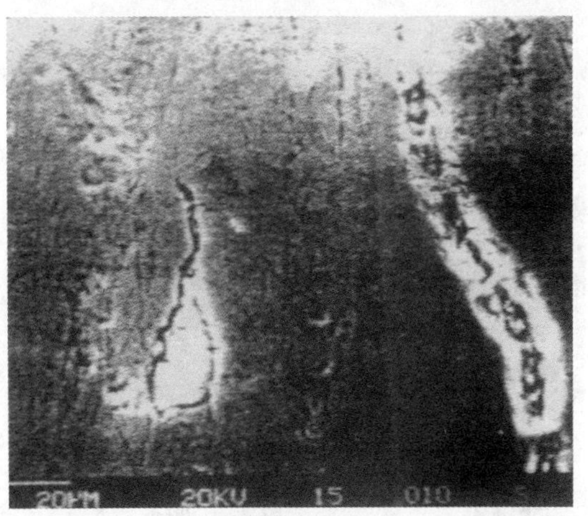

图九　甘肃灵台景家庄出土铜柄铁剑锈中的夹杂物、金属颗粒及残留原组织痕迹显示的二次电子像

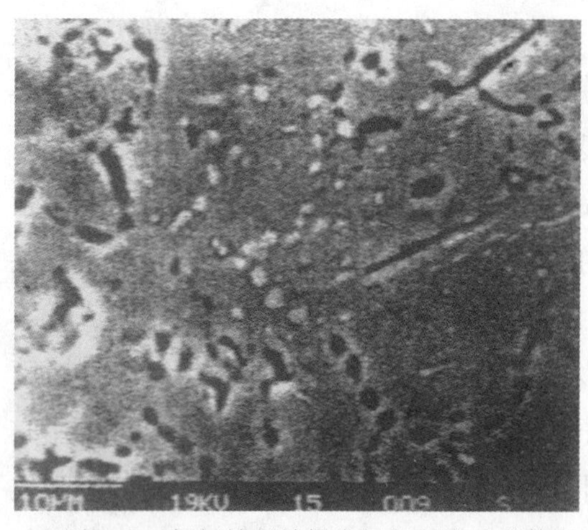

图一〇　铜柄铁剑铁锈中原组织中渗碳体显示的二次电子像

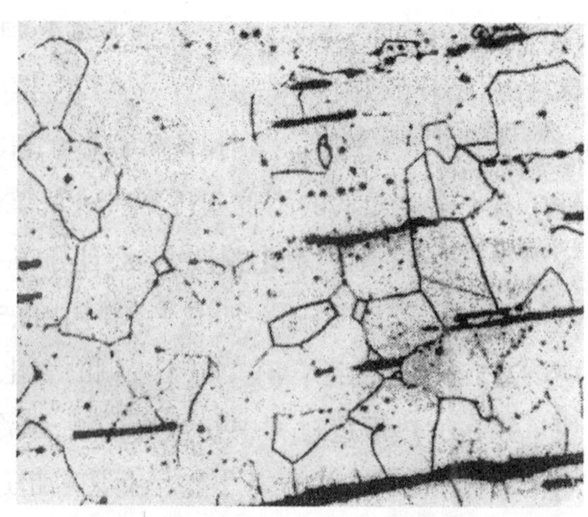

图一一　江苏六合程桥出土铁条的金相组织，铁素体及夹杂物　×200

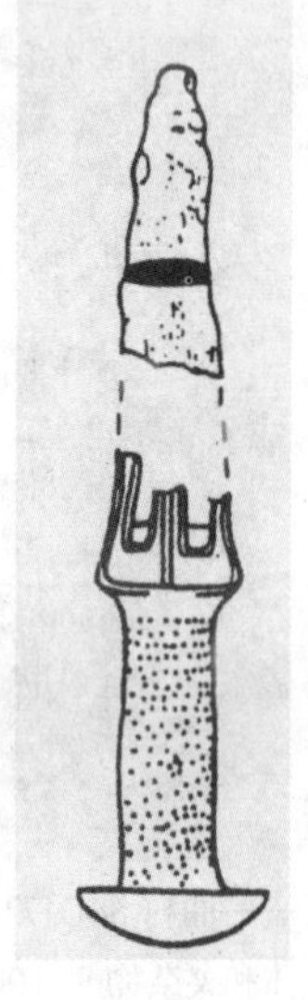

图一二　宁夏彭阳官台村出土铜柄铁剑

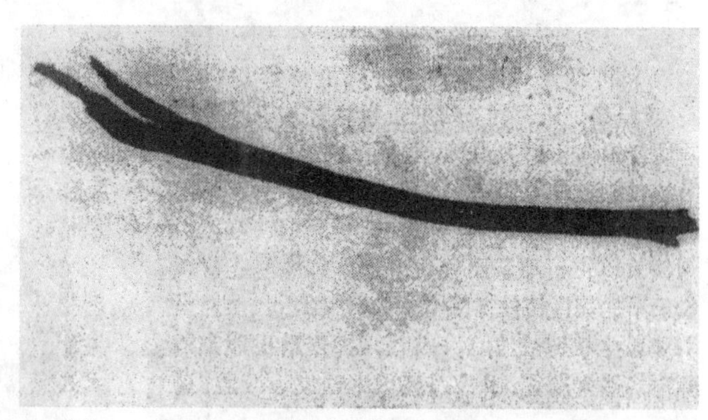

图一三　江苏六合程桥出土铁条

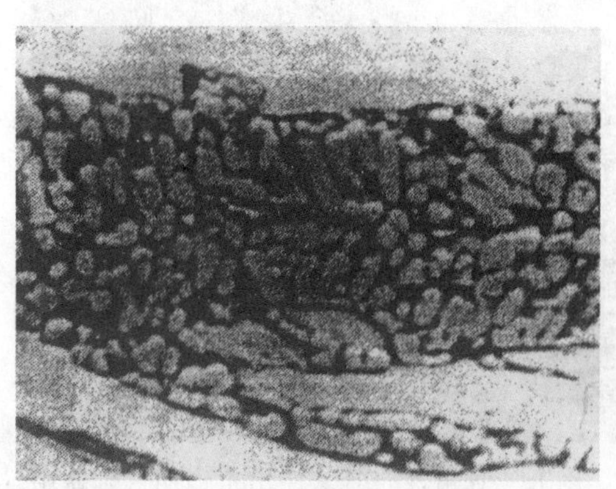

图一四　江苏六合程桥出土铁条的共晶夹杂物　×2500

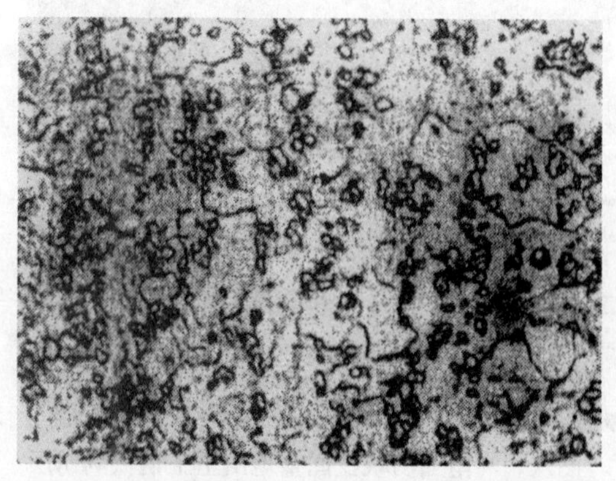

图一五　湖南长沙杨家山M65出土钢剑的金相组织含0.5%碳块炼渗碳钢　×800

5.表四中由生铁铸造的器物共16件,占金相学鉴定铁器的57%。至迟于公元前5世纪生产出液态生铁并铸成实用器,使人工铁技术后来居上,是中国古代工匠在钢铁技术发展史上的重大贡献。湖南长沙杨家山铁鼎、河南洛阳水泥厂锛、山西长治铁工具等,都是由白口铁铸成的。河南登封阳城铸铁遗址属于战国早期遗址,出土镢、锄、削等工具,并出熔炉壁、铸范、鼓风管残片等遗物[10]。从冶炼工艺看,块炼铁与生铁冶炼所用的原料、燃料都是相同的,主要差别是冶炼温度不同,块炼法的炉温在1000℃,离铁的熔点1537℃相距较远,只能得到含碳较低的固态熟铁。在中国古代冶铜竖炉基础上发展起来的冶铁竖炉炉温可达到1200℃以上,在此温度下被木炭还原成的固态铁迅速吸收碳,使铁开始熔化和全部熔化的温度逐渐下降。在含碳2%时开始熔化的温度1146℃,全部熔化可下降到1380℃,当含碳超过2%时,开始熔化温度仍为1146℃,而全熔温度继续下降,当含碳为4.3%时全部在1146%熔化。由于在1146℃以上,含2%碳的铁碳合金已经有局部熔化出现液态(例如在1200℃时占11%),吸收碳的速度迅速提高,最后全部熔化成为液态生铁。在生铁冶炼初期,受冶炼鼓风设备限制,冶炼温度不够高,硅含量较低、液态生铁冷凝时,碳以渗碳体Fe_3O形式存在,与奥氏体状态的铁在1146℃时共同结晶(即共晶),这种共晶产物称为"莱氏体",是性脆而硬的生铁,称为白口铁(图一六)。

6.为了克服白口铁的脆性,至迟于公元前5世纪发明了将白口铁退火处理的技术,表四中所列河南洛阳水泥厂锛,登封阳城出土的镢,山西长治、湖北江陵出土的斧等7件,心部仍为白口铁莱氏体表面层已脱碳成钢的组织(图一七),是在较低温度(如<900℃)短时间退火得到的,提高了韧性,从而改善了铸铁工具的性能,称这些工具为"脱碳铸铁件"。若将铸件铸成后重新加热到900℃或稍高,进行较长时间的退火,可以使白口铁中的渗碳体分解为石墨,石墨聚集成团絮状,改善了铸铁性能,可以得到韧性铸铁。与河南洛阳水泥厂锛同

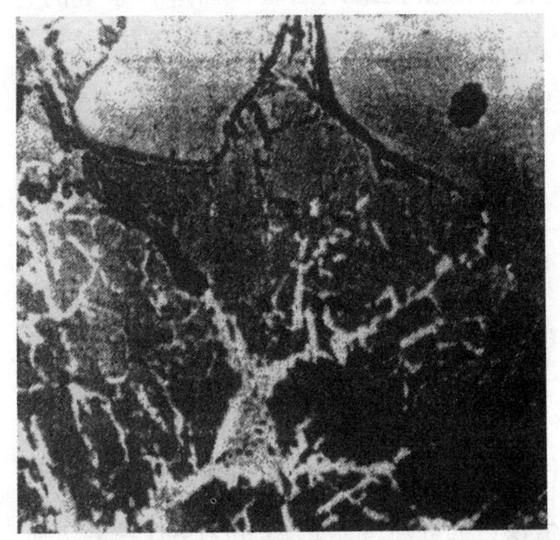

图一六　江苏六合程桥M1出土铁丸的铁锈中残留的白口铁组织　×100

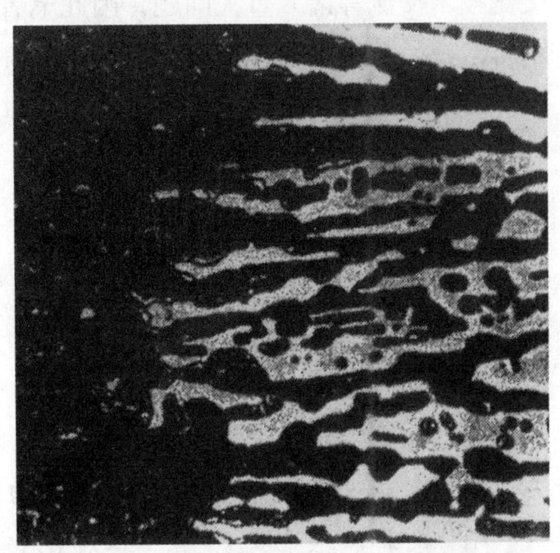

图一七　河南洛阳水泥厂出土铁锛的金相组织,心部亚共晶白口铁,边部全珠光体是脱碳铸铁　×200

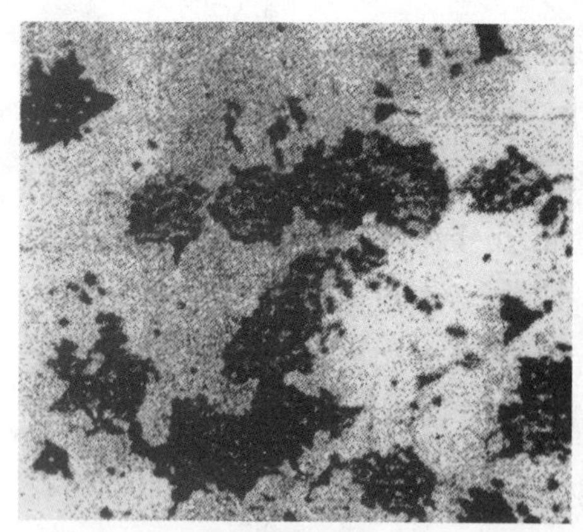
图一八　河南洛阳水泥厂出土铁铲的金相组织，铁素体基体及团絮状石墨　×150

时出土的铲，经金相学鉴定，基体组织为铁素体，石墨呈团絮状，这是迄今为止发现年代最早的韧性铸铁（图一八）。中国古代工匠发明用液态生铁铸成工具、农具，并创造出改善铸铁脆性的退火工艺，为广泛使用生铁成为可能，退火处理是重要的技术条件。

综上可知，早期铁器的金相学研究，提供了中国古代钢铁技术发展具有特色的技术体系的证据。使用陨铁制作刃具自公元前14世纪开始至公元前9世纪，经历了约500年；块炼铁与块炼渗碳钢始于公元前9～前8世纪，用以制作兵器；生铁始于公元前8世纪；两种冶铁技术几乎同时发展，至迟公元前5世纪用液态生铁铸成工具、农具，退火处理改善性能推广使用，表明铸铁已形成一种新的生产力登上了中国历史舞台，促进了农业耕作技术的变化，为战国中期以后的社会变革、推动中国社会向前发展，奠定了重要的物质基础。

在本文结束之前，对于新疆地区出土的铁器问题，简述笔者之管见。近年考古发现新疆地区出土年代较早的铁器，见于报道者有6处[11]，由于该地区所处地理位置的特殊性，与中亚、中原文化技术交流频繁，研究新疆地区出土的铁器，应该是科技考古方面非常重要的内容，已引起国内外众多学者的关注。遗憾的是，出土铁器的墓葬有 ^{14}C 测年的数据较少；有的出土铁器墓葬的详细资料尚未公布；有的墓葬出土铁器恰很少有陶器共存，与墓葬群的分期对应不好；而且新疆出土铁器小件器物多，且锈蚀严重，都没有进行金相学的研究。由于新疆地区出土的早期铁器的冶金学特征，涉及中国古代人工冶铁起源、钢铁技术发展以及文化技术交流等诸多重大问题，因此笔者认为应尽早对新疆地区出土铁器进行系统的、多学科结合的专题研究，以提供翔实、确切的多种论据，供国内外学者研究、讨论之用。

（原文刊载于《文物》1998年2期，第87～96页）

注释：

〔1〕 M.R.Notis etc.*Tapping the Memory in Archaeological Materials*, Met.Res.Symp.Proc. vo123, 1988, Materials Research Society.

〔2〕欧阳自远、修武：《三块铁陨石的化学成分、矿物组成与构造》，《地质科学》1965年第2期。

〔3〕李众：《关于藁城商代铜钺铁刃的分析》，《考古学报》1976年第2期。

〔4〕张先得、张先禄：《北京平谷刘家河商代铜钺铁刃的分析鉴定》，《文物》1990年第7期。

〔5〕 R.J.Gettens etc.*Two Early Chinese Bronze Weapons with Meteoritic Iron Blades*, Occasional Papers vo14 Nol, *Freer Gallery of Art*, Washington D.C.1971.

〔6〕河南省文物研究所提供,鉴定报告待发表。

〔7〕罗丰:《以陇山为中心甘宁地区春秋战国时期北方青铜文化的发现与研究》,《内蒙古文物与考古》1993年第1、2期。

〔8〕北京大学考古学系提供,鉴定报告待发表。

〔9〕江苏省文物管理委员会、南京博物院:《江苏六合程桥东周墓》,《考古》1965年第3期;南京博物院:《江苏六合程桥二号东周墓》,《考古》1974年第2期。

〔10〕《登封王城岗与阳城》,文物出版社1992年。

〔11〕陈戈:《新疆出土的早期铁器》,《庆祝苏秉琦考古五十五年论文集》,文物出版社1989年;唐际根:《中国冶铁术的起源问题》,《考古》1993年第6期。

汉代冶铁鼓风机的复原

王振铎

1958年11月中国历史博物馆筹建新馆，需要复原制造有关我国古代工程物理方面的重要发明，汉代冶铁鼓风机的复原，也是其中的一种。今年一月这项复原工作的设计结束，并制成了五分之一的解析模型。

这项复原工作是很具体的，也就是说如何对传世仅存的山东滕县宏道院汉墓画像石中的鼓风图给予科学的解释。关于这件有关冶铁史的孤证，几年来全国考古界、史学界先后发表了许多研究、考证和介绍的文章，都肯定这个画像石是描述汉代冶铁操作情况的一份珍贵资料。我认为还有不够的是，它在内容上所记述的是怎样一段历史故事，尚未见有所论述，而且大家除了对画像石中操作场面鼓风的画像的意见一致外，对其余的场面，哪一段画像是冶铸，哪一段是锻造加工，是否也有采矿的工序等，论据尚多不足，有待进一步的进行科学分析，加以明确。关于鼓风机的解释问题，从发表的许多篇论著中，似乎已经公认为这是一种多管输风囊的鼓风设备。通过我两个月的复原实践的认识，认为对这个问题有商榷的必要。

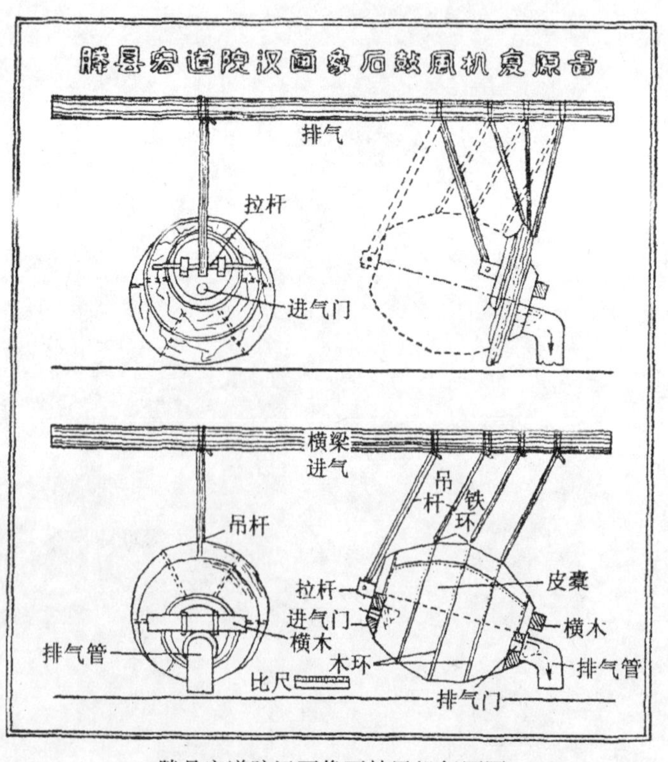

滕县宏道院汉画像石鼓风机复原图

为了简省文字的解释和描述，将我的意思通过这张复原设计的图纸发表出来，并结合原画像石的拓本对比刊载，这样更便于读者相互参证，提意见也就比较具体了。

根据画像石中人的操作活动形象，和雕刻艺术手法上所表现的器物结构特征，再参考古文献中对鼓风设备的记述和工程物理上的一些基本原则加以归纳分析，这个所谓韦橐皮橐，应该是由三个木环、两块圆板，外敷以皮革所制成的。大家所认为的多管输风的四条管籥，设想为在一个有伸缩性的皮囊装上四个排气管，实际上这是没法使用的。在结构上应该是四根吊挂在屋梁的吊杆，用来拉持皮橐，使皮橐固定的一种构造。必需另有一条横木，中段结固在皮橐的圆板上，两头伸展出去固定在左右的墙垣或柱身，这样才能便于操纵推拉，才能使支点、力点和重点都有了着落。排气进气的风门，分别设在两头的圆板上，排气管下通地管，外接炼炉，它的运动规律，应如图中所表示的情况，这样我们才有可能肯定画像石中的皮橐形象应是进气的体形。

围绕皮橐画像中的四个人像，比较突出的是两个人在前做推拉的动作。其余二人，坐卧在地面和墙垣横木之间。由于冶铁鼓风机需要一种不可间断的劳动，必需轮流替换劳动力的使用，如果我的这个推论不谬，画像石中的鼓风机应该由四个劳动力轮流操作，可能是两人一组。

这种皮橐鼓风机的构造，根据两汉先秦的典籍和文字训诂的解释，应是利用多块牛皮或羊皮拼凑缝起来的数个圆筒，圆筒分别钉结胶合在橐体圆板和木环上。由于它的外体正像一个悬鼓或树鼓，所以在古代典籍中称为“鼓橐”，所谓“一鼓铁”和“一鼓作气”等等，都是指鼓风机的形状，或借它来形容事物的。由这种鼓风机根据需要应有大小之分，画像石中的一种，从人的比例来看应是大型的。这种鼓形的鼓风机应是承继着先秦的遗制。我的论据很简单，因为在《左传》、《墨经》等书所提到的鼓风机的名称，又多是与鼓有关。到了唐宋以来鼓橐的名称已经改变，称为木扇或风箱，说明它的结构制造已经起了很大的变化。

进行历史研究，对生产力和生产关系及以科学史等方面都不可忽略，而冶金术的发展应该是其中一项内容，鼓风设备又是冶金术中的关键问题。由于它的重要，在这次复原工作中，为了避免原则性的或个别的技术方面的错误，诚恳地期望听取考古界、史学界或直接搞冶铁技术工作同志们的意见，希望不吝给予批评和指教，以便能更好地将这个复原工作完成起来。

（原文刊载于《文物》1959年5期）

汉画像冶铁图说明

我国冶铁技术的发明很早,根据近年考古研究的结果,远在公元前5世纪时,即已有了铁器。到公元前二三世纪,铁器的制作与使用已经相当广泛,并有大量的实物出土,足供研究。山东省博物馆所陈列的战国时期铁盘,就是其中之一。

到了汉代,全国置有铁官49处,这说明当时冶铁工业是更进一步地发展了。据文献记载,那时在现在的山东境内就有铁官13处。而公元前14年山阳地区的铁官徒数百人的起义,更说明了那时山东地区冶铁工厂规模之大。同时,在画像石刻里,也出现了以冶锻劳动为题材的画面,生动逼真地表现了劳动人民的辛勤操作和他们的发明与创造。

这一幅画像是1930年山东滕县宏道院出土的。图中左边是在用一个多管轮风橐来鼓风,中部是锻铁工序的劳动,右边的形象虽不甚清晰,从画面看来,应当与采矿有关。它是研究我国冶铁史重要资料。原石现藏山东省博物馆。

(山东省博物馆)

冶金史研究方法的探索

孙淑云　柯　俊

冶金是人类文明的基础。铸铜、铸铁、冶铁、炼钢的发明是华夏文明繁荣、延续和近代欧洲兴起的物质基础。冶金史是人类文明、科学技术史的重要组成部分,其研究方法与其他科学史、技术史的研究方法具有共同之处,但也有其独特性。北京科技大学冶金与材料史研究所在其30年来的研究工作中,得到全国考古、博物馆工作者的支持和指导,以及国际同行的支持,摸索出一些方法、经验和教训,在此做一简单回顾,供同行专家、学者参考和进一步指导和支持。

一　文献的收集整理方法

1.古代文献

古代文献是我们祖先留给后人的宝贵财富,记载了历史上的科学技术,对古代文献的收集整理是科学技术史研究必不可少的重要方法之一。

中国古代文献中有关冶金的记载虽然不多,但为我们了解和研究古代冶金技术提了宝贵的资料。东汉《越绝书》记载的战国初期吴越著名冶师欧冶子、干将、莫邪的事迹被近代出土的"越王勾践自作用剑"的技术水平所验证。宋代洪咨夔撰写的《大冶赋》正文2671字,以"赋"的文体记载了当时饶州等地的金、银、铜的采冶技术和铸钱工艺。其中"黄铜"法记述了有关硫化矿石开采、焙烧、冶炼、提银等全部工艺过程,是目前我国所见最早记载硫化铜矿火法冶炼冰铜和铜的文献。《大冶赋》还记载了宋代水法冶铜技术的兴起、发展、传播的过程,其中技术上对"浸铜"、"淋铜"分别作为单独的炼铜技术并立记载,使宋代其他有关水法炼铜文献中的混淆得以澄清。其中有关当时各炼铜场设置及管理机构的记录,是研究冶金手工业发展史的很有价值的史料。

明代宋应星所著《天工开物》,较系统地记载了我国古代各种工艺技术,被誉为"中国17世纪的工艺百科全书"。其中有关冶金的记载涉及各种古代金属矿产的开采、冶炼技术,特别是关于炼铁和炒钢二步并联的连续生产工艺、用生铁水灌入熟铁的"灌钢"法等工艺技术的记载,具有一定价值。

但是古代文献存在着不可避免的历史局限性,首先,古代文献只记载了有文字以来的历史,无文字的历史还要靠考古发掘来补充。其次,古代文献是古代读书文人的遗作,像冶金这样的工艺技术,在封建社会被视为"奇技淫巧"、"雕史小技",文人们一般是不屑于记载的。在封建社会里,一些精艺、绝技往往是家族相传,对外保密,一般不会见诸文字,致使失传。第三,由于各种原因,文献严重失传,如宋代张甲所著《浸铜要录》、明代溥浚的《铁冶志》等重要冶金专著,都已佚失。另外,由于文人们没有亲自从事工艺实践,也不会长期深入生产现场调查,所以记载的生产过程和工艺技术往往存在偏差。像宋应星这样热衷于工艺技术的知识分子很少,能够深入实际调查已经不易,但所著《天工开物》中对某些工艺记录的错误和疏漏仍然不少。洪咨夔写《大冶赋》,由于"赋"的体裁限制,所记仅为原则性的工艺流程,而未有重要的技术数据。加之文辞华丽古奥,引经据典,令今人阅读非常困难。

因此,古文献收集整理虽然是冶金史研究不可忽视的重要方法,但由于存在以上种种局限性,单靠古文献是不能系统、全面了解古代冶金技术的。

2.近现代矿冶文献

我国近代开始到20世纪初的地质矿产调查,多是由受了科学教育的地质、冶金工作者进行的,因此调查报告和资料较之古文献具有较高的科学性,不仅对发展我国的采矿冶金工业具有重要意义,也为今人研究古代冶金提供了宝贵的资料。例如关于镍白铜的产地、规模和数量,在明清时期的文献中有不少记载,但关于生产技术的描述甚为含糊。如清同治九年(1870年)刻本《会理县志》中记有"煎获白铜需用青、黄二矿搭配",虽指出冶炼白铜的原料,但未言及冶炼过程,亦不知青、黄二矿为何物。而查阅我国早期的地质资料,就会发现所记内容不仅明确而且多用专业名词,使今人极易读懂。如于锡猷先生于1940年写的《西康之矿业》中对生产镍白铜的矿产有如下记载:"会理镍矿发现后,即有人用铜矿与之混合冶炼,然不知其为镍,故呼之为白铜矿。人从其带有黑色,又呼之为青矿。"他还详细记述了镍白铜的冶炼过程,为后人研究古代镍白铜的冶炼工艺提供了清晰的流程。从中不仅可知镍白铜的原料配比、冶炼设备,还知道冶炼的中间产物和最终产物,以及冶炼步骤。

因此,地质矿产资料的收集整理是文献研究的重要内容,也是冶金史研究的重要方法之一。

二 调查研究的方法

1.矿冶遗址考察

矿冶遗址保留有古代采矿冶金的大量信息,如古矿洞、矿石、采矿工具、残炉壁、炉基、炉渣、风管、坩埚、陶范等遗物,是今人研究古代冶金技术的珍贵资料。与考古工作者合作对遗址的年代、性质进行考察、收集冶金遗物做进一步的分析是冶金史研究的又一重要方法。

例如对湖北大冶铜绿山古矿冶遗址的发掘调查，发现那里展现了我国古代地下采矿的一整套技术，从井巷开掘、支护到矿石运输、提升，直到通风、照明、排水等，是研究古代采矿技术难得的资料。对河南郑州古荥镇汉代河南郡第三冶铁作坊遗址的考察，从那里发现的六块巨大"积铁"实为炼铁炉不顺行的炉缸积铁(Salamander)，它反映了炉缸尺寸、炉容、冶炼技术的发展过程和汉代早期的冶炼技术和规模。据此复原出汉代椭圆形高炉炉缸的大小，从积铁边缘竖立的条状铁瘤高度及与积铁的夹角，推算出鼓风口的位置及高炉的炉身角，从而推算出汉代高炉的高度及容积，从而展现了我国汉代冶铁规模之大和冶铁业的兴旺发达。

再如上述关于白铜的冶炼，文献(县志)有"九炼"记载，1984年经拜访耄耋冶工，得知"九炼"即多次冶炼、出炉，反复氧化，再与硫化矿作用，获得铜镍合金。实地调查使我国古代镍白铜冶炼工艺真相得以大白。

2.传统工艺调查

我国是一个具有很强传统继承性的国家。许多工艺技术往往是代代相传，经世不绝。因此，调查研究现存的传统工艺对了解古代技术成果有着十分重要的价值。如安徽芜湖铁画、浙江龙泉宝剑、南京金箔和锡箔不仅有着悠久的历史，而且近年来基本还在延续传统方法继续生产。对其进行调查研究，不仅对了解古代精湛的工艺技术，而且使之继续流传、不至于绝迹，利用现代冶金理论、当代检测分析技术进行研究、加以发展，对弘扬传统文明有着重要意义。

土法冶铸技术在我国一些偏远地区仍在延续，如山西晋城、平定、阳城的坩埚炼铁及贵州赫章、四川会理、湖南常宁的土法炼锌和云南鹤庆土法炼铅、山西阳城铸造犁镜(我国两汉之交发明，利用表面观察控制温度，保证产品具有高质量，供出口东南亚)的生产等，调查研究这些古代流传下来的工艺，是了解古代冶金技术的重要方法。

随着社会的发展、技术的进步，基本建设用地的增加，土法生产逐渐被淘汰，地面古代遗存不可避免地遭遇破坏。随着岁月的流逝，老艺人、老工匠越来越少，传统工艺、土法生产的抢救性保护迫在眉睫，因此调查研究的方法更加重要。

三 检测与实验的方法

1.样品的检测分析

利用现代分析仪器和方法对古代金属器物的成分、组织和炉渣、炉壁、陶范等冶铸遗物进行分析检测研究，是冶金史研究的重要方法和特色之一。

古代金属材料的成分、组织在一定程度上反映着当时的工艺技术。通过对金属样品细致观察、分析工艺，有目的有计划取样，进行科学目的明确地检测分析，运用化学、电化学、冶金学、金属学等方面的知识、原理对分析结果进行研究，可以得到重要的发现。如通过金相研究方法，鉴定了被遗置仓库角落中的江苏六合程桥东周墓出土的铁丸，发现它是一件生铁制品。湖南长沙杨家山楚墓出土的铁鼎，是铸造白口生铁。说明我国在公元前6世纪不仅出现生铁，还铸造成实用器。河南洛阳水泥厂出土的铁锛，具有表面为钢、中心为白口铁的组织，说明此铸铁锛经过脱碳退火处理，产品成为脱碳铸铁。同遗址出土的铁铲，基体为铁素体，有团絮状石墨，证明其为白口铁经退火处理得到的展性铸铁制品。通过以上检测，揭示出我国是世界上发明生铁最早的国家，展性铸铁早于欧洲2200余年。液态生铁铸造较之西方块炼铁锻打成器的生产效率要高得多，展性铸铁技术的发明，进一步改善了白口铁的脆性，使得铸铁得以大量、广泛应用于农业生产，工具和铁耕导致了战国秦汉的农业发展，为我国封建社会的发展、世界上唯有的2500年连续不断的中华文明提供了物质基础。2500年后的今天，随着社会主义经济建设和改革开放，我国重登世界最大钢铁大国的宝座。

冶金遗物含有重要的古代冶金信息。比如炼渣，是冶炼反应平衡中的一相，在冶炼温度下呈熔融状态，能反映冶炼的过程。炼渣是冶炼过程丢弃物，被排放到炉外冷却凝固后，具有良好的封闭性，能提供比其他冶炼产物更准确的冶金信息。通过研究炼渣中的成分、在矿相显微镜下检测渣的物相，根据现代炼铜学的原理对分析、检测结果进行研究，结合环境的作用、变化可以了解渣的性质，判断冶炼过程。如根据炼铜渣中的铜和硫赋存状态和二者含量之比，可以区分是冰铜渣还是还原渣，从而判断炼铜是采用的硫化矿还是氧化矿工艺。

应当指出的是，检测分析样品的选择应是有目的性的，是为解决所要研究的问题而做分析，而不是样品分析得越多越好。否则分析出大量数据，说明不出问题、道理，只能是浪费时间和辛苦创造、积累的经费。此外，分析所用仪器设备的选择，也是以解决问题为目的，而不是越先进越好。否则有杀鸡用牛刀之嫌，造成不必要的浪费。

2.实验模拟

为了探求古代金属冶炼与铸造技术，在理论研究的基础上，有选择地进行必要的模拟实验是冶金史研究的又一重要方法。通过实验有助于了解古代技术的奥秘、解决考古学上有争论的问题。例如对我国山东胶县三里河龙山文化晚期遗址出土的黄铜锥，陕西姜寨仰韶文化晚期遗址出土的黄铜片进行的研究曾引起考古界的关注及争论。因为金属锌的冶炼比较困难，锌的沸点低，只有906℃，氧化锌在950℃～1000℃才能较快还原成锌。还原温度高于锌的沸点，得到的是锌蒸汽，如果没有特殊的冷凝装置，在还原炉冷却时，锌蒸汽被炉气中的CO_2再氧化成氧化锌，则得不到金属锌。因此，在四千年前的古代，不可能冶炼出金属锌。那么早期黄铜是怎样得到的呢？

为此，进行了实验室模拟冶炼试验。通过用木炭还原混合的氧化亚铜（Cu_2O）和氧化锌（ZnO）及还原混合的孔雀石和菱锌矿的模拟实验，分别获得黄铜。前者得到无数黄铜珠，含锌最高达到34.3%，此成分的黄铜熔点低于940℃，故在炉内还原温度（950℃）下已熔化，凝固后呈细小珠状；后者黄铜含锌量最高达18%最低的为4%，此成分的黄铜在还原炉下没有达到其熔点，故保留原料孔雀石的块状，连原孔雀石纹理都清晰存留，说明炉内发生的是气固反应。孔雀石在较低温度下就可被固态还原成铜，当菱锌矿被还原成的气态锌扩散其中时，进行气固反应，从而生成黄铜。模拟实验表明，在古代炉温不高的原始条件下，用木炭还原铜锌混合矿是可以得到黄铜的。随后对用氧化型铜锌矿冶炼黄铜的过程进行了热力学计算，结果进一步证实冶炼温度在950℃～1200℃用碳还原铜锌混合矿或共生矿都可得到黄铜。这种冶炼温度在新石器晚期烧陶技术水平下是可以达到的。所以早期黄铜锥和片是古人炼铜初始阶段，在原始冶炼条件下偶然得到的产物。这一结果原被美国著名冶金学家John W.Cohn视为不可能，在了解实验过程及结果后，完全信服。

在黑漆古、绿漆古的形成机理研究，三十炼、百炼钢的研究与探讨以及五十炼钢刀的预报和发现，黑陶、灰陶烧成的探索，用煤炼铁起源的分析，乌铜、斑铜形成机制研究，陨铁制器的鉴定等等，也都通过观察、分析、假说、验证、再观察的过程，配合必要的模拟实验，以减少研究环节中的重复，避免文物的伤损。

以上实例说明了模拟实验在冶金史研究中的重要意义。但需要指出的是有时用现代方法模拟某种古代工艺技术的实验成功，并不证明这是古代唯一采用的工艺技术。应从多种角度、多种思路考虑问题，才能揭开古代工艺技术的奥秘。

四 综合研究与社会发展史结合的方法

科学技术的进步与人类社会的发展密不可分。冶金史研究的一个重要内容，就是剖析我国古代冶金技术产生、发展的社会背景以及对社会发展的影响。

通过综合研究可以更深刻地了解冶金技术创新的背景及历史价值。例如，我国春秋战国时期生铁技术、生铁经退火制造韧性铸铁，以及以生铁为原料制钢技术的发明，标志着生产力的重大进步。对中国乃至世界社会、历史和文明的发展都具有重大影响。

(1)生铁技术使得铁制农具大量生产和广泛使用，促进了战国中晚期农业耕作技术的革命性变革，粮食产量大幅度增长。据战国时期在魏国实施变法的李悝估计：一个农民可耕种田百亩(折合现在31.2亩)，一亩可生产粟一石半(折合3斗)，百亩产粟一百五十石(折合三十石)，可够五口人食用。《战国策》记载耕作的收获量大约为种子的10倍。而欧洲13世纪平均只有3～5倍。可见我国生铁技术促使了当时农业的发达。我国在公元1世纪发明的犁镜于4世纪传到了南部欧洲，对其黏土难耕、效率较低的农业，发挥了重大作用。

(2)社会对铁器的大量需求，又促进了冶铁手工业的进一步兴旺。《史记·货殖列传》记载：在邯郸从事冶铁业的大工商奴隶主郭纵，其财富与王者相等。在四川临邛经营冶铁业的大工商奴隶主卓氏和程郑，分别是赵国和齐国人。

农业、手工业的发展促进了商品经济的活跃，城市的发达。《战国策·齐策》和《史记·苏秦列传》中描述齐国都城临淄有七万户人家，人群拥挤，车水马龙，一派热闹、繁荣景象。商品交换，市场经济发展，导致了货币的出现，甚至出现了铁钱。

(3)铁器对上层建筑的变革也产生着重要的影响。农业的发展,使社会有剩余粮食,为那些不直接从事体力生产的知识阶层提供了展示才华的机会,出现百家争鸣的局面,从而推动了古代文化、科技的进步。

正是由于农业的发展,使一家一户为单位的小生产和个体经营为特色的小农阶层有了成为社会基础的可能,土地私有制进程的加快,促使奴隶制生产关系的瓦解和封建制的建立。因此可以说生铁技术的发明是秦统一中国、汉帝国发展强大的重要物质因素。

(4)我国古代冶铁技术从战国起不断向外传播,不仅传至周边国家,甚至中亚、西亚。《史记·大宛列传》记载:"自大宛以西至安息……不知铸铁器, 及汉使亡卒降教铸作他兵器。"大宛在帕米尔以北,费尔干纳盆地至塔什干,安息即今伊朗。公元1世纪时罗马学者普林尼在他的著作《博物志》中谈到当时欧洲市场"虽然钢铁的种类很多,但没有一种能和中国来的钢相媲美"。当代法国历史学家 A.G.Haudricourt 指出:"亚洲的游牧部落之所以能侵入罗马帝国和中世纪的欧洲,原因之一在于中国钢刀的优越。"唐代末期,印度制钢技术已相当进步,它出口至非洲阿比西尼亚的优质钢,当时却声称来自中国。法国历史学家认为,欧洲14世纪以后生铁冶炼技术的出现,源自中国。所以,我国古代冶铁技术对中国乃至世界文明进程的影响是不可低估的。

因此,进行冶金技术与社会关系的综合研究是冶金史研究和文明发展研究的不可缺少的重要方面。目前这方面研究还很不够,需要好好加强。

五 多学科结合的方法

冶金史研究涉及采矿、冶金、材料、历史、考古等多学科的知识和物理及化学组成分析研究手段与方法,因此不仅要求冶金史研究者本身要不断学习,扩大知识面,改进知识结构,同时多学科的结合,更是开展冶金史研究的重要途径。特别是冶金史研究离不开对考古发掘样品的分析鉴定,没有考古工作者的支持和配合是不行的。冶金史研究中发现的一些现象、产生的一些设想,往往可以通过发掘物和考古现场得到解释和验证。例如,我们在进行古代铜镜表面"黑漆古"生成原因和机理的研究中,通过对全国各地铜镜出土情况的调查和对表面"黑漆古"的检测分析,发现"黑漆古"生成原因与埋藏环境密切相关。提出铜镜表面抗腐蚀富锡层的形成是土壤中腐殖酸与铜生成可溶性络合物,流失到土壤中;锡由于不被腐殖酸作用而富集于铜镜表面并被氧化形成耐腐蚀层。这一假说曾与湖北鄂州博物馆考古工作者交谈,不久在他们对六朝时期墓葬发掘中发现:与一面"漆古"铜镜接触的土壤上印有铜镜花纹,花纹呈绿色,是铜镜中的铜流失到土壤以后,经环境作用形成的孔雀石。土壤自然腐蚀的设想得到了证实。这个例子很好地说明了冶金史与考古学者紧密结合的重要意义。冶金史工作者在配合考古工作者的进一步研究中,即为考古工作者服务,配合解决澄清一些现象,还在服务过程中,为阐明科学技术的发展和进步及其对历史的进程、人类文明的影响作出贡献。

（原文刊载于《广西民族学院学报(自然科学版)》2004年2期）

参考文献：

〔1〕柯俊.冶金史[M].北京：中国大百科全书出版社，1984.

〔2〕北京铜铁学院中国冶金史编写组.中国冶金简史[M].北京：科学出版社，1978.

〔3〕孙淑云.中国古代金冶金技术专论[M]北京：中国科学文化出版社，2003.

〔4〕孙淑云，韩汝玢.甘肃早期铜器的发现与冶炼、制作技术的研究[J].文物，1997，(7)：75-84.

〔5〕北京铜铁学院冶金史组.中国早期铜器的初步研究[J].考古学报，1981，(3)：287-302.

中国古代的探矿理论

杨文衡

中国古代有比较系统的探矿理论，最著名的是战国时期的《管子·地数篇》。它总结了一些矿床中矿物的分布规律，指出可以根据矿苗和矿物的共生关系来寻找矿床。

书中说道："山，上有赭者，其下有铁；上有鉛（"鉛"是"铅的异体字——引者注）者；其下有银；一曰上有鉛者，其下有銈银；上有丹沙者，其下有銈金；上有慈石者，其下有铜金。此山之见荣者也。"又说："上有丹沙者，下有黄金；上有慈石者，下有铜金；上有陵石者，下有鉛、锡、赤铜；上有赭者，下有铁。此山之见荣者也。"所谓"山之见荣"，就是矿苗的露头。此外，在唐代张守节的《史记正义》中，所引《管子》文字略有不同："山上有赭，其下有铁；山上有铅，其下有银；山上有银，其下有丹；山上有磁石，其下有金也。"

上引三段文字互有出入，夏湘蓉等把它们归纳成六条，称作"管子六条"：第一，山上有赭，其下有铁；第二，山上有磁石，其下有铜金；第三，山上有铅，其下有银；第四，山上有丹砂，其下有黄金；第五，山上有陵石，其下有铅、锡、赤铜；第六，山上有银，其下有丹。六条中，第一、二两条是三段文字所共有。第三、四两条是两段文字所共有，第五、六两条却是一段文字仅有的。"管子六条"包括铁，铜、锡、铅、金、银、汞七种金属矿产，分组说明它们的上下关系，是西汉以前找矿采矿实践中得出的经验总结。"管子六条"中所说的上下关系，包含三种意义：

第一，一个垂直的矿体或一条矿脉，山上露头中出现某种矿物，可能对下面赋存的另一种主要矿产起到指示作用，这种指矿物在古代称作"苗"或"引"。又某些多金属矿体（脉）的上部和下部富集的矿种有所不同，这种垂直分带现象，在古代也是有所认识的。

第二，山上出现的某种矿物和山下出现的另一种矿物，分别产于不同的地层或岩石中，既不同属于一个矿体，成因上又没有明显的联系，属于这种情况的上下关系，仅仅是一种空间位置的相对关系。

第三，山上赋存有某种原生矿床，而山下出现另一种砂矿，这也是一种上下关系。这种关系也不一定和矿床成因有联系。

由于"管子六条"是实践经验的总结，因此，它是符合实际的，有科学价值的。各条的科学价值是：

第一条，无疑是从采矿实践中总结出来的经验。它基本上适用于邯郸——邢台式、大冶式和某些鞍山式铁矿。

第二条，是古人从开发铜矿中总结出来的经验。适用于铜绿山类型的铜矿。

第三条，这里的“铅”主要指方铅矿，“银”指自然银或辉银矿。自然银主要是次生的，赋存于铅银（或银铅）矿床上部的氧化带中。《楚雄县志》说：“铅乃银之母，银乃铅之精也。”辉银矿的成因有次生的，也有原生的。原生辉银矿经常和方铅矿共生。

第四条，丹砂和自然金在汞或金的原生矿脉中，除少数外，一般不存在共生关系。这条规律，对于原生脉金矿床来说，没有实际意义。不过先秦时期的汞矿或金矿都以砂矿为主。在汞和金共生的砂矿床中，这条规律是确切的，是反映实际情况的。

第五条，陵石，《太平御览》地部三引作“绿石”，就是孔雀石。因此，这条规律适用于以铅为主的铅锌铜多金属矿床，上有绿石、下有锡的现象也是存在的，而上有绿石、下有赤铜是实际情况的确切反映。

第六条，也是古代采矿经验的总结。这种银在上、汞在下的上下关系，是两种矿产赋存于时代不同的两个地层中的上下关系，而不是一个矿体（脉）中金属矿产的垂直分带关系。[1]

除了“管子六条”外，古人对矿物和围岩的关系也有所认识，并且把它用于找矿。比如唐代陈藏器把粉子石作为金矿的标志（见《本草纲目》卷八）。宋代，苏颂把白石作为辰砂矿的标志（见《重修政和经史证类备用本草》卷三）。

清初孙廷铨（1616～1674年）在《颜山杂记》中记载了人们利用岩层和矿床的关系找矿，说：“凡脉炭者，视其山石，数石则行，青石、砂石则否。察其土有黑苗，测其石之层数，避其沁水之潦，因上以知下，因近以知远，往而获之为良工。”这段话的意思是：凡是找煤矿的人，必须先观察山上的岩石性质。假如山上有页岩出现，就可能有煤。如果山上全是石灰岩、砂岩，就没有煤。当看到土地上有黑色的煤层露头时，就要仔细测量煤层上下岩石的层次，避开涌水。从上面的岩层情况推测地下的各种情况，从近处的岩层情况推测远处的各种情况。这样去找煤矿就容易找到。这样的人才是优秀的煤矿勘探者。

在探矿理论方面，南北朝的梁代出现了新的理论著作，体现了新的方向。这就是有名的地植物找矿著作——《地镜图》。《地镜图》原书已佚，现在只能从后人的引文中看到它的部分内容。它的主要观点是把地下的矿床和地表的植物联系起来，是现代指示植物找矿或生物地球化学找矿方法的肇端，是一个很有科学价值的新创见、新理论。当然，这个新理论也是逐步产生的，并不是突然出现的。往上追溯，我们发现，《荀子·劝学篇》就说过：“玉在山而草木润”，首次提出了山上赋存的矿物和周围植物生态有关的思想。晋张华《博物志》也说：“山……有谷者生玉。”到《地镜图》，内容就大大充实了。书中说道：“二月中，草木先生下垂者，下有美玉。五月中，草木叶有青厚而无汁，枝下垂者，其地有玉。八月中，草木独有枝叶下垂者，（下）必有美玉。有云，八月后草木死者亦有玉。十二月中，草木独有枝叶垂者，下有美玉。山有葱,下有银,光隐隐正白。草茎赤秀,下有铅;草茎黄秀,下有铜器。”唐代段成式(约803～863年)对它作了初步的整理,说:“山上有葱,下有银;山上有薤,下有金;山上有姜,下有铜锡;山有宝玉,木旁枝皆下垂。”(《酉阳杂俎》卷十六)这些记载,不一定完全和实际相符,但是他所指出的利用指示植物找矿的方向是对的。

对中国古代利用指示植物找矿理论的发明和发展,英国科学史家李约瑟曾经作过恰当的评价,他说:“中国人在中古代所进行的观察,确实可以说是仍在迅速发展中的、范围十分广阔的现代科学理论和科学实践的先驱。”[2]

(原文摘自《中国古代科技成就》,中国青年出版社1996年)

注释:

〔1〕夏湘蓉、李仲均、王根元:《中国古代矿业开发史》,地质出版社1988年,第317～331页。

〔2〕李约瑟:《中国科学技术史》,科学出版社1976年,第484页。

《天工开物》与古代冶金

吴坤仪

明代宋应星著《天工开物》一书,系统地阐述了中国古代农业和手工业技术的发展,是一部重要的古代科技百科全书。本文以《天工开物》中"冶铸"、"锤锻"、"五金"等节所记载的冶金技术史料,结合近年来对金属文物的研究成果,简述中国古代冶金的主要成就。

一 钢铁冶金技术

出土金属文物的科学鉴定证实:中国至迟在春秋晚期(公元前600年左右)发明并使用了生铁,比欧洲早1800年,是古代冶金技术发展的重大突破,对人类文明的发展有着重要的影响。战国到西汉生铁冶炼技术迅速发展,生产了白口铁、灰口铁、麻口铁、展性铸铁以及有球状石墨的铸铁;发明了以生铁为原料的多种制钢方法,如铸铁脱碳钢、百炼钢、炒钢、灌钢等。形成了中国封建社会前期钢铁生产的完整体系[1]。从冶炼技术水平及生产规模来看,居于当时世界的领先地位。《天工开物》记述古代冶金的发展过程,着重总结明代冶金技术的新成就,反映了封建社会后期冶金技术的一些特色。

灌钢法至迟创建于南北朝,南朝的刀剑家陶弘景说过:"钢铁是杂炼生鍒作刀镰者。"[2]就是把生铁和熟铁混杂起来冶炼。北齐道家綦母怀文曾"造宿铁刀,其法烧生铁精,以重柔铤,数宿则成刚。以柔铁为刀脊,浴以五牲之溺,淬以五牲之脂,斩甲过三十札"[3]。宿铁也是指生铁和熟铁多次混炼而成的钢。到宋代,灌钢法已广泛使用,成为主要的炼钢方法之一。沈括《梦溪笔谈》写道:"世间锻铁所谓钢铁者,用柔铁屈盘之,乃以生铁陷其间,泥封炼之,锻令相入,谓之团钢,亦谓之'灌钢'。"《天工开物》详细记述了灌钢法的工艺,说明了灌钢的原理。"生钢先化"是指生铁的熔点低先熔化成液态生铁水,"渗淋熟铁之中,两情投合。"是指生铁水对熟铁的淋灌,生铁熔融,其中的碳向熟铁中逐渐扩散渗透,经过反复锤炼后,可以得到质地较好的钢。为了促使碳分均匀,改善钢的质量,明代采用了三项重要技术措施:(1)把熟铁打成既薄又细窄的薄片,增加生熟铁之间的接触面,加速碳分扩散;(2)生铁放在熟铁之上,生铁先熔化并流入熟铁之间;(3)用涂泥的草鞋盖住,可以保持炉温和控制气氛,有利于生铁熔化和排除杂质。宋应星还指出:“凡铁分生熟,出炉未炒则生,既炒则熟,生熟相和,炼成则钢。”简要概述了中国古代钢铁冶炼的基本原理。

“生铁淋口”是灌钢原理的应用和技术的发展。它以生铁为渗碳剂,将熔融的生铁向熟铁制作的器物刃口表面浇淋,使刃口变成钢质。《天工开物》记载:“凡治地生物,锄镈之属,熟铁锻成,熔化生铁淋口,入火淬健,即成刚劲。每锹锄重一斤者,淋生铁三钱为率,少则不坚,多则过刚而折。”生铁淋口是在制造生产工具、农具方面的又一项创造,它具有操作容易、成本便宜、生产效率高的优点,作为古老的传统工艺至今在我国广大农村沿用和发展。据凌业勤先生的考察和研究,生铁淋口在民间流传和演进,已出现了“擦生”、“吃生”、“擦渗”、“铺渗”、“煮渗”等多种工艺方法,但其原理和产品是相同的。对北京昌平农具厂生产的锄板进行金相分析,其显微组织分为五层。由表层向内层观察,第一层为白口铁熔覆层,组织为渗碳体和珠光体,厚度约 0.14 毫米;第二层为过共析层(含碳大于 0.83%),组织为珠光体加网状渗碳体,厚度约 0.11 毫米;第三层为共析层(含碳 0.83%),组织全部为珠光体,厚度约 0.23 毫米;第四层为亚共析层(含碳小于 0.83%),组织为珠光体加铁素体;第五层为本体金属,组织为铁素体[4]。经过冷锤、淬火之后转变为马氏体和渗碳体,具有硬而脆,既耐磨又锋利的特性,满足农具、工具使用性能的要求。据现代生铁淋口制作锄的用料,大致是重 1 市斤要淋生铁 1.5 两。宋应星记载是一斤淋生铁三钱,比现代用料少五分之四,可能是浇淋面积大小不同,古代仅淋刃口部分,现代大多是全部淋擦。

关于“生熟炼铁炉”的图示及文字记述,是明代钢铁冶金生产技术的一项改革,这种冶炼工艺的进步性表现在生铁与炒钢炉的串连使用,将两步冶炼法合并为一步,既节约能源消耗,又可提高生产效率,实现了钢铁冶炼的连续作业。

值得注意的是图示中设有一个圆塘,位置在炼炉和炒钢炉之间,并旁注“堕子钢”及“板生铁”,而在文字记载中对此两项未提及。从图示可知,当铁水流经圆塘时,随暑温度逐渐降低,可能会有一些含碳低、杂质少的铁水,沉积在底部,凝聚成比较纯净的铁。但是,铁水流经圆塘过程,使铁水温度下降,不利于炒炼成钢或熟铁。因此,该图示是否有误,“堕子钢”、“板生铁”的本意及用途,有待进一步探讨。

《天工开物》在“冶炼”、“锤锻”、“五金”各卷的图示中,绘出了冶炼使用的活塞式木风箱共 18 个。表明当时已广泛使用这种风箱,有效地提高鼓风的风压和风量,对于提高炉温、强化冶炼起重要作用,是古代冶金设备的重大改革。18 世纪后期,欧洲开始使用活塞式鼓风器,比我国晚一百多年。

二 锌的冶炼方法

中国是冶炼金属锌最早的国家之一,明代开始大量生产,并有金属锌锭向欧洲出口,1585 年的锌锭经化验其含锌量达 98%[5]。1872 年从瑞典哥德堡港附近,打捞上来一艘 1745

年中国驶向欧洲的沉船，船上载有金属块，经化验为含锌98.99%的金属锌[6]。金属锌是怎样获得的？首次记载见于《天工开物》："每炉甘石十斤，装载入一泥罐内，封裹泥固，以渐研干，勿使见火拆裂。然后逐层用煤炭饼垫盛，其底铺薪，发火锻红，罐中炉甘石熔化成团。冷定毁罐取出，每十耗其二，即倭铅也。此物无铜收伏，入火即成烟飞去。以其似铅而性猛，故名之曰'倭'云。"明代称锌为倭铅，并绘有"升炼倭铅"图。反映了当时对锌金属特性的认识，冶炼过程采用了特殊的设备和技术措施，是火法炼锌的较早记载。但是，在冶炼设施上尚有重要的遗漏和不妥。

贵州省赫章县至今使用着传统炼锌方法，利用当地开采的菱锌矿，含锌约16%，以烟煤为还原剂，将矿石与还原剂粉碎混合装入炼锌罐内，再把罐放入长方形的加热炉里，一炉可装入36以至58罐，在罐之间铺满煤饼，点火燃烧经24小时左右，在罐内还原金属锌，罐的外形与《天工开物》所绘的炼锌罐相似，但罐内的结构是能够获得金属锌的重要环节。锌的沸点906.97℃，氧化锌还原为锌的温度904℃，因此，锌还原后立即变成气态锌，如果没有快速冷凝装置，气态锌又重新生成氧化锌，金属锌是难以得到的。为防止这种可逆反应，贵州炼锌罐上部盖板底下设有一块弧形隔板，使盖板与隔板之间留有一定空间，取名为"斗"室。两板的相对应的侧面各留有缝隙，做为通气孔，锌蒸气在盖板内壁冷凝。由于隔板与盖板之间的温度差别，"斗"室变成了冷凝区，金属锌逐渐凝聚在隔板里，如果炼锌罐内没有隔板形成"斗"室这一特殊设置，是不可能得到金属锌的[7]。《天工开物》没有记述炼锌罐的内部结构这一炼锌的关键技术，贵州传统炼锌技术的调查，揭示了这个秘密。

三 金属加工工艺

中国古代金属加工方法繁多，以铸、锻工艺应用广泛而娴熟。《天工开物》冶铸卷通过鼎、釜、像、炮、镜、钱等六种金属器物的制作方法介绍，阐述了中国古代铸造技术的发展及其特色。

"凡造万钧钟与铸鼎法同。掘坑深丈几尺，燥筑其中如房舍，埏泥作模骨。""铸鼎图"反映了地坑造型及群炉熔化经地道流入浇口的方法。揭示了中国古代熔炉小、铸件大的制作技巧。古代炼炉、熔炉难以保留，仅据已发掘的炉基和残炉壁所知，如河南南阳瓦房庄汉代冶铁遗址有化铁炉七座，从炉基残迹估算炉子直径约2.6米，从残留炉壁碎块推测，炉子高约3～4米[8]。在河南巩县铁生沟冶铁遗址范围内，河南南阳等发掘中都曾发现有类似的熔炉[9]。据史料记载明代大鉴炉炉高一丈五左右，现存河北武安的明代土高炉炉高一丈九尺，内径七尺，如果用一个这样的熔炉或炼炉，铸就几吨或几十吨的大铸件是不可能的，北京古钟博物馆珍藏的明永乐大钟，重46.5吨，沧州铁狮重约50吨，这些大型铸件都是整体一次铸成，推测浇注时要采用群炉熔炼金属，通过公用的浇道，连续流入浇口。关于铸锅技术《天工开物》釜及铸釜图有详细记载，从锅的用料、造型、浇注到修补都有明确规定。锅壁厚仅二分还要求“差之毫厘则无用”，反映技术相当娴熟和精确。“铸有千僧锅者，煮糜受米二石”，这样大的铁锅，铸造技术更上一筹。中国铸锅的历史久远，汉代曾为波斯人铸锅，唐代在沙崂越开设铸锅厂，明清铸锅技术已闻名世界并且大量出口国外，这种传统的铸锅法沿用至今。

铜鼓是西南少数民族自古至今使用的金属乐器，铜鼓的形制起源及铸造工艺与锅有密切关系。不少学者认为铜鼓的形状像倒放的锅，在早期铜鼓表面发现有烟熏的痕迹，推测是铜锅与铜鼓交错使用，铜锅兼用作炊具和乐器，进一步发展演变成专门做乐器用的铜鼓[10]。中国收藏有春秋至明清的历代铜鼓约1400件。对其中一百多件铜鼓的工艺进行分析，发现铜鼓的共同特点：(1)鼓壁薄。明清时代铜鼓壁厚一般是2～5毫米；现在广西博物馆的最大铜鼓，直径1.65米，残高0.68米，重约400公斤，鼓壁厚4～8毫米；(2)铜鼓浇注时，多数是鼓面朝上，以鼓面中心为浇口，多为中心顶注式浇注[11]。由此看出，铜鼓与锅从形制及铸造工艺上都有相似之处，铜鼓在花纹及精度上比锅要求更高。

“凡铸仙佛铜像，塑法与朝钟同，但钟鼎不可接而像则数节为之，故泻时为力甚易。但接模之法，分寸最精云。”据明清时代的各式佛像，许多采用分节铸造，然后套合或用销钉连接为一体。河北正定大铜佛，宋开宝四年(971年)铸造，佛高20米，是我国最大的铜立佛像。大佛由七节铸接而成，由下向上分节浇铸。为提高整体的强度和稳定性，大佛躯体内部嵌有铁骨。时逾千载，大佛依然巍立，铸接牢固，形态自如，是中国古代大型铸件的又一珍品。表现了古代金属工艺的丰富经验，不仅采用群炉熔化、浇道流入浇口的整铸方法，还采用了分节铸接、焊接、衔接、分铸等多种方法。实物考察结果及《天工开物》记载，为古代金属工艺史研究提供了宝贵资料。

《天工开物》关于铸钱工艺的记述，有二点值得注意：(1)铸钱用的母模为“用锡雕成”，锡质较软，易于雕刻加工，可以得到光滑的表面及清晰的纹饰，从古代实物母模改用锡模，是材质上的变化；(2)“凡铸钱模以木四条为空匡(木长一尺二寸，阔一寸二分)，土炭末节合极细，填实匡中，微洒杉木炭灰或柳木炭灰于其面上，或熏模则用松香与清油，然后以母钱百文(用锡雕成)或字或背布置其上。又用一匡，如前法填实合盖之。既合之后，已成面、背两匡，随手覆转，则母钱尽落在后匡之上。又用一匡填实，合上后匡，如实转覆，只合十余匡，然后以绳捆定。”从这段记载分析当时铸钱是否采用了砂型铸造？比如：“以木四条为空匡”类似砂型铸造所用的箱体；“土炭灰”的含义从“凡铸钱熔铜之罐，以绝细土末(打碎干土砖砂)和炭末为之”来看，土炭末可能是细土与炭末混和的造型材料，用它填实匡中，再放上母钱。“随手覆转”如果是未经干燥的泥型，这样操作是很困难的。从中国古代铸造技术发展，泥范、金属范，失蜡法都早有应用，河南荥阳出土的一整套元代模具，包括犁镜、犁铧、镂铧。从犁镜模的边框分析，当时采用砂型铸造比较合理，不仅满足定型成批生产需要，还可以大幅度提高生产效率[12]。用这套铜模具采用砂型铸造方法，已顺利铸成各式铁农具。据此推测，明代《天工开物》可能反映了砂型铸造技术，但记载中不够周详。

《天工开物》锤锻卷，概述了古代金属农具、工具以及生活用具的制作方法，表明古人对金属及合金性能的认识，并运用各种方法改善金属及合金的性能，以满足不同的要求。大至千钧锚，小至一根针，都有独特技艺。

千钧锚是古代大型锻件，“先锻成四爪，以次逐节接身”。使用“陈久壁土”做为锻接的“合药”，使氧化铁形成低熔点的硅酸盐，挤出结合缝隙，提高锻接质量。

抽线琢针是古代冷拔加工与渗碳处理的并用。以松木、火矢（木炭）、豆豉等固体渗碳剂，制作出强度高、韧性好、不易折断的各种钢针，达到了“式式具备”的程度。1933 年江西出土明嘉靖三十二年（1553 年）的金属丝，经鉴定为冷拔钢丝。

中国古代热处理工艺娴熟，应用广泛。河南安阳商代金箔经退火处理；河南洛阳的战国铁锛，表面也有明显的退火脱碳组织；河北易县燕下都出土的战国钢剑，刃口经过淬火处理；河北刘胜墓出土的书刀，表面经渗碳处理[6]。早在《汉书·王褒传》等史籍已有淬火记载。《天工开物》锤锻卷，通过锄、镈、锯、针等制作过程，系统地总结了中国古代一整套先进的热处理工艺。

贴钢是中国传统工艺之一，常用于制作兵器、刀斧等。贴钢工艺是以低碳钢或熟铁为基体材料，先锻成器形，然后在刃口部位锻焊上一块硬度较高的钢材（古代用炒钢、百炼钢），加热后淬火，使刃口锋利耐用。北宋沈括《梦溪笔谈》、明代宋应星《天工开物》记载了贴钢工艺及应用。据近期的研究证实，在吉林榆树老河深鲜卑墓葬出土的一批铁器中，经金相鉴定，其中有两件铁器采用了贴钢工艺。一件是直背环道刀（M115:10），在刀尖残端取样，金相组织是高低碳层 7–14 层。另一件是矛Ⅱ式（M96:1），在矛头刃部取样，金相组织是铁索体和珠光体，含碳 0.4%，靠近刃口含碳 0.7%。这两件器物的刃口与本体有明显的分界，刃口为高碳钢，本体为低碳钢，两种材料的组织晶粒大小不同，分界处有夹杂物，可见是两种含碳不同材料锻焊一起。矛的分界处质地较好，直背刀的分界处已出现裂缝。这两件东汉铁器，是迄今为止在中国发现的较早贴钢工艺制品。[13]宋、明时代仍有记载，总结了古代贴钢技术，反映了这一技术的沿用和发展。

综上所述，《天工开物》记载了中国古代冶金的许多重大成就，被誉为“中国十七世纪的工艺百科全书”。

（原文摘自《〈天工开物〉研究》，中国科学技术出版社 1988 年，第 123～130 页）

注释：

〔1〕李众：《中国封建社会前期钢铁冶炼技术发展的探讨》，《考古学报》1975 年 2 期。

〔2〕《重修政和经史证类备用本草》卷四《玉石部》。

〔3〕《北齐书》卷四九《方伎列传》。

〔4〕凌业勤等：《中国古代传统铸造技术》，文献出版社 1987 年。

〔5〕张子高：《中国化学史稿》，科学出版社 1964 年。

〔6〕北京钢铁学院:《中国冶金简史》,科学出版社1976年。

〔7〕胡文龙、韩汝玢:《从传统法炼锌看我国古代炼锌技术》,《化学通报》1984年7期。

〔8〕河南省博物馆等:《河南汉代冶铁技术初探》,《考古学报》1978年1期。

〔9〕赵青云等:《巩县铁生沟汉代冶铸遗址再探讨》,《考古学报》1985年2期。

〔10〕广西壮族自治区博物馆:《古代铜鼓学术讨论会纪要》,《古代铜鼓学术讨论会论文集》,文物出版社1982年。

〔11〕吴坤仪等:《中国古代铜鼓的制作技术》,《自然科学史研究》1985年1期。

〔12〕吴坤仪等:《荥阳楚村元代铸造遗址的试掘与研究》,《中原文物》1984年1期。

〔13〕韩汝玢:《吉林榆树老河深鲜卑墓葬出土金属文物的鉴定》,《榆树老河深》,文物出版社1987年。

新疆克里雅河流域出土金属遗物的冶金学研究 *

北京科技大学冶金与材料史研究所

新疆文物考古研究所

新疆文物考古研究所和法国科学研究中心315所联合组成的中法克里雅河流域考古队分别于1991年、1993年、1994年、1996年相继进行了四次联合考察，获取了关于这一地区的人类活动和自然变迁的许多重要信息[1][2]。1998年和1999年,北京科技大学冶金与材料史研究所对这几次考古发掘出土的部分金属遗物进行了检验分析,计有铜器19件、铁器16件、炉渣1件。本文拟结合检验结果,对这批器物的来源及制作技术做一探讨。

一 分析检验

1.铜器样品的检验

样品采用扫描电镜-X射线能谱分析方法(SEM-EDS),进行ZAF无标样定量分析。由于轻元素彼此间原子能级差别很小，激发的X射线能谱因本实验所用的扫描能谱分析仪(剑桥S-250MK3扫描电镜及LinkAN10000能谱仪)中的铍(Be)窗口的吸收作用,样品中的C、O等原子序数小于11的轻元素不能检测,因此对锈蚀、夹杂物和渣来说要想判定具体的氧化物种类和水合情况等，还要进一步借助其他技术如矿相显微镜、X射线衍射等分析手

表1　铜器的成分分析结果

样品编号	原单位号	样品名称	锈蚀情况	平均成分(重量%)					材质
				Cu	Sn	S	Cl	其他	
XJ1	94DK	铜条	金属	96.4					红铜
XJ2	94Site14E	铜残片	锈蚀严重	96.4					红铜
XJ3	96DK-PS105/5	铜残块	完全锈蚀	51.1	36.5	1.49	7.37	Fe:1.52	锡青铜

* 参加工作者有北京科技大学冶金与材料研究所的潜伟、孙淑云、韩汝玢、姚建芳和刘建华,新疆文物考古研究所的张玉忠、伊弟利斯、刘国瑞和佟文康,执笔为潜伟、孙淑云、伊弟利斯和张玉忠。

（续表）

样品编号	原单位号	样品名称	锈蚀情况	平均成分（重量%）					材质
				Cu	Sn	S	Cl	其他	
XJ4	94DK-Site17F	铜片	完全锈蚀	89.7			7.53		红铜
XJ6	96DK-Site17E1	铜饰残块	完全锈蚀	85.7	10.6		2.48		锡青铜
XJ12	96IDR106/1	铜残块	锈蚀严重	94.7		3.68			红铜
XJ13	93KRD61	铜残块	完全锈蚀	70.9		0.74	25.5		红铜
XJ14	91KRD58	铜残块	完全锈蚀	57.5	32.5		5.65		锡青铜
XJ118	94site15c/7：1-2	铜环	金属	97.3					红铜
				97.9					
XJ119	94site14/9	残铜片	略有锈蚀	98.6					红铜
				96.7					
XJ122	96：18-CDF15/4	残铜片	金属	99.2					红铜
				99.4					
XJ125	96：18-CDF15/10	残铜片	金属	98.0				Pb:1.00	含铅铋的红铜
				97.0				Bi:1.13	
XJ127	96：18-IDR72	小铜条	金属	98.6					含锡锑碲的红铜
				95.8	1.18			Sb:1.30 Te:1.33	
XJ128	96：18-IDR67	残铜块	金属	98.8					红铜
				96.9		1.63			
XJ131	96：18-PS114/48	残铜片	略有锈蚀	80.4	17.7	0.80			锡青铜
				82.5	16.3		0.86		
XJ132	96：18-PS101/5	残铜块	金属	89.6				As:1.81 Pb:2.14 Sb:5.61	含铅的锑砷青铜
				91.7				As:2.23 Sb:4.71	
XJ134	94DK-MAFest/6	残铜块	完全锈蚀	85.3			12.1		红铜
				87.7		0.51	7.23	Bi:2.01	
XJ35	94DK-MAeast1/1	残铜片	略有锈蚀	93.7	3.61			Sb:1.12	含砷锑的锡青铜
				95.1	1.40			As:1.04	
XJ36	94DK-MA/6	残铜片	完全锈蚀	87.2			10.0	Bi:1.11 Te:1.05	含锡铋碲的红铜
				91.7	1.00		4.96	Bi:1.08	

段。本分析所用激发电压为20kV，样品平均成分采用面扫描方法进行，结果如表1所示。

样品经过镶嵌、磨光、抛光后，用三氯化铁盐酸酒精溶液浸蚀，在金相显微镜下进行观察，配合使用扫描电镜进行微区组织观察和成分分析，可以进行组织检验并判断制作工艺。铜器的金相和电镜组织检验结果如表2所示。

表2　铜器的组织检验

样品编号	样品名称	组织检验	加工工艺
XJ1	铜条	细小的α固体再结晶晶粒及孪晶组织，较多黑色孔洞，有大颗粒不规则夹杂物（硫化亚铜和硫化铅混合物）和小颗粒蓝灰色圆球状硫化亚铜夹杂物	锻造
XJ2	铜残片	样品锈蚀严重，仅有零星细小晶，有孪晶组织，灰色硫化物夹杂分布于锈蚀产物当中	锻造
XJ118	铜环	α固溶体再结晶晶粒及孪晶组织，基体是纯铜，许多细小的氧化亚铜颗粒（图1）；电镜下观察到氧化亚铜颗粒尺寸从1μ到4μ不等	锻造
XJ119	残铜片	样品锈蚀严重，矿相下观察锈蚀产物分层排列，由外至内分别是绿色的碱式碳酸铜、红色的氧化亚铜、黑色的氧化铜、红色和黑色相间的氧化亚铜和氧化铜的混合物，中间零星分布有少量残余金属在暗场下呈暗黑色；金属部分的基体是晶粒粗大的α固溶体再结晶晶粒和孪晶组织，有沿加工方向分布的硫化亚铜长条形夹杂物和许多细小的颗粒析出物；在电镜下观察到黑色的洞晶界分布的铜氧化物锈蚀和白色细小的富锡颗粒（图2）	锻造
XJ122	残铜片	金属部位是以α固溶体占多数的枝晶状铸态组织，枝晶间隙含锑量高于枝晶内部，细小的析出物是富锑的颗粒（图3）	锻造
XJ125	残铜片	α固溶体晶粒沿一定方向压扁，说明经过冷加工处理，晶界有夹杂物分布（图4）电镜下显示出含碲的硫化亚铜夹杂和沿晶界分布的白色细长的富铋相	锻造
XJ127	小铜条	α固溶体再结晶晶粒及孪晶组织，锈蚀产物遍布，偶有小颗粒夹杂物存在；电镜下观察到纯铜基体的孪晶带、黑色的氧化亚铜颗粒与灰色的硫化亚铜夹杂物	锻造
XK128	残铜块	粗大的多边形α固溶体再结晶晶粒，晶间有少量缩孔和夹杂物；电镜下观察到细小颗粒的氧化亚铜析出物和大颗粒的硫化亚铜夹杂（图5）	锻造
XJ131	残铜片	样品锈蚀严重，矿相观察由外至里依次为绿色的碱式碳酸铜、红色的氧化亚铜、橙色的铜锡氧化物的混合物，其中呈黑色的是残留金属钢；金相观察到残余金属为α固溶体再结晶晶粒及孪晶组织，还有数量较多的沿加工方向分布的长条状硫化亚铜夹杂物	锻造

（续表）

样品编号	样品名称	组织检验	加工工艺
XJ132	残铜块	金相观察为锑砷铜的铸态组织，黑色的氧化亚铜锈蚀，灰色的是枝晶偏析的富铜部分，白色的是枝晶偏析的富锑砷部位（图6）；扫描电镜下观察进一步说明其显微组织，白色的为枝晶偏析的富锑砷相，深色的为枝晶主干的富铜相，过渡层的浅灰色的成分介于两者之间，黑白相间的颗粒是含铅的锈蚀产物，黑色的为氧化亚铜锈蚀	铸造
XJ134	残铜块	样品完全锈蚀，矿相观察锈层结构致密，外层是绿色的碱式碳酸铜，内层为红色的氧化亚铜与浅绿色的氯化亚铜的混合物，总体上显现出橙色，从锈层状况来看可能是铸造的	铸造
XJ135	残铜片	芯部残留金属可见 α 固溶体再结晶晶粒及孪晶组织，沿加工方向分布有长条状硫化亚铜夹杂物	锻造

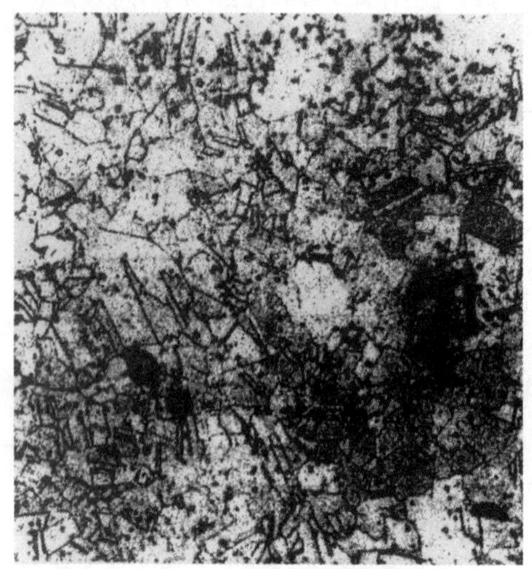

图1　XJ118 铜环，金相组织，200×　三氯化铁酒精溶液浸蚀

图2　XJ119 残铜片，扫描电镜背散射电子像白亮色颗粒为富锡相

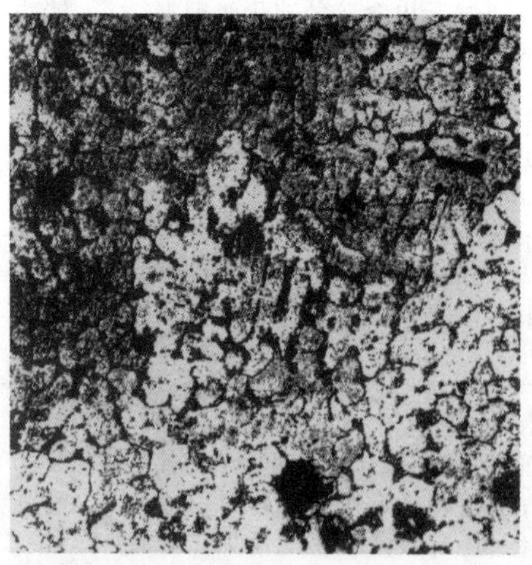

图3　XJ122 残铜片，金相组织，200×　三氯化铁酒精溶液浸蚀

图4　XJ125 残铜片，金相组织，100×　三氯化铁酒精溶液浸蚀

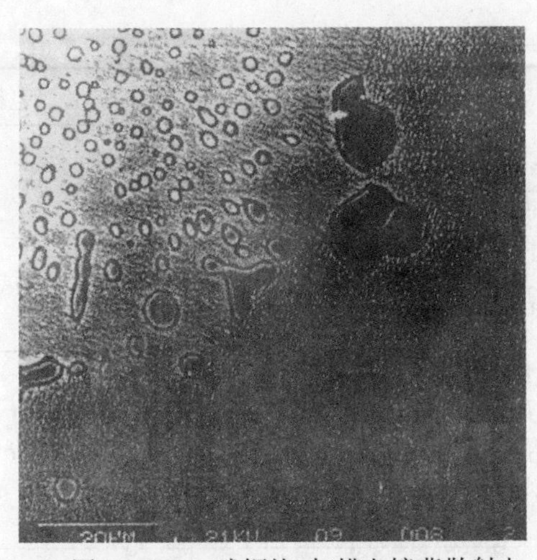

图 5　XJ128 残铜块，扫描电镜背散射电子像小颗粒为氧化亚铜，大颗粒为硫化亚铅夹杂

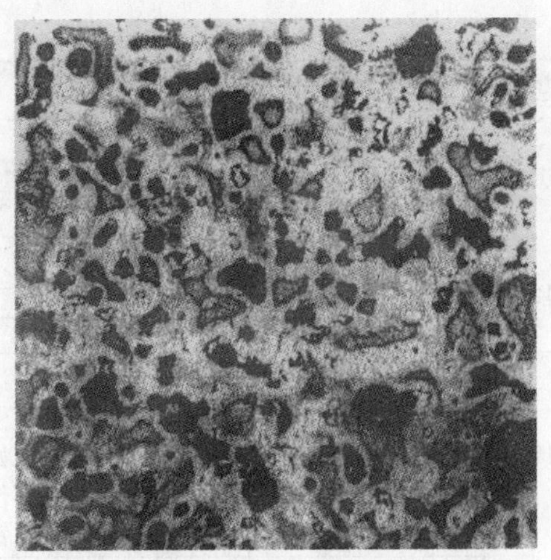

图 6　XJ132 残铜块，金相组织，200×三氯化铁酒精溶液浸蚀

2.铁器的鉴定

铁器样品尽可能取芯部，经过磨光、抛光、浸蚀后，通过金相显微镜、矿相显微镜和扫描电镜观察金属组织或锈蚀残留产物。浸蚀剂为硝酸酒精溶液。由于铁器大部分已经完全锈蚀，所以根据锈蚀产物来判断是铸造的还是锻造的加工工艺就显得尤其重要。一般说来，块炼铁锻造加工的锈蚀产物中仍保持有沿加工方向分布的夹杂物，并且夹杂物较多、成分不均匀；铸造生铁的锈蚀产物中很少看见夹杂物，锈蚀产物常呈网络结构分布。

表 3　铁器的组织检验

样品编号	出土单位号	器物名称	组织检验	加工工艺推断
XJ5	94DK-Site17E2	残铁块	样品锈蚀严重，根据局部夹杂物定向分布规律可判断此样品经热锻成形后有冷加工，并有珠光体痕迹，应为碳钢制品。锈蚀产物主要为褐铁矿	锻造
XJ7	96DK-MD10/17	残铁块	样品完全锈蚀，矿相观察主要为褐铁矿，也有少量磁铁矿。加工工艺不易判断	
XJ8	96DK-MB9/8	残铁块	样品完全锈蚀，矿相观察主要为褐铁矿，呈现网状结构。孔洞和裂纹处有不规则形的蓝色和黄色的矿物颗粒	铸造
XJ9	96DK-MF1/6	铁支架残铁	样品完全锈蚀，矿相观察主要为致密的褐铁矿。深浅不一的锈蚀产物呈现出铸态组织痕迹	铸造
XJ10	96DK-CDF5/1	残铁块	样品完全锈蚀，矿相观察主要为褐铁矿，颜色偏黑色，夹杂物为不规则形状黄色透明的硅酸盐颗粒，似为铸造组织	铸造
XJ11	94Site13	铁斧残块	样品完全锈蚀，矿相观察主要为褐铁矿与赤铁矿，没有明显的夹杂物，似为铸造组织	铸造

（续表）

样品编号	出土单位号	器物名称	组织检验	加工工艺推断
XJ12	96IDR106/2	残铁块	样品完全锈蚀,矿相观察主要为褐铁矿与少量赤铁矿。加工工艺不易判断	
XJ120	94site13/8	残铁块	样品完全锈蚀,矿相观察为褐铁矿,有沿加工方向分布的夹杂物和裂缝,似为锻造组织锈蚀产物	锻造
XJ121	96：18-CDF4/15	残铁片	共晶莱氏体组织(渗碳体+珠光体),含碳量4%左右(图7)。局部锈蚀可以观察到锈蚀先从珠光体开始的情况,黑色部位为珠光体锈蚀产物,白色部位为残留金属的渗碳体部分。组织观察为白口铁	铸造
XJ123	96：18-CDF5/1	残铁块	样品完全锈蚀,矿相下观察为褐铁矿,局部有细小硅酸盐和氧化亚铁夹杂物颗粒,边部有少量枝晶状锈蚀产物,似为铸造组织锈蚀产物	铸造
XJ124	96：18-CDF15/10	残铁块	样品锈蚀严重,仅有零星金属残余,从锈蚀情况来看像铸造组织,深色的部位是珠光体锈蚀产物,浅色的部位是渗碳体锈蚀产物。矿相观察全部为褐铁矿,黑色的部分是渗碳体锈蚀产物,黄褐色的为珠光体锈蚀产物	铸造
XJ126	96：18-IDR29	残铁块	样品完全锈蚀,矿相下观察为褐铁矿,锈蚀情况与XJ124相类似,似为铸造组织锈蚀产物	铸造
XJ129	96DK SURFACE 4/2	残铁块	样品完全锈蚀,矿相下观察为褐铁矿,锈蚀情况与XJ124相类似,可能是铸造组织锈蚀产物,局部有小颗粒硅酸盐夹杂	铸造
XJ130	96DK SURFACE 2/1	残钱块	样品完全锈蚀,矿相下观察为褐铁矿,锈蚀情况与XJ124相类似,有粗大的浅色锈蚀和深色锈蚀颗粒共存,似为铸造共晶组织锈物	铸造
XJ133	96：18-PS114/50	残铁块	样品完全锈蚀,矿相下观察主要为褐铁矿,其中分布有少量的赤铁矿,锈蚀情况与XJ120相似,有少量沿加工方向分布的硅酸盐夹杂,是锻造加工得来	锻造
XJ137	96：18-IDR106/3	残铁块	样品锈蚀严重,残留金属部分为渗碳体残余。分布于浅色的渗碳体锈蚀产物中间,深色的是珠光体的锈蚀产物。扫描电镜背散射电子像进一步说明这种锈蚀残余,白色的是金属残余,黑色的是渗碳体锈蚀产物。有层状分布的是珠光体锈蚀产物(图8)。矿相下观察有呈枝晶状的锈蚀产物和深褐色的渗碳体锈蚀产物。组织观察为白口铁	铸造

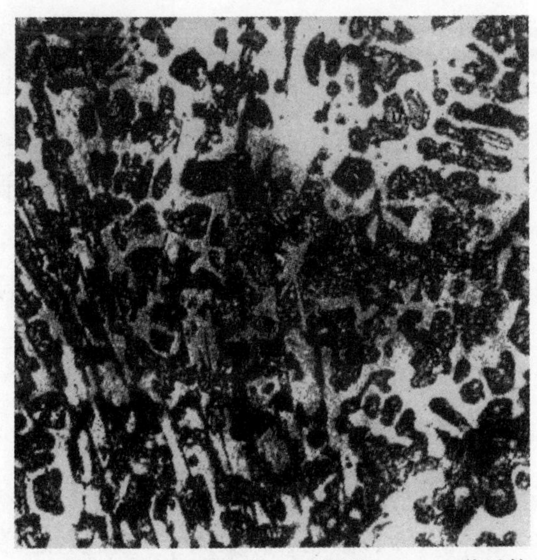

图 7　XJ121 残铁片，金相组织，125× 莱氏体共晶组织，硝酸酒精溶液浸蚀

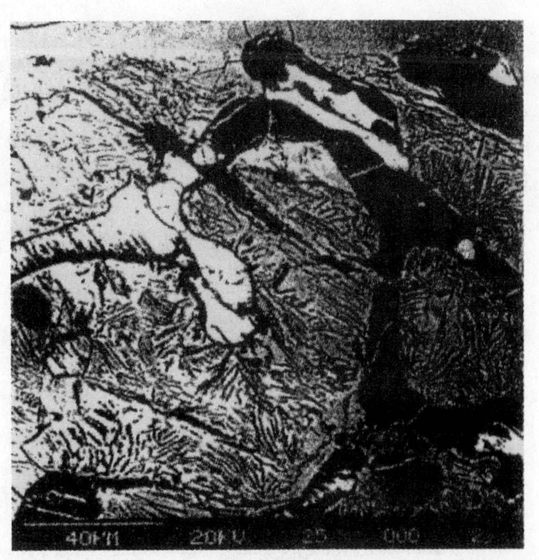

图 8　XJ137 残铁块，扫描电镜背散射电子像白色的为残留金属，黑色的为渗碳体锈蚀产物，黑白相间的为珠光体锈蚀产物

3.炉渣的鉴定

在喀拉墩城外散布于地面的许多炉渣，这里仅取其中的一件进行了分析和检验。表面观察发现渣和坩埚壁已经融合在一起。矿相显微镜正交偏光条件下观察，炉渣呈玻璃态，内中有大量气泡，灰白色透明物质为 SiO_2、$A1_2O_3$、CaO 混合物。中心分布有红色的 Cu_2O，其中含有少量 Cu 金属颗粒，还有零星的蓝色 CuS 与褐色的含 Fe 物质分布其中(图 8)。炉渣的 SEM-EDS 平均百分含量分析结果为 Cu:12.7%,Mg:4.62%,Fe:11.9%,S:6.20%,Si:44.4%,Ca:13.0%,Al:5.50%,P:1.60%，渣中少量金属颗粒的百分含量分析结果为 Cu:93.6%,Si:3.08%:Ca:1.60%，可以判定这是冶铜或熔铜的炉渣。至于其他大量的炉渣是冶炼渣还是熔铸渣，是炼铜渣还是炼铁渣，尚待检测分析。

二 分析讨论

1.红铜锻造加工为主、多种元素共存的铜器群

克里雅河流域出土铜器中有 19 件经过分析检验，其中有红铜 13 件，锡青铜 5 件，锑砷青铜 1 件。按 1%含量为元素组成的下限来看，含锡的有 7 件，含铅的有 2 件，含砷的有 2 件，含锑的有 3 件，含铋的有 2 件，含碲的有 2 件，含铁的有 1 件。可以看出，红铜材质是克里雅铜器最主要的特征，多种杂质元素并存的现象很普遍。在 14 件可以判断加工工艺的样品中，有 11 件是锻造加工而成的，仅有 3 件是铸造加工的。11 件锻造器物中有 9 件是红铜材质，有 2 件是锡青铜材质；3 件铸造器物中有 2 件是红铜的，1 件是锑砷青铜的。克里雅河流域出土的铜器是以锻造加工工艺为主的，这是与其红铜的特征相一致的。

按照出土地点所属的遗址来分，1996 年以前在喀拉墩遗址出土的 10 件分析铜器中有

8件是红铜,2件是锡青铜;1996年在圆沙古城遗址出土的9件分析铜器中有5件是红铜,3件是锡青铜,1件是锑砷青铜。相对时代晚一些的喀拉墩遗址出土红铜器物的比例,较年代稍早的圆沙古城出土的红铜器物比例要高一些。

我们还对新疆其他地区出土的不同时代的铜器进行了比较系统的检测分析,从已经完成的结果看,哈密天山北路的29件分析样品中仅有2件是红铜材质,拜城县克孜尔水库墓葬的19件分析样品中仅有4件是红铜,哈密黑沟梁墓葬的12件分析样品中仅有4件红铜材质,余者都是青铜材质。经过检测的新疆其他墓地或遗址出土的铜器样品,绝大多数都是青铜材质为主的,只有距今3800年前的孔雀河古墓沟出土的3件铜器经检验全部是红铜。因此,在克里雅河流域的圆沙古城、喀拉墩古城这两处年代相对较晚的遗址中出土的以红铜材质为主的铜器,在冶金史的研究中是很重要的。

克里雅河流域出土铜器的另一个特点是含有锡、铅、砷、锑、铋、碲、铁等多种元素,是已经测试的新疆各古代遗存中包含合金元素种类最多的,反映了其原料来源的复杂性。

锡多作为合金元素加入到熔融的金属铜当中。克里雅出土铜器中有7件含有锡元素,其中有4件完全锈蚀,占总共6件完全锈蚀铜器数量的2/3。锡青铜的耐蚀性能远不如红铜,在一定的温度、湿度和化学环境条件下,由于电化学作用,锡青铜中的锡元素被氧化成二氧化锡,性能稳定,而铜的氧化物会与腐殖酸络合而流失,导致锡相对富集,因此锈蚀的青铜中锡的含量往往比实际的偏高。红铜中有时会有富锡颗粒的出现,这在新疆出土铜器中是常见的现象,这已经引起了有关学者的注意[3]。克里雅出土的铜器也有这种情况,样品XJ119在电镜下观察发现富锡颗粒存在于晶粒间界(图2),经矿相观察这些颗粒是锡的氧化物。红铜中二氧化锡的产生可能有两个主要原因:其一,在还原气氛中往纯铜中加入锡石(主要成分是二氧化锡)以达到合金化的目的,当还原气氛控制不当时,就会有锡石残留在金属当中,并随着热、冷加工而破碎形成较大的富锡颗粒,这是国外古代冶金常见的情况;其二,在纯铜冶炼或铸造过程中因为氧化作用而产生大量细小的氧化亚铜颗粒,在加入金属锡后与氧化亚铜反应,生成小颗粒的二氧化锡颗粒存在于晶粒的晶界处。前者得到的二氧化锡颗粒较后者的大,后者的金属中还有氧化亚铜颗粒存在。由此可以判断XJ119中的富锡颗粒是用金属进行合金化而与氧化亚铜作用生成的二氧化锡。

克里雅河流域出土的一件锑砷青铜(XJ132)是相当引人注目的。样品为铸造合金,金相观察有富砷锑相和铅颗粒的共存,表现出与其他样品不同的特征。这是目前检验的新疆上百件铜器样品中唯一的一件锑砷青铜合金。与此比较接近的有哈密黑沟梁墓地出土的含锑砷的红铜或锡青铜器物,但锑、砷的含量要比这件样品低得多。还有玉门火烧沟出土有1件含锑5%左右的锑青铜。锑砷合金的冶炼与矿物来源有很大关系,黝铜矿$(Cu,Fe)_{12}Sb_4S_{13}$和砷黝铜矿$(Cu,Fe)_{12}As_4S_{13}$是两种伴生的铜矿,在自然界中广泛存在,经过冶炼就可得到含量不同的锑砷合金[4]。早在公元前4000年左右,以色列死海附近著名的NahaI Mishmar铜器窑藏就出土有多件锑砷青铜合金,含锑、砷都高达到6%以上[5]。在随后的青铜时代里,锑砷青铜在西亚和中亚考古的铜器分析中也屡有报道，在外高加索的Sachkhere中期青铜时代(MBA)文化出土的工具，据分析锑含量都在1%～3%之间，而砷含量在1%～12%之间，并且都是铸造产品；北高加索地区的Terek文化出土铜器中有超过1/5的是锑砷青铜；晚期青铜时代欧亚大陆北部的Seima-Turbino游牧文化出土的经过检验的353件铜器中有40件是锑砷青铜[6]。据现在的地矿资料记载，乌兹别克斯坦和吉尔吉斯斯坦境内均有大型的黝铜矿[7]，古代人开采这种铜矿并冶炼是完全可能的。由此看来，这件锑砷青铜的铜器似乎与新疆以西地区的冶金技术有某种联系，是否本地产的还需进一步研究。

克里雅铜器中含有铋和碲元素，也是有特色的。此前新疆经过检验的铜器只有拜城克孜尔水库墓地出土的铜器同时含有这两种元素，这和当地的某种含铋和碲元素的铜矿产可能有联系。克里雅河流域的圆沙古城和喀拉墩古城当在汉代扜弥国范围之内，而克孜尔水库墓地又在汉代龟兹国领地之内，据文献记载这两国的联系是非常紧密的。《汉书·西域传》记载西汉时期李广利击大宛凯旋时途经扜弥，知扜弥太子赖丹为质于龟兹，派人责备龟兹，并把赖丹带回长安。后来赖丹在汉朝的帮助下，为校尉屯田轮台，后为龟兹王所杀，宣帝发西域兵五万伐龟兹。再从克里雅河流域圆沙古城及其周围的墓葬出土的陶器来看，也见"察吾乎文化"中的典型陶器——带流陶器，而这种带流陶器又是拜城克孜尔水库墓地中的典型器形，表现了两者文化之间的某种联系。《汉书·西域传》中记载，龟兹国"南与精绝"、"西南与扜弥"相接，克里雅河古道是龟兹国与扜弥国联系的捷径，克里雅河流域出土铜器含有铋、碲元素，其原料很可能就是通过这一通道从龟兹交流而来。

2.生铁铸造为主的铁器群

鉴定的16件铁器中，仅有2件保存较好，金相观察为白口铁组织。其他锈蚀严重的，只能通过矿相配合电镜观察其残余组织来进行研究，经过鉴定有3件为锻造组织，9件为铸造组织，还有2件因锈蚀严重无法判断加工工艺。其中白口铁为新疆经过科学鉴定的首例。

世界上主要的冶铁技术方法有块炼铁和铸造生铁两大系列。世界上大多数古文明的冶铁技术是从块炼铁开始的，将铁矿石在炉子中固态还原出金属铁来，经过锻打得到块炼铁。它往往含有较多的夹杂物，并且夹杂物内的成分很不均匀。在温度900℃以上，块炼铁在木炭上反复加热锻打过程中增碳，得到块炼渗碳钢，可满足各种器物的需要。铸造生铁是起源于我国的一种重要冶铁技术，早在公元前8世纪的山西省天马曲村遗址就有铸造生铁的残片出土。在春秋战国时期，中原地区的铸铁生产已经具备相当的规模，经过秦汉时期的技术大发展，钢铁成为取代青铜的重要金属材料。西汉时设铁官的郡县达49处之多。建国以来考古发掘的汉代冶铁遗址已达五十余处，同时有大批的出土铁器经鉴定都是铸造生铁系列的产品。中国还在铸铁技术的基础上发展出铸铁脱碳制钢、炒钢等技术。

目前经过检验的新疆早期铁器多属块炼铁系列，在战国时期的哈密市黑沟梁墓地和拜契尔墓地虽然也有疑似生铁脱碳的金相组织发现，但从总体上来说还是以块炼铁——块炼渗碳钢系列为主的冶铁技术。圆沙古城出土的铁器大部分鉴定为铸造组织，是新疆经过科学检验最早的生铁器物群，而白口铁的发现在新疆还是第一次，这也是目前汉代生铁在地理上的最西界。这一发现对历史学、考古学和科技史学来说都是有着重要意义的。

《史记·大宛列传》载："自宛以西至安息国……不知铸铁器，及汉使亡卒降，教铸作它兵器。"但多年来一直没有很确凿的出土证据说明西域的铁是铸造的，本研究经过鉴定发现克里雅河流域出土的铁器是铸造为主的，填补了这项空白，金相白口铁组织就是最好的证明。

从圆沙古城的 ^{14}C 数据来看，树轮校正后年代为公元前 387 年～前 56 年，时间正好在战国晚期至西汉时期，这里出土的铁器具有典型的中原铸铁技术，似乎说明在张骞通西域以前就有了远从中原来的文化和技术的影响。史书记载扜弥国与汉朝有较多的来往，进行技术沟通和产品交流理所应当，汉代流行的铸铁技术传到这里，利用昆仑山和天山的铁矿进行冶炼并铸造，也是可能的事情。汉武帝以后，汉朝开始垦田戍边，在龟兹地区的轮台等地设立校尉，曾经派遣克里雅河流域的扜弥国王子赖丹担任此官，更加深了西域和中原地区的联系。

3.矿产来源与冶炼技术

1990 年科学考察队就注意到了于田喀拉墩有房址、作坊、冶炼遗址等[8]。发掘过程中也出土有许多炼渣和铜铁器物残块，说明当时的冶金技术已经比较发达，并且可能已经成为很重要的一个生产部门。

史树青先生 1958 年在南疆作考古调查时，在洛浦县阿其克山的冶铁遗址，发现烧结铁、残破的陶制鼓风口，敷满了赤铁粉的石凿和石锤，并推测其年代为汉至晋[9]。且末县在 1983 年也发现了古代的煤矿井和冶铁遗址，有鼓风管残块、炼铁渣、灰坑及房址等[10]；民丰县的尼雅遗址也出土有炼铁炉、小坩埚、烧结铁、矿石和炭渣等，还有炼渣等遗物，年代在汉晋之间[11]。1984 年在洛浦山普拉墓地的填土层中发现有少量冶炼鼓风风囊等遗物，年代应该在汉代以后。库车县境内的阿艾山冶铁遗址和可可沙冶铁遗址，其年代也均在汉代左右。可见，汉代前后的南疆各地都有冶铁作坊，克里雅河流域在这个时期进入铁器时代是与周边地区的大环境相一致的。

史书上对扜弥国的矿产没有太多的记载，但其邻近地区的矿产记载是非常丰富的。《汉书·西域传》载："诺羌山有铁，自作兵，兵有弓矛服刀剑甲"，"难兜国有银、铜、铁"，"莎车国有铁山"，"姑墨国出铜、铁、雌黄"，"龟兹国能铸冶，有铅"。与克里雅河流域在地理上接近的地区都有铜、铁等矿产，特别是提及的龟兹国能铸冶，应该是比较重要的信息，克里雅的铸造技术到底是通过龟兹等塔里木盆地北缘诸国传来的还是通过盆地南缘的绿洲传来的现在还很难定论。《北史·西域传》载"龟兹……饶铜、铁"，"疏勒多铜、铁、锡、雌黄"，也说明附近的铜、铁都很丰富,而锡矿和雌黄等又可以生产锡青铜和砷铜。丰富的铜铁矿产与合金化需要的锡、铅、砷矿产在克里雅的周围地区都能找到。这都说明,克里雅河流域这批金属器物很可能是利用邻近地区的矿产资源冶炼得来。

三 结 论

中法考古队在克里雅河流域的考古发现是近年来新疆考古的一项重要成果。在圆沙古城和喀拉墩古城发现的这批铜器、铁器实物标本的冶金学特征,涉及东西方文化技术交流等重大问题。经检测分析和初步研究,可归纳出以下几点认识:

(1)铜器主要以红铜锻造加工为主的制作工艺,这在新疆铜冶金史上是比较独特的;

(2)铜器中多种微量元素并存,是含有杂质合金元素最多的遗址;

(3)锑砷青铜是新疆发现的首例,可能与西方和中亚有某种联系;

(4)铜器中的元素铋和碲同时出现的特点与拜城克孜尔水库墓地出土的铜器有相似之处,表明该地区和古代龟兹国有某种关联;

(5)铁器以铸造生铁为特点,是目前新疆发现的唯一的铸铁器物群;

(6)铸铁的出现标志着汉代以前中原的冶铁技术已经影响到了克里雅河流域;

(7)冶金渣的分析表明本地红铜冶铸技术是存在的。

(原文刊载于《西域研究》2000 年 4 期)

注释:

〔1〕新疆文物事业管理局,新疆文物考古研究所.新疆维吾尔自治区文物考古五十年.新中国考古五十年.北京:文物出版社,1999,479-500.

〔2〕新疆文物考古研究所,法国科学研究中心 315 所.新疆克里雅河流域考古调查概述文物,1998(2)1084-1093.

〔3〕Jianjun Mei etc.*A Metallurgical Study of Early Copper and Bronze Artifacts from Xin-jiang,China*, Bullitin of the Metals Museum 1998, 30(2):1-22.

〔4〕G.Jr.Rappp.*On the origins of copperand bronze alloying.In R.Maddin(ed.)The beginning of the use of metals and alloys*. Cambridge. MA: MIT Press. 1988. 21-27.

〔5〕S.Shalev,J.P,Northover.The Metallurgy of the Nahal Mishmar Hoard Reconsidered,Ar-chaeometry,1993,35(1):35-37.

〔6〕E.N.Chemykh.*A Ncient Metallurgy in the USSR*(translated by S.Wright).Cambridge U-niversity Press,1992. 101-110,121,222-223.

〔7〕吴振寰等.中国周边国家的地质与矿产.北京:中国地质大学出版社,1993.

〔8〕中国考古学会.中国考古学年鉴.北京:文物出版社,1991.

〔9〕史树青.新疆文物调查随笔.文物,1960(6):22-31.
〔10〕中国考古学会编.中国考古学年鉴.北京:文物出版社,1984.
〔11〕中国考古学会编.中国考古学年鉴.北京:文物出版社,1985.

肆

齐国（铁山）冶铁研究篇

《齐文化概论》有关冶铁的论述

王志民

范文澜先生说："铁字古文作銕，当是东方夷族最先发明冶铁术，为华族所采用。"[1]可备一说。

春秋时期，齐国已有了铁，这是没有问题的。临淄郎家庄一号东周墓出土的两件铁削就是明证。又据《叔夷钟》铭文所记，齐灵公赏赐给叔夷莱夷造铁徒四千人。表明春秋时期齐国不仅有了铁，而且冶铁作坊已具很大规模了。

战国时期，齐国的冶铁业有了迅速发展。首先表明在铁制工具已广为普及。《管子·轻重乙》载："一农之事必有一耜、一铫、一镰、一鎒、一椎、一铚，然后成为农。一车必有一斤、一锯、一釭、一钻、一凿、一銶、一轲，然后成为车。一女必有一刀、一锥、一箴、一鉥，然后为女。请以令断山木，鼓山铁，是可以毋籍而用足。"其次，冶铁作坊规模大。考古发现：临淄故城的冶铁遗址"分布于南、北、中、西四大区域。南部遗址……面积约为4万平方米，这一带的地层堆积均在2米以上，最厚处达3米多。东北部遗址……较分散，遗存面积集中而广者乃属崔家庄东北至庄西北一带，面积约在3～4万平方米，堆积最厚处在3米以上。中部偏西遗址，面积约40余万平方米；西部遗址……范围约4～5平方米。该遗址与东北部遗址，从地层堆积关系分析，都是东周晚期临淄冶铁事业高度发展的物证。大城南部遗址，是临淄最大的冶铁作坊。从地层关系和当地农耕时常有铁渣泛于地表的现象分析，临淄的冶铁史是极其悠久的。"[2]第三，铁器出土地点广。1965年，青岛崂山郊区东古镇村出土铁带钩一件。[3]1956年荣成县三家泊村出土铁权1件，小铁权1件，铁丁1只，铁质机械轮1件。铁权属战国器物。[4]荣成在山东半岛最东端，铁器在此地出现，说明战国时期齐国的冶铁手工业的普遍发展。

（原文摘自《齐文化概论》，山东人民出版社1993年）

注释：

〔1〕范文澜：《中国通史》第一册，人民出版社1978年，第140页。

〔2〕《临淄巡古》，山东大学出版社1989年，第30～31页。

〔3〕山东省文物管理处：《青岛市郊区东古镇东周遗址》，《考古》1959年第3期。

〔4〕蒋宝庚：《荣成县发现古代铁权和铁轮》，《文物参考资料》1956年第8期。

秦汉时期山东冶铁手工业的发展

逄振镐

山东向以“齐鲁之邦”著称于世。自春秋战国以来，又同时享有“工商之乡”[1]的称号。秦汉时期，山东手工业在春秋战国时期蓬勃发展的基础上又获得了进一步的发展，并达到空前的繁荣。对秦汉时期山东手工业的发展进行研究和探讨，对于我们今天进行社会主义经济建设和发扬山东地方优势，具有一定的现实意义。本文仅就山东冶铁手工业一项，作一番粗略的分析和探讨。

一 秦代山东冶铁业概况

秦汉时期，山东冶铁手工业是在战国的基础上发展而来的。

秦统一六国后，由于存在的时间短、资料缺乏，不能详谈，只能谈一点大概的情况。

秦代的冶铁业与战国不同。战国时期，各国有官营冶铁业，同时也有私营冶铁业，并没有实行冶铁官营专卖。秦统一后的情况则不同了。秦始皇在政治上实行中央集权专制统治的同时，在经济上又实行冶铁业官营专卖的政策。《汉书·食货志》云：“至秦则不然，用商鞅之法，改帝王之制，除井田，民得买卖，富者田连阡伯(陌)，贫者亡立锥之地。又专川泽之利，管山林之饶……田租、口赋、盐铁之利，二十倍于古。”从秦“专川泽之利，管山林之饶……盐铁之利，二十倍于古”来看，秦王朝是实行冶铁官营专卖政策的。秦王朝设铁官专管铁器的铸造和专卖。如，司马迁的前四代祖先司马昌就“为秦主铁官，当始皇之时。”[2] 不过，由于当时官营专卖制度并不十分严格，私人冶铸买卖依然存在，不过，必须首先经政府批准，否则，不得任意经营。众所周知，冶铁业是关系国计民生的要害部门之一，又是国税收入的重要来源之一。冶铁官营专卖，这是秦政治上实行专制集权统治的重要经济支柱。在秦始皇看来，不把冶铁大权收归国有，统一控制，政治上的封建专制集权统治的巩固，也就要受到一定程度的影响。

在秦全国统一的前提下，山东冶铁业同全国一样有了一定的发展。从考古发掘的资料看，1973 年在山东文登县发现有秦始皇诏文的秦代铁权，“通高 19.4、腹围 80、底径 25 厘米，重 32.257 千克。”“像这样大的秦权，解放后曾相继出土四次，如山西左云出土的铁权，重 32.5 公斤，西安出土的高奴铜权，重 30.75 公斤，江苏盱眙出土的铜权，重 30.43 公斤（鼻有残失），加上文登出土的铁权共四个。秦权的出土地方皆相距遥遥千里，而重量则非常接近。说明秦始皇在辽阔的疆域内统一了度量衡。”[3]文登铁权的发现，不仅说明了秦始皇度量衡的统一，而且从铁权制造的精致来看，也反映了秦代山东冶铁业的发展，并深入到山东半岛的最东端。山东最边远的东部地区冶铁业的水平尚且如此，那么内地的冶铁水平之高，也就可想而知了。

二 汉初山东冶铁官营和私营同时并存

秦代是基本上实行官营专卖政策的。汉初又实行什么政策呢？从“汉兴循而未改”[4]来看，汉初也是实行冶铁官营专卖的。可是，实际上并非如此。汉初（即武帝以前）私人冶铁买卖仍然允许存在。《史记·货殖列传》云：“汉兴，海内为一，开关梁，弛山泽之禁，是以富商大贾周流天下，交易之物莫不通……”《货殖列传》又记载了从秦到汉初的一些私营冶铁大富豪，如蜀卓氏、程郑、宛孔氏、鲁曹邴氏等，都是从战国末年到西汉初年的私营冶铁大发横财的“暴发户”。这些“暴发户”或“富至巨万”，或“富至僮千人”。这些“暴发户”的存在，说明汉初在实行冶铁官营的同时，也允许私人冶铸。

既然汉初允许私人冶铸，那么私人冶铁的规模如何？私营冶铁工人从何而来？据《盐铁论·复古篇》记载：私营冶铁豪强大家，“一家聚众或至千余人，大抵尽收放流人民也。”说明私营冶铁手工作坊规模是很大的。从“大抵尽收放流人民也”来看，可知这些人大多是破产失业的流民，或因“犯法”而逃亡的人。他们远去乡里，弃坟墓，依倚大家，聚深山穷泽之中。[5]

下面，我们再从考古发掘的材料来看。汉初至武帝实行官营专卖之前，私人冶铁业的发展，已为地下发掘出土的实物所证实。1972 年，在莱芜县牛泉公社元省庄村，发现了一批汉代农具铁范共 24 件。完整的有：犁范，两合 4 件，每合重 7.3 公斤，阳范右翼犁槽上有阴文“山”字标志；犁 1 件，是“山”字犁范铸件，重 0.3 公斤；犁阳范 3 件，每件重 4.15 公斤，范内左侧槽上有阴文“汜”字标志；双镰范，一合两件，重 5.4 公斤，阴范把手前有阳文“李”字标志；镢范，一合两件，重 5.2 公斤，阳范銎部有阴文“口”字标志；大铲范，3 合 6 件，每合重 4.4 公斤，阳范内銎部有阴文“山”字标志；大铲阳范 1 件，范内也有“山”字标志，重 2.25 公斤；小铲阳范 4 件，每件重 1.6 公斤，阳范内也有阴文“山”字标志；耙范 1 件，重 1.9 公斤，无标志。据山东省博物馆的报告认为：“从莱芜铁范的种类和形制看，犁范所铸的还是铁口犁，接近河北燕下都及河南辉县固围村出土的战国铁犁……双镰范和镢范与兴隆发现的战国双镰范、镢范形制基本相同……这批铁范中没有发现由西汉中期发展起来的大型犁铧和辟土。……莱芜铁范的组合，反映了上承战国、下启西汉中期的铁农具范的特点，应属于西汉前朝。”“从文字标志看，莱芜铁范的年代下限应在西汉政府宣布盐铁官营以前。”“莱芜铁范的标志仅仅一字，其中‘李’、‘汜’显然是姓氏。……‘山’字也是姓氏……‘口’字的具名，可能也是姓氏。特别是'李'字在范表,最可以说明为李姓所造,或属于李姓,这与西汉前期冶铁归郡国及私营有关。……凡此种种,都说明莱芜铁范是西汉前期的铁农具范。"“因此,我们认为莱芜铁范是西汉前期,即西汉政府还没有在郡国设立铁官,实行铁器官卖时的铸范。"[6]

根据以上文献的记载和考古发掘的实物资料两方面综合起来看,我们认为:在汉武帝实行冶铁官营专卖以前,西汉政府允许私营冶铁手工业的存在;从秦到汉初,冶铁手工业既有官营,又有私营,是两者同时并存的。

三 汉代山东官营冶铁业

1.山东铁官的设立

从汉武帝开始,西汉政府对冶铁手工业的政策进行了大的改变。武帝为了加强封建中央集权国家的统治,增强专制国家的经济力量,增加国家财政收入,从元狩三年(公元前120年)开始到元封元年(公元前110年)止,用了十年的时间,一步一步地“笼天下盐铁诸利,以排富商大贾。"把冶铁(也包括盐)大权收归国家所有,完全由国家统一专卖,不准私人冶铸。敢有私铸铁器者,“釱左趾,没入其器物。"[7]

汉武帝实行冶铁官营专卖政策以后,政府根据各地出铁之多少,设铁官进行管理和专卖。所谓“凡郡县……出铁多者置铁官,主鼓铸。"[8]据《汉书·地理志》记载,当时全国共设铁官五十处,其中在山东一地就设铁官十二处。这十二处铁官是:东平陵、历城、临淄、东牟、千乘、嬴、郁秩、莒、鲁、山阳郡、琅琊郡、东平国。山东所设铁官,占全国铁官的百分之二十四,几乎占全国铁官的四分之一。这个数字充分说明,山东冶铁业在全国所占之重要地位。山东十二处铁官基本均匀分布于全省各地,连最边远的胶东半岛也都设置了铁官(郁秩、东牟)。这说明山东产铁之乡和冶铁业的普遍发展。

山东十二处铁官不仅有《汉书·地理志》文献的记载,而且有的铁官现在已得到考古发掘的实物证实。如上引出土农具铁范的莱芜县牛泉公社亓省庄距莱芜城只有二十五公里。今莱芜城就是汉代的嬴县。嬴县则是汉代山东十二处铁官之一。再如临淄,通过对故城的勘探,发现冶铁遗址六处。在这六处炼铁遗址中规模最大、最丰富的一处是大城南部的炼铁遗址,“过去这一带曾发现过汉‘齐铁官丞’、‘齐采铁印’等封泥,当是汉代的‘铁官’所在。"[9]还有,1960年在滕县薛故城中央发现了一处“南北300、东西约200米的冶铁遗址,地面暴露着丰富的铁矿石、铁渣、铸范、矿砂和残铁器等物。"[10]在铸范中发现有“山阳二"、“钜野二"的铸范,当是西汉山阳郡和王莽改山阳为钜野后的铁官标志。其余九处,虽然至今尚未得到考古发据实物的证实,但有了上述三处铁官的实物证实,也就可以相信是可靠的。同时也可以相信,余下的九处铁官将来一定能得到考古发掘实物证实的。

2.山东官营冶铁手工业作坊的发展

西汉自武帝实行冶铁官营专卖之后,终西汉之世。整个冶铁业是由政府设置的铁官管理生产的。因此，西汉的冶铁业生产主要是官营冶铁手工业作坊的生产。

官营冶铁业，由于是国家开办的无论是人力或物力都是非常雄厚的，而且又能以至高无上的国家政治权势集中全国最高技艺的手工业者。因此，这种官营冶铁业在一定时期之内，要优于私营，对冶铁业的发展起一定的促进作用。汉代冶铁业尤其西汉中期以后的一段时间之内的大发展，当与此有关。这“从近年来考古发掘可以看出，西汉中期以来的冶铁遗址，一般规模巨大，冶铁工序集中，设备相当齐全。有的不但有冶炼工场、铸造工场，而且包括矿坑，具有从开采矿石到制出成品的全部生产设备……”[11]

汉代官营冶铁业的发展，还表现在冶铁业作坊里工人数量的多少。官营冶铁手工业作坊里的工人究竟有多少？我们可以根据下面的材料作一番大概的分析和估计。第一，冶铁官营专卖之前，私营冶铁业手工业作坊里的人数是“一家聚众或至千余人。”私家作坊里的工人居然能达到“千余人”，由此可以推知具有雄厚人力、物力和设备能力的官营冶铁业作坊里人数，当比这更多。第二，“山东滕县宏道院有汉代冶铁和锻铁石刻画像。经中国历史博物馆研究推测，每一铁官有鼓风炉八十座，每座以十三人计，每一大作坊应有工人一千多人。”[12]这虽然是反映“铁官”（官营）手工业作坊冶铁锻铁的石刻画像，是艺术品，但所反映的内容当与实际相距不远。第三、据《汉书·贡禹传》载：全国官营的冶铁炼铜业所使用的工人是“一岁功（工）十万人以上”。按此数加以推算：全国铁官共五十处，平均每处是二千人以上。这之中包括炼铜工人在内。铜官，据《汉书·地理志》载，只有一处，实际上，官营的炼铜业作坊，全国不会只有一处，必定要多于此数。但炼铜业的工人数不会多于冶铁业的工人数，则是肯定无疑的。即使以铜铁工人各半计，每一铁官所拥有的工人，也在千人以上，这和滕县石刻画像所反映的工人数基本相符。根据以上分析，我们认为，汉代官营冶铁手工业作坊，即每一处铁官，所使用的工人当在一千人以上，一般不会超过二千人。

3.山东官营冶铁工人的来源、性质与铁官徒起义

官营冶铁手工业作坊里工人的来源和性质，与私营的不同。他们不是“放流人民”，而是吏、卒、徒。《汉书·贡禹传》云：“今汉家铸钱及诸铁官，皆置吏、卒、徒，攻山取铜铁。”“吏”是铁官属吏，具体管理冶铁业作坊里的官吏。“卒”是国家征调服役的定期轮换的农民，每人每年一个月，按时更替，又称“卒更”。富者可佣人代役，月出钱二千，称“践更”。这是一种徭役剥削。从在冶铁业作坊里做工的“郡中卒、践更者，多不勘（堪）”[13]来看，这种徭役剥削是很残酷的。“徒”是罚作苦役的刑徒，因为是在铁官所经营的冶铁业作坊里劳动，又称“铁官徒”。在作坊里劳动的卒是“多不勘（堪）”，那么铁官徒又如何呢？

汉朝政府对待刑徒是极其残酷的。这从考古发掘的大量材料中可以得到充分的证明。这里举例予以说明。

其一，1972 年在陕西咸阳汉景帝坟墓阳陵附近发现了约有八万平方米的刑徒墓地。仅从已发掘的 29 座刑徒墓中，就挖出了 35 副骨架，这 35 副骨架，排列无序，葬式不一，有的“在一坑内尚有用一铁杠系于两副骨架背后埋葬的”，有的“身首异处，头在左腿外侧，颈上有钳，翘端向下，可能属于斩刑”，有的“头在下，脚在上，身躯屈曲倒写的‘之’字，脚上有鈦，仍套在小腿骨上”，有的仰身直肢，嘴大张，有的“骨盆以下肢体与躯干脱节，腿骨附近有一鈦，可能系腰斩后埋葬”，有的“仅存头骨及颈椎骨”。“从发掘所见，这批刑徒有的是被杀后埋葬的……大部分是在建陵的繁重劳役摧残下死去的。因此，尸骨枕藉，互相叠压，埋葬草率。”[14]刑徒的这种悲惨状况，在《汉书·成帝纪》中也有记载。汉成帝自己供认：修建昌陵“多赋敛徭役，兴卒暴之作。卒徒蒙辜，死者连属，百姓罢极，天下匮竭。”

其二，1964 年在洛阳城南郊发现目前尚存留的刑徒墓地，面积达五万平方米。仅从已发掘的一个探方和 120×3 米的二条探沟中，就挖出刑徒墓 522 座。“根据对骨骼的初步观察，男性约占总数的百分之九十六，女性只占百分之四左右。他们的年龄。……绝大多数为青壮年，老年的占极少数。特别值得注意的是，全部刑徒，脊椎骨都有明显的劳损痕迹。一个刑徒的左上肢骨和另一个刑徒的右下肢骨，都有骨折后又重新愈合的骨伤。”[15]从发现的刑徒墓砖铭中，可知在这些死亡的刑徒中，就有来自山东地区的兖州、青州的刑徒。[16]

以上这些惨不忍睹的刑徒的累累白骨，强烈地控诉了统治者的残暴统治，深刻地反映了汉代刑徒的极其悲惨的生活。从上述发掘的汉代刑徒墓来看，有的是修建皇帝陵墓而死的刑徒，有的是不知从事何种苦役而死的。尽管如此，但汉代的从事官营冶铁业的铁官徒，既然也是被判刑而罚做苦役的刑徒，那么铁官徒所受的惨无人道的统治和压迫，也必与上述刑徒相同。那里有剥削压迫，那里就有反抗；压迫越大，反抗亦越大。尽管汉政府对铁官徒施行残酷镇压的手段，但无数的历史事实证明，血腥的镇压永远也阻挡不住铁官徒的反抗和起义。两汉时期，铁官徒经常爆发起义，进行反抗，特别是西汉时期尤为剧烈。西汉时期，规模较大的铁官徒起义，见于史载的，主要有两次。第一次是西汉成帝阳朔三年(公元前 22 年)，“颍川铁官徒申屠圣等百八十人杀长吏，盗库兵，自称将军，经历九郡。”[17]八年后，又暴发了第二次起义。这次铁官徒的起义发生在我们山东，其领导人是苏令。根据历史记载，永始三年(公元前 14 年)，“山阳铁官徒苏令等二百二十八人攻杀长吏，盗库兵，自称将军，经历郡国十九，杀东郡太守、汝南都尉。”[18]《汉书·五行志》云：苏令起义“经历郡国四十余”。这两次起义，人数虽不多，但经历的区域不少，战斗力也很强，给西汉政府以巨大的震动。申屠圣、苏令领导的铁官徒起义说明，在西汉铁官和东汉政府所经营的官营冶铁手工业作坊里劳动的工人当中，刑徒是很多的，汉政府和铁官对刑徒的剥削和压迫是非常残酷的。

四 山东冶铁业的发展和冶铁技术的进步

汉代山东冶铁手工业，除上述设铁官、官营冶铁手工业作坊外，这里再就整个两汉时期冶铁业的发展和冶铁技术的进步综述如下。

1.汉代山东冶铁业的发展

汉代冶铁手工业在武帝实行官营专卖后，确有很大发展。考古发掘的大量材料证明，汉代冶铁业的发展是战国时期所无法比拟的。有人对汉代铁器出土地点做过统计:"汉代铁器出土者已遍布全国各地,根据已发表的材料,西汉铁器出土地点达到六十多处,东汉则达到一百多处。铁制生产工具的出土数量和品种,比战国时期大为增加。"[19]这是1964年的统计。从1964年到现在又过了18年,铁器的出土地点当然要远远超过此数。汉代的山东地区同全国一样,冶铁业同样有很大的发展。

西汉山东设铁官十二处,这在前面已讲过了。东汉的情况如何?东汉初至章帝以前,冶铁官营专卖政策改由铁官征税政策,即除官营冶铁外,也允许私人冶铸,不再是完全由国家官营专卖。章帝建初六年(公元81年)又议复铁官。但由于官营专卖政策不得人心,全部官营不可能满足整个社会的需要。因此,到和帝章和二年(公元88年)正式下诏:"罢盐铁之禁,纵民煮铸,入税县官如故事。"[20]铁官废除之后,官营和私营同时存在,冶铁业继续发展。

由于铁官的废除,所以在《后汉书·郡国志》中已不再记载各地所设之铁官,而是改由以"有铁"之名,记载了东汉时期各国主要产铁和冶铁地点共32处,其中山东地区有鲁国、泰山郡的嬴、琅琊国的莒、济南国的东平陵、历城等五处,约占全国的六分之一。这五处只不过是东汉时期山东境内产铁冶铁的主要中心地而已,实际上产铁冶铁之地绝不限于此。

两汉时期,山东冶铁手工业的发展不仅有文献的记载,而且又有大量考古材料的证实。在"山东临淄齐故城的勘探中发现的汉代冶铁遗址,约有四十万平方米的范围,比战国时期齐国的冶铁遗址大八至十倍。"[21]山东铁器出土地点,据不完全的统计,到目前为止,已发现的比较大的出土地点,至少在十几处以上,其中炼铁遗址三处。从南部的滕县、苍山、莱芜,到北部的临淄,从西部的济宁、济南章丘,一直到东部的青岛、莱西、烟台附近的福山,在全省范围内都有汉代铁器的发现。

2.炼铁炉的基本构造

汉代山东冶铁手工业所使用的炼铁炉其大小、构造如何?这需要依靠考古发掘的实物来说明。在我们山东,至今尚未发现汉代的炼铁炉。但在河南告成镇发现的圆形炼铁炉和古荥镇发现的椭圆形炼铁炉可以间接地帮助我们了解汉代山东炼铁炉的大小和基本构成。

1977年在河南登封县阳城告成镇附近发掘出了汉代的圆形炼铁炉残底。据发掘报告说:"炉底的形制为圆形,内径约1.15米,外径为1.65米。它是用小砖、楔形耐火砖和耐火泥建造而成。其筑法是:在熔炉底部先铺了一层小砖,然后用掺有较多粗砂的楔形耐火砖砌出圆形炉壁;在楔形砖的外侧又砌了一层横立小砖,为了使炉壁坚固耐用和结构严密,在楔形耐火砖和横立小砖之间还填有细泥和铁碎片,在横立小砖之外又平砌了一层小砖和一层横立小砖。共计炉壁厚约50厘米。当炉壁砌成之后,在炉内底部和近底部的周围炉壁上,涂有一层掺有大量石英砂的炉衬。"[22]阳城,据《汉书·地理志》载,是全国五十处铁官之一。在阳城发掘的炼铁炉残底,可能就是汉代阳城铁官经营的冶铁手工业作坊使用的圆形炼铁炉。

1975年在河南郑州西北古荥镇发掘出的两座汉代炼铁炉结构相同,都是椭圆形炉缸。以一号炼铁炉为例:"炉门向南……炉缸呈椭圆形,现存南北长轴4米,东西短轴2.7米。炉缸下部基础和炉前工作面基础相连，是用红粘土掺矿石粉、炭末的黑褐色耐火土夯筑而成。……炉壁残高 0.54 米。北壁厚 1 米，东壁残厚 0.45 米。在夯筑的耐火土炉壁之外有加夯培的黄土。北面宽 9.5、东面现存 6 米。……在炉的后部和炉前两侧，黄土之上又夯红黏土。夯层厚 5～10 厘米，系用直径 8 厘米的圆形平底夯夯打的。炉前工作面南北长 6、东西宽 4 米，耐火土深 2.5 米。工作面两侧的柱洞，间隔 4.8、径 0.4、深 3 米，底部以石头为柱础。”“根据（炉内积铁——引者）各个铁块的尺寸和所存在位置，推测炉子的高度约在 6 米左右，容积约 50 立方米。”〔23〕这种高炉产铁量是多少？有人根据古荥遗址中一座容积约 44 立方米的高炉进行了推算，认为日产生铁约 570 公斤，一年大约可生产 60 吨。”〔24〕这是到目前为止发掘出的古容积最大的炼铁炉。郑州古荥镇，在汉代属河南郡。据《汉书·地理志》载河南郡设有铁官。古荥遗址发掘报告认为：“古荥冶铸遗址当是西汉中晚期至东汉时间河南郡铁官的第一个冶铸遗址。”〔25〕

上述圆形和椭圆形两种炼铁炉，可能都是河南地区汉代铁官经营的冶铁手工业作坊所使用的炼铁炉。如果这个看法不误的话，那么，山东的铁官经营冶铁手工业作坊所使用的炼铁炉，其大小、构造，可能也是如此。因此，都是有国家统一设立的铁官进行经营的。即使不能完全一样，至少也不会相差太远。在这里，应当特别指出的是，汉代冶铁业的高度发展水平在世界冶金史上占有极其重要的地位。冶金学者根据古荥冶铁遗址发掘出的实物资料指出：“古荥汉代冶铁遗址为我们研究古代冶金史提供了如此生动而丰富的材料，它表明在一千八百年以前，我国生铁冶炼和加工工艺大致达到了西方十七世纪的水平，而且具有独特的民族风格，走着自己发展的道路，创造了一整套我国古代钢铁生产技术体系，在世界冶金史上作出了重大贡献。”汉代冶铁手工业的高度发展水平之中，也有我们山东古代劳动人民的贡献在内。在 1800 多年前的汉代，我国冶铁手工业能够达到如此高的水平，并为世界冶金史作出了如此重大贡献，这是我们每一个中国人都应当感到自豪的。

3.冶铁鼓风机的普遍使用

冶铁业的大发展离不开鼓风机的发明和普遍使用。中国何时发明使用鼓风机，至今仍然是个谜。我们只知道，从战国时起就有鼓风橐。《墨子·备穴篇》有“橐以牛皮”的记载，说明橐皮是用牛皮做成的。到了汉代，从考古发掘的实物资料看，只发现了炼铁炉用的鼓风管。如在古荥镇汉代冶铁遗址的发掘中，就“出土大量的残破陶鼓风管。管分弯头和直筒两种。均一端粗，一端细，可以套接使用；内外饰绳文。残存最长的有 1 米多。粗绳直径一般为 26 厘米，壁厚 1.3 厘米。弯头一般长 17、口径 17、壁厚 1.3 厘米。管外都湖草拌泥，有一次糊和多次糊的，最厚达 15 厘米……烧熔情况表明鼓风管是接触高温区域的。”〔27〕鼓风管外必接鼓风机。鼓风管的发现，表明鼓风机的存在。鼓风机的实物至今未见。到目前为止，唯一能够反映汉代鼓风机构造的资料，则是 1930 年山东滕县宏道院汉墓出土的画像石中的一块长方形石刻冶铁鼓风机图。这块汉画像石把汉代鼓风机的基本构造给予了形象的描绘。这不仅是我们山东冶铁业的珍贵资料，而且也是全国冶铁业发展史上的一份珍贵资料。我们从这块画像石上的鼓风图可以对汉代鼓风机有个基本的了解。

画像石上的鼓风图,左边有一椭圆形物即“橐”,旁有四人做操作状。中部有三人做打铁的形状。右边的形象不太清楚,但从画面来看,可能与采矿有关,或在地下坑道凿眼开矿、运矿石等也未可知。关于画像石上的鼓风橐,究竟是怎么样的一种构造,看法也很不一致。我认为王振铎先生的看法是有道理的。王先生“根据画像石中人的操作活动形象,和雕刻艺术手法上所表现的器物结构特征,再参考古文献中对鼓风设备的记述和工程物理上的一些基本原则加以归纳分析,这个所谓韦橐皮橐,应该是由三个木环,两块圆板,外敷以皮革所制成的。大家所认为多管手风的四条管籥,设想为一个有伸缩性的皮橐上装上四个排气管,实际上这是没法使用的。在结构上应该是四根吊挂屋梁的吊杆,用来拉持皮橐,使皮橐固定的一种构造。必需另有一条横木,中段结固在皮橐的圆板上,两头伸展出去固定在左右的墙垣或柱身,这样才能便于操纵推位,才能使支点、力点和重点都有了着落。排气进气的风门,分别设在两头的圆板上,排气管下通地管,外接炼炉,它的运动规律,应如图中所表示的情况,这样我们也就才有可能肯定画像石中的皮橐形象应是进气的体形。围绕皮橐画像中的四个人像,比较突出的是两个人在前做推拉的动作。其余二人,坐卧在地面和墙垣横木之间。由于冶铁鼓风机需要一种不可间断的劳动,必须轮流替换劳动力的使用,如果我的这个推论不谬,画像石中的鼓风机应该有四个劳动力轮流操作,可能是两人一组。”[28]这种鼓风机,由于需要的不同,自然要有大小之分。炼铁炉必须有充足的氧气,这就需要鼓风力强的大型鼓风机。宏道院画像石中的一种,从人的比例和鼓风的人数看,显然就是一种大型的鼓风机。这种鼓风机的鼓风能力有多大?有人依据这块画像石上的鼓风图进行了推算,认为橐容积约 0.23 立方米,每分钟鼓风量大约是 2 至 3 立方米。[29]只有这种大型的鼓风机,才能和汉代的大型炼铁炉相适应。

汉代大型冶铁鼓风机,居然能在山东汉墓画像石中用艺术的形式表现出来,绝非偶然之事。这虽然是艺术作品,但它必定是汉代冶铁鼓风机的真实反映,也是汉代山东地区大型冶铁鼓风机普遍使用和山东冶铁业大发展的一个真实反映。

宏道院石刻画像石上的鼓风机是大型人力鼓风机。这比以前无疑是一个很大的进步。但随着西汉以来冶铁业的不断发现,实践经验的不断丰富,鼓风机也在不断改进。东汉光武帝建武七年(公元 31 年),南阳太守杜诗在总结炼铁工人使用人力鼓风机实践经验的基础上,发明了水力鼓风机。史载:“(杜诗)造作水排,铸为农器,用力少,见功多,百姓便之。”[30]水力鼓风机是我国古代劳动人民的一大发明。中国应用水力鼓风机,比欧洲早 1200 年。欧洲直到公元 12 世纪才开始使用水力鼓风机,至于普遍使用则更晚。水力鼓风机的发明是我国古代劳动人民为世界冶金史的发展作出的又一伟大贡献。

4.生铁含硫量低

生铁中含硫量的高低是冶铁技术高低的一个标志。汉代山东冶铁业炼出来的生铁含硫量比较低。例如,前面已经提到的,在莱芜发现的西汉前期的农具铁范含硫量就很低。莱芜

"铁范经北京钢铁学院和中国冶金史编写组观察的结果如下：铁范原料为生铁……含锰较高，含硫较低，当系木料为燃料的产品。含硫量(0.028%)很低，就是从现代冶铁标准看，含硫量也是低的。这说明两千多年前我国劳动人民已经积累了丰富的冶铁经验。"[31]在我们山东，在两千多年前的西汉时期，生铁含硫量就已经达到了现代冶铁的标准，不能不说是一个奇迹。它充分证明，早在西汉前期，山东冶铁手工业冶炼技术就已经达到了很高的水平。

5、烤蓝和淬火技术

对铁器进行烤蓝处理具有防锈的作用。淬火适宜可以提高铁器的硬度和强度。汉代山东冶铁业中的烤蓝和淬火技术水平是相当高的。这已为考古发掘的实物所证实。如1978年在莱西县岱墅西汉木椁墓里挖出钢剑一把，刀一件，削一件。发掘报告云："值得注意的一点是，墓内出土的钢剑、铁刀、铁削等兵器，全系烤蓝处理，铁迹很少，淬火度很强，锋刃犀利。证明当时在胶东地区铁器业的冶炼、锻打、淬火等技术，已经达到较高水平。"[32]这是西汉胶东地区的情况。在当时，山东东部边远的胶东地区冶铁技术水平尚且如此，可以推知，山东内地的冶铁技术水平，当比此更高。对铁器进行适宜的淬火和烤蓝处理是汉代山东冶铁手工业技术的一大进步，也是山东古代劳动人民为全国冶金事业的发展所作出的又一贡献。

(原文刊载于《东岳论丛》1983年第3期)

注释：

〔1〕《国语·齐语》。

〔2〕《史记·太史公自序》。

〔3〕蒋英炬、吴文棋：《山东文登发现秦代铁权》，《文物》1974年第7期。

〔4〕《汉书·食货志》。

〔5〕《盐铁论·复古篇》。

〔6〕〔11〕〔21〕〔31〕山东省博物馆：《山东省莱芜县西汉农具铁范》，《文物》1977年第7期。

〔7〕《史记·平准书》。

〔8〕《后汉书·百官五》。

〔9〕群力：《临淄齐国故城勘探纪要》，《文物》1972年第5期。

〔10〕李步青：《山东滕县发现铁范》，《考古》1960年第4期。

〔12〕陈直：《两汉经济史料论丛》，陕西人民出版社1980年版，第109页。

〔13〕《盐铁论·禁耕篇》。

〔14〕以上引文皆见秦中行：《汉阳陵附近钳徒墓的发现》，《文物》1972年第7期。

〔15〕〔16〕中国科学院考古研究所洛阳工作队：《东汉洛阳城南郊的刑徒墓地》，《考古》1972年第4期。

〔17〕〔18〕《汉书·成帝纪》。

〔20〕方壮猷：《战国以来中国步犁发展问题试探》，《考古》1964年第7期。

〔20〕《后汉书·和帝纪》。

〔22〕中国历史博物馆考古调查组等:《河南省登封阳城遗址的调查与铸铁遗址的试掘》,《文物》1977年第12期。

〔23〕〔25〕〔27〕郑州市博物馆:《郑州古荥镇汉代冶铁遗址发掘简报》,《文物》1978年2期。

〔24〕〔29〕刘云彩:《中国古代高炉的起源和演变》,《文物》1978年第2期。

〔26〕《中国冶金史》编写组:《从古荥遗址看汉代生铁冶炼技术》,《文物》1978年第2期。

〔28〕王振铎:《汉代冶铁鼓风机的复原》,《文物》1959年第5期。

〔30〕《后汉书·杜诗传》。

〔32〕烟台地区文物管理组、莱西县文化馆:《山东莱西岱墅西汉木椁墓》,《文物》1980年第12期。

《齐国科技史》有关冶铁章节

张秉伦　戴吾三

冶铁的出现

中国铁器的出现，最早可以追溯到商代，远在公元前13、14世纪，人们便开始用铁。1972年河北藁城县台西村商代遗址出土一件带铁刃的铜钺。经检验，铁刃的含镍量至少在8%以上，是用含镍较高的陨铁经加热锻打成形后与青铜钺体铸接而成的。1977年北京平谷刘家河商代中期遗址也出土一件铁刃铜钺，经鉴定和台西村出土的那件一样，刃部也是用陨铁锻制的[1]。另外，1931年河南浚县辛村曾出土商末周初的铁刃铜钺、铁援铜戈各一把，后流入美国，现藏华盛顿弗里尔美术馆。经检测，其铁刃也是以含镍较高的陨铁为原料锻造的。这些铁刃铜兵器的制作表明，当时工匠对铁已经有了一定的认识。

对陨铁的加工和铸接，早期无疑都是在青铜冶铸作坊中进行的。商代高度发达的青铜冶铸技术，从矿石、燃料、筑炉、熔炼、鼓风等各个方面，为人工冶铁技术的出现创造了条件。商代晚期，已能得到1200℃以上的高温，这就从技术上具备了将铁矿石还原为液态铁的可能性。这有考古材料可以佐证。1976年山西灵石县旌介村商代墓出土一件含铁铜钺，通体有铁锈，而以刃部尤多。这件含铁铜钺钺身各部分含铁量不尽相同，其刃部、阑部、内部含铁量分别为8.02%、4.5%、3.82%，可知其为一件铜铁合金钺。然而，钺的刃部含镍量却只有0.002%，这说明钺刃不是由陨铁锻造的。从同墓出土的其他两件铜钺毫无铁锈的情况看，此件铜钺所含的铁是经冶炼铸入的，因而其刃部含铁量较高，应不是偶然现象，而是当时已能使熔炉的温度达到将伴生的铁矿石同时冶炼并加以铸造的程度[2]。可见，中国冶铁的发明很有可能始于商代末期。

从古文献记载分析，西周时期我国已开始使用人工冶铁器物，表明其时冶铁业已经出现。如《诗经·大雅·公刘》："笃公刘，于豳斯馆。涉渭为乱，取厉取锻。"《诗经·秦风·驷驖》："驷驖孔阜。""取厉取锻"据认为是指兵器生产，锻则是冶金处理工艺。"驖"是最早的"鐵"字，是马色如铁之意[3]。另据。《说文》："铁，黑金也，从金𢧜声。铁或者作銕，古文铁从夷。"有学者考证，"銕"是古代东方夷人使用的字。"銕"从金、从夷，有东夷人发明人工冶铁的含意，而东夷人是齐地的土著民族[4]。关于我国人工冶铁的年代，郭沫若先生曾提出见解说："如果齐桓公既已使用铁作耕具，则铁的出现必然更要早些，一种有使用价值的物质要真正被有效地使用,是要费相当长远的摸索过程的,特别是在古代,因此铁的最初出现,必然还远在春秋以前。"[5]但这些分析和推断,因长期没有出土实物作证据,在学术界并未成为定论。

近年来的考古发现和研究,大大支持了西周末期我国已有人工冶铁的分析和推断。据1984年《中国考古年鉴》报道,河北满城县要庄西周遗址 H_{46} 内发现一件铁器(可惜未有详细鉴定结果);1978年在甘肃灵台县景家庄春秋一号墓出土一把铜柄铁叶剑,年代属春秋早期[6];陕西凤翔秦公一号墓出土铁工具四件,此墓由 ^{14}C 测定年代为公元前870±150年,亦属春秋早期[7]。灵台和凤翔出土的铁器年代均接近西周末期。1990年三门峡市上村岭虢国一号墓出土一件铜柄铁剑,"经北京科技大学冶金史教研室鉴定,确认为是人工冶铁制品"[8],并证实是"以块炼法锻制而成"。以上实物证据说明,我国很可能在西周末期即已出现人工冶铁,开始制作和使用铁器。

与世界上各最早发展冶铁的地区相比,我国使用陨铁和人工冶铁都较晚一些。可是,我国的铁器一经出现,就以飞快的速度向前发展。在块炼法冶铁技术出现之后不久(也有人认为几乎是同时),古代劳动人民就冶炼出生铁,并至迟在春秋战国之际发明了生铁柔化处理技术。这一技术,能够把既硬又脆的生铁加以柔化处理,使之成为可锻铸铁。这项发明比西方领先2300年[9]。生铁冶炼及其柔化处理技术的发明和发展,大大提高了生产率,降低了成本,改善了铁制品的质量,为铁农具的应用和推广提供了十分有利的条件。

铁制生产农具

从《管子》、《国语》等史籍的记载可知,齐国是我国较早使用铁制农具的地区之一。

建国以来,考古发现属齐国的铁制农具器类颇多。现在,结合出土实物与文献记载,让我们来看一下齐国主要铁农具的种类及其形制。

1.犁 中国传统农业使用的犁铧是由耒耜脱胎而来的,所以直到唐代还有称耕犁为"耒耜"的。犁的发展过程,一般是先有木石犁,后有金属犁,先用人力牵引,后用畜力牵引。

临淄齐国故城出土的铁犁铧,其断面呈"V"字形,两侧分两叶展开,便于中部包纳木铧,铁铧刃端中间有三角形脊。铧首角度较大,达120℃。临淄铁犁铧同河南辉县战国铁铧相似[10]。这种铁铧保留了从耜演变而来的痕迹,只能破土划沟,不能翻土作垄。先秦文献中提到作为农具犁的,仅见于《管子》的《乘马》和《轻重甲》[11]。如《轻重甲》"躬犁垦田",古代注家有直接训为犁的。也有人认为,《管子》中提到的犁,已远不是它的早期形式,而是向着成熟阶段靠近的犁[12]。

2.镬 商周时期,青铜镬已是重要农具。春秋战国时期,又出现了铁镬。《国语·齐语》所说"恶金以铸钼、夷、斤、斸"的"斸",就是镬。据韦昭注:"斸,斫也。"郭璞注:"镬也。"铁镬在我国许多地区都有出土。齐故城出土的铁镬,长21厘米,横銎,可装上直柄使用。从工具形制的发展规律看,早期镬一般是直銎的,金属冶铸技术有了相当发展后,才出现横銎镬。无论是直銎或横銎,都是一种横斫式的工具。《说文》:“镬,大钼也。”铁镬是适用于垦荒和深翻的利器,又是个体农民能购买起的,因而便于推广,在相当长时期内,比铁犁铧使用更为广泛。

3.臿 原始的臿和耜是既相似又有区别的两种农具。从考古学材料看,耜和臿虽然同为直插式翻土农具,但耜有踏脚横木,而臿则无。这是因为石质、骨质或青铜耜的刃一般较窄,安上木柄后两边基本无肩,难以容足,故需要另绑上一根供踏脚用的小横木。铁器推广后,耜刃改为铁质,可以加宽变薄,刃体加宽,其方肩可为踏脚之地,就不必再绑上踏脚横木了。这样,耜实际上已经变成臿了。

齐故城出土的铁臿套刃侧面作等腰三角形,上背可以纳木为臿身和装柄,这些都与河南辉县同类器物大致相同,唯下部臿刃形式略异,呈微弧刃。臿的铁刃虽然单薄,但坚固锐利,利于翻土,开沟、作垄。

臿不但是生产上的重要农具,也是水利建设中开渠筑堤的重要工具。如《管子·度地》说到水利工具,就有“笼、臿、板各什六”的记载。臿与锄类、铲类等农具配合使用,可在旱地保墒、洼地排水及水田平整等方面达到较高的技术水平。

4.锄 锄是一种古老的农具。原始社会有石锄、木锄、鹿角锄。商和西周出现了青铜锄(亦称镈)(前章已涉及)。春秋战国时期,铁锄代替了其他质料的锄,形制也有较大发展。齐故城出土的锄一为半圆形,高14厘米,宽18.4厘米;一为长方形,长13.7厘米。另在齐故城外(今孙娄乡孙家营村)出土的战国铁锄,长11厘米,宽11厘米,肩宽9.5厘米,鼻厚3×5厘米,鼻孔2.5×3.5厘米,其构造形状已类似现代用的中型锄[13]。

从文献记载看,约在春秋初中期,齐地出现称作“耨”的新农具,从而使原来称为“镈”的中耕器分化为,“钼”和“耨”两类。《国语·齐语》说:“时雨既至,挟其枪、刈、耨、镈,以旦暮从事于田野。”“耨”、“镈”并提,说明两者是有区别的[14]。《管子·轻重乙》所载农具中有“鎒”,“鎒”即“耨”。上引《齐语》中所说的“镈”就是“钼”[15]。《国语·齐语》和《司马法》中都提到了“钼”。《说文》:“钼,立薅斫也。”可见当时的“钼”,主要是指立着使用的长柄锄。

齐国的锄类工具不但材料改用铁制,品种也显著增加,这反映齐地劳动人民已充分注意到中耕、除草、间苗等项工作的技术要求,因而创制出多种不同形制的锄具,以适应精耕细作提高田间管理水平的需要。

5.铲 铲即西周时的“钱”,是用来铲地除草的工具,使用时双手执柄向前推削。《国语·齐语》:“恶金以铸钼、夷、斤、斸。”韦昭注:“夷,平也。夷所以削草平地。”“夷”很可能是原来的“钱”的新名,以后又称为“铫”。《管子·轻重乙》所载农具有“铫”无“钱”,毛传解释:“钱,铫”,那么“铫”就是铲了[16]。齐国铲略呈“空首布”形,通长17.3厘米,銎长8厘米,刃宽11.3厘米,大致与河南辉县同类器相似,唯銎部较大且长[17]。

6.镰 镰是收割农具,早期称“乂”、“艾”、“刈”等,后来称镰。《管子·轻重乙》将“镰”与“铚”并举。《说文》认为铚是“获禾短镰”,即刈禾穗的短镰。

金属镰和铚是从新石器时代的石镰、石刀演变而来的。商和西周虽然出现了青铜镰,但石刀、石镰仍然大量使用。到战国中晚期,铁镰完全代替了石刀、石镰,彻底完成了金属农具替代石、骨、蚌农具的过程。齐故城发现的铁镰,长 27 厘米,成略带弧形的扁长条状,脊厚刃薄,前端较窄。这些特征与今天不少地方仍在使用的镰刀(如辽宁、黑龙江的草镰和江苏的垄刀等)相比,除了銎柄结构有所改进外,形制上并无多大的差异[18]。

上述齐国铁农具的外形特征表明,当时铁农具在造型设计和工艺上的进步,已基本上能适应农作要求。铁农具的应用,使整地、保墒、中耕、除草等提高农作物产量的各个环节得到了改进。而齐国也正是由于铁制农具的广泛应用,才产生出精耕细作的农学理论与丰富的农作经验(详后)。这标志着战国时期齐国农业又有新的发展。

另外也应提到,战国时期齐国铁农具已取得主导地位,但并非完全代替了其他质料的农具,特别是木农具。木质农具虽然已基本上退出了历史舞台,但作为耕播除草和收获加工的辅助用具,却不但仍然存在,而且还有一定的发展。例如,《国语·齐语》记载的农具中,就有“枷”这一新式器物。东汉刘熙《释名》说:“枷,加也,加杖于柄头以挝穗,而出其谷也。”可见这是一种新的脱粒农具,即连枷。由于使用简便,效率高,连枷一直为后世所沿用。《管子·轻重乙》中还提到“椎”。“椎”是木榔头,又叫“耰”,是春秋战国时期随着“深耕疾耰”、“深耕熟耰”等耕种技术需要出现的一种用来碎土和覆种的农具。从《管子》的记载看,“椎”出现之后,得到了广泛应用,从而逐步成为齐国“一农之事”中所必备的用具。

冶铁技术

春秋战国时期,齐国的冶铁技术十分发达。对此,古文献上不乏记载,考古发现也已经证实。

一　冶铁技术的发展

据认为,古代最初的炼铁技术是从“块炼法”开始的。这种方法是将铁矿石和木炭一层夹一层地放在炼炉中,点火焙烧,在 650℃～1000℃温度下,利用炭的不完全燃烧,产生一氧化碳,使铁矿石中的氧化铁还原成铁。但由于炭火温度不够高,致使还原成的铁只能沉到炉底而不能呈熔化状态流出。人们只好待铁炼成,炼炉冷却后,再设法拆炉取铁。这样炼得的铁,表面因夹杂渣滓而很粗糙,状若海绵,显不出铜那样明显的金属特征,有的还不如青铜坚韧。春秋时期锻造的铁器经检验表明,所用原料就是块炼铁。

“块炼法”炼铁需要毁炉取铁,使生产间断,所以生产效率低,而且燃料消耗也很大,但生产设备和工艺远较冶铸生铁简易。块炼炉生产的块炼铁,含硫量很低,硅、铝、磷等元素的含量也都很低,因此性能柔软,易于锻造器物。其缺点是结构疏松,含有较多杂质,因而不刚强,不耐用。但是,经过渗碳处理成钢以后,就能克服这个缺点。所以,春秋以后很长一段时间,在大量生产铸铁的同时,仍旧生产块炼铁,以用作锻造铁器和渗碳制钢的原料。

差不多与块炼法同时或稍晚,又发展起坩埚炼铁。坩埚炼铁是由坩埚炼铜演变来的。坩埚炉的一般建筑是，就地面挖出长方形坑，周壁经夯打再涂以薄泥层，最初的炉顶用土坯和草拌泥券成。炉分为炉门、池、炉膛、烟囱四部分。门在炉前端，用来装炉和通风；门内是池，作燃烧时的“风窝”；炉膛盛放成行排列的坩埚和木柴、木炭等燃料；炉的后部是烟囱，用于排烟。从流传到后世的坩埚炼铁法，可以推知当时的炼铁方法是：先把矿石敲成小块，然后同木炭及助溶剂混合放入坩埚。坩埚装炉之前，先在炉底铺一层适当数量的硅瓦碎片，以使炉底通风；然后留出许多“火口”放易燃物；接着再铺一层木炭，在木炭上放置成行的坩埚；在第一层坩埚上铺木炭，木炭上再成行排列坩埚；直到把炉装满，便可从“火口”点火，并鼓风（或采取自然通风）。经过一定时间，坩埚中矿石便还原熔化为生铁。这种炼铁法，由于经济和简便，曾长期流传。直到近代，在山东、山西几省仍有流行[19]。

春秋末战国初，冶铁技术有了新的发展，由炼铜演变来的竖炉（即鼓风炉）开始应用。到目前为止，虽然齐国战国时期冶铁作坊的系统发掘材料还未见到，但出土许多生铁铸件的事实表明，当时显然已采用了鼓风竖炉炼铁。当时鼓风设备主要是皮制的“囊”。囊有口，口有柄，用人力鼓动，风力较强。这种风囊也称为“橐”。《墨子·备穴》在叙述用“橐”作为地道战的防御武器时，曾说：“具炉橐，橐以牛皮”，可知竖炉用的风囊是牛皮制的。《墨子·备穴》还记载：“灶用四橐”，地道战中使用的灶要用四个鼓风囊，由此可以推知当时竖炉所用的鼓风囊也不止一二个。大概越是大的冶铁炉用的风囊就越多。《吴越春秋》讲到吴王阖闾时铸造干将、莫邪两把宝剑，曾使用“童男童女三百人鼓橐装炭”，然后“金铁乃濡，遂以成剑”。这个铸剑的故事性质虽为神话传说，但是所描写的冶铁技术绝不是没有根据的。在冶铁炉止参加“鼓橐装炭”工作的有几百人，表明当时炼铁已具有相当规模，大型冶铁炉上确已使用较多的鼓风囊。由这个故事，完全可推知齐国的情况。多个风囊的使用，使炉内气体压力加大，穿透炉内料层的能力增强，同时使燃烧强度提高，使铁的渗碳速度加快。炼炉由坩埚炼铁的地坑式向竖风炉的进步，鼓风设备的改善是实现炉温技术要求的重要条件。正因为此，才使我国古代的冶铁迅速地从块炼法发展到竖炉炼铁。在考古发现的早期铁器中，常常既有块炼铁也有生铁。冶金史上一个典型的实例是，江苏六合程桥出土春秋晚期的铁条和铁丸，经金相分析，铁条系块炼铁锻成，铁丸为白口生铁铸造。可见当时不仅炼出了块炼铁，而且也炼出了生铁。我国古代从块炼铁到生铁的应用，短时间内便实现了技术突破，这是一个划时代的进步。而国外从块炼铁到生铁器物的应用，其间却用了两千多年[20]。

从冶铁工艺上说，块炼铁接近于纯铁，质地柔软而易于锻造，渗碳超过2%后，便成为生铁。生铁熔点较低，很容易达到液态，可直接铸造成器，它又是炼钢的原料。最早的生铁往往是含碳很高的白口铁，其优点是耐磨，适于制造犁铧一类的农具，其缺点是质脆易裂。春秋时期的铁农具，经鉴定多为白口铁铸造（战国时期农具情况已不一样），其中海绵状态的熟铁占很大比重，夹有大量渣滓，使得铁器表面粗糙。这与《国语·齐语》所说的“恶金以铸钼、夷、斤、斸，试诸壤土”基本相符。

为了克服白口生铁的脆性，至迟在春秋战国之交，古代工匠又创造了生铁柔化处理技术。所谓柔化处理，就是把白口铁进行退火处理，使白口铁变为可锻铸铁(亦称展性铸铁或韧性铸铁)，由此降低了铸件的脆性，提高了韧性，使性能得以改善。可锻铸铁的出现是冶金史上又一划时代的事件。它使得生铁广泛用作生产工具成为可能，大大延长了铁器的使用寿命，加快了铁器替代铜器生产工具的历史进程。

随着齐国冶铁技术的发展，铁器种类繁多，数量激增，使用范围广泛。《管子·轻重乙》记载："一农之事必有一耜、一铫、一镰、一鎒、一椎、一铚，然后成为农。一车必有一斤、一锯、一釭、一钻、一凿、一銶、一轲，然后成为车。一女必有一刀、一锥、一箴、一钵，然后成为女。"《管子·海王》中也有类似记载。这反映出，当时在齐国，铁器已成为各行各业必不可少的工具，而其品种和数量可以满足每个工种的需要。

《管子》中还有"三耜铁，一人之籍也"的记载。齐国以三耜铁作为一个人应出的人头税，可知齐国民间冶铁业已很普遍，铁并不是珍贵难得的东西，以至于同货币、粮食一样列为政府税收的项目。

随着冶铁业的发展，战国时期发现或开发的铁矿已经不在少数，齐人进行了总结。《管子·地数》说："出铁之山，三千六百九山。"这个统计数字不一定准确，但可知当时被发现的铁矿一定很多。与此同时，人们在采矿中也积累起找矿的经验。《管子·地数》记载："上有赭者，下有铁。"所谓"赭"，据李时珍《本草纲目》说，就是《本草经》上的"代赭"，俗称为"土朱"、"铁朱"，当是一种与赤铁矿性质相近的碎块，它是和赤铁矿伴生的。这是一种有科学依据的探勘矿苗的经验。

二　齐地冶铁遗址与出土的铁器

战国中期以后，齐国铁器取代铜器成为主要的生产工具，相应地冶铁手工业规模不断扩大。临淄齐国故城成为当时我国重要的冶铁业基地之一。在故城南牛山、稷山和城西金岭都有丰富的铁矿资源。故城内经勘探发现的炼铁遗址范围比较集中的就有6处，小城2处，大城4处。如大城西部炼铁遗址，在大城南北河道以西石佛堂村及村南一带，范围约4～5万平方米，据认为是东周晚期的炼铁遗址。大城南部炼铁遗址，在小城东门以东、邵院村西、刘家寨村以南的大片地区，但中心地区在大城南墙西门以内，面积约40万平方米。这是在已发现的齐故城炼铁遗迹中规模最大的一处。大城东北部的炼铁遗址，在阚家寨村的东南和村北、崔家庄的东北和村北、河崖头村西等大片地区，分布较广[21]。

建国以来，在原齐国境内出土的春秋战国时期的铁器已不少，尚有待进行详细的统计分析。前面述及50年代末在齐故城内集中采集到一批铁制农具(见《铁制生产农具》节)，此后又陆续有发现铁器的报道。如，1972年临淄郎家庄一号东周墓出土铁削两件，形制相同。其中较完整的一件，直柄环首，弧背，残长21.5厘米[22]。1972年济南千佛山战国墓出土有铁片，因通体锈蚀，不辨何器，长11.9厘米，宽9厘米[23]。这表明铁器的用途已不限于农具。1985年在临淄孙家营村出土战国时期铁农具7件，其中铁犁铧2件，铁锄3件，铁镢1件，铁斧，1件。铁犁铧边长13.5厘米，上宽4厘米，下两角距20.5厘米，槽宽2厘米，槽深1.1厘米。

铁镢长 12.2 厘米，宽 6 厘米，顶端厚 3.7 厘米，装柄孔 5.2×2.6 厘米，刃厚 1 厘米。铁斧长 12.5 厘米，宽 7.5 厘米，顶端厚 2.5 厘米，刃厚 0.5 厘米，柄孔 3×1.2 厘米[24]。1984 年淄博市南韩村战国墓出土铁锄 1 件，长 22.8 厘米，宽 10.5 厘米，厚 4 厘米，六边形，凸方銎[25]。1985 年沂水东周墓出土铁削一件，环形首，削身微呈弓形，残长 20.5 厘米，宽 1.2～1.5 厘米。铁削仿照西周和春秋时期的式样，当定为春秋中晚期。在沂蒙山区东周墓葬中出现铁器还是首次[26]，这一发现显然有一定意义。

可以相信，齐国铁器今后还会有更多的发现，因而很需要进一步作深入细致的研究。

（原文摘自《齐文化丛书·齐国科技史》，齐鲁书社 1997 年）

注释：

〔1〕文物编辑委员会：《文物考古三十年》，第 3 页，文物出版社 1979 年。

〔2〕戴尊德：《山西灵石县旌介村商代墓和青铜器》，《文物资料丛刊》1980 年第 3 期。

〔3〕孔颖达：《毛诗正义》。

〔4〕参见晓桐：《春秋齐国社会变革探索》，《管子学刊》1988 年第 2 期。

〔5〕郭沫若：《奴隶制时代》，第 203～204 页，人民出版社 1973 年。

〔6〕刘得祯等：《甘肃灵台县景家庄春秋墓》，《考古》1981 年第 4 期。

〔7〕岩青：《也谈我国开始冶铁的年代》，《文史哲》1982 年第 4 期。

〔8〕《虢国墓地再次出土大量珍贵文物》，《中国文物报》1991 年第 1 期。

〔9〕李众：《中国封建社会前期钢铁冶炼技术的发展》，《考古学报》1975 年第 2 期。

〔10〕〔17〕〔18〕雷从云：《战国铁农具的考古发现及其意义》，《考古》1980 年第 3 期。

〔11〕〔12〕周昕：《〈管子〉所述古农具略论》，《管子学刊》1992 年第 1 期。

〔13〕《临淄区志》第 543 页，中国友谊出版公司 1988 年。

〔14〕〔16〕梁家勉主编：《中国农业科学技术史稿》，第 100～101 页，农业出版社 1989 年版。

〔15〕“镈”，《国语》韦昭注、《释名·释用器》等都释为“钽”。

〔19〕杨宽：《中国古代冶铁技术发展史》，上海人民出版社 1982 年，第 73～75 页。

〔20〕《中国古代冶金》编写组：《中国古代冶金》，文物出版社 1978 年，第 46 页。

〔21〕群力：《临淄齐国故城勘探纪要》，《文物》1972 年第 5 期。

〔22〕山东省博物馆：《临淄郎家庄一号东周殉人墓》，《考古学报》1977 年第 1 期。

〔23〕《济南千佛山战国墓》，《考古》1990 年第 10 期。

〔24〕《临淄区志》，中国友谊出版公司 1988 年，第 543 页。

〔25〕《淄博市南韩村发现战国墓》，《考古》1988 年第 5 期。

〔26〕《山东沂水东周墓》，《考古》1988 年第 10 期。

齐文化通论·科技

宣兆琦　李金海

一　牛耕铁犁与耕作技术的进步

齐立国之初,自然条件尚差,生产工具相对落后,农业发展受到限制。进入春秋中期,齐国冶铁业勃兴,生产工具由此发生根本性变化,铁犁出现,牛耕应用,推动耕作技术的进步。

齐国约自春秋中后期有牛耕。牛耕联系着犁耕:耒耜由木制改为铁制,新铁犁需要畜力牵引时,牛与犁便结合起来。先秦典籍明确提到作为耕犁的,仅见《管子》中的《乘马》和《轻重甲》两篇,如《轻重甲》记载:"躬犁耕田。"间接可证齐国是春秋时期较早使用牛耕的国家之一。另据《国语》记载,晋国的范氏、中行氏在国内政治斗争失败后,逃到齐国安身,有人讥讽说:"今其子孙将耕于齐,宗庙之牺为畎亩之勤。"[1]其言范氏、中行氏的子孙由贵族沦为农民,不得不亲自驾牛耕作,譬如把昔日养在宗庙里祭祀用的牺牲派用田地里耕作。由此可知当时齐国使用牛耕比已普遍。

考古已发现齐地战国早期的铁犁铧。典型者其断面呈 V 字形,两侧分两叶展开,便于中部包纳木铧。铁铧刃端中间有三角形脊。铧首角度较大,达 120°。学者认为,这种铁铧尚保留有从耜演变而来的痕迹[2]。

惜资料所限,迄今我们还不能掌握齐国牛耕犁式的技术细节。

春秋中期后,齐国的耕作技术有很大进步,具体表现就是提倡深耕、疾耰、熟耰。如《国语·齐语》所载:"深耕而疾耰",《管子·小匡》记载:"深耕、均种、疾耰。"深耕是与牛耕铁犁相联系。"耰"与播种相联系,它是以防旱保墒为中心的耕作体系的一个重要环节。所谓"疾耰",是要在耕播后迅速及时地碎土覆种;所谓"熟耰",就是细致地碎土,均匀地覆种。齐国大部分地区属春旱多风之地,春季不但雨量稀少,且因风多使土壤水分蒸发量大。耕地播种以后,如果不抓紧覆种,将地整好,就会造成跄墒。因此,在耕播之后就要"疾耰"、"熟耰",迅速把土块打碎,切断土壤的毛细血管,减少土壤水分蒸发,同时细致均匀地覆种,以利种子出苗。这些,都反映了齐国农业生产技术的进步。

二 冶铁技术的兴起

关于我国历史上人工冶铁的年代，过去学术界多有争论，而近年的考古发现与研究表明，人工冶铁很可能始于西周末期[3]。由此有充分理由认为，史籍中有关齐桓公时代冶铁技术兴起，铁制农具大量使用的记载是可信的。

一般认为，古代最初的炼铁技术是从“块炼法”开始的，这种方法是将铁矿石和木炭一层夹一层地放在炼炉中，点火焙烧，在650℃～1000℃温度下，利用碳的不完全燃烧，产生一氧化碳，使铁矿石中的氧化铁还原成铁。这种方法炼得的铁，表面因夹杂渣滓而很粗糙，状若海绵。春秋时期锻造的铁农具经检验表明，所用原料就是块炼铁，这也与《国语·齐语》所说的“恶金以铸钼、夷、斤、斸，试诸壤土”基本相符。

春秋末战国初，冶铁技术有新的发展，有炼铜演变来的坚炉(即鼓风炉)开始应用。到目前为止，虽然齐国战国时期冶铁作坊的系统发掘材料还未见到，但出土许多生铁铸件的事实表明，当时显然已采用了鼓风竖炉炼铁。当时鼓风设备主要是皮制的“囊”。囊有口，口有柄，用人力鼓动，风力较强。这种风囊也称为“橐”。《墨子·备穴》在叙述用“橐”作为地道战的防御武器时，曾说，“具炉橐，橐以牛皮”，可知竖炉用的风囊是牛皮制的。《墨子》还记载：“灶用四橐”，地道战中使用的灶要用四个鼓风橐，由此可推知当时竖炉所用的鼓风囊也不止一两个。大概越是大的冶铁炉用的风囊就越多。多个风囊的使用，使炉内气体压力加大，穿透炉内料层的能力增强，同时使燃烧强度提高，使铁的渗碳速度加快。

随着齐国冶铁技术的发展，铁器种类繁多，数量激增，使用范围广泛。《管子·轻重乙》记载：“一农之事必有一耜、一铫、一镰、一鎒、一椎、一铚，然后成为农。一车必有一斤、一锯、一釭、一钻、一凿、一銶、一轲，然后成为车。一女必有一刀、一锥、一箴、一鉥，然后成为女。”《管子·海王》中也有类似记载。这反映出当时在齐国，铁器已成为各行各业必不可少的工具，而其品种和数量可以满足每个工种的需要。

战国时期，临淄齐国故城已成为当时我国重要的冶铁基地之一。齐国冶铁手工业的规模也由一系列的考古发现给予证实。仅齐故城内发现的炼铁遗址范围比较集中的就有6处。如大城西部炼铁遗址，在大城南北河道以西石佛堂村及村南一带，范围约4～5万平方米，据认为是东周晚期的炼铁遗址。大城南部炼铁遗址，在小城东门以东，中心地区在大城南墙西门以内，面积约40万平方米。这是在已发现的齐故城炼铁遗址中规模最大的一处[4]。

建国以来，在原齐国境内出土的春秋战国时期的铁器已不少。如50年代末在齐故城内集中采集到一批铁农具[5]，此后又陆续有发现铁器的报道。如1985年在临淄孙家营村一次出土战国时期的铁农具7件，计有犁铧、锄、镢、斧。

总的说，目前对齐国铁器的研究还很不够，缺乏统计分析和新的技术检测，尚待做深入的研究工作。

（原文摘自《齐文化通论》,新华出版社 2008 年）

注释:

〔1〕《国语·晋语》。

〔2〕雷从云:《战国铁农具的考古发现及其意义》,《考古》1980 年第 3 期。

〔3〕参见张秉伦、戴吾三主编:《齐国科技史》,《齐文化丛书》第 15 辑,齐鲁书社 1997 年,第 241～243 页。

〔4〕群力:《临淄齐国故城勘探纪要》,《文物》1972 年第 5 期。

〔5〕《临淄齐国故城采集的铁器》,《考古》1961 年第 6 期。

《齐文化的考古发现与研究》铁器内容

张光明

齐国是最早发明冶铁术的国家和地区。《国语·齐语》载:“美金(青铜)以铸剑,试诸狗马;恶金以铸鉏夷斤斸,试诸壤土。”《管子·轻重乙》曰“一农之事必有一耜、一铫、一镰、一鎒、一椎、一铚,然后成为农。一车必有一斤、一锯、一釭、一钻、一凿、一銶、一轲,然后成为车。一女必有一刀、一锥、一箴、一鉥,然后成为女。”据研究,我国的冶铁术发明于春秋晚期,战国时期已普遍使用。冶铁术发明后,对生产力的提高起着极为重要的作用[1]。据《管子》载,早在春秋管桓时期,齐国“断山木,鼓山铁”就成为重要的手工业部门,故而齐国发明冶铁术当在春秋中叶。齐地铁矿资源丰富,《管子·地数篇》载:齐地“出铁之山三千六百九山”。齐故城勘探发现六处冶铁遗址,其中两处面积达40万平方米。汉代全国设铁官49处,山东就设12处,多在齐地,其中一处就设在临淄。正因齐国较早地发明了冶铁术,铁工具广泛用于农作,才有可能使齐地多盐潟荒芜之地变成膏腴之田。

考古所见,齐地发现铁器主要有四批:

①临淄商王墓地三座墓中出土铁器103件,其中二号墓出土数量最多,器类以生活用具为主,兵器次之,此为齐地出土铁器之大宗者。其中剑1、杆形器40、削4、针50、锄1、夯1、锸4[2]。

②临淄郎家大墓出土铁器16件,发掘者认为是盗掘工具。该墓的年代为春秋晚期至战国初期,墓早年被多次盗掘,由铁器形状考知,当属战国无疑。其中有镬9件、斧5件、锄1件、凿1件[3]。

③1985年4月、临淄孙娄乡孙家营村在齐鲁乙烯排污工程施工中,出土铁器7件,鉴定为战国时期。其中犁铧2件、铁锄3件、铁镢1件、铁斧1件。另在临淄还出土铁杈1件[4]。

④临淄窝托齐王墓1978年发掘了五个陪葬坑,出土了铁器约401件。其中铠甲3领、殳2件、戟141件、矛6件、铍20件、杆形器约180件、镬1件、臿1件、锄1件、削3件、暖炉1件、辖8件、釭8件,车垫4件、车饰19件、马衔2件、车上构件销3件、环2件、残铁器4件[5]。

春秋战国时期,齐国的冶铁技术十分发达。对此,古文献上不乏记载,考古发现也已经证实。古代最初的炼铁技术是从“块炼法”开始的。这种方法是将铁矿石和木炭一层夹一层地放在炼炉中，点火焙烧，在650℃～1000℃温度下，利用炭的不完全燃烧，产生一氧化碳，使铁矿石中的氧化铁还原成铁。但由于炭火温度不够高，致使还原成的铁只能沉到炉底而不能呈熔化状态流出。人们只好待铁炼成，炼炉冷却后，再设法拆炉取铁。这样炼得的铁，表面因夹杂渣滓而很粗糙，状若海绵，显不出铜那样明显的金属特征，有的还不如青铜坚韧。春秋时期锻造出的铁器经检验表明，所用原料就是块炼铁。

"块炼法"炼铁需要毁炉取铁，使生产间断，所以生产效率低，而且燃料消耗也很大，但生产设备和工艺远较冶铸生铁简易。块炼炉生产的块炼铁，含硫量很低，硅、铝、磷等元素的含量也都很低，因此性能柔软，易于锻造器物。其缺点是结构疏松，含有较杂质，因而不刚强，不耐用。但是，经过渗碳处理成钢以后，就能克服这个缺点。所以春秋以后很长一段时间，在大量生产铸铁的同时，仍旧生产块炼铁，以用作锻造铁器和渗碳钢的原料。

差不多与块炼法同时或稍晚，又发展起坩埚炼铁。坩埚炼铁是由坩埚炼锅演变来的。

坩埚炉的一般建筑是，就地面挖出长方形坑，周壁经夯打再涂以薄泥层，最初的炉顶用土坯和草拌泥卷成。炉分为炉门、池、炉膛、烟囱四部分。门在炉前端，用来装炉和通风；门内是池，作燃烧时的"风窝"；炉膛盛放成行排列的坩埚和木柴、木炭等燃料；炉的后部是烟囱，用于排烟。从流传到后世的坩埚炼铁法，可以推知当时的炼铁方法是：先把矿石敲成小块，然后同木炭及助熔剂混合放人坩埚。坩埚装炉之前，先在炉底铺一层适当数量的硅瓦碎片，以使炉底通风，然后留出许多"火口"放易燃物，接着再铺一层木炭，在木炭上放置成行的坩埚，在第一层坩埚上铺木炭，木炭上再成行排列坩埚，直到把炉装满，便可从"火口"点火，并鼓风(或采取自然通风)。经过一定时间，坩埚中矿石便还原溶化为生铁。这种炼铁法，由于经济和简便，曾长期流传。直到近代，在山东、山西几省仍有流行。

春秋末期至战国初期，冶铁技术有了新的发展，由炼铜演变来的竖炉（即鼓风炉)始应用。到目前为止，虽然齐国战国时期冶铁作坊的系统发掘材料还未见，但出土许多生铁铸件的事实表明，当时显然已采用了鼓风竖炉炼铁。当时鼓风设备主要是皮制的"囊"，囊有口，口有柄，用人力鼓动，风力较强。这种风囊也称为"橐"。《墨子·备穴》在叙述用"橐"作为地道战的防御器时，曾说："炉具橐，橐以牛皮"，可知竖炉用的是风囊是牛皮制的。

《墨子·备穴》还记载："灶用四橐"，地道战中使用的灶要用四个风囊，由此可以推知当时竖炉所用的鼓风囊也不止一二个。大概越是大的冶铁炉用的风囊就越多。《吴越春秋》讲到吴王阖闾时铸造于将、莫邪两把宝剑，曾使用"童男童女三百人鼓橐装炭"，然后"金铁乃濡，遂成剑"。这个铸剑的故事性质虽为神话传说，但是所描写的冶铁技术绝不是没有根据的。在冶铁上参加"鼓橐装炭"有几百人，表明当时冶铁已具有相当规模，大型冶铁炉上确已使用较多的风囊。由此可推知齐国当时铸铁之盛况。多个风囊的使用，使炉内气体压力加大，穿透炉内料层的能力增强，同时使燃烧温度提高，使铁的渗碳速度加快。炼炉由坩埚炼铁的地坑式向竖风炉的进步，鼓风设备的改善是实现炉温技术要求所必备的重要条件。如此，才使我国古代的冶铁迅速地从块炼法发展到竖炉炼铁。在考古发现的早期铁器中,常常既有炼铁也有生铁。冶金史上一个典型的实例是,江苏六合程桥出土春秋晚期的铁条和铁丸,经金相分析,铁条系块炼铁锻成,铁丸为白口生铁铸造。可见当时不仅炼出了块炼铁,而且也炼出了生铁。我国古代从块炼铁到生铁的应用,短时间内便实现了技术突破,这是一个划时代的进步。而国外从块炼铁到生铁器物的应用,其间却用了两千多年。

从冶铁工艺上说,块炼铁接近于纯铁,质地柔软而易于锻造,渗碳超过2%,便成为生铁。生铁熔点较低,很容易达到液态,可直接铸造成器,它又是炼钢的原料。最早的生铁往往是含碳很高的白口铁,其优点是耐磨,适于制造犁铧一类的农具,其缺点是质脆易裂。春秋时期的铁农具,经鉴定为白口铁铸造(战国时期农具情况已不一样),其中海绵状态的熟铁占很大比重。夹有大量渣滓,使得铁器表面粗糙。这与《国语·齐语》所说的:“恶金以铸鉏、夷、斤、斸,试诸壤土”基本相符。

为了克服白口生铁的脆性,至迟在春秋战国之交,古代工匠又创造了生铁柔化处理技术。所谓柔化处理,就是把白口铁进行退火处理,使白口铁变为可锻铸铁(亦称展性铸铁或韧性铸铁),由此降低了铸件的脆性,提高了韧性,使性能得以改善。可锻铸铁的出现是冶金史上又一次划时代的事件。它使得生铁广泛用作生产工具成为可能,大大延长了铁器的使用寿命,加快了铁器替代铜器生产工具的历史进程。

随着齐国冶铁技术发展,铁器种类繁多,数量激增,使用范围广泛。《管子·轻重乙》记载:“一农之事必有一耜、一铫、一镰、一鎒、一椎、一铚,然后成为农。一车必有一斤、一锯、一釭、一钻、一凿、一銶、一轲,然后成为车。一女必有一刀、一锥、一箴、一鉥,然后成为女。”《管子·海王》中也有类似记载。这反映出,当时在齐国,铁器已成为各行各业必不可少的工具,而其品种和数量可以满足每个工种的需要。

《管子》中还有“三耜铁,一人之籍也”的记载。齐国以三耜铁作为一个人应出的人头税,可知齐国民间冶铁业已很普遍,铁并不是珍贵难得的东西,以至于同货币、粮食一样列为政府税收的项目。

随着冶铁业的发展,战国时期发现或开发的铁矿已经不在少数,齐人进行了总结,《管子·地数》载:“出铁之山,三千六百九山。”这个统计数字不一定准确,但可知当时被发现的铁矿一定很多。与此同时,认们在采矿中也积累起找矿的经验。《管子·地数》记载:“上有赭者,下有铁。”所谓“赭”,据李时珍《本草纲目》说,就是《本草经》上的“代赭”,俗称为“土朱”“铁朱”,当是一种与赤铁矿性质相近的碎块,它是和赤铁矿伴生的。这是一种有科学依据的探矿经验。

(原文摘自《齐文化的考古发现与研究》,齐鲁书社2004年7月)

注释:

〔1〕北京大学考古系:《战国秦汉考古》(上),1973年6月。

〔2〕淄博市博物馆:《临淄商王墓地》,齐鲁书社 1997 年。

〔3〕山东省博物馆:《临淄郎家庄一号东周殉人墓》,《考古学报》1977 年 1 期。

〔4〕《临淄文物志》,中国友谊出版公司 1990 年,第 160 页。

〔5〕贾振国等:《西汉齐王墓随葬器物坑》,《考古学报》1985 年 2 期。

山东齐国故城冶铁遗址出土炼铁遗物的测试与研究

杜 宁 李延祥 张光明

摘要:通过对山东临淄齐国故城东北部炼铁遗址的现场调查,并对出土的炉渣等炼铁遗物进行了科学分析,表明大部分炼铁炉渣均由冶炼生铁所产生,少部分炉渣可能是由炒钢过程所产生,并对冶炼的相关信息进行了说明。遗址的时代约为春秋战国至汉代,所使用的矿石很可能来自于金岭铁矿(铁山)。遗址的冶炼工序比较完善,与附近出土铁器所反映的工序也比较相符。

关键词:冶金考古,冶炼遗址,临淄齐国故城

Abstract: The investigation and the examinations of iron smelting samples from the northeast of Linzi.the capital of Qi State, are reported in this paper.The results indicate that cast-iron smelting Technology was used in these sites, and parts of slags may come from oxidation process,and then illustrate the smelting information.The age of the sites may from Zhanguo Period to Han Dynasty.The ore probably come from Jinling iron mine.The smelting processes of this site are rich, and have a good match with which some iron artifact nearby reflected.

Keywords: archaeometallurgy; smelting relic; Linzi City-site of the Qi State

临淄齐国故城是周代至汉代齐国的政治经济中心，故城范围内保留了丰富的先秦两汉时期的遗存。考古工作者于 1958 年[1]和 1964～1966 年[2]对齐故城进行了试掘和普探，于 2003 年对故城内汉代铸镜作坊遗址进行了调查[3]，大体查明了故城的范围、形制和城墙的保存情况，初步了解到城内的地层堆积、交通干道、排水系统、手工业作坊、宫殿建筑和墓葬等遗存的分布情况。故城内的冶铁遗址主要分布于大城南部和大城东北部，在大城中部偏西和小城西部也有部分炼铁遗存。2009 年 4 月，本课题组配合临淄区文物局进行第三次文物普查，对齐故城的炼铁遗址进行了现场调查和冶炼遗物的采集。大城东北部地表冶炼遗存分布很广，自刘家寨北、苏家庙西、东古城南、傅家庙东的范围内均有冶炼遗物零星分布，阚家寨、刘家寨、崔家庄、河崖头四个村庄之间的农田内遗物堆积较厚

(见图 1)。冶炼遗物有矿石、炉渣、渣铁混合物、铁制品、砺石等。矿石为暗红黑色,炉渣多呈灰色非玻璃态或绿色玻璃态,比重约为 3,致密度不一。渣铁混合物多为块状暗红黑色,比重约为 6,铁制品均有不同程度的锈蚀,大部分呈块状或片状,有少部分可以辨认出器形(见图 2)。

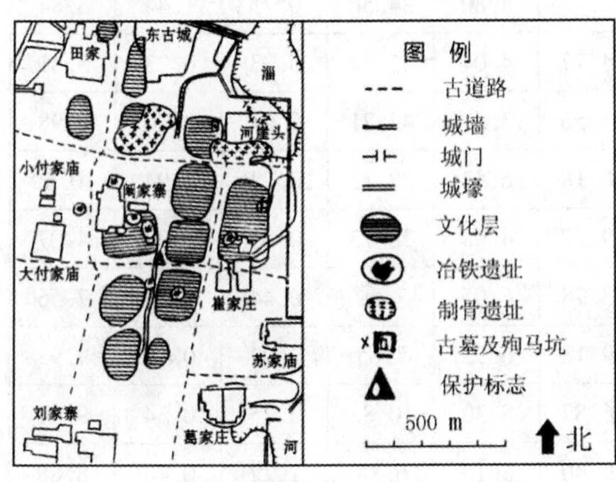

图 1 齐国故城东北部冶铁遗址位置图

图 2 遗址所采集的部分冶炼遗物的照片

一 样品检测

在实验室内将所获得的冶铁遗物按照宏观状态进行分类，按各类样品的比例随机取样。将标本清洗后取尽可能大的断面为样品。将样品用金相镶样机包埋在电木粉中,用水砂纸从粗到细对样品进行磨光,在金相抛光机上将样品抛光。对无明显大块金属残留的样品直接喷碳,对有较大块残留金属铁的样品用 4%硝酸酒精溶液进行侵蚀,使用莱卡(Leica)DM4000M 型金相显微镜对样品观察并拍照后,将样品重新抛光并在表面喷碳。使用日本电子公司 JSM6480LV 型扫描电子显微镜及配备的美国热电公司 Noran System Six 型能谱仪对所有喷碳样品进行检测。

扫描电子显微镜及能谱仪对炉渣基体的成分进行分析,结果见表 1。表 1 依钙含量高低将炉渣分类(见图 3),其各自属性在下文具体分析。

表 1 临淄齐国故城炼铁遗物成分表(Wt%)

种 类	编号	Na	Mg	Al	Si	K	Ca	Ti	Mn	Fe
第一类炉渣	2112	1.08	5.40	8.18	38.75	4.39	37.50	0.58	1.28	2.84
	2214	1.45	5.28	8.96	40.94	5.96	31.06	0.57	1.89	3.89
	2414	1.48	3.74	8.27	43.49	4.78	34.88	0.91	1.04	1.41
	2418	1.37	2.51	8.25	42.15	4.97	35.62	0.83	0.74	3.56
	2715	1.41	4.49	9.23	38.24	3.74	38.97	0.61	1.12	2.19
	2914	1.52	2.91	6.89	44.55	5.14	33.59	0.90	1.40	3.10

（续表）

种　类	编号	Na	Mg	Al	Si	K	Ca	Ti	Mn	Fe
第一类炉渣	2915	1.29	2.19	7.72	41.57	4.84	39.19	0.50	1.01	1.69
	2916	1.50	3.96	7.21	42.61	4.77	33.79	0.59	1.05	4.52
	2918	1.15	2.34	8.73	42.41	4.80	34.56	0.73	1.44	3.84
	2421	1.37	1.90	5.97	34.77	4.04	45.58	0.33	0.23	5.81
	2714	1.02	3.56	8.98	37.56	3.80	42.71	0.63	0.76	0.98
	2912	0.43	2.78	9.09	40.18	6.52	28.15	0.22	1.94	10.69
	2917	1.12	3.57	6.59	39.57	4.98	38.73	0.43	0.94	4.07
其他类炉渣	2213	2.48	1.48	10.21	63.78	6.05	7.59	0.44	0.41	7.56
	2411	1.56	1.41	12.19	59.18	6.72	7.65	0.92	0.44	9.93
	2413	1.79	1.29	10.53	56.87	8.30	10.82	0.75	0.34	9.31
	2712	1.12	1.29	20.05	56.40	3.18	6.88	1.72	0.48	8.88
	2911	2.12	1.42	10.32	65.37	6.24	6.89	0.79	0.00	6.85
	2211	2.73	1.50	10.14	64.21	6.59	7.85	0.86	0.38	5.74
	2511	0.50	12.86	9.03	48.72	6.92	14.09	0.58	1.36	5.94
	2913	2.94	1.55	11.34	60.57	7.11	10.79	0.52	0.40	4.78
炉壁挂渣	2994	3.52	1.15	11.41	67.70	4.65	5.86	—	—	5.71
炉壁	2994	3.04	1.97	10.58	54.46	5.23	12.40	—	—	12.32

注："—"表示未见此元素特征峰出现；未计算氧含量；元素含量低于1%的误差较大。

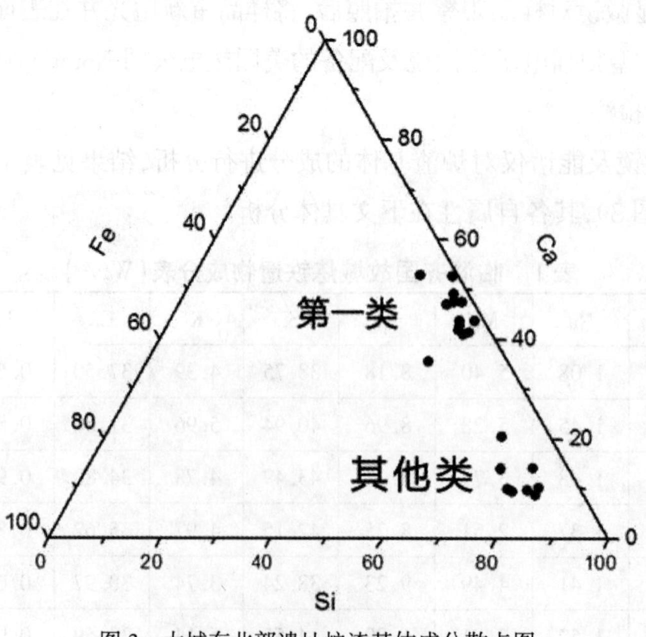

图3　大城东北部遗址炉渣基体成分散点图

第一类炉渣样品共有 13 个(2112、2214、2414、2418、2421、2714、2715、2912、2914、2915、2916、2917、2918),炉渣基体的成分为硅钙系,含少量镁铝等元素,铁含量较低。大部分样品的成分较为一致,其中样品 2421 和 2714 中较高的钙含量可能是因为炉料未能均匀混合的结果;2912 的铁含量偏高可能是还原反应不充分的结果;样品 2414 中还发现残留的石灰石相(见图 4)。炉渣所包含颗粒全部为铁颗粒,从其金相组织来看,6 个样品为灰口铁(2214、2715 见图 5、2912、2914、2915、2918),3 个样品为白口铁 (2112、2414、2916 见图 6),3 个样品中的小颗粒截面接近正圆形(2418、2421、2714)。炉渣中所包含的颗粒为大部分高碳组织(2917 为铸铁脱碳组织,可能偶然受到氧化所致(见图 7),但石墨化的程度不同,应与其碳当量和冷却速度等因素有关。根据炉渣样品的基体成分及所包含颗粒的金相组织分析,上述铁渣应为冶炼生铁所排出的炉渣。

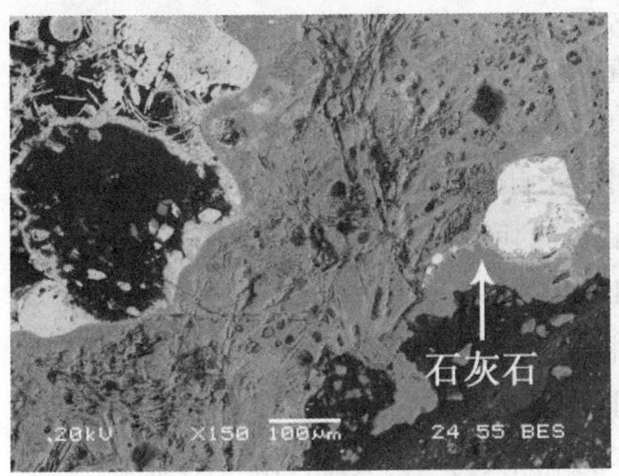

图 4 2414–21 背散射电子像

第一类渣,中部次暗相基体为炉渣,右侧亮相颗粒为铁颗粒,颗粒下方“~”形均匀暗相为石灰石。

图 5 2715–1 金相照片

第一类渣中铁颗粒,珠光体基体中石墨与磷化物共晶组织,为灰口铁。

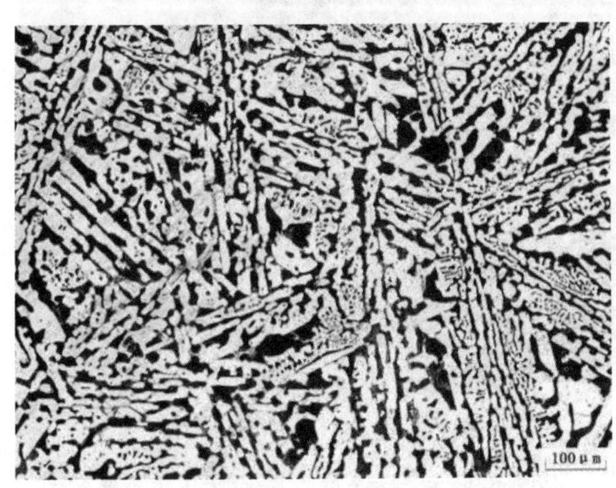

图 6 2916–1 金相照片

第一类渣中铁颗粒,珠光体及莱氏体共晶组织,为亚共晶白口铁。

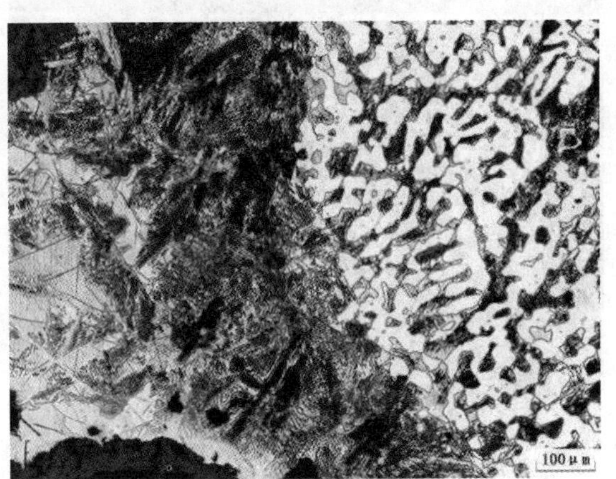

图 7 2917–1 金相照片

第一类渣中铁颗粒,外部为铁素体,中部为珠光体,内部为亚共晶白口铁,该样品总体为铸铁脱碳组织。

根据所分析的炉壁及壁挂渣样品可以看出，两者与大部分“其他类炉渣”的基体成分没有明显的区别，可以推测“其他类炉渣”的主要来源应为冶铁炉壁，由于多种冶炼过程均可能产生类似的特征，所以某些样品只能推测其可能性较大的工序。

样品 2213 为青灰色非玻璃态炉渣，流动性较差。炉渣中包裹有一大块铁颗粒，直径约 2.5 厘米，形貌不规则，缺陷很多，金相观察其组织全部为均匀的铁素体（见图 8）；所包含夹杂物很少，成分为单相硅酸盐，钙含量较炉壁有所偏高，表示其可能来自于高钙冶炼渣（见表 1）；炉渣基体上还发现有浮氏体留存（见图 9）。综合推测该样品为炒钢渣的可能性较大。下文将该炉渣及与其特征接近的炉渣暂称为第二类渣。

样品 2411 和样品 2413 为黑色非玻璃态炉渣，流动性一般。炉渣所夹杂的小铁颗粒形貌不规则（见图 10）；颗粒太小金相组织不作为参考；基体中有浮氏体留存（见图 11）。综合推测该样品为第二类炉渣（炒钢渣）的可能性较大。

样品 2712 和 2911 为青灰色非玻璃态炉渣，流动性一般。渣中所夹杂铁颗粒形貌也不甚规则（见图 12），颗粒的金相组织为低碳组织（见图 13）；颗粒所包含夹杂物很少，成分为单相硅酸盐，钙含量较炉壁有所偏高，表示其可能来自于高钙冶炼渣（见表 1）；基体中未发现浮氏体。综合推测该样品为第二类炉渣（炒钢渣）的可能性较大。

样品中 2211、样品 2511、样品 2913 宏观状态不甚一致，其基体成分与第二类炉渣接近，但所夹杂大颗粒均为灰口铁（图 14），小颗粒截面也接近正圆形（图 15），基体中并未发现浮氏体。综合推测该样品为生铁冶炼渣的可能性较大，其较低的钙含量可能缘于其靠近炉壁，未能与高钙的炉渣进行充分反应；但也不能排除其为炒钢渣，因为炒钢过程中可能有颗粒靠近炉壁的边角或底部，未充分氧化从而残留下高碳组织。

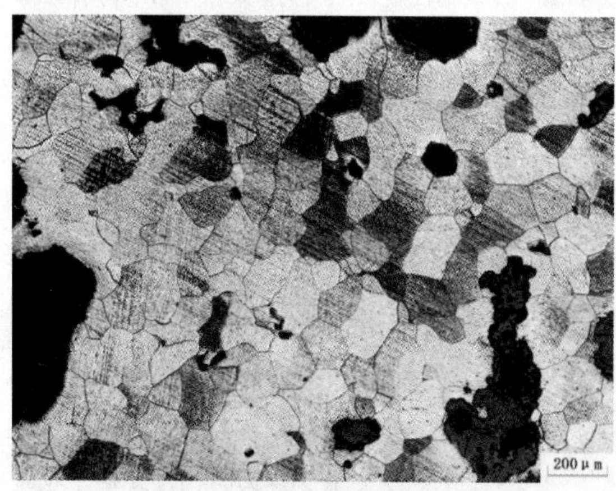

图 8　2213-12 金相照片

第二类渣中铁颗粒，基体为均匀的铁素体，铸造缺陷较多。

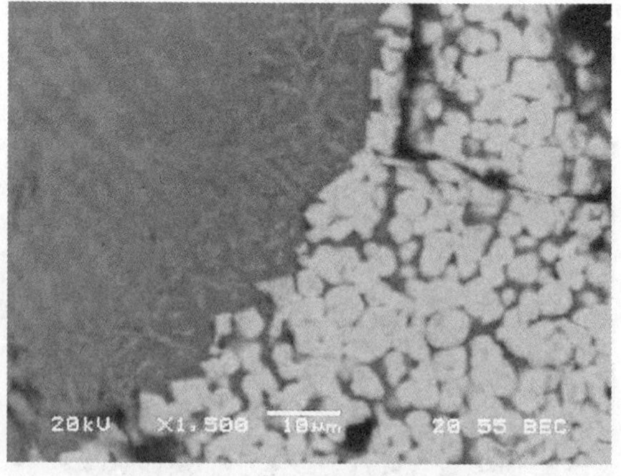

图 9　2213-11 背散射电子像

第二类渣，左上方为炉渣基体，右下方为浮氏体。

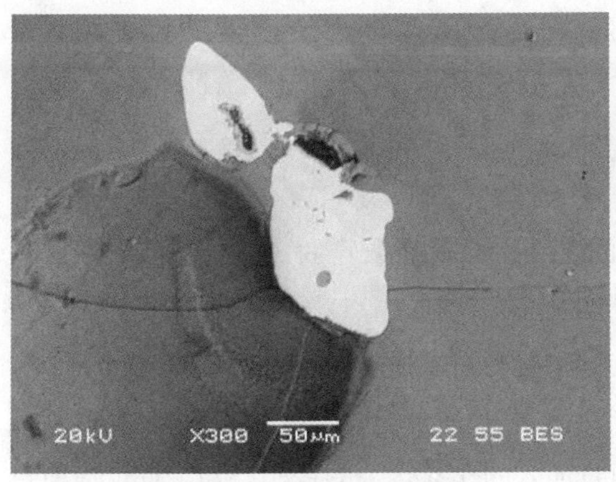

图 10　2411-3 背散射电子像

第二类渣,亮相为铁颗粒,形貌不规则。

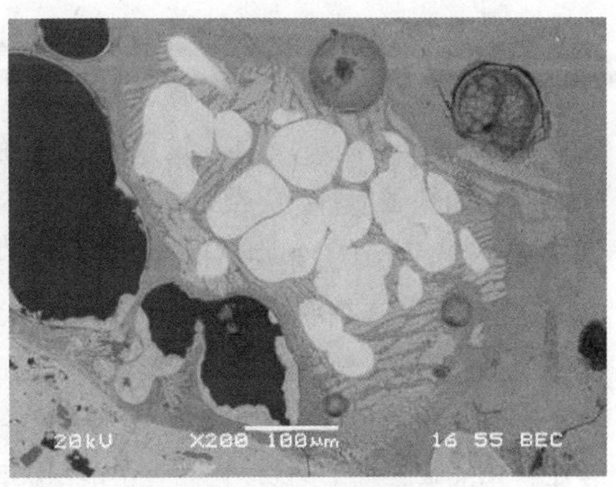

图 11　2413-6 背散射电子像

第二类渣,亮相为浮氏体,周围有铁橄榄石相。

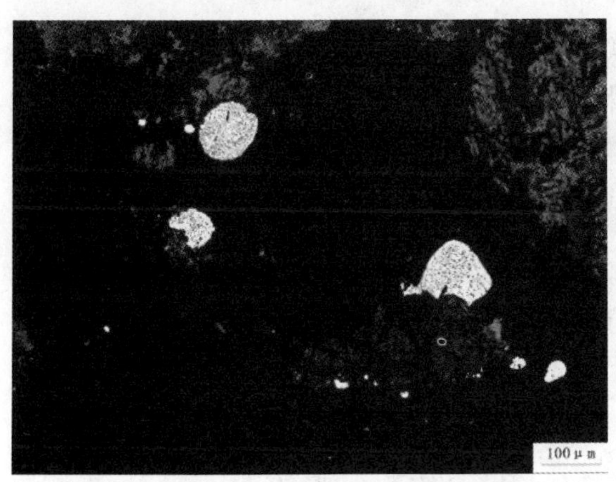

图 12　2712-1 金相照片

第二类渣,基体次亮相为炉渣,亮相颗粒为低碳组织,形貌不甚规则。

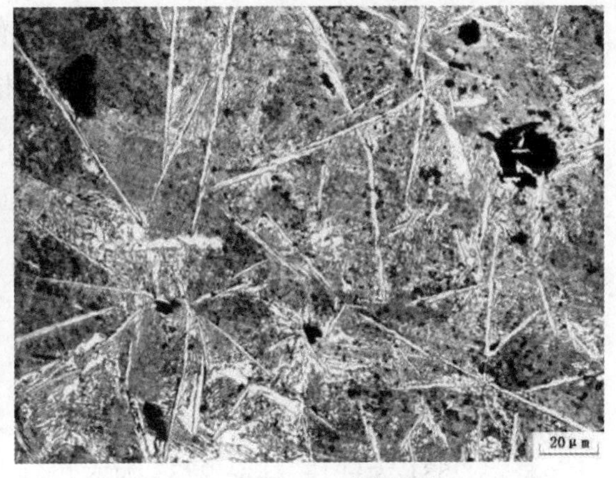

图 13　2911-2 金相照片

第二类渣,基体为珠光体,分布有渗碳体,该样品为过共析钢组织。

图 14　2211-1 金相照片

基体为珠光体，分布有片状石墨与磷化物共晶组织,该样品为灰口铁。

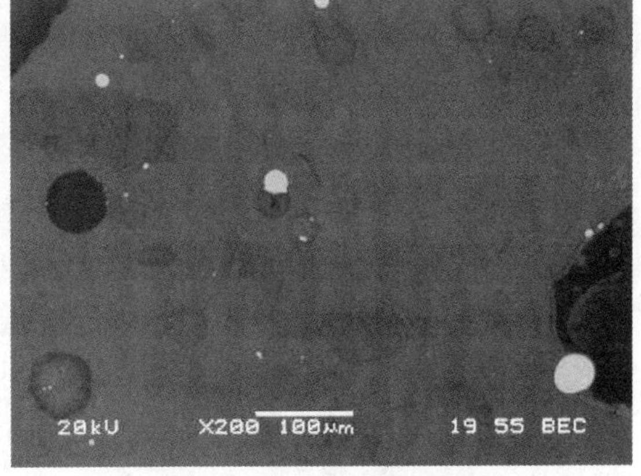

图 15　2913-1 背散射电子像

次暗相基体为炉渣,亮相为铁颗粒,截面均接近圆形。

遗址上发现的铁制品中除一件六角钮釭残块(见图 16)和一件铁锸(见图 17)外,其余均为难以辨认器形的铁块或铁片。对这 17 件样品进行金相分析可以反映冶铁工序及产物。

样品 2533 为铁块,基体为铁素体,晶粒有明显的拉长变形现象;夹杂物较多,大部分为小圆点状的铁橄榄石型夹杂,少部分为氧化亚铁—铁橄榄石型复相夹杂(见图 18 和图 19,成分见表 2)。由于并未在该样品中发现高钙的夹杂物, 从夹杂物的成分上不能确定其来源。但考虑到其夹杂物形貌小而分散,并且大量的小夹杂物呈圆点状,所以推测其经过了液态熔化的过程。大部分的小圆点状夹杂物的成分主要为铁橄榄石,铁含量高而硅含量低,少部分夹杂物为复相夹杂。两种夹杂物的成分与生铁中夹杂物的成分有较大不同,其体积也比生铁中的夹杂物大的多。推测其可能由炒钢时加入的作氧化剂的铁矿石和炉壁反应所形成的。由以上分析推测这 1 个样品为炒钢制品的可能性较大,变形的晶粒和夹杂物表明其经过了热锻加工。

样品 2832 为铁块,基体为铁素体,晶粒有明显的拉长现象;夹杂物较多而且形貌不规则,成分分析其为氧化亚铁和铁橄榄石型复相夹杂(见表 2),并且沿晶粒拉长方向延伸(见图 20)。由于并未在该样品中发现高钙的夹杂物,从夹杂物的成分上不能确定其来源。但夹杂物的体积占据了基体相当大的一部分,明显高于生铁来源的脱碳铸铁和炒钢,氧化亚铁—铁橄榄石型复相夹杂的特征也很普遍明显。由以上分析推测这 1 个样品为块炼铁制品的可能性较大,变形的晶粒和夹杂物表明其经过热锻加工。

样品 2221 为铁块,基体为珠光体,并分布有片状石墨(见图 21),推测该样品为灰口铁铸造而成。

样品 2531 为铁块,样品 2733 为六角釭残块(已残,高约 5cm,厚约 1cm~2cm,推测原内径约为 10cm,河南南阳瓦房庄汉代冶铁遗址曾发现类似铁器[4],样品 2931、2932、2933 为铁片,基体为莱氏体,分布有不同比例的枝晶珠光体(见图 22),推测这 5 个样品为亚共晶白口铁铸造而成。

样品 2231 为铁片,样品 2331、2535 为铁块,基体为珠光体,分布有团絮状石墨(见图 23),推测这 3 个样品为韧性铸铁。

样品 2631 为铁锸(宽 6cm,长 7cm,銎长 4.5cm,刃部高 2.5cm,銎厚 2cm,齐故城附近的商王村战汉时期墓地[5]以及窝托村西汉齐王墓器物坑[6]曾出土形制接近的凹口锸),样品 2721、2921 为铁块,基体为铁素体,夹杂物很少且变形量小(见图 24),推测这 3 个样品为脱碳铸铁。

样品 2534 为铁片,基体为珠光体,夹杂物很少且变形量小;样品 2831 为铁片,基体为铁素体及珠光体,夹杂物很少且变形量小(见图 25);样品 2934 为铁块,基体为珠光体和网状渗碳体;金属所包含夹杂物很少而且变形量小,成分为单相硅酸盐。推测这 3 个样品为铸铁脱碳钢。

表 2　部分炉渣夹杂铁颗粒中夹杂物或铁块中夹杂物成分表(Wt%)

编号	物相	O	Na	Mg	Al	Si	P	S	K	Ca	Ti	Mn	Fe	注释
2213	铁渣	–	3.93	3.75	9.03	47.37	–	–	7.87	11.07	0.91	2.36	13.71	第二类炉渣中铁颗粒中的夹杂物
2911	铁渣	–	4.02	1.89	8.61	49.65	–	–	12.68	17.82	0.66	–	4.67	
2533	浮氏体	19.72	–	–	0.24	0.22	0.21	–	–	–	–	–	79.61	铁块中夹杂物
	铁橄榄石	–	–	–	–	18.07	2.73	–	–	–	–	1.41	77.79	
	铁橄榄石	–	–	–	–	20.47	3.33	–	–	–	–	2.31	73.89	
2832	浮氏体	18.71	–	–	–	0.22	0.08	–	–	–	–	–	80.99	铁块中夹杂物
	铁橄榄石	–	2.55	0.81	2.63	19.57	3.38	0.73	1.22	5.54	–	–	63.57	

注:"—"表示未见此元素特征峰出现;除浮氏体外未计算氧含量;氧含量和元素含量低于1%的误差较大。

图 16　2733-3 六角釭残块照片

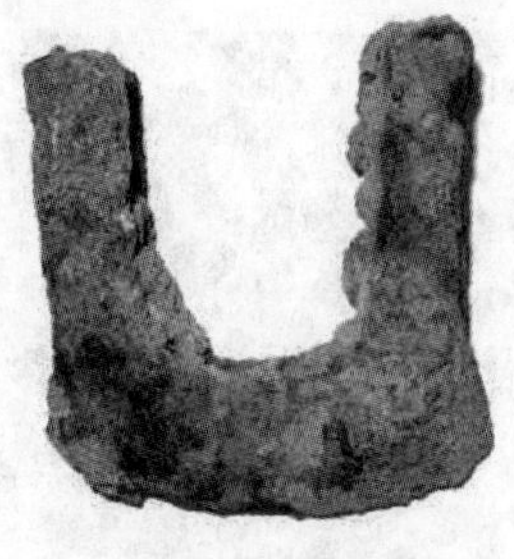

图 17　2631-1 铁锸照片

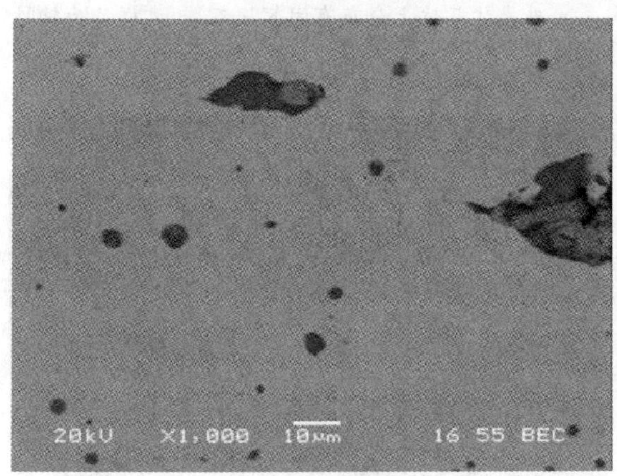

图 18　2533-1 背散射电子像

夹杂物部分为小圆点状的铁橄榄石型夹杂,部分为氧化亚铁——铁橄榄石型复相夹杂。

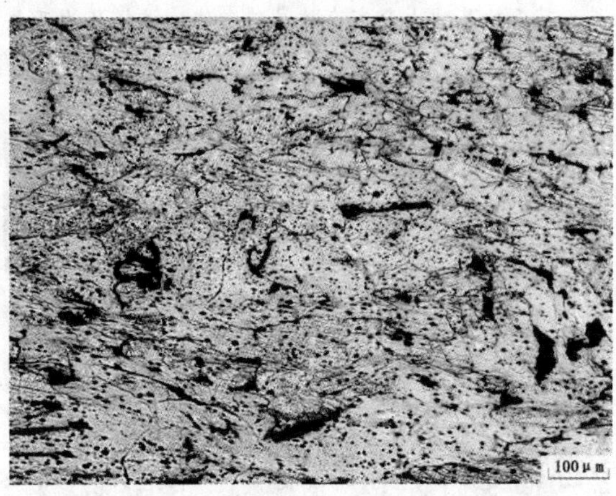

图 19　2533-11 金相照片

基体为铁素体，有变形扭曲；夹杂物较小而分散,大夹杂物沿晶粒拉长方向延伸。该样品可能为炒钢制品。

图 20　2832-13 金相照片

铁素体基体，有变形；夹杂物为氧化亚铁——铁橄榄石复相夹杂，沿晶粒拉长方向延伸，该样品为经热锻的块炼铁。

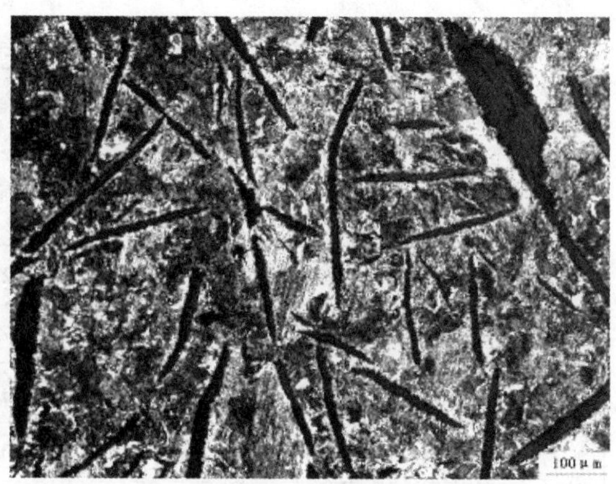

图 21　2221-2 金相照片

珠光体基体上分布片状石墨，该样品为灰口铁。

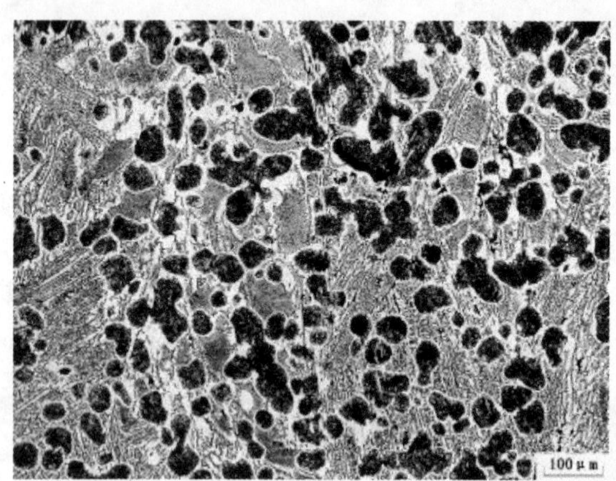

图 22　2932-1 金相照片

莱氏体基体上分布有枝晶珠光体，该样品为亚共晶白口铁。

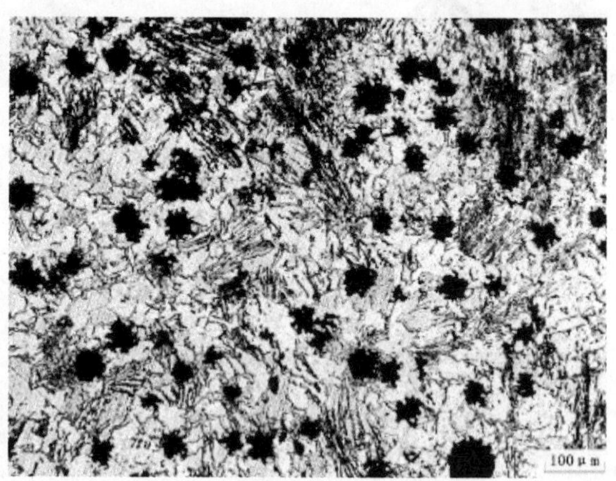

图 23　2535-1 金相照片

珠光体基体上分布有团絮状石墨，该样品为韧性铸铁。

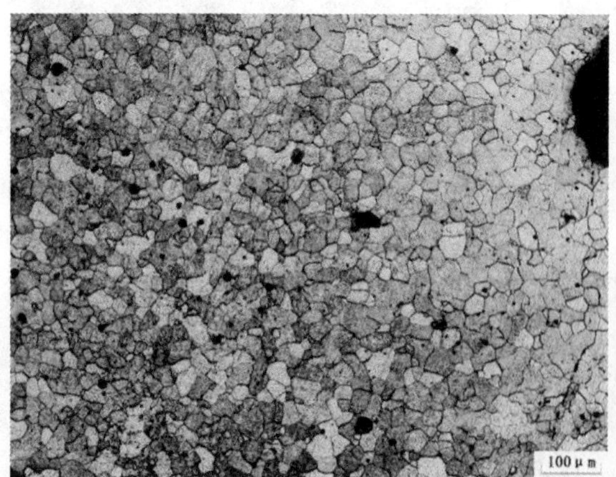

图 24　2921-11 金相照片

基体为铁素体，夹杂物少且变形量小，该样品为脱碳铸铁。

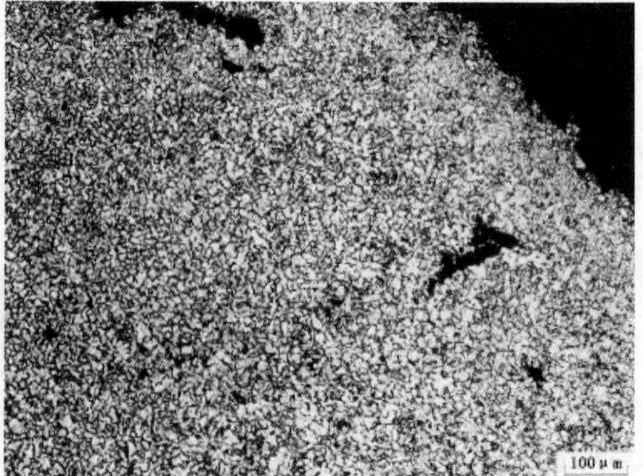

图 25　2831-1 金相照片

基体为铁素体+珠光体，夹杂物少且变形量小，该样品为铸铁脱碳钢。

二 相关讨论

1.遗址年代

根据此前的考古调查以及现场的陶片等遗物的观察，大城东北部冶铁遗址可能从春秋战国延续至汉代。在本文所分析的炉渣及渣铁混合物中发现有木炭存留，经北京大学加速器质谱 ^{14}C 测年(AMS-^{14}C，在北京人学考古文博学院和北京大学重离子物理所完成。计算年代采用 ^{14}C 的半衰期为5568a，1950年为纪年起点，误差为1个标准差，树轮校正采用牛津大学 Oxcal v4.10 软件进行，本文仅列出可能性较大的区间)，结果见表3。因为 ^{14}C 测年方法本身有一定误差区间，以及冶炼用的木材为多年生植物，其成材时间要比冶炼遗址的年代早，所以对待测年数据最好以大多数样品为基础，并适当延后。考虑到上述因素的影响，可以认为该遗址 ^{14}C 测年的年代约为春秋战国至汉代，更确切的证据有赖于田野考古的证据以及更多 ^{14}C 测年的结果。

表3 临淄齐国故城 ^{14}C 年代简表

编号	^{14}C 年代	树轮校正 (68.2%可信度)	树轮校正 (95.4%可信度)
24171	2170±30	352BC(40.4%)296BC 211BC(24.1%)175BC	362BC(92.6%)157BC
29466	2085±30	161BC(20.1%)133BC 118BC(48.1%)53BC	194BC(95.4%)40BC
29467	2115±30	192BC(68.2%)99BC	204BC(93.1%)49BC
29468	2710±170	1129BC(60.4%)749BC	1298BC(95.4%)411BC

2.矿石来源

大城东北部遗址所发现的矿石表面接近暗红黑色，比重约为5，较致密，具有较强磁性。对其成分分析的结果显示这些样品均为较高品位的氧化铁矿石。由此可知齐国故城大城东北部冶铁遗址所分析的矿石样品均应为磁铁矿。

目前齐国故城附近的铁矿山主要有两处。其中淄河矿区位于淄河上游距齐故城30千米的淄博市淄川区黑旺镇，矿石为褐铁矿，有少量菱铁矿。金岭矿区(铁山)位于齐国故城以西15千米处，矿石为磁铁矿[7]。近代地质调查时在金岭矿区(铁山)发现有老洞，并发现有重约10公斤的铁锤[8]。本次调查时在这两个矿区分别采集了部分矿石样品。其中淄河矿区的样品表面为暗红褐色，磁性较弱，比重较大，致密度较好；金岭矿区(铁山)的样品表面为银黑色，磁性较强，比重较大，致密度较好。

从目前矿山的文献资料以及现场采集的矿石样品来看，淄河矿区的矿石以褐铁矿为主，金岭矿区(铁山)的矿石以磁铁矿为主，而齐国故城内采集到的矿石样品均为磁铁矿，所以从目前矿山遗留的矿石样品来看，齐国故城的矿石来源可能为金岭矿区(铁山)。但由于目前的矿产分布并不一定能代表周代和汉代的矿产情况，所以齐国故城的铁矿来源问题还有待于更深入的研究。

此外，从冶炼遗址和矿山采集的矿石样品成分来看，其钙含量都比较低，而齐国故城东北部遗址第一类铁渣的钙含量较高，并在炉渣中发现有石灰石相，推测冶炼过程中加入了含钙的原料（如石灰石等）作造渣剂。

3.冶炼流程

通过上文对冶铁炉渣及铁器的分析，可以确定遗址上存在的冶铸工序。根据冶金学原理和国内同时代冶铁技术的研究成果，可以对战国至汉代时期齐国故城的总体冶炼工序进行推测和复原。

由遗址上发现的铁矿石和附近铁矿的分布可知，当时人们很可能对金岭铁矿（铁山）的矿石进行了开采并运往齐国故城进行冶炼。由炉渣中残留的木炭可知，当时所用的燃料主要为木炭，粘附有炉渣的炉壁也证明了冶炼炉的修筑。虽然没有发现鼓风设备和铸范，但这鼓风过程和制范过程都是冶铸过程不可缺少的，其实物证据有待调查和发现。

遗址上发现有块炼铁制品，虽然暂时没有发现块炼铁渣，但该遗址或附近地区很可能存在块炼铁生产技术。考虑到生铁冶铸体系建立后块炼法的应用范围很小，遗址所检测的样品中仅发现1件块炼铁制品，所以推测块炼法可能仅在该遗址存在了较短的时间，大部分时间和大范围存在的是生铁冶铸体系。

遗址上发现的大量生铁渣可以证明生铁冶炼工序得到了大规模的应用。生产出的生铁一部分可能直接进入炒钢工序，得到的炒钢制品和炒钢渣已有发现；另一部分生铁铸造成铁器或半成品，其中部分铁制品还经过了退火处理，得到不同性能的产品。

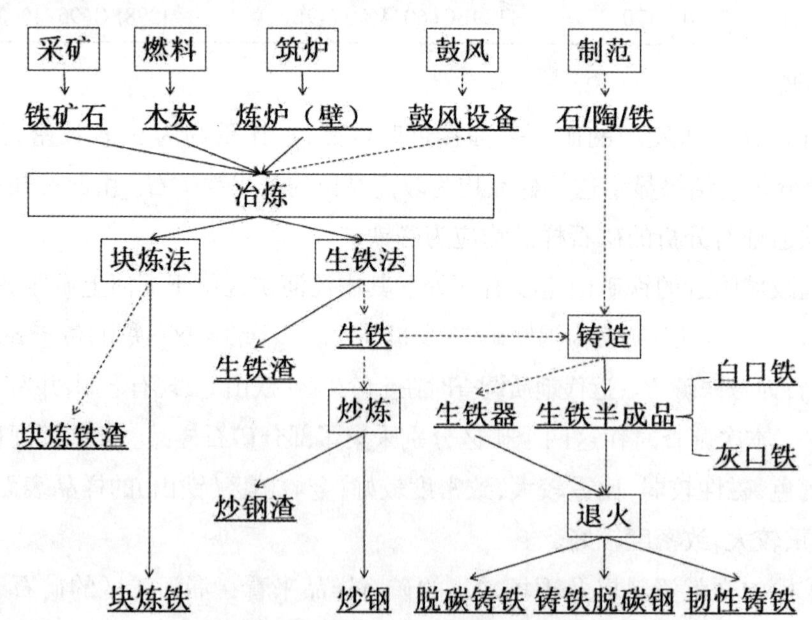

图26　齐国故城大城东北部遗址炼铁工序推测图

（虚线意为虽然没有发现直接的实物证据，但根据相关信息完全可以推测出的流程）

通过上文分析，对比国内同时代冶铁遗址的研究成果，可以复原该遗址的冶炼工序，见图 26。由此可以认为在春秋战国至汉代时期，临淄齐国故城大城东北部冶铁遗址的炼铁技术已较为成熟，多种冶铸技术均已得到了应用。

4.生铁冶炼渣所反映出的相关信息

第一类铁渣为生铁冶炼渣的主要部分，可以根据其成分来分析生铁冶炼时的相关信息。将各元素成分配氧后，根据全碱度计算公式 $R=\omega(CaO+MgO)/\omega(SiO_2+A1_2O_3)$ 可以对其碱度进行计算，其结果为 0.61，属于酸性渣。由于当时采用木炭炼铁，所引入的硫含量很低，所以不需要采用高碱度的炉渣脱硫。根据 $CaO-SiO_2-A1_2O_3-MgO$ 四元系等熔化温度图，第一类炉渣的熔化温度约为 1300℃，属于较低熔点的铁渣。根据 $CaO-Si0_2-A1_20_3-MgO$ 四元系在 1500℃时的等黏度图[9]。可知，第一类炉渣黏度平均值约为 0.6Pa·s，均属于黏度较小的炉渣。若温度在 1400℃，则黏度在 1.2 Pa·s 左右，炉渣略偏黏稠。根据 Fe-O 二元平衡相图可知在 570℃～1390℃区间可存在浮氏体，而超过约 1400℃时浮氏体进入液相区，在还原气氛较好的情况下浮氏体会被完全还原成液态金属铁，而该类铁渣中并未发现浮氏体的存在，由此可以认为炉渣生成温度在 1400℃以上。由以上信息综合考虑，在生产顺利时，炉缸内温度约为 1400℃～1500℃左右。第一类炉渣的致密度不均匀，其中玻璃态炉渣非常致密，而非玻璃态炉渣的致密度波动较大，密度也随之波动。经排水法测定大部分炉渣的密度约为 2.4 g/cm^3 至 3.6 g/cm^3 之间，与铁水的密度（约 7.1g/cm^3）差别较大，有利于两者的分离。第一类铁渣的含铁量平均值仅为 2.21%，说明铁的还原反应基本完全。综合来看，该类炉渣的熔点较低有利于节约燃料，流动性较好有利于高炉顺行，密度和黏度合适有利于渣铁分离，铁含量较低说明原料利用充分，表明当时齐国的冶铁技术比较发达。

5.附近出土器物与冶炼遗址的关系

齐国故城附近地区出土战汉时期的铁器数量较多，但经过科学分析的相对较少。临淄郎家庄出土了两件春秋战国之际的铁削，经金相分析为块炼铁[10]。齐国故城南部战国墓中出土的 5 件铁器进行过金相分析，其组织 1 件为块炼铁，4 件为铸铁脱碳制品[11]。两处检测结果所反映出的冶炼工序在大城东北部遗址均可完成，说明齐国故城及附近地区出土的铁器可能是在故城内冶炼的，更多的证据需要更进一步的研究。

三 冶铁技术对齐国社会的影响

冶铁技术对东周至汉代时期齐地的社会产生了积极的作用。通过生产工具的全面铁器化，使农业生产得以大规模的发展，手工业和商业的兴盛促进了城市的繁荣，在大型工程、军事、文化等方面也起到了重要的推动作用，进而引起了经济制度、生产关系以及上层建筑的变化。

1.铁制农具及牛耕的应用以及大型水利工程的修建，对农业的发达起了巨大的作用。

当时的人们已经认识到了深耕的重要性,《管子·八观篇》说:"其耕之不深,芸之不谨……饥国之野也。"《国语·齐语》也说:"及耕,深耕而疾耰之,以待时雨。"而铁质农具的广泛使用以及牛耕的推广,促进了深耕技术的发展,大大提高了开垦荒地的能力,增加了耕地面积以及对耕地的加工整理能力,使精耕细作的传统农业开始出现和逐步形成。地处黄河下游的齐国都城北部为盐卤之地,经常遭受洪水的威胁,所以铁器的普遍使用在齐国对农耕所起作用尤为重要。《汉书·沟洫志》记载汉武帝时沿黄河在馆陶的决口处开凿屯氏河,使山东地区的水灾情况大为缓解。《后汉书·循吏列传》记载东汉明帝时任命王景治理黄河,"发卒数十万",耗资"以百亿计",历时一年竣工,此后大约800年黄河没有发生大的水患。开凿如此浩大的河渠工程如果没有大量铁制农具和工具的话是很难想象的。铁器的广泛应用推动了水利灌溉工程的发展,保证和促进了农业的繁荣和居民生活的稳定。

2.冶铁业作为一项专业化程度较高的手工业,促进了产品交换的发生,推动了商品经济的发展。由于铁质工具拥有价格较低并且机械性能较好等优点,所以在手工业领域得到广泛的应用,由此大幅度提高了生产加工能力,并使生产规模扩大,极大地促进了社会生产力的发展和商品经济的活跃。货币的流通是商业发达的重要标志,齐国货币及其铸范在整个山东地区均有出土,表明齐国商业的发达。农业、手工业、商业的活跃推动了城市的发展。《战国策·齐策》和《史记·苏秦列传》中描述齐国"齐地方二千里,带甲数十万,粟如丘山。齐车之良,五家之兵,疾如锥矢……临淄之中七万户……临淄甚富而实,其民无不吹竽、鼓瑟、击筑、弹琴、斗鸡、走犬、六博、蹹踘者;临淄之途,车毂击,人肩摩,连衽成帷,举袂成幕,挥汗成雨;家敦而富,志高而扬"。《史记·齐悼惠王世家》记载:"齐临淄十万户,市租千金,人众殷富,巨于长安,此非天子亲弟爱子,不得王此。"上述描写虽然可能有所夸张,但也说明了当时齐国国力富强,社会一片繁荣的景象。

3.铁制土木工具的应用,还直接推动了大规模筑城运动和大型土木工程建设的兴起。由于工商业发展的需求和列国间兼并战争频发的刺激,春秋战国时期,各国城市的规模空前扩大,如临淄齐国故城城墙的总周长就接近21千米。当时各地相继兴起墓冢建造之风,位于齐国故城南部的"四王冢"和"二王冢"是便齐国封土墓的代表。四王冢属于一基四坟的象山形异穴并葬墓,现存陵台东西长约789米,南北宽约188米,高15米。其上为三层方基台阶,高度约4～8米,最上方为四座坟堆,高约为6～12米。二王冢属于一基二坟的象山形异穴并葬墓,陵台东西296米,南北172米。其上为方形台基,高约5～10米,最上方为两座圆坟,高约5米〔12〕。为了防御其他国家的进攻,齐国在南部国境建造了关塞和长城等防御工事。根据估计齐长城原有长度约600公里,宽约8米、高约6米,山地的城墙多用石砌,平地多用夯土筑成。〔13〕大规模筑城和高台建筑、夯土墓冢以及长城、道路等大型土木工程的建造,有着多重的社会历史原因,但它们在施工过程中从掘土到夯筑,从石材的开采到林木的砍伐和加工,都离不开高效率的生产工具,而各种铁制土木工具的广泛应用,为各种大型土木工程的大规模建设提供了必要物质条件。

4.铁器在军事领域中的应用极大地改进了兵器的性能,并且引发了一系列战争形式的变化。其中最直接的效果就是铁兵器数量的增加和质量的提高。西周至春秋时期实行的战前发放兵器的“授兵”仪式,一方面是处于军事礼仪的需要,但在一定程度上也和青铜兵器的相对稀少,国家控制先进武器的要求有关。进入战国至汉代,铁制兵器已经开始普及,西汉初期第二代齐王刘襄墓室的随葬器物坑中发现了350件铁兵器, 说明当时铁制广泛使用;兵器数量的增加以及农业的繁荣,战争的规模迅速扩大。春秋时齐国首霸诸侯、已是万乘之国,战国时期则是七雄之一,雄踞东方“带甲数十万”。军队数量增加,作战方式也日趋复杂。春秋时期盛行车阵作战,战争一般都在平坦地带进行,胜负往往一两天内见分晓;而战国时期则改为步、骑兵的野战和包围战,常常在险要之地建设防御性工程,导致一次战役往往旷日持久而不能决。

5.经济的发展也带来了文化艺术的繁荣。战国时期田氏代齐后,为了稳定国内局势,在齐国故城稷门之下建立学宫,“设大夫之号,招致贤人而尊宠之。”百余年间各国学者纷纭而至,成为战国时期诸子百家争鸣的中心舞台,这就是有名的稷下学宫。它之所以在齐国产生、发展至于昌盛,除了统治者需要大批人才为之出谋划策以外,经济的兴旺发达,能够给稷下学宫以强有力的财政支持,无疑是一个重要的前提。冶铁技术对艺术的发展也产生了积极的影响。例如画像石是汉代中期出现的一种石刻艺术品,在山东地区多有分布。他的出现和流行是当时丧葬观念等意识形态的一种产物,但从物质和技术基础上说,则是石材加工工具铁器化的一种产物。同时,铁器的使用和冶铁的活动等,也成为汉画像石的重要内容。因此可以说,生产工具的铁器化为文化艺术的创作提供了必要的技术条件,使文化艺术的载体更多样,内容更丰富。

6.铁器的生产和经营,还与各个时期的政治统治和经济政策的调整存在着密切的内在联系。西汉王朝建立之初实行“与民休息”的政策,而“开关梁,驰山泽之禁”,允许私人鼓铸冶铁就是其中的内容之一。汉武帝时期基于增加财政收入、加强中央集权统治等需要,实行盐铁官营。汉昭帝始元六年(公元前81年)的盐铁之议,就是中央政府主持下的一次由盐铁官营引起的有关国家政策的大辩论。此后汉王朝统治者的经济政策调整中,铁器的生产和经营政策也往往是重要内容之一,如西汉元帝时期对铁官的废止和恢复;王莽实行五均六筦,铁是其中之一。东汉和帝即位(公元88年)宣布废止盐铁官营之后,铁器的生产经营与国家经济政策的关系开始有所松弛。可以认为,国家对铁器和铁器工业的政策虽然有张有弛,但铁器作为重要的生产资料和战略资源,冶铁工业作为重要的支柱性产业,是国家严控的重要战略物资资源。

7.铁制工具代表的先进生产力的发展推动了生产关系的变革。铁制农具和工具的广泛使用,使单个家庭拥有了独立进行劳动的能力,并以此产生出更高的劳动积极性和效率。但是在奴隶制下的劳动者并没有相应的人身自由,所以奴隶们就采取怠工或逃亡等方式进行反抗。一些较为开明的贵族发现奴隶制剥削方式效率低下,便尝试将土地等资源租给奴隶进行耕种或从事手工业生产，并从中收取租金，由此剥削方式开始了变化。与此同时，由于铁质农具的普遍使用和牛耕的推广，大量荒地被开垦出来，因此奴隶主贵族私田的数量急剧增加，各种形式的土地兼并也随之产生。随着时间的发展，贵族们纷纷把自己的封地变成真正的私有土地，从井田制下解放出来的广大小农或者占有一小块土地，或者租种贵族们的土地，新的封建生产关系大体上已经确立。

8.封建生产关系在农业、手工业和商业领域的逐步确立，引起了整个社会上层建筑的变化。一些宗法贵族因为不善经营而开始没落，而一些下层平民则因为个人才能出众而很快富有起来。同时，平民子弟开始有了受教育的机会，拥有过人的才干、学识也可以成为当时社会有影响的贤能之士。于是根据血缘宗法关系形成的贵贱秩序开始动摇，根据财富和知识所获得的影响力日益重要，新兴的地主阶级和有识之士开始发展壮大。随着地主阶级在经济上的发展，必然要求在政治上占有地位，最终形成了封建制的国家形式。

总之，铁器的出现和应用以及铁器化进程的实现，对东周至汉代时期齐国的农业、工商业、经济、军事、文化等方面都产生了积极的推动作用，并引发了经济制度的调整、生产关系的变革和上层建筑的变化。

四 结语

临淄齐国故城是周代至汉代一处重要的城址，自西周时太公封齐直至汉代的几百年间均作为东方地区的政治经济文化中心。通过分析可知，在春秋战国至汉代的齐国故城东北部冶铁遗址上，以生铁冶铸为主体的生产流程已经比较成熟，冶炼技术也比较发达。本文的研究结果，为全面评论齐国冶金技术及其对经济和社会的影响提供了重要的资料。

注释：

〔1〕山东省文物管理处.山东临淄齐故城试掘简报[J].考古，1961(6):289-297.

〔2〕群力.临淄齐国故城勘探纪要[J].文物，1972(5):45.54.

〔3〕中国社会科学院考古研究所，山东省文物考古研究所. 山东临淄齐国故城内汉代铸镜作坊址的调查[J].考古.2004(4):29-36.

〔4〕河南省文物研究所.南阳北关瓦房庄汉代冶铁遗址发掘报告[J].华夏考古，1991(1):79.

〔5〕淄博市博物馆，齐故城博物馆.临淄商王墓地[M].济南：齐鲁书社，1997:45-98.

〔6〕山东省淄博市博物馆.西汉齐王墓随葬器物坑[J].考古学报，1985(2):254-255.

〔7〕淄博市志编纂委员会.淄博市志[M].北京：中华书局，1995:68.

〔8〕全国地质资料馆.山东金岭铁矿概要说明书[R].北京：全国地质资料馆，1953:1.

〔9〕包燕平，冯捷.钢铁冶金学教程[M].北京：冶金工业出版社，2008:88.

〔10〕韩汝玢.中国早期铁器(公元前5世纪以前)的金相学研究[J].文物,1998(2):92.

〔11〕陈建立.山东临淄出土战国铁器实验研究//山东省文物考古研究所.临淄齐墓[M].北京:文物出版社,2007:489-491.

〔12〕山东省文物考古研究所.临淄齐墓[M].北京:文物出版社,2007:18-27.

〔13〕何德亮.中国历史上最古老的长城——齐长城[J].中原文物,2009(2):64-70.

齐国的冶铁业及铁器的使用

于孔宝

摘要:齐国是春秋战国时期最早大量生产与使用铁器的国家。铁器的使用,提高了生产力水平,为齐国的富强奠定了坚实的物质基础。

关键词:齐国;铁器;意义

中图分类号:K207　　**文献标识码**:A　　**文章编号**:1002—3828(2010)04—0046—03

铁器的推广与使用,是古代历史上的一件大事,它对当时的社会经济具有重要的意义。冶铁业的发展与一国政治经济的兴衰有密切关系,或者说,是一国强弱的标志。恩格斯在《家庭、私有制和国家的起源》中曾明确指出:"铁使更大面积的农田耕作,开垦广阔的森林地区,成为可能;它给手工业工人提供了一种其坚固和锐利非石头或当时所知道的其他金属所能抵挡的工具。"齐国在春秋战国时代,能成为春秋第一霸主、战国七雄之一,与冶铁业的发达不无关系。正如著名历史学家郭沫若先生所说:"齐桓公之所以能够划时代地成为五霸之首,在诸侯中特出一头地,在这儿可以找得出它的物质根据。煮海为盐积累了资金,铸铁为耕具提高了农业生产。所以桓公称霸并不是仅仅由于产生了一位特出的政治家管仲,而是由于这位特出的政治家找到了使国富强的基本要素。"[1]可见,铁的冶炼与使用在齐国也就具有重要的意义了。

一 齐国是春秋战国时期最早大量生产与使用铁器的国家

1.品种纷繁的铁制工具

据史料记载,最早铸铁和使用铁器的是春秋时代的齐国。春秋齐桓公时期,齐国"断山木,鼓山铁"就成为重要的手工业部门(《管子·轻重乙》)。《国语·齐语》记载着管仲向齐桓公提出的以甲兵赎罪的建议。这个建议施行后,得到了大批铜和铁。加上齐国官府冶炼的铜和铁,齐国就开始了大规模的铸造、使用铜铁器。当时称青铜为"美金",称铁为"恶金"。用青铜铸造兵器,试在狗马身上;用铁铸造生产工具,用来耕种土地。这是史料上关于铁器进行农业生产的最早记载。《管子·小匡》记载这件事时所列兵器与农具都比《国语》多。《管子·海王》篇已讲到齐国的铁器使用很普遍,成为作工务农的必备工具。“今铁官之数曰:‘一女必有一针一刀,若其事立。耕者必有一耒一耜一铫,若其事立。不尔而成事者,天下无有。’”很清楚,在齐国操纺织业的必须有铁制的一根针、一把刀,耕田种地的必须有铁铸的一把犁、一个铧和一把大锄,手工业者必须有一斧、一锯、一锥、一凿是铁制的,若不具备这些铁制工具,就不能够作工务农。可见铁制工具已普遍应用于生产之中。

2.大规模的冶炼工场

经过考古工作者对齐国故城临淄的勘探,在故城范围内,已发现冶铁、冶铜和铸钱等手工业作坊遗址多处。其中,以冶铁遗址发现最多,范围比较集中的有六处,小城内两处,大城内四处。

(1)东周时期的冶铁遗址

据考证,齐故城有两处冶铁遗址是东周时期的,即大城东北部遗址和西部遗址。大城东北部冶铁遗址,位于阚家寨村的东南和村北、崔家庄的东北和村北、河崖头村西等大片地区,分布比较广,但不集中。遗址比较丰富处在崔家庄东北至村西北一带,面积约3～4万平方米。这一带地层堆积厚,高的一般都在3米以上,有三层堆积,炼铁遗迹属第二层。大城西部遗址在城南北河道以西,石佛堂村及村南一带,范围约4～5万平方米,地层堆积有三层,炼铁遗迹属第三层。从地层堆积关系分析,证明这两处遗址为东周时期的。东周时期齐故城已有如此大规模的炼铁作坊,而到目前为止,当时的各诸侯国还没有发现像这样规模的炼铁遗址。这为齐国冶铁事业高度发达提供了必要的物证。

春秋中叶齐灵公(公元前581年～前554年)时的《叔夷钟》铭文记载,齐灵公一次就赏给叔夷“造铁徒四千”,这样大规模的拥有4000人的采铁冶炼队伍,显然已不是冶铁业的初始阶段。

(2)汉代炼铁遗址

已确认的汉代炼铁遗址是大城南部遗址。该遗址在小城东门以东至韶院村西、刘家寨村以南的大片地区,其中心地区似在大城南墙西门以内,南北主干道两侧,面积约40万平方米,属于地层堆积的二、三层。

这是在齐故城发现的炼铁遗迹中规模最大、遗迹最丰富的一处。据王献唐《临淄封泥文字叙目》载,这一带曾发现过汉代“齐铁官丞”、“齐采铁印”等泥封,当是汉代“铁官”所在。这可证明在汉及汉以前的临淄冶铁业的发达。即便是汉代同期的其他地方的炼铁遗址也没有一处比这个遗址大。

另外,其他3处冶铁遗址,其具体年代还没有断定出来,但它的存在,同样证明了临淄冶铁业的发达。汉代全国设铁官49处,山东就设12处,多在齐地。

3.铁器的考古发现

因当时的铸铁含杂质较多而易于腐蚀及齐国地质土壤条件不利于铁器的保存等方面

的原因，到目前为止，在齐故地发现年代较早的铁器还不多。出土发现不多，并不等于没有发现，也不能证明齐国比较早地使用铁器和发达的冶铁业的不复存在。如：临淄郎家庄一号东周殉人墓出土了两件形制相同的铁削，直柄环首，弧背，削锋残缺，残长 21.5 厘米[2]。又如，在齐国疆域内的莱西县和牟平县相继出土了年代较早的窑藏的两件铁鼎和铁耒。从考古类型学来分析对比，一个鼎口小，垂腹，三柱足，两耳直立在口沿上，高与腹径各约 40 余厘米。这种形制与铜鼎相比较，应定为西周中期。另一鼎是球形腹，腹部较深，三侧扁足，两直耳立在口沿上，高约 30 厘米，腹径约 20 厘米。与同类铜鼎相比，应在西周中期以前。这两件铁鼎连同一起出土的铁，证明西周时代在齐国方域铸铁已较普遍应用了。同时，也证明铁字古写作“銕”是有根据的[3]。

4.丰富的找矿经验和采矿与冶炼

齐国铁器的大力推广应用，与其自然条件有关。在齐国故城临淄附近，就有丰富的铁矿石资源。仅有铁矿资源是不够的，还必须勘探出哪些是富矿区，哪些值得开采，这就需要有丰富的找矿经验。齐国人民在长期的采矿实践中，积累了丰富的找矿经验和采矿技术，发现了矿苗与矿物的共生关系。《管子》一书将其记录了下来，成为后人找矿的蓝本。《管子·地数》是这样记载的：“上有丹沙者，下有黄金；上有慈石者，下有铜金；上有陵石者，下有铅、锡、赤铜；上有赭者，下有铁。此山之见荣者也。”“荣”即矿苗的露头。矿床露头，常因矿物种类不同，使岩石和土壤呈现各种特殊的颜色。如下面有铁，上面呈现出赤褐色，即铁矿表层高氧化物呈红褐色，这是现代矿床学所证实了的。春秋战国时代的齐国人，用这一找矿方法，对于矿床的探寻显然起着一定的指导作用，即使以现代科学的知识来看，还有一定程度的正确性。

关于铁矿的开采与冶炼，齐桓公时曾规定，人民自愿申请开采，采得的铁矿石所得，与国家按比例分配。国家得其三，而民得其七。冶炼也以同样的方法由民间完成。由于采炼铁所得利润丰厚，在管子时代，齐国铁的月产量已近 10 亿刀币[4]。齐国刀币以“齐法化”最常见。“齐法化”就是齐国的标准货币的意思。据研究，齐法化的购买力很强，大约一枚齐法化在粟价最贱时，约可购买 252.3 斤（战国制），约合今天的 115.4 市斤；可购买食盐 22.59 斤（战国制），约合今天的 10.39 市斤[5]。由此可推测，月产量 10 亿刀币铁，其产量是很大的。

临淄西南有座山，据地方史、志书记载，原名叫商山，后因其矿石含铁丰富，人们在此开矿炼铁，故改称铁山了。铁山的铁矿石铁含量在 70%以上，山东省最大的铁矿基地金岭铁矿就坐落在此处。1957 年 4 月，在金岭铁矿四平道发现了大约春秋时代开采的老洞，出土绳纹陶器碎片、铁制开采工具等遗物。1958 年，又在冶里庄发现了捣矿粉的石臼等采矿、冶铁工具[6]。《国语》、《管子》等先秦文献、齐国冶铁遗址，以及铁山铁矿与冶铁遗址的关系等诸方面情况，为淄博铁山作为中国冶铁发源地提供了依据。

可见，齐国不仅掌握了找矿的方法，而且还较早地开采铁矿和炼铁。炼铁业的较早出现和铁器的应用，大大促进了齐国农业和手工业的发展，为齐国的富强和齐桓公成为春秋第一霸主起了重要作用。

二 铁器广泛使用的历史意义

1.铁制工具的使用,提高了生产力水平,使齐国的农业生产得到迅速发展,为齐国的富强奠定了坚实的物质基础

春秋时代,铁器在齐国的广泛使用,对社会生产力发展起了很大作用。因为生产工具是生产力水平的标志。齐国是滨海国家,靠海的地方多盐碱性,内地又多丘陵山地,土地比较坚硬。在西周初年太公就国时,人烟稀少,比较荒凉。可是到了春秋时期,情况就不一样了,由于铁器的广泛使用,就给齐国人民提供了一种青铜器和石器无法比拟的坚牢锐利的工具。利用铁制工具兴修水利,砍伐森林,开垦荒地,深耕细作,使农业生产迅速发展起来。农业的发展,为齐国人民提供了更多的食物,也为齐国的称霸准备了必需的粮食。齐国统治者不再为地薄粮少而犯愁了。

2.铁器的广泛使用,标志着春秋齐桓公时代齐国开始了由奴隶制到封建制的转化

马克思指出:"各种经济时代的区别,不在于生产什么,而在于怎样生产,用什么劳动资料生产。劳动资料不仅是人类劳动力发展的测量器,而且是劳动借以进行的社会关系的指示器。"[7]有什么样的生产力,就会产生与之相适应的生产关系。这是由生产关系一定要适应生产力发展状况的规律决定的。由于铁制农具的广泛使用,提高了劳动效率,使大面积的开荒垦田成为经常的、普遍的事情。这样,一家一户的个体劳动成为可能。原来被束缚在"公田"里的奴隶,不堪奴隶主贵族的剥削,纷纷弃田而去,从事个体劳作,或依附于新兴的大土地所有者,其结果公田荒芜了。《诗经》中的《齐风·甫田》形容土地的荒芜景象说:"无田甫田,维莠骄骄","无田甫田,维秀桀桀"。这是对齐襄公时(公元前697年～公元前686年)齐国徭役田实际情况的描述。齐桓公上台后,面对危机四伏的现实,问管仲有什么办法,管仲回答说:"相地而衰征,则民不移。"(《国语·齐语》)"相地而衰征"就是根据土地的肥瘠好坏征收不同数量的租税。这是中国历史上由劳役地租向实物地租过渡的最早史料记载,它要比鲁国的初税亩早70多年。管仲实行这一新的土地租税政策,首先是"均地分力",即按劳动力平均分配耕地。然后,在此基础上"与之分货",即按规定将收获物一部分作为租税上交国家,所剩余部分留归劳动者自己。由于在上交租税后还有剩余产品,为了获得更多的剩余产品,齐国百姓"夜寝早起,父子兄弟不忘其功,为而不倦,民不惮劳苦"(《管子·乘马》)。

若是没有铁制工具的广泛使用,个体家庭生产与大量开荒垦田是不可能的,劳动产品的分配关系也不可能是"与之分货"。奴隶制下奴隶主对奴隶的劳动产品是完全占有的,只给奴隶维持生存的最低限度生活资料;而封建制下地主对农民的劳动产品不是完全占有,而是依靠对土地的占有对租种其土地的农民进行地租剥削,也就是管仲所说的"与之分货"。所以说,正是由于齐国较早地推广铁制工具,才使"相地而衰征"变成可能,也才使齐国的生产关系早于其他的诸侯国而发生变革，而由奴隶制生产关系向封建制生产关系转变。这不能不说是件划时代的大事变,是历史性的巨大进步。

（原文刊载于《管子学刊》2010 年 4 期）

注释：

〔1〕郭沫若.郭沫若全集·历史编(第三卷)[M].北京:人民出版社,1984.195.

〔2〕山东省博物馆.临淄郎家庄一号东周殉人墓[J].考古学报,1977,(1).

〔3〕李新泰.齐文化大观[M].北京:中共中央党校出版社,1992.285.

〔4〕韦政通.中国的智慧[M].长春:吉林文史出版社,1988.210.

〔5〕彭邦炯,谢齐.战国史话[M].北京:中国青年出版社,1982.87.

〔6〕张福信.齐都春秋[M].济南:山东友谊书社,1987.39–40.

〔7〕马克思.资本论(第 1 卷)[M].北京:人民出版社,1975.204.

淄博铁山——中国冶铁发源地

陈　旭

摘要:中国古代冶铁术历史悠久,然而冶铁术发明的源头在何时、何地,至今尚无定论,本文通过对大量文献记载的研究和对国内最早冶铁遗址发现的考察,以及对炼铁遗物的科学检测,并结合对当地民间遗留大量冶铁文化的相关内容分析,考证淄博铁山为中国冶铁发源地。

关键词:淄博铁山;中国古代冶铁术;发源地

中图分类号:K207　　**文献标识码:**A　　**文章编号:**1002—3828(2010)04—0042—04

铁的发现是偶然的,天然纯铁在自然界中几乎找不到。铁矿石中的铁一般呈氧化状态,如赤铁矿、磁铁矿、褐铁矿、菱铁矿等。古人将铁矿石当作普通硬石来砌炉灶,在一定温度下,被木炭及其他燃烧物所产生的一氧化碳还原为海绵铁(即块炼铁或称熟铁),海绵铁在高温下锤锻就制成熟铁块。随着冶炼技术水平的提高,当炉温达到1500摄氏度以上时,熟铁能熔化为铁水,成为生铁,便可直接浇铸各类农具和工具了。

冶铁技术的发明和铁器的推广与使用是具有革命性作用的一件大事,它对当时的社会经济具有重要的意义。冶铁业的发展与一国政治经济的兴衰有密切关系,或者说是一国强弱的标志。恩格斯在《家庭、私有制和国家的起源》中曾明确指出:"铁使更大面积的农田耕作,开垦广阔的森林地区,成为可能,它给手工业工人提供了一种其坚固和锐利非石头或当时所知道的其他金属所能抵挡的工具。"

西亚各地发现的铁器可以早到公元前30世纪中叶。公元前12世纪前后,地中海地区的铁器已普遍使用。中国古代冶铁技术历史悠久,然而冶铁术发明的源头在何时、何地,至今尚无定论,其原因就是没有最早的冶铁遗址和考古实物资料的发现,其中主要还是最早冶铁遗址的发现。杨宽在《中国古代冶铁技术发展史》中说:"从现有的古籍和金文资料,想要解决中国开始发明冶铁技术和开始使用铁器的年代是有困难的。"如果我们在考古方面有新的发现和进展,我们就能将这"尚无定论"成为定论。

从国内出土铁器实物来看,1972年河北藁城出土商代铁刃铜钺,年代约在公元前14

世纪前后，相当于殷墟文化早期，但其铁刃为陨铁制成，不属于人工冶铁范畴[1]。就目前所知，我国公认最早的冶铁器是河南三门峡西周晚期至春秋早期虢国墓地出土的玉柄铁剑，现存河南博物院，为九大镇院宝物之一。在山东境内的莱西县和牟平县相继出土了年代较早的窖藏的两件铁鼎和铁耒。从考古形制学来分析对比，鼎口小、垂腹、三柱足，两耳直立在口沿上，这种形制与铜鼎相比较，应定为西周中期[2]。通过这些实物也只能证明这个时期已出现冶铁术了，但其是何处冶铸确无从考证。

另外在新疆有大量铁器发现，哈密焉不拉墓地发现7件铁器、轮台群巴克墓地有较多的铁剑、刀、镰出土，察吾乎文化墓地、乌鲁木齐柴窝堡墓地、塔什库尔县香宝宝墓地等都有铁器发现，据^{14}C测定和早期墓中出土可断代的铜器推断，上限年代不会晚于周初，可能早到商末或更早。但是至今在新疆境内，没有较早的冶铁遗址发现，且铁器均带有西亚风格，比如鄯善县洋海墓地出有一件铜铁合体的铁器，这类器物在西亚等地公元前一千六七百年的遗址中就有发现。由此我们可推断，新疆地区这些早期铁器是由西亚地区传入，而非当地冶铸，也就不在中国冶铁范畴。还有人认为，中国冶铁技术是由西亚、中亚经新疆向中原传入，但从铁器流布情况看，西亚铁器仅在新疆、甘肃一带有所发现，而中原地区的铁器风格与之截然不同，不带一丝一毫的西亚铁器特点，故两者之间断没有必然联系。又《汉书·西域传》上说："自宛（大宛）以西至安息国……不知铸铁器。及汉使亡卒降，教铸作它兵器。"说明西汉时西域各国的冶铁技术是由中原的"汉使亡卒"传过去的，因此中国冶铁术决非西来，而是另有源头。

从发现的冶铁遗址来看，1957年4月，在山东淄博中埠铁山附近金岭铁矿四平道发现的春秋时期开采铁矿的老矿洞，出土了绳纹陶器碎片、铁制开采工具等遗物。1958年又在同一地区冶里庄西头发现了春秋时期冶铁的熟铁砂，并从众多的矿砂中挖出了捣矿粉的石臼等采矿、冶铁工具[3]。这两处发现一直不被世人所重，我认为这确是一个石破天惊的大发现，这是我国目前发现最早的采铁矿洞遗址和冶铁遗址，从矿洞结构及发现的铁制工具和熟铁砂等来看，当时采矿及冶炼技术已比较成熟，初期采矿时代应有所提前，这也正好与国内公认的发现最早的冶铁实物时代相吻合。因此也就解决了中国发明冶铁技术源头的问题。更为"铁"字的古文写法找到了依据，范文澜先生说："铁字古文作銕，当是东方夷族最先发明冶铁术，为华族所采用。"（《中国通史简编》第一册，第185页）

那么文献中所记载的铁山一带和齐国冶铁情况又是怎么样的呢？

铁山，古称商山或称西山。今位于山东省淄博市张店区中埠镇铁冶村西北，东距齐国故都临淄城仅十余公里，海拔254.6米，面积10平方公里，属奥陶系和石灰系地层，其构造属金岭闪长岩杂岩体和石灰岩，岩体可分黑云母、闪长岩、辉绿岩、云斜辉斑岩等，又富含铁矿，冶铁业兴盛，故改称铁山。铁山的铁矿石铁含量高达70%以上，山东省最大的铁矿基地——金岭铁矿就坐落于此处。据《管子》载："仲曰：商山铁褐，下有铁，取而鼓之，国之基。""今以令断山木、鼓山铁。"《太平寰宇记》记载："商山在（淄川）县北七十里，有铁矿，古今铸焉。"《汉书·地理志》有千乘有铁官，临淄有盐官的记载。《晋书》载：隆安三年(399年)秋八月，东晋十六国南燕王慕容德攻克广固(广固旧城位于今益都西北4公里处)，次年称帝，遂于建平三年(402年)正月，"立冶于商山，置盐官于乌常泽(今寿光县道口乡黑冢子一带)，以广军国之用"。《齐记》补云："南燕(慕容德)建平三年(402年)立冶，逮今鼓铸不绝。"今勘验商山，实临淄、新城、长山三县地，山南麓则益都地。《魏书·食货志》说："(北魏孝明帝元诩熙平二年即517年)尚书崔亮奏：……南青州苑烛山、齐州商山，并是往昔铜官旧迹，见在……并宜开铸。诏从之。"《益都县图志》载："商山，一名铁山，在县西北八十里……有铁矿，古今铸焉，亦出磁石。"铁山在历史上被长期作为划分州、府、县的界标，为临淄、新城、长山、益都等四县共领，至今山上仍有铁牛峰、铁牛窝、金山洞、炉神祠等与冶铁有关的地名和遗迹。

铁冶村，古称冶里，位于中埠南0.5公里，铁山东南角，地处丘陵与平原结合地带，西高东低，据《新城县志·方舆志》载："冶里在商山东南里许，相传战国时欧冶子铸剑处。"《临淄县志·地舆志》中有"南六约冶里"的记载。此村因为历朝历代都要将其作为"鼓铸之里"而称为"冶里"。1956年改村名为铁冶村。不论从史籍还是传说中可以看到，冶里村很早就有了，且与冶铁有直接关系。目前村附近尚有冶官祠、炉神姑庙、奶奶(炉神姑的母亲)坟等相关的历史遗迹。

西周初期姜太公封于齐，因其俗，简其礼，兴工商业，便渔盐之利，为后世齐国的工商业打好了坚实的基础。齐国在春秋时期能成为第一霸主，与冶铁业的发达不无关系。正如郭沫若所说："齐桓公之所以能够划时代地成为五霸之首，在诸侯中特出一头地，在这儿可以找出它的物质根据。煮海为盐积累了资金，铸铁为耕具提高了农业生产。所以桓公称霸并不是仅仅由于产生了一位特出的政治家管仲，而是由于这位特出的政治家找到了使国富强的基本要素。"据文献记载，齐国很早就有冶铁的记录。《管子》："商山铁褐，下有铁，取而鼓之，国之基。""请以令断山木，鼓山铁。""籍盐铁之利以至富强"等等。这些内容是中国关于冶铁最早的文献记载，也足以证明春秋中早期的齐桓公时期就已冶铁。《管子·地数》云："山上有赭者，其下有铁。山上有铅者，其下有银。"《广雅·释山》也说："天下名山五千二百七十，出铜之山四百六十七，出铁之山三千六百九。"足见那时管仲对铁已有了很全面地了解，且铁和铜一样皆成为国家重要物资。

春秋初期，各诸侯国对军备很重视，但大都忽略整修内政。齐桓公即位之初，管仲劝桓公注重改革内政，增强国力，为日后图霸创造条件。桓管改革可以说是先秦时期第一次较完整的改革，对于改革情况，《国语·齐语》和《管子》"三匡"等文献，都有较详细的记载，其中很重要的一条就是"官山海"，所谓"官山海"就是由国家管理铁矿开采和煮盐业。齐国多山，铁矿储藏丰富，于是齐设置铁官，组织大批工匠开采铁矿，制造农业和手工业工具。像齐国这样由国家提倡和组织开矿炼铁，在我国历史上还是第一次。铁山地处临淄西郊，铁矿品质又极高，自然首当其冲在"官山海"之列，冶里(铁冶村)就是在"官山海"的这种改革制度下，有组织地发展壮大起来。

由于铁器的大量使用，加上国家提倡“深耕、均种、疾耰”，利用雨水，不违农时，齐国的土地开垦的更多了，农耕的技术也有了进一步的提高。《管子·轻重乙》载：“一农之事，必有一耜、一铫、一镰、一鎒、一椎、一铚，然后成为农。一车必有一斤、一锯、一釭、一钻、一凿、一銶、一轲，然后成为车。一女必有一刀、一锥、一箴、一钛，然后成为女。”《管子·海王》中也有类似记载。也就是说每一耕者，必须有一张犁、一个铧、一把镰、一把锄，然后才能做他的农事。每一个修造车辆的工匠，必须有一斧、一锯、一锥、一凿等，然后才能做他的事。每个妇女做女工，必须有针、剪、刀、锥等才能做她们的事情。《国语·齐语》中载：“美金以铸剑戟，试诸狗马，恶金以铸鉏、夷、斤、斸，试诸壤土”，“美金”是指青铜，“恶金”即为铁。这反映春秋早期的齐国，铁器已成为各行各业必不可少的工具，而其品种和数量可以满足多个工种的需要。其中也正是女工工具的发达，才有了“极技巧……故齐冠带衣履天下”(《史记·货殖列传》)的辉煌，更成就了齐国的霸业。

文献的记载要用考古发现来证实。我们再看临淄出土的春秋中期齐灵公(前581年～前554年)时的《叔夷钟》铭文就有齐灵公一次就赏给叔夷“造铁徒四千”的记载，这时齐国的冶铁业已有很大的规模。

遗址的考古发现除了在铁山、冶里发现春秋冶铁遗址处，经考古工作者在相去不远的齐国故城内勘探还发现有大量的冶铁、冶铜、铸钱等手工业作坊遗址。其中以冶铁遗址发现最多，范围比较集中的有六处，小城内两处，大城内四处，其中有两处为东周时期的冶铁遗址，即大城东北部遗址和西部遗址。大城东北部冶铁遗址位于阚家寨村的东南和村北、崔家庄的东北和村北、河崖头西等大片地区，分布比较广，但不集中，遗址比较丰富的处在崔家庄东北至村西北一带，面积约3～4万平方米，这一带地层堆积最厚处在3米以上。大城西部遗址在城南北河道以西，石佛堂村及村南一带，范围约4～5万平方米，从地层堆积关系分析，证明这两处遗址为东周时期的[4]。而到目前为止还没有发现当时各诸侯国像这样规模的炼铁遗址，这为齐国冶铁事业高度发达提供了必要的物证。现在在齐国境内，特别是临淄及周边地区有大量春秋战国时期的铁器出土，如1971年发掘的郎家庄春秋晚期殉人墓中，出土了两件铁削[5]。1992年临淄商王墓地出土的战国时期的铁柄玉匕，匕之首、环以白玉制成。首成鸡心形，尖锋，中间起脊，四周为铜边所包。首下部为节状长方形銎，镶于铁柄之上。柄下部有一鎏金铜螭虎，口衔扁圆形玉环，此为铁器之最高成就者[6]。

1979年出土的铁铠甲，由两千余片鳞片组成，全身由贴金、银片构成菱形花纹图案，该铁甲制造年代之早、装饰之华丽，国内少见[7]。至于犁、锄、杈、剑、镜等铁器更是不在少数。由于铁器不易保存加之收藏价值不高，在民间往往被发现者随手扔掉，造成了资料的缺失和研究上的遗憾。到了汉代，临淄城中冶铁遗址规模更大、更多，并出土了大量的“齐铁官丞”、“齐采铁印”等封泥，不再赘述。

2009年4月，北京科技大学冶金与材料史研究所对齐国故城冶铁遗址出土的炼铁遗物进行了测试和研究，对遗物中的木炭进行了 ^{14}C 测年，得到的结果是所使用的木炭年代大约为从西周晚期一直持续到东汉后期（公元前 799 年～前 230 年）。其上限年代正好与国内发现的最早的人工冶铁制品的年代相符。另通过对遗址发现的矿石、炉渣等冶金遗物的检测，初步认定这些矿石很可能来自于铁山（金岭铁矿）。[8] 这样一系列的科学检测，就支持了我们的观点。

通过对文献记载和冶铁遗址的发现，以及对炼铁遗物的科学检测分析，我们清楚地看到了齐国冶铁技术的产生与发展过程，即在西周中晚期，冶铁技术就已发明，是冶铁业的雏形期。春秋早期，采矿与冶炼业已初具规模，春秋中期规模在不断扩大，至战国时期冶炼业已极其发达，至西汉更是达到最高峰。

铁山一带冶铁业的发达，必将承载着更多的冶铁文化，包括找矿经验、冶炼技术、铸造工艺、民间传说等等。其中炉神姑的传说最代表了冶铁文化的地方特色。由于铁山一直是州、府、县的界标，地理位置特殊，民间传说传播地域很广，便出现了各地方志皆载又皆不详载的情况，造成了传说的不统一性。炉神姑姓氏名字就有李娥、丁氏女之说。我认为李娥之说是民间将二十四孝中的李娥投炉，附会到了炉神姑身上。在《太平御览》卷四一五引《纪闻》记载了三国时吴国李娥投炉的故事："娥父吴大帝时为铁官冶以铸军器，一夕炼金，竭炉而金不出。时吴方草创，法令至严，诸耗折官物十万，即坐斩，倍又没入其家，而娥父所损折数过十万。娥年十五，痛伤之，因火烈，遂自投于炉中，赫然属天。于是金液沸涌，溢于炉口，娥所攝二履浮出于炉，身则化矣。"而铁山的炉神姑传说在康熙《新城县志》中载："铁山孝女，相传初开冶，熔铁不成，匠数被戮。未熔孝女恐父被戮，投炉中，铁遂就。"在《青州府志》载："孝女，南燕（384 年～410 年）慕容德时人，姓丁，父为冶工，时有铁牛为祟，民获而闻于官，官召众工化之，牛不化即杀冶工，以次及丁，女恐父被刑，跃入炉中，牛乃化。后敕封炉神，以旌其孝。"这正与南燕慕容德建平三年（402 年）立冶商山，逮令鼓铸不绝的历史记载相符合，又有铁山主峰北古代矿坑铁牛窝遗址相印证。丁氏女传说在它处所无，又符合史实，是极具地方特色的民间传说，故丁氏女就是炉神姑这是毫无疑问的。

纵观中国冶铁史，"投炉"现象并不是孤例，而带有普遍性，除去"李娥投炉"，"丁氏投炉"外，在《吴越春秋》中还有这样一个传说：干将、莫邪铸剑，三个月没有炼成，莫邪就"断发剪爪"，即把头发和指甲剪下投到冶炼炉中，于是"金铁乃濡，遂以成剑"。明人卢若腾《岛居随录》卷下"制伏，部分也有"铸铁不销，以羊头骨灰致之，则消融"的记载。这看似带有神秘色彩的做法，实际上是具有古人解释不了的科学道理在里面。在《中国铁矿志》第二十三篇《中国之铁业》中曾解释说："盖铁矿石及炼铁所用的木炭，其中所含磷皆不甚多。在古时所用之铸铁炉，实不易发生相当温度，使铁充分熔融，须加相当磷份，熔融方易。中国古代虽未能有关于磷之化学知识，但从经验上发现融铁吸收骨质后较易铸作，则甚可能。……此可见古代确屡试加入有机物质，而以为有若何神秘作用。近者日人村上板藏氏曾于辽阳安山铁矿发现一千年前炼铁遗址，留有兽骨，足见契丹人亦尝用此矣。"正因为用含磷丰富的骨头作为熔剂起到了催化剂的作用,使铁更容易熔化,所以才出现了“投炉”现象。只要有“投炉”的地方,也正是中国冶铁技术水平最先进、最发达的地方,由此看炉神姑传说正好佐证了铁山一带的冶铁技术水平。

炉神姑文化是在冶铁文化的基础上产生的,而炉神姑文化又极大地丰富了冶铁文化的内涵,让冶铁文化更加生动、更有活力,同时也是对冶铁技术水平先进的体现,两者是相辅相成的关系。

综上所述,考古发现与文献记载得到了相互印证,又有科学的检测支持、证明了齐国是中国最早冶铁的国家,而国内目前最早的冶铁遗址,四平道春秋时期矿洞和冶里冶铁遗址的发现又证明了铁山是齐国最早的冶铁地,加之当地炉神姑传说等一系列丰富的冶铁文化内涵,淄博铁山必然成为中国的冶铁发源地。

(原文刊载于《管子学刊》2010 年 4 期)

注释:

〔1〕杨宽.中国古代冶铁技术发展史[M].上海:上海人民出版社,2004.30.
〔2〕李新泰.齐文化大观[M].北京:中共中央党校出版社,1992.285.
〔3〕张福信.齐都春秋[M].济南:山东友谊书社,1987.39.
〔4〕刘忠进等.淄博市文物志[M].北京:人民出版社,1984.24.
〔5〕山东省博物馆.临淄郎家庄一号东周殉人墓[J].考古学报,1977,(1).
〔6〕张连利等.山东淄博文物精粹[M].济南:山东画报出版社,2002.140.
〔7〕临淄文物志[M].北京:中国友谊出版社,1996.159.
〔8〕杜宁等.山东齐国故城冶铁遗址出土炼铁遗物的测试与研究.

张店铁山自然人文概况及周边冶铁遗存的调查

陈　旭

淄博铁山之所以能够成为中国冶铁发源地，除了有最早的历史文献对其冶铁的记载和在此发现了最早的采矿、冶铁遗址之外，那遍地皆是极易开采的露天富铁矿、充足的木材燃料、丰富的耐火土矿、先进的冶炼技术，特别是鼓风设备的发明（注：《管子·轻重乙》："请以令断山木，鼓山铁"中的"鼓"字就是对鼓风设备的最好诠释），以及临近齐国故都临淄等等一系列铁山的自然地质及人文环境也为其提供了必要条件。本文对铁山作了详尽的介绍，以期能够对研究中国冶铁文化提供较翔实的资料。

铁山自然地理概况

一　地形与地貌

铁山位于山东省淄博市张店区东北 11 公里处，古时称"商山"或称"西山"，海拔 254.6 米，面积 10 平方公里。据《太平寰宇记》记载："商山在淄川县北七十里，有铁矿，古今铸焉。山前有盘龙岭，后有铁牛峰，左有金山祠，右有莲洞，绝顶有炉神祠，旁有圣水泉。"自 1937 年抗日武装起义起，被称作"黑铁山"。铁山，在历史上还被长期作为划分州、府、县的界标，为临淄、新城（桓台）、长山、益都等 4 县共领，现属淄博市张店区管辖。（图一）

铁山西南方依次有团山、玉皇山、大山、平顶山，转向北则有四宝山、玻璃山、隽家山等；铁山东北方，还有凤凰山、土山，再北又有荆山、路家山等孤独山丘，他们共同组成"U"字形环状山脉。其内侧平原地带，孤立分布着傅家山等小山丘。"U"型环状山脉与矿区南部对应之鲁中山系之间，为一向斜盆地——湖田向斜盆地。而"U"型环状山系本身则构成金岭短轴背斜，南端隆起区，基岩裸露。矿区内比高达 230 余米。地貌景观为东部、南部、西部是丘陵区，中部和北部为向北微倾之山前平原。"U"型环状山脉以北直至渤海岸，全为冲积平原。

铁山矿区呈西南—北东向条带状分布。由铁山、北金召、北金召北、侯庄、王旺庄等大小十几个矿床组成。西南至尚庄、东北至王旺庄，长约 20 公里，东南至中埠，西北至侯庄，宽约 7 公里，面积约 140 平方公里。地理坐标为东经 118°05′～118°15′，北纬 36°45′～36°58′。矿区位于胶济铁路以北，有准轨支线自金岭镇车站通往矿区。矿区南侧有济青公路，西侧有张北公路，东侧有新桓公路，张临公路纵贯矿区内部，矿区内各矿床均有公路相通，交通十分方便。（图二）

二　气候

本区气候属北温带大陆季风气候，四季分明。夏季炎热多雨，冬季寒冷干燥。根据张店地区观测站资料，常年风向以南南西和南西为主；夏季多正南风，冬季多西北风。多年平均气温为12.9℃，历年极端最高气温为42.1℃，极端最低气温-23℃。历年平均气压1012.6毫帕，历年平均相对湿度64%。降雨量，根据1952至1985年观测资料区内历年平均降水量为614.72毫米，历年最大降水量1237.10毫米（1964年），最小降水量394.6毫米（1960年）。历年月最大降水量为388.8毫米（1964年7月），最小月降水量为0（1973年12月）。历年日最大降水量为179.3毫米（1967年8月19日）。一般7、8、9月份为雨季，2、3、4月份为旱季。蒸发度，多年平均2109.2毫米，历年最大2633毫米（1966年），最小为1473毫米（1964年），月最大蒸发度为428.6毫米（1972年6月），最小为22.6毫米（1964年1月）。日最大蒸发度为29.9毫米，最小为0。

三　河流

在矿区东北面4公里处有一条乌河。乌河发源于矿区东南约10公里之矮槐树，蜿蜒北流，经临淄境内入桓台，注入小清河。乌河全长约40公里，河床下游宽。乌河源头为矮槐树泉，原为常年流水，近年因地下水位连年下降，遂变为在夏季流水、冬春干涸的季节性河流。

表一

化学成分%＼项目 编号	TFe	SiO_2	Mn	P	S	Ca	炭素	FeO
一	69.860	2.460	0.270	0.030	0.018	0.071	1.750	17.870
二	66.840	2.050	0.270	0.023	0.061	1.110	1.900	25.160
三	67.760	2.020	0.260	0.023	0.027	0.067	1.600	19.240
四	70.040	2.340	0.310	0.025	0.010	0.010	1.700	18.394

引自《鲁大矿业公司二十年史》

表二　铁山矿床地质储量及品信表

年份	地质储量（万吨）			地质品位%					
	工业	远景	合计	TFe	S	Cu	Co	P	SiO_2
1955	1219.6		1219.6	57.38	1.641	0.1633		1.012	
1956	1214.6		1214.6	57.38	1.64	0.16		0.04	
1957	1198.1		119.1	57.38	1.64	0.16	0.0352	0.041	8.56
1958	1083.1		1083.1	57.38	1.64	0.16	0.0352	0.04	
1959	1041.4	57.38	1064	0.16	0.352	0.04			
1960	959.0		959.0	57.38	1064	0.16	0.0352	0.04	
1961	970.1	970.1	58.04	0.562		0.352	0.04		

（续表）

年份	地质储量（万吨）			地质品位%					
	工业	远景	合计	TFe	S	Cu	Co	P	SiO_2
1962	971.8		971.8	58.04	1.558	0.186		0.04	
1963	930.9	208.8	1139.7	58.34	1.977	0.23		0.043	6.699
1964	898.4	387.2	1285.6	57.83	1.891	0.235	0.0257	0.042	6.978
1965	1162.7	191.4	1354.1	57.73	1.73	0.221		0.042	7.318
1966	1103.7	303.7	1407.4	58.19	1.941	0.223		0.042	7.316
1967	1002.4	301.2	1303.8	58.19	1.941	0.223		0.042	7.318
1968	1013.6	182.2	1198.8	58.58	1.755	0.210		0.042	6.88
1969	973.7	182.2	1155.9	57.43	1.86	0.171		0.042	6.88
1970	912.1	182.2	1094.3	57.01	1.60	0.16		0.044	7.08
1971	839.7	193.4	1033.1	57.99	1.94	0.219		0.044	7.08
1972	753.4	196.0	949.4	57.40	1.903	0.203		0.044	7.06
1973	695.8	179.6	875.4	57.79	1.988	0.213	0.0259	0.044	7.08
1974	684.1	179.6	863.7	58.06	2.049	0.224	0.0253	0.044	7.08
1975	626.3	105.1	731.4	58.06	2.049	0.225	0.0253	0.044	7.08
1976	602.3	132.1	734.4	56.64	1.58	0.221	0.0225	0.044	7.08
1977	577.3	182.9	760.2	56.27	1.67	0.205	0.0223	0.044	7.08
1978	578.3	144.8	663.1	56.07	1.773	0.202	0.0217	0.044	7.08
1979	556.7	46.1	602.8	56.09	1.703	0.182	0.0219	0.044	7.08
1980	489.2	39.7	528.9	56.24	1.622	0.192	0.0224	0.044	7.08
1981	458.7	39.7	498.4	56.42	1.602	0.191	0.0247	0.044	7.08
1982	435.1	39.6	474.7	55.63	1.53	0.190	0.0252	0.044	7.08
1983	402.6	39.6	442.2	55.49	1.518	0.182	0.0238	0.044	7.08
1984	356.7	39.6	442.2	55.09	1.464	0.166	0.0255		
1985	310.7	39.6	350.3	54.92	1.397	0.155	0.0254		

四　矿产资源

矿区内矿产资源丰富，不仅有丰富的铁矿、煤矿，还有铝土矿、石灰石矿、耐火材料等。金岭铁矿是山东省重要的冶金矿山，生产矿山有铁山矿区、召口矿区，正在基建的有东召口矿床、侯庄矿床。除生产铁精矿粉外，还有铜和钴精矿粉。另有张店钢铁厂、胜利钢管厂等大型的国有钢铁企业。铁山铁矿石样分析见表一，铁山矿床地质储量及品位见表二。

五　地质概况

1.概述

矿区大地构造位置处于鲁西台背斜内、鲁中隆断区的北部边缘，区域东西向构造带淄博至茌平凹陷向斜盆地北缘。

北靠齐河——广饶断裂，南邻湖田向斜，为一由南向北东倾伏的金岭短袖背斜构造，走向N45°E，核部被岩体所占据，两翼为中奥陶系和石炭系地层。矿区西南半环地势较高，基岩出露较好，东北半环地势相对低洼平坦，多被第四系黄土层覆盖。

由于中生代燕山期强烈的岩浆活动与中奥陶统马家沟组石灰岩接触，环绕金岭岩体周围成矿，有利地段形成矽卡岩型磁铁矿床。

2.地层

环绕金岭杂岩体分布的地层由老到新主要有：

(1)中奥陶统(O_2)

本区仅在岩体东南至西南半环的铁山至曹村一带有出露，东北至西北半环被第四系黄土层所覆盖。可分为两段，其岩性特征如下：

①中奥陶统马家沟组第二段(O_2M_2)

东南半环有出露，其上部为深灰色中厚层灰岩，夹少量薄层灰岩；中部为中厚层灰岩与薄层灰岩、薄层泥灰岩、白云质灰岩互层，夹有含泥质白云质花斑的虫迹状灰岩，局部含燧石结核较多；下部以含燧石结核的厚层灰岩为主，夹有微层发育的薄层灰岩，因受热液变质作用，均已变为深灰色及灰色、浅灰色的结晶石灰岩和灰白色大理岩，以深灰色和灰色结晶灰岩为主。为本区主要成矿围岩，并为矿体的直接顶板，厚400米。

②中奥陶统马家沟组第三段(O_2M_3)

上部为豹皮状灰岩，夹泥灰岩；中下部为白云质灰岩、白云岩、泥质灰岩；底部与O_2M_2之间往往有一层同生角砾岩，但很不稳定，厚0.5米左右。全层厚300米。由于受热力变质作用影响，均已重结晶为深灰色、灰白色、白色的结晶灰岩。大理岩和白云质大理岩往往相间出现。该段亦为矿区成矿围岩和矿体直接顶板。

(2)石炭系(C)

分布在金岭岩体的外围，中奥陶统的外侧，假整合于中奥陶统马家沟组灰岩侵蚀面上。在金岭断层东侧的土山、凤凰山一带有出露。

①中统本溪组(C_2^b)

下部为紫红色、黄绿、灰绿色铝质铝土页岩、黏土岩间夹“G”层铝土矿；中部为薄层砂岩与粘土质页岩互层，间夹不稳定的含碳质较高、灰黑色——深灰色薄层草埠岭灰岩；上部为含燧石结核的徐家庄灰岩。层厚40～80米。

②上统太原组(C_3t)

下部为灰白色，黄色中粒厚层砂岩及砂质页岩、黑色碳质页岩、夹媒层；中部为中粒砂岩,上部为砂岩、黑色炭质页岩、砂质页岩互层,夹有可采煤层及3～4层薄层状泥质灰岩。层厚50～200米。

(3)二迭系(P)

分布在金岭岩体外圈,仅在凤凰山一带出露,可分为下二迭统山西组和上二迭统南定组。

①下二迭统山西组(P_1S)

厚100米,沉积韵律较明显,自下而上由粗变细,是一套以灰绿色——深灰为主的陆相砂页岩。

②上二迭统南定组(P_2N)

厚240米,为一套陆相杂色砂页岩建造。

(4)侏罗系(J)

厚1040米,分布在张店断层西侧,四宝山——曹村以西,均被第四系层覆盖。主要为一套灰色、紫红色、绿色细砂岩、粉砂岩和砂砾岩。

(5)白垩系(K)

厚5258米,主要分布在北高阳断层以北,张店断层以西,均被第四系覆盖。岩性为灰绿色安山岩、安山玄武岩及安山质火山角砾岩。

(6)第四系(Q)

全区广泛分布,厚度不一,由南至北厚度增大。辛庄——西召口一带20～40米,北部王旺庄一带厚150～200米。主要为洪积层、冲积层和坡积层,多为亚砂土,亚黏土和砂砾石层,与基岩接触常有一层亚黏土和亚砂土,局部砂砾石与基岩直接接触,如北金召北和辛庄矿床。

3.构造

本区处于东西向构造带与北北东向构造带的复合部位,同时受到金岭岩体侵入拱托和挤压作用,褶皱、断裂发育。主要有:

(1)东西向构造带

本区东西向构造属早期地壳构造运动产物,均为后期的NNE向构造带改造和利用,以断裂构造为主。自北而南有北高阳断层、土山断层、寇家庄断层。

(2)北东—北北东向构造

本区北北东向构造,自东向西褶皱构造有湖田向斜及金岭背斜。断裂构造有陈家庄断层、金岭镇断层、玉皇山断层、张店断层。

4.岩浆岩

矿区的岩浆岩主要是金岭岩体,为燕山期产物。岩浆岩沿金岭背斜核部侵入,受背斜的控制呈不规则岩盖产出。平面上为北东方向长,北西方向宽的椭圆状。面积约70平方公里。岩体的岩性较复杂,是一个中偏基性——中性——中偏碱性的杂岩体。

从早到晚分成四个成岩阶段。

(1)辉长闪长岩。

(2)黑云母闪长岩与角闪闪长岩。

(3)闪长岩类:包括石英闪长岩、含石英闪长岩。

(4)岩脉类:正长伟晶岩、石英正长岩、煌斑岩、闪长玢岩、细晶岩。

5.变质作用

本区变质作用主要为钠化和矽卡岩化，钠化岩主要发育于岩体边缘和顶部的特定部位,矽卡岩多产于接触带,以钙镁矽卡岩为主。

(1)碱质交代作用

碱质交代作用是较普遍的一种自变质作用,钠化作用形成钠化岩,即钠化闪长岩带。交代作用分早、晚两期。

(2)接触交代作用

接触交代作用是指矽卡岩化,一般分布在岩体与围岩接触带及附近,在侵入体的节理和围岩的层间裂隙也较发育,从时间上分早晚两期。

(3)热液蚀变作用

本区热液蚀变作用较强烈,内外接触带均有,多呈脉状产出。主要有绿帘石化交代角闪石、斜长石、透辉石;可切穿早期矽卡岩矿物。还有金云母化、蛇纹石化、绿泥石化、碳酸盐化。

(4)围岩热变质作用

围岩热变质作用主要为外接触带围岩的热力变质作用，由于岩体热能的直接作用,致使灰岩重结晶变成结晶灰岩、大理岩等。黏土岩、泥岩、页岩变成角岩或角页岩。砂岩变成变余砂岩。

6.矿床成因,矿石类型,伴生元素

(1)矿床成因:气化——高温热液接触交代成矿。

(2)矿石类型:矿石以磁铁矿为主,次以矽卡岩型磁铁矿及假象赤铁矿。

(3)伴生元素:矿石中主要伴生元素有 Ba、Mi、Ni、Ti、Mo、Cu、Zn、Co、Ga、V、P、Fe、S、Si、Mg、Al 等。

伴生有益元素 Cu、Co 等可回收利用。

有害元素:S、P。(图三、图四)

铁山采矿冶铁历史及人文自然景观

一 铁山采矿冶铁历史

铁山开采铁矿历史悠久。据史籍记载,春秋时代齐国即在这里开采冶炼。据《管子·轻重乙》记载,齐桓公与管仲讨论山铁之利时,桓公说:“请以令断山木、鼓山铁,是可以毋籍而用足。”《国语·齐语》记载，春秋初齐国已使用铁制农具。齐国故都临淄出土的齐“叔夷钟”的铭文记载，齐灵公(公元前581～前554年在位)时，齐侯曾送叔夷“造铁徒四千”，意即铁工四千名。汉武帝元狩四年(119年)，把盐铁业收归官府经营，在产铁区设立铁官，当时全国划40个郡，设铁官49处，山东12处铁官，齐郡临淄设铁官一处。

据《晋书·慕容德传》记载，东晋时代南燕建平三年(402年)“立冶商山，置盐官乌常泽，以广军国之用”。据《魏书·食货志》记载，北朝时代北魏熙平二年(517年)冬，尚书崔亮奏请在齐州商山(铁山)设立铜官。据《元史·合利景华传》记载，元朝在四脚山(四宝山)、商山建两个冶炼厂。元朝宁宗至顺三年(1332年)夏五月在商山设立了金银铜铁提举司，收其产品，制造货币，以供国用。元世祖忽必烈为开采商山之矿石，曾赠送提举司矿工三千，住在大王庄，在冶里庄设立冶炼厂。明朝神宗万历二十四年(1596年)在商山设置采矿司，采掘冶炼商山矿石。清朝仁宗嘉庆年间(1796～1820年)操业兴盛，铁山露天矿又一次被开采。形成长洞子，铁峪、小井儿，再从原坑内向更深处采掘，在冶里和大王庄冶炼。这便是冶里庄和大王庄仍遗留大量铁矿渣的原因。此外，在益都、临淄、桓台等县志中均记载有孟家海子炉神姑和“铁牛”的传说。

近代，铁山矿区因位于金岭镇北而得名为金岭铁矿。自1898年德国入侵中国，攫取了在山东修筑铁路、开采矿山的特权。于1920年首次大面积开采。后为日本帝国主义夺取。1920年～1945年期间，德、日帝国主义大肆开采金岭铁矿，掠夺了大量的矿产资源。据《临淄县志》载：“此矿一夺于德，再攫于日，估计全量为10万万吨，无穷资源授之外人，殊为可惜。”1949年全国解放，铁矿回到人民手中，成为我省钢铁工业的原料基地。

二　铁山人文与自然景观

铁山之上，古有和尚路以及“四皓隐处”。四皓即夏黄公、东园公、绮里季、角里先生等四位须眉皓白的老翁，他们为躲避秦末之乱，长期隐居于商山的神秘洞中，传说洞口两侧有一副石刻对联：“九顶叉铁山，八宝连云洞。”该四位老人年逾80岁后才出世。传说，夏黄公姓崔名广，字文通，齐人(今桓台县起风镇夏庄村)。清代诗人成聿炌曾为此而作诗曰：“桓台东望望商山，四皓何年此闭关，我欲相随樵客至，爱寻芝草驻芳颜。”

旧志书中说：在铁山主峰东北侧的悬崖处，旧有“双连泉”(俗称“海眼”)，“两泉分穴而连脉，击彼则此动，故名”。据当地人讲：两个“海眼”(洞穴)相距1米，粗细犹如小水桶，洞中常年存水，其深莫测，传说与东海相通。至1974年，“海眼”被破坏。

明朝嘉靖进士王之垣在《登马公山记》中说：“炫然而明秀者，铁山也。”古人曾分别把“商山霁雪”(即雪后转晴的景观)列为高苑县的八大景之一；把“铁山晚照”列为桓台县的八大胜景之一。尤其是“铁山晚照”，被描绘得极为神奇，且传说每60年才能轮现一次。

“铁山晚照”即夕阳照山，山峰偶尔如笼彩霞，闪烁发光，呈现五彩斑斓的奇景。通常是在傍晚掌灯时节出现；可见到一团颜色鲜红、状如罗盘、径约一米的光亮(或说像一面圆形铮亮的犁铧)，从铁山北端冉冉升起后再缓缓南移，10多秒钟年速度转快，遂变成跳跃状态，再半分钟后，倏然消失在铁山南端。红光高距山头10米，地面的景物被映照得清晰可见。据中埠村一女性村民讲，她在五六十年前曾见到过“晚照”，持续约2分钟左右，亮光出现在村西北方向，光亮下，能看见大寨村和卫固村的村庄轮廓。又据铁冶村一60多岁的男性村民讲，他在十六七岁那年也曾见到过“晚照”，季节约在春末夏初。依据这两位老者的年龄推算，此次“晚照”当发生于1940年(或1939年)。

铁山周边冶铁遗存调查

一　商山

商山，即铁山，以其优质的冶铸而显赫于史，很早人们就发现此山藏铁，古人认为，“商，属金，臣之象，”故称之为“商山”。临淄自西周初第一代齐国国君姜太公在此建都至汉代一直是齐国都城，商山又因在齐国都城临淄以西，在五行中，西方庚辛金，西方主金，商山又出铁，故又称西山。春秋战国时期，齐国称霸，九合诸侯，一匡天下，均与其在此冶铸致强有关。1953年中国地质资料馆存《山东金岭铁矿概要说明书》载：地质调查时在金岭铁矿区发现有采矿老洞，并发现有重约十公斤的铁锤。据金岭铁矿离休干部王庆凤(现年91岁)介绍，在1950年他带领职工在铁山中东部探矿时，曾发现古代矿洞，内有采矿工具、陶器等遗物，现该地点已被矿渣掩埋。1957年四月，在铁山金岭铁矿四平道发现春秋时期开采铁矿的老矿洞，出土了绳纹陶器碎片，铁制开采工具等遗物。

二　冶里

冶里村位于中埠南0.5公里，铁山东南角，东经118°10′，北纬36°49′，地处丘陵与平原结合地带，西高东低，以农为主。据民国二十二年(1933年)重修《新城县志·方舆志》载：“冶里在商山东南里许，相传战国时欧冶子铸剑处。”《桓台胜览》云：“齐欧冶子为王铸剑，三年不成，将见杀，其女掷身炉中，一鼓而就，故后人祀为炉神，名其地曰冶里。”民国九年(1920年)《临淄县志·地舆志》中有“南六约冶里”的记载。据此，春秋战国时已立冶里村。1956年改村名铁冶(附成聿炌诗一首：“铸剑如何竟不成，女身从此一毛轻。丹心不向炉中灭，化作清风岭上行。”)。一说春秋战国时，商山处炼铁，该村驻着大量冶炼工人，故村名为冶里。冶里一名，也符合管仲时制定的轨里制度，即将相同的手工业者聚集在同一区域，制陶作坊区称陶里，制陶豆作坊区称豆里，制皮作坊区称皮里，制车作坊区称车里，那么冶铁作坊区也就自然称之为冶里。1958年在庄西头发现了春秋战国时期冶铁的熟铁砂，并从众多的矿砂中挖出了捣矿粉的石臼等采矿、冶铁工具。据中埠镇孟家村村民王玉清介绍，第二次开采金岭铁矿的时候，曾清理挖出来了炼铁炉，其规模有一间屋那么大，大概五米见方，里面有坩埚。另据《铁山惨案》作者于有存、王德才介绍，在冶里村东尚有大片红烧土现象，极有可能与冶铁有关，有待进一步发掘考证。

三　铁牛窝

据1801年《重修长山县志》记载："卧牛山，县东北六十里，卫固镇东南，即铁山北麓，以形得名。铁山，属新城(县)。"在铁山主峰东北，旧有"铁牛窝"，窝坑中有一块巨大的铁石，从高处看去，像是一头瘫倒的牛。相传是炉神姑当年跳炉炼牛熔化而留下的遗迹。今矿石已早被运走，遗迹也荡然无存。

四　炉神姑庙

最早的炉神姑庙曾建于铁山的北岭，后来续建的旧庙也毁于"十年动乱"。最早的碑刻出自于清朝乾隆九年(1744年)，道光二年(1822年)曾予重修(有碑记)。至1993年，又有民间捐资，在中埠镇孟家村东北角予以重建，庙门挂有"恪天佑民"的匾额。

据《淄川县志》第十卷第72页记载，在旧淄川县东十里庄(今属洪山镇)，曾有一座清道光丁未年(1847年)修建的炉神姑庙。碑文由邑人孙济奎书写。

另在北距铁山10公里的桓台索镇现还保存有清代修建的炉神姑庙。

五　冶铁遗址

铁山以东15公里是齐国故城临淄，城内有六处大规模的冶铁遗址：

1.小城西部冶铁遗址：在小城西门东北200米处。范围南北约150米、东西约100米，属下层堆积(这一带有两层堆积，厚两米左右)。周围有许多夯土遗存，其间并有10米宽的道路通向西门。

2.小城东部冶铁遗址：位于今临淄城关面粉厂北400米处，西距辛(辛店)、东(东营)公路约100米。范围南北约70米、东西约60米。经钻探得知，属第二层堆积(这里有三层堆积，厚二米左右)，曾有探孔在铁渣之下的路土中探出瓷片，可能是一晚期的冶铁遗址。

3.大城西部冶铁遗址：在大城南北河道以西，石佛堂村及村南一带，范围约4至5万平方米，属第三层堆积(这一带有三层堆积，厚两米上下)，应是一东周晚期的炼铁遗址。

4.大城中部偏西的冶铁遗址：在南北河道以东，位于付家庙村西和西南一带，面积约40万平方米，属下层堆积(这一带一般有两层堆积，厚一米至两米)。

5.大城南部冶铁遗址：位于小城东门以东，韶院村西，刘家寨村南的大片地区都有冶铁遗迹存在，但在心地区似在大城南墙西门以内，大道的两侧，面积约40万平方米，属于二、三层堆积(这一带一般有三个地层堆积，厚两至三米以上)。这是六处冶铁遗迹中规模最大、遗迹最丰富的一处。在遗址内，特别是它的北部一带有许多夯土基址，曾在此发现过汉"齐铁官丞"，"齐采铁印"等封泥，当是汉代的"铁官"所在。

6.大城东北部冶铁遗址：在阚家寨村的东南和村北，崔家庄的东北和村北，河崖头村西等大片地区都有冶铁遗迹存在，分布较广，但不集中。遗迹较丰富处在崔家庄东北至村西北一带，面积约3～4万平方米，这一带地层堆积厚，离地一般都在3米以上，有三层堆积，冶铁遗迹属第二层，当属东周时期。现此处铁渣经北京工业大学对其内部木炭取样进行^{14}C年代测定已到西周晚期(公元前790年左右)，这正好与国内出土的最早的铁器年代相符。经金相分析遗址内冶炼的铁矿石均取自于铁山。[7]

结 语

我们从以上对铁山自然人文概况的了解和对其周边冶铁遗存调查的情况来看,铁山地区有着丰厚的冶铁文化底蕴,从西周晚期开始至今采矿、冶铁业一直兴盛不断,可以说是中国冶铁史上的一个奇迹,这是一部真正实物版的中国冶铁发展史,它对研究中国冶铁术的发源与发展有着不可替代的重要作用。

注释:

〔1〕山东省地方志编纂委员会:《山东各地概况》,山东人民出版社 1986 年。

〔2〕山东省金岭铁矿志编纂办公室:《金岭铁矿志》(第一卷),1987 年。

〔3〕韩昆山:《黄桑古韵》,2005 年。

〔4〕何晋东等:《中埠镇志》,1987 年。

〔5〕山东省淄博市文物编纂组:《淄博市文物志》,1984 年。

〔6〕康熙版《新城县志》。

〔7〕杜宁、李延祥、张光明:《山东齐国故城冶铁遗址出土炼铁遗物的测试与研究》。

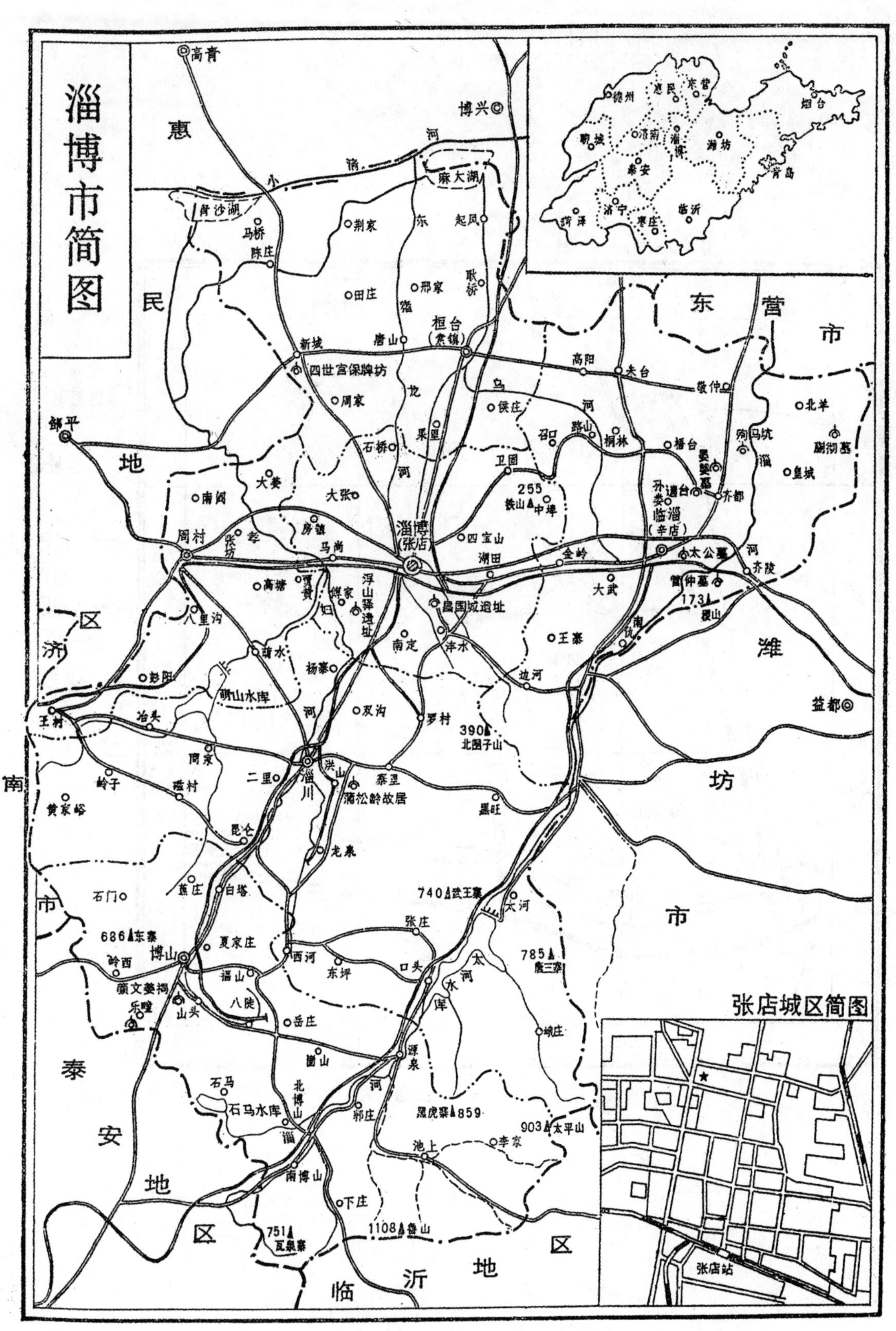

图一 淄博市简图

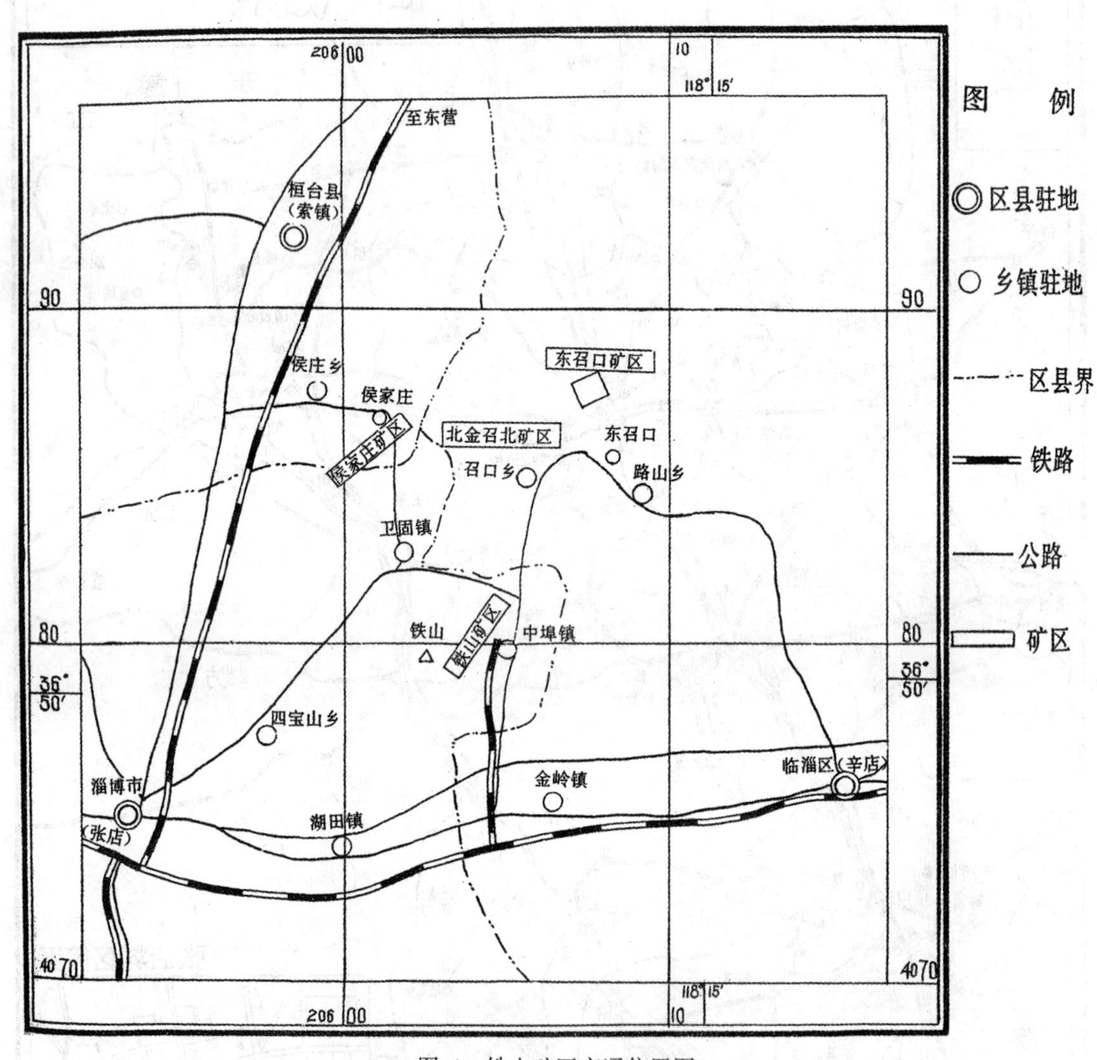

图二　铁山矿区交通位置图

区域地质图

比例尺 1 ：500000

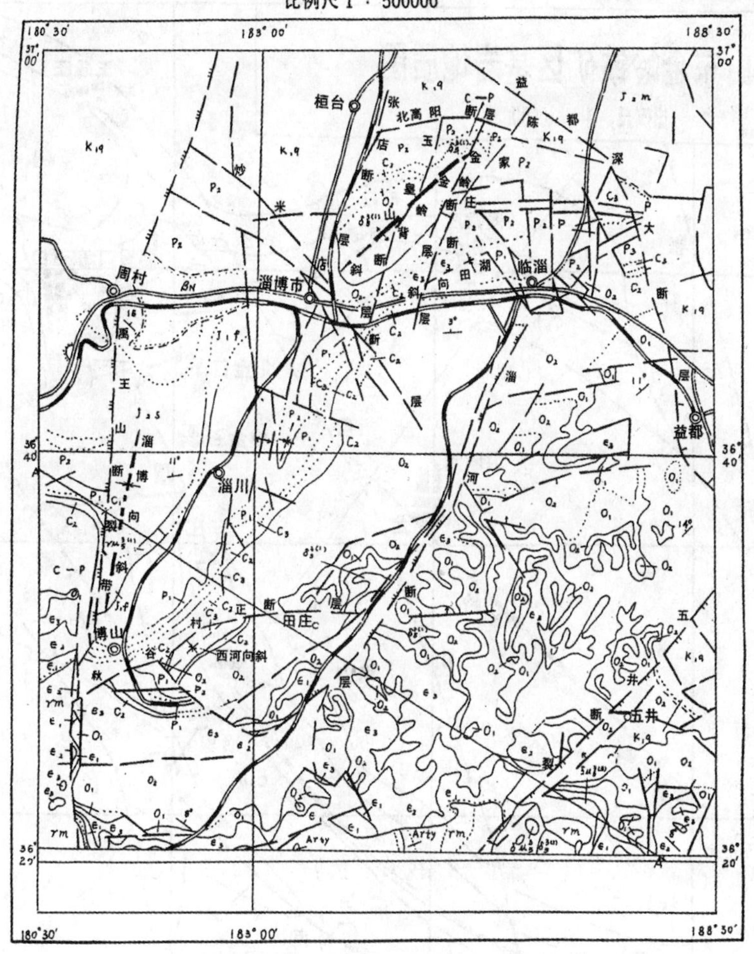

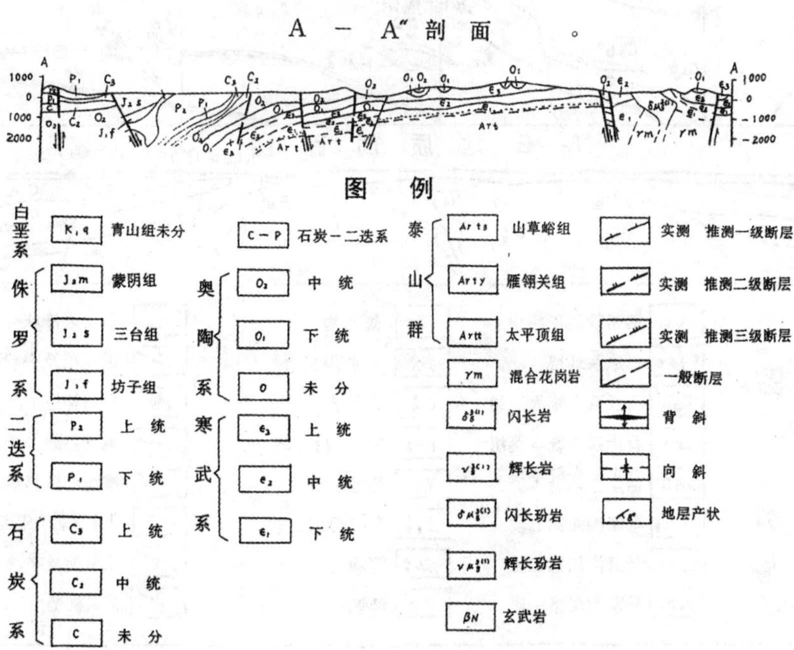

图三　区域地质图

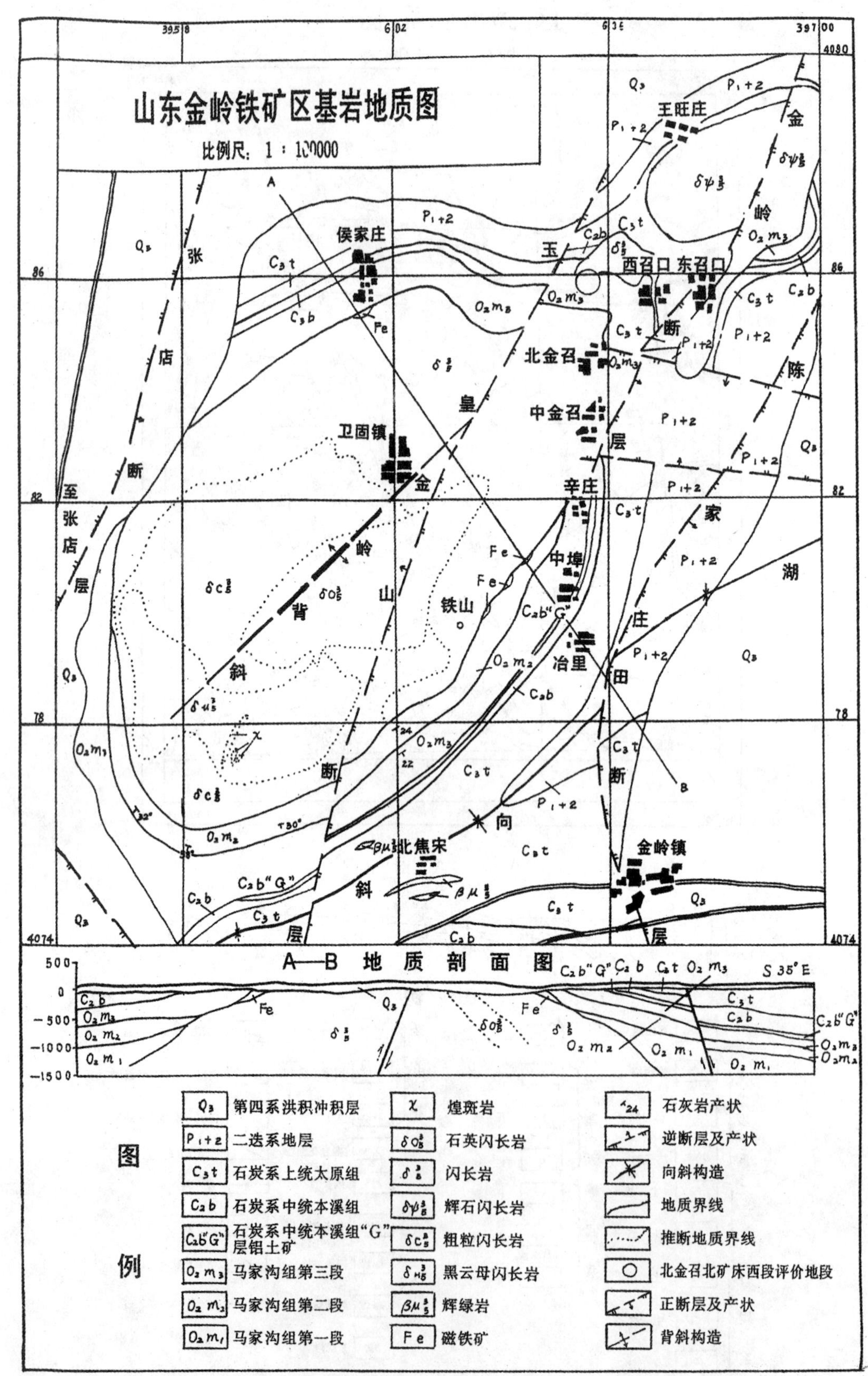

图四　山东金岭铁矿区基岩地质图

关于铁山周边耐火材料的调查

苏一宏

耐火材料是为高温技术服务的基础材料，从古代到现在，它虽然在金属冶炼过程中起着辅助作用，但却很关键，犹如锅和粥的关系，虽锅构不成粥的主要成分，但两者相互依存。笔者曾在山东耐火材料厂工作10余年，对耐火材料的化学构成以及在钢铁工业的中的地位较为熟知。在一定条件下，耐火材料对高温冶炼技术起着关键作用，特别是铁的冶炼对耐火材料具有依赖作用。耐火材料的主要成分是铝土，化学成分是 Al_2O_3。耐火度在摄氏1730度以上。据考证，春秋时期齐国的先人在铁山附近冶炼铁的过程中，铁山南部储存的铝土矿为冶铁提供了必要条件。

1960年7月山东冶金厅第三勘探队对铁山南部的湖田和紧挨铁山的铁冶村勘探，并出具地质勘探报告。

山东淄博铝土矿湖田矿区升级（B级）勘探报告

档号：24150

电子文档号：DZ026043

形成单位：山东省冶金厅第3勘探队

形成时间：1960-07-01

编著者：陈荣顺　矿区位于胶济铁路湖田车站北，应501厂要求冶金三勘对矿体进行加密勘探，投入的工作量有：钻探15孔，计1066.74米，采样74件。投资5.03万元。湖田北部矿区施工11孔，北焦宋矿区4孔，因系加密勘探，因此在岩层段采用无岩心钻进，仅在矿层段采取岩心，但由于铝土矿硬而脆，故采心率偏低。一般钻孔均以原钻孔为基点进行加密。共获得铝土矿储量：B级501129吨，B+C级820813吨，B+C+D级总计1144915吨。经山东省冶金工业厅矿产资源审查小组审查，认定获得B级储量501129吨，北焦宋矿区新增C级储量319684吨。

勘探地质报告中所称的北焦宋，在铁山南部，距离铁山不足5公里，在耐火材料的教科书上，岩石状的耐火土又称焦宝石。当地民间有一种传说，北焦宋村村名的来历，就与当地储存焦宝石有关。在三国时期,居住在这里的人宋姓比较多,人们在给村庄起名字的时候,将储存的自然资源焦宝石与姓氏联系在一起,就形成了焦宋村。明末清初,为南北二村:南焦宋和北焦宋,清皆属益都县仁智乡。

1960 年山东冶金厅第三勘探队出具的淄博市铝矿铝矾土矿主要产地一览表:

矿产地名称	储量(万 t)	品位	Al_2O_3(%)	利用情况
湖田北部矿区	268.2	243.8	56.76	已采
湖田南部矿区	1,122.8	1,122.8	54.19	未采
湖田铁冶矿区	664	664	53.92	未采
田庄(原沣水)矿区	542.5	131.2	59.73	已采
北焦宋东部矿区	440.4	426.3	54.53	已采
万山硬质粘土矿区	242.0	102.1	54.10	已采
王村矿区	294.5		53.96	已采

我们从矿区的储存情况就可以看出耐火黏土在铁山附近的分布,有 664 万吨,而且品位较高,达到了 53.92%。耐火黏土是生产耐火砖的主要原材料。齐国的先人们在当时不可能知道耐火黏土的化学成分,但是捣碎后用于砌筑冶炼铁块的炉子却不能烧塌是不争的事实。

山东理工大学原校长张福信上世纪 80 年代初所著的《齐都春秋》一书中第 39 页是这样记载的:许多历史学家认为,中国冶铁业是从齐国开始的,冶铁鼓风炉的发明也是齐国,管仲是大力发展冶铁业的开导者。《管子·轻重篇》曾提供了勘探金属矿藏的经验,"凡天下名山五千二百七十,出铁之山三千六百九。山上有赭,其下有铁……"1957 年 4 月,在铁山金铃铁矿四平道内发现了大约春秋时代开采的老洞和纹绳陶质碎片,铁制工具等遗物。1958 年,又在铁山脚下的冶里庄(铁冶村)发现了春秋时代冶铁的熟铁砂,并从众多的铁砂中发掘出捣矿石的石臼、冶铁工具等。

据住在铁山脚下的中埠村的王德才老人说,上世纪 80 年代,在冶里村东边的砖厂取土的时候,曾发现了红土炉,在炉旁发现了大量的铁炉渣。当时,人们没有意识到这些东西的价值,就随便处理掉了。

新中国成立初从淄川北大井调到金岭铁矿开矿的王庆凤老人,今年已经 90 多岁,他回忆说,上世纪 50 年代初,用镢铲打矿井的时候,曾打到一个矿洞,在这个矿洞内发现了大量的齐国的铜钱,后来人们把那个洞称之为"齐王洞"。

铁山现存的地表储存的优质铁矿石以及铁山南部的耐火材料矿,得天独厚的自然资源为铁山成为中国冶铁发源地提供了有力的证据。

伍

铁山炉神姑庙传说资料篇

文献记载

康熙《新城县志》

铁山孝女,相传初开冶,熔铁不成,匠数被戮,□□□熔,孝女恐父被戮,投炉中,铁遂□。

孝女庙,铁山南十里。

乾隆四十一年《淄川县志》

自古感人心而维风化者,莫大于孝。而尤莫奇于女子之孝,如缇萦上书,木兰从军,曹娥投江,庞娥执仇,皆舍身而为其亲,即皆以女子而标奇行。及观于益都孟家海孝女之事,而益慨然叹其为尤奇也。考青州府志,孝女南燕时人,姓丁,父为冶工。时有铁牛为崇(祟),民获而闻于官。官召众工化之,牛不化即杀冶工,以次及丁。女恐父被刑,跃入炉中,牛乃化。后敕封为炉神,以旌其孝。乡人立祠祀之,祷雨辄应,有年所矣。丁未夏旱为灾,十里庄诸村举议往祷,即沛甘霖。于是募化四方,各捐赀助力,为修行宫三间。左为广武君祠,右设官厅一所,大门外砌石为池,桥跨其上。工即竣,谋刊石以记之,示不忘也。夫一孝女子耳,何为兴云降雨其灵如是。盖以至诚所感,无往不通。忠臣结愤曾飞六月之霜,孝女衔冤亦降灾天之雪。人有一念精诚,俱能感被苍而召灵异。况神之舍生救父,视死如归。上帝鉴其诚,嘉其孝,而雷公,电母,风伯,雨师自无难供其驱使,以泽润生民。此真孝德所致,为理之常有可信者。初非若阿香推车,玉女披衣,种种怪诞,以显奇于世也。且朝廷以孝治天下。凡有孝行者,均蒙矜恤以列祀典,礼至重也。是功告成,吾知妇人孺子入庙瞻仰,焚香顶礼莫不油然而动其孝思。其有裨于人心风俗者甚大,岂第为一方祈福泽已哉。是为记。

《重修新城新县志》卷十九《列女志》一

铁山孝女,相传齐欧冶子之女,事详古迹。

孝女祠,在索镇,乡官于崇敕建。

冶里,在商山东南里许,相传战国时期欧冶子铸剑处。《桓台胜览》云:齐欧冶子为王铸剑，三年不成，将见杀。其女掷身炉中，一鼓而就。故后人祀为炉神，名其地曰冶里。今铁山北岭上有炉神庙。成聿炌诗：铸剑如何竟不成，女身从此一毛轻。丹心不向炉中灭，化作清风岭上行。

民国九年《临淄县志》

炉神事不见正史。俗传神丁姓，母家杜姓，父业冶。齐时商山出铁牛，败人稼。发兵围攻，取牛煅之。终不液。父惧罪不食，女乃自投炉中，而牛立销。因为立祠。崔道南曰："此事本无稽，意即南燕冶炉所奉之神耳。神之姓氏，必好事者为之也。"

历代碑刻

乾隆碑(一)

国家扼典之制，总因捍患御灾。忠君孝亲卓越其行，足以鼓舞斯人耳。炉神，一女子，其村何以祀之历千秋而不绝乎？父老传谓：齐时商山有铁牛之祸，□□命冶工化之，限以时刻，逾则置诸极刑。炉神以冶家之女饷□，其所见限期已至，而牛之炰烋如故，恐父被诛，跃身炉中，牛遂□然以解。以其事闻之天子，敕封为神。配享于庙祀至今不绝。呜呼！古□今来，鬓眉丈夫众矣，而能建功业、尽忠孝、表□风俗，不与草木同朽者，不可多得，而女子可如是耶？除一方吞噬之祸，非捍患而御灾乎？释王心之忧而免其父，□无非忠君而孝亲乎？不惧焚骨碎身，而雄□足风，其鼓舞斯人又何如乎？夫淮阴漂母以义而祀，颜山顺德以孝而祀。炉神之心视而夫人为更苦，炉神之行视而夫人为尤烈。俎豆千秋，谁云不宜？如执淫所祀之说而以此举为乡父老之见则误矣。

郡庠生　逯维藩撰文　里人董克猷书丹

石匠　王端　泥瓦匠　邵燃

住持　赵明子

乾隆十九年四月十一立

乾隆碑(二)

里之东北隅，旧有炉神庙，盖以威灵昭著，保障一方而享□之也。天灾流行，何时□有建祠，而后遇旱□辄祷雨。虫蝗灾、冰雹之灾经过无□□，以故构屋楼。神历代因仍，无如岁月为□上千旁风摧残日甚，苔生陛所，□来道路之嗟耳。满梁生杂□，人天之果，父老顾盼徘徊。重念国家以孝治天下，炉神有庙若此，何以劝厉风俗？由本里而达之四村，由四村而达之外郡县，螺集鳞聚，踊跃鼓舞。向之破瓦颓垣化为禾黍荆榛者，忽而彩画辉煌，焕然维新矣。传曰：至孝可以通天地、动鬼神。炉神生既捐躯以救父没，又神于一方覆庇人民，其孝之至者欤？广受香火，庙纪于无穷，岂不宜哉？

郡庠生　逯维藩撰

里人　董克猷书

皇清乾隆岁次甲戌孟夏

嘉庆碑

盖闻山者，一方雄镇也。□稽济郡北二百余里，古有商山。四面峭群，烟霞澄澈，诚天造地设一奇观矣。及钟秀祥发，出一孝女，以贤德敕封炉神。虽代远无考，遗传宛在，四方善男信女共举香火，莫不感其灵应焉。更神者祈祷雨泽，即练云生水恰民志。恭祝疾病，即默施保愈。解祸免灾，福佑无疆，四方感德无极矣。爰是淄邑上河头庄孙门李氏蒙恩渥厚，会集数人各捐资财共立碑碣以筹神庥□。

上河头庄领袖善人　孙门李氏

刘汉三

善士　孙焕章

淄邑谷尧久撰并书

石匠　苗维甲

住持道人　刘嗣云

大清嘉庆岁次甲戌仲冬

道光碑(一)

盖闻事之不惬众心者，不必轻□举以耗财。而神之有庇民生者，不容亵越以获戾。孟家庄之炉神，凡骄阳为戾，一经祈祷，无不旋降甘霖。虽其大孝格天而云行雨施，龙神实有力焉。凡兹近村受惠者屡矣。殿前旧有古庙一所，甚湫隘，与正殿不称。因于阶下修两廊庑，廓其规模以妥龙神。邻村诸君子各乐布施以葳其事。然鸠工庀材首事人之力也。工竣矣，因勒诸石以志之。

贡生邑人　赵立伸撰

淄川庠生　刘源泗书

石匠　宋立贞、耿曰斗镌字

住持道人　刘嗣云

道光二年岁次壬午六月谷旦

道光碑(二)

丁酉之春，炉神庙有钟楼之建，匝月而工已竣。是役也，捐施姓名甚夥，而董其事者，里社数人而已。夫是庙之创建有年，近岁屡有修营，未经志表。自道光九年，增筑东禅舍数间，山门廓而大之，屏开宏厂门之南，新立照壁。俱改前规，且使甬路砥平，绕垣比整，而钟楼尚无力继葺之。前因甘霖屡祈，有数村为铸新钟者，危楼欲坠莫之系也。里人方议修整之难。上岁高苑邑侯祷雨来此，被神庥。乃命住持尼僧疏缘募化，四方皆踊跃劝输，而工遂速竣矣。意人之好善谁不知我？况神之灵佑兹土，沛泽正靡涯乎？今志之，以示弗谖，后有作者，当亦不薄待斯人。

道光十七年五月丁丑朔乙酉科副贡　段承烈撰并书

窑匠　王景元

石匠　刘□保、刘□清刊刻

住持尼僧　普欣

弟子　通顺

光绪碑(一)

炉神之奉祀也，考《渊鉴类函》载纪闻：宣城郡青杨县梅根冶孝女李娥。吴大帝时，父为铁官，一名炉□，罪当诛。娥年十五，痛伤之，火烈投炉中。娥所蹑二履浮出，身则化矣。汁塞炉而下，凡亿万斤。吴俗铸铜铁先为娥立祠。《寰宇记》：梅根山，晋立梅根冶，今作铁冶于临城。吴录《地理志》：铜陵县自齐梁之代为梅根冶，以烹铜铁。是神为吴人，梅根为吴地，建庙于此。以北近冶里村，前代商山之东曾设铁官冶，故立祠以奉祀。与神以孝格天，祈祷灵应，不可殚述。自道光丁酉葺修已四十年矣。大殿山门不无损坠，而卷厦则为檐溜灌注式，将倾圮，今易之以石。上下栋宇新为营造，式焕前规。其西殿奉广武君之祀，人尽知之，而旧有神像七尊，卑而近亵，不足以壮观瞻，亦无以答灵贶。前既未详列尊神之讳，恐久而就湮，因虔祷尊神，默示年代、姓氏、封爵。塑像与广武君同。尊神者或除旱魃，或动风雷，或驱疠疫，皆□功德于民，而能御灾捍患。并庙祀之礼宜然也。兹则楹桷丹□，较曩昔更焕然矣。工既竣，勒石以记。四方捐资者好善有同心也，登载尊神爵讳于上，既以正前日之讹传，又西殿奉祀之非无稽云。

宋司□　杨讳天志

晋司马　永平侯李讳守运

宋佑将军　周讳秀生

周左将军　成讳无巳

五代必胜将军　李讳玉

五代丞元郎郎中　王讳心仁

段承烈撰，时年七十有三

罗金章敬书

督工领袖段承烈男秀林捐钱三十千

蔡允元十五千保定博野人在临淄署内还愿

住持　僧尼通顺、徒孙元青

大清光绪二年岁次丙子季秋菊月中浣之吉

光绪碑(二)

益都县西北乡孟家庄旧有炉神祠一座。西近铁峰,南屏金岭,形势之胜,远近同瞻久矣。仰维神灵祷雨辄应,盖孝德上格乎天,斯人恶下及于众。故历代以来被泽者多置行宫,而王旺庄等四十余村亦因屡沐惠而立社也。岁在丁亥五月间,时置亢旱。同社择吉设坛赴祠以祀甘雨。拈香之际,见殿宇及陪房钟楼山门经风雨之剥,至瓦瓴之残缺。咸相谓曰:是宜修葺。及安坛三日后,云雨滂沱,禾稼勃兴。凡在同社,既备优歌以献微忱,并议及修补殿宇等处事,无不欣然悦从。因于今岁仲春,鸠工修整焕然一新。告竣工之日,董事诸公屡祭,录其始终以明斯举也。非敢竞言重修,亦聊以志同乡往之之诚云尔。

临淄邑庠生　孙逢吉撰文

临淄邑庠生　王十洲书丹

石工　孙元章

住持　元至、元青、元兴

大清光绪四年岁次戊子杏月

民国碑

益都县仁智乡孟家庄旧有炉神庙在庄之东北隅。每逢岁旱,邻邑及本县附近村庄士绅祷雨辄有应,是以历年久之俎豆弗□。是神之祀始自前朝,相传为雹神李左车之后裔。父业冶,有为吴王熔铁牛轶事。故神以炉名得自传闻,而正史无据也。要之,非元孝女,安足以为神,且能为神而有灵。前清邑侯龚璁为撰楹联云:有此等孝心生男不如生女,凭这般好事为人即可为神。可谓包含众说不粘不脱矣。第神无常祀,有功□则祀之。岁旱用作霖雨,其泽及期民者,何莫非孝能感天乎?斯庙也,创建有人,嗣葺有人。近以年久失修,为夏雨秋风所剥蚀,渐就倾圮。若不及时缮完,敝而有憾,则举之于前人,废之于后人,不几为里人羞?乡民毕君绪香等不忍坐视,于是捐赀为众人倡,并多方劝募,集群力而成善举。鸠工庀材,缺者补断者□敝者新,不阅月,而庙貌美轮奂焉。计是举所费钱千百余缗,其经营筹划,毕君之力□多。说者谓崇□女神为妇孺之迷信,而士大夫□非之。至炉神之立庙而祀,则以其有功于民也,恶可以昌鉴之谓□□梁公之废淫祠例□。重修之举亦理所当然。工竣,拟勒诸石,□予为记撰。其意亦感于《兰亭序》之后□视今亦犹今之视昔。欲以后人遗后人,而俾斯庙可以永垂不朽云。

清候补直隶州州判己酉科恩贡王式金拜手敬撰

清邑庠生侯之府经师范科毕业徐增锦沐手敬书

赞成人　郭公田、李际唐、刘连山、于濂溪、赵宗玉、孙延祯

发起人　毕绪香、刘清河、李兴贵、王世传、孙立业、赵宗文、逯福太

中华民国十一年夏历十月中浣谷旦

管委会碑

新建炉神落成之后，上级有关部门对此作了审查登记，正式发给了有关证明。在此期间，仍然收到了各地群众捐款捐物，以及多方面的支持。根据大家的建议和要求投资数万元增建了偏殿两间，另两间将于明年春天建成。院内种植了树木花草，砖铺了地面，购置了石狮四尊。委托淄博市京剧团用品服务部采用新工艺、新材料重新制作了神像，使之更显庄重、大方，焕然一新，不负群众厚望。为感谢众位的支持，经研究决定将第三批百元以上捐资者姓名勒石于此，永做纪念。

炉神庙管理委员会

公元一九九七年十一月立

民间传说

一

炉姑传说最早源于齐桓公(公元前685年～前643年在位)时期。旧时主要分布区域:东至青州,西至萌水,南至蒙山,北至黄河。现在主要分布区域:鲁中地区的淄博市及周边市区,同时还广泛流传至安徽、黑龙江、台湾等省。“西依孟村东近海,南接金岭北靠山”,就是对炉姑传说流传区域的真实写照。

相传,齐桓公在位时,砚台山下,出现了一只铁牛糟蹋庄稼、危害百姓,齐桓公下令冶里的工匠在七七四十九天之内,将铁牛捉住,就地熔化,为民除害。若是逾期不能完工,全部斩首。冶里的工匠们围着铁牛垒起窑炉点火鼓风,日夜不停,四十多天过后,铁牛完好无损。众工匠个个愁眉不展,到了第四十八天,这天早晨,有个叫李娥的姑娘来为爹爹送饭,其父告诉李娥,逾期不能完工,明天就要全部斩首,说罢父女抱头痛哭。李娥心如刀绞,纵身跳入炉中,铁牛化成了铁水。从此人们为了纪念孝女李娥,尊李娥为“炉神”。并在铁牛坑北边的花山上,为她修了庙宇,塑了神像。

随着炉姑事迹的代代相传和孝德精神的弘扬光大,多位帝王对炉姑都有敕封,唐高宗李治封炉姑为商山孝女,重修大殿,到了宋、元两朝,因战乱,大殿被毁,明朝天启元年天降大雨,洪水骤发,房屋被大水冲走,到清代西镇人又重修庙宇,名曰“炉姑祠”,保留至今。

为纪念炉姑,历朝历代用石碑镌刻了相关内容。根据石碑记载及传承人的讲述,民俗学家、历史学家推测出炉姑故事发生在春秋时期。至今铁山脚下仍保留着传说中李娥父母的坟墓。

2006年被列入首批省级非物质文化遗产名录。

(岳长志主编《淄博历史文化遗产博览》)

二

春秋战国时期,淄博市地域有两个孝女的故事流传至今。一个是博山颜文姜,一个是张店商山欧冶子之女。前者以侍翁婆任劳任怨为人称道,死后当地人立祠以示纪念。后者以舍身救父壮烈殉身,受人尊敬,死后乡人在山上立祠以示怀念,人称炉神姑。志书上称商山孝女，清代祠迁索镇，知县刘大绅书匾额为“商山孝女祠”。

商山为铁山古名。山南不远处有十几户人家，世世代代以冶铁为生，古称冶里。村中有一复姓人家姓欧冶，主人叫欧冶子。春秋时，列国称雄称霸，战争频繁，需要大量武器供应。欧冶子凭其高超的冶铁技术曾为越王勾践铸了湛卢、巨阙、胜邪、鱼肠、纯钧五口有名的宝剑。当时越国正在准备对吴国的战争，欧冶子不愿为战争卖力，便跑到了楚国，投靠了朋友干将。干将正在和妻子莫邪铸两口最好有宝剑，欧冶子便全身心地投入到帮助朋友铸剑的劳动中。几年后剑铸成了，取名干将、莫邪。楚王得知两剑乃稀世珍宝，为了得到它，便暗暗把干将、莫邪夫妻二人杀掉。欧冶子在朋友帮助下逃回齐国。

欧冶子逃回齐国，回到家乡冶里村已年近四十岁了，家中父母也已亡故，举目无亲，无依无靠。村中一李姓老汉看他诚实能干，先是收留了他，后又把女儿嫁给了他。他和妻子虽然年龄悬殊，但还是相敬相爱。一年以后，妻子生了一个十分逗人喜爱的女儿。时光荏苒，李老汉终因年老力衰，由铁匠营生改为放牧为生，且几年之后便染病去世。自岳父谢世后，欧冶子也不再从事冶铁生意，而是接过了李老汉的鞭子放牧于水草丰茂的山川之中。丈夫不辞劳苦，妻子勤俭持家，女儿也逐渐懂事，在父母面前，不是甜甜地喊声爸爸，就是甜甜地叫声妈妈。全家日子虽然过得清苦，但还是和和美美，倒也十分幸福。

天有不测风云。就在欧冶子一家人相安生活的时候，一天齐王把欧冶子召进宫去，逼迫欧冶子为其铸剑，并声色俱厉地说：“欧冶子，今天寡人叫你来，就是要你为我铸最好的剑，我要像先君桓公那样用武力称霸列国，你同意吗？”欧冶子推辞说：“大王，奴才十几年未铸剑了。俗话说：‘三日不做手生。’何况我已是半百之人，老眼昏花，两手迟钝，恐不济事，请大王另选高手吧！”齐王一听大怒道：“欧冶子，你别不识抬举，你能为越王、楚王铸剑，为何不愿为寡人铸剑？寡人限你三年为我铸成宝剑，否则我要杀你的头！”说完拂袖而去。

欧冶子深知诸侯王是杀人不眨眼的。他从齐王宫回到家后，茶饭不思，睡觉不宁，不言不语，愁眉不展。妻子看到丈夫的样子哭了！女儿看到父亲的样子哭了！欧冶子不忍心难为妻子和女儿，便把真情说了。

第二天，邻居知道了，乡亲们知道了，都跑来帮助想办法。最后一致的意见是：炼掉北山峰上的铁牛为齐王铸剑，这是唯一的好办法。大家说干就干，不约而同地奔上北山，围绕着铁牛很快建成一座大冶铁炉。从四山砍来了木柴，欧冶子带领全家搬上北山，点火生炉。妻子做饭烧水，女儿搬柴，为父亲端水送饭。欧冶子日夜守护在炉旁，观察火势，掌握火情，不停地鼓风加柴。三个月过去了，铁牛在炉中安然无恙，半年过去了，铁牛在炉中纹丝不动，一年过去了，铁牛照样屹立在火炉中。

欧冶子按照以往的经验，加紧鼓风，增大火力，女儿和妻子忙着加柴，全家人累得冬天穿不住棉衣，夏天汗水不止。这样又忙活了一年，铁牛在火炉中仍不曾损掉一丝一毫。欧冶子挖空心思，把所有经验都用上，也无济于事。妻子伴着丈夫坐在炉旁，彻夜不合眼，女儿看着父亲的脸，天天消瘦下去，心疼地说：“咱村里王爷爷是个冶铁好手，咱请他上山来想想办法。”

女儿的话像明灯一样照亮父母的心。欧冶子高兴地说："人慌无智，我怎么就忘了呢？"妻子高兴地说："女儿人小心慧，定能成为爸爸的好助手。"主意已定，女儿要妈妈在山上照顾爸爸，自己下山去请王爷爷。

山路崎岖，荆棘丛生。女儿求援心切，全不顾山高路险。走不多时，冷不丁从侧身窜出一丈许长蛇，待大蛇遁去，心神稍定，猛然间，又从密林深处跳出一只猛虎。猛虎咆哮声震山岳，女儿直吓得心惊肉跳，急忙躲到一块大石后面，嘴里不住地念叨着："老虎啊，我是为帮助父亲才进山的，你不能吃我。"老虎似乎知道她的心事，长啸一声蹒跚着走了。猛虎刚走，又来一群恶狼，正在十分危急之时，被上山砍柴回家的农民救了回去，并帮助她找到了王爷爷。

王爷爷是个古稀老人，在村里德高望重。当得知她的来意后，深受感动。于是便集合了村中有经验的铁匠，连夜赶上北山。大家围在炉旁琢磨铁牛不化的原因。他们看炉子，找不出毛病，最后一致的意见是再多加柴，多鼓风，加大火势。为此，王爷爷重又回到村中动员乡亲有人的出人，有物的出物，一定要帮助欧冶子铸成宝剑。没过几天，便有更多的木柴运上山，更多的人上了山。风大柴多，火熊熊，照亮了山野，映红了天空。然而一个月过去了，两个月过去了，半年过去了，铁牛在炉中还是没有一点变化。眼看齐王规定的期限就要到了，齐王派来督催的人扬言："如不能按时铸成宝剑，休怪大王无情。"欧冶子越来越焦急，越来越感到失望。于是对乡亲们说："你们都回去吧！不要受我的连累了！"欧冶子对妻子、女儿说："你娘俩远走高飞吧！有人问你，不要说是我的妻子和女儿，三天以后面对着铁山，磕个头，等于送我……"妻子哭着说："我不能走，死，我们也要死在一起。"说着摘下自己的耳环对女儿说："孩子啊！这是你爸爸结婚时给我的，你戴上它，去投你姑家吧！她会看在你爸的份，收留你的。"说着把耳环给女儿戴上。女儿说："爸爸，妈妈，你们不能寻死，女儿会想法救你们的。"说着对着镜子梳梳头，穿上妈妈给做的最好的衣服，戴上头巾，告别父母，离开草棚。欧冶子跟了出来，望着女儿。女儿本想先去看看铁牛为何不化，然后再去见齐王，为父请命，代父去死。突然一阵狂风吹过，把女儿的头巾吹落在火炉中，紧接着化成一片火花，火光过后，但见铁牛头顶开始熔化，女儿的心不由一动，就又摘掉一只耳环扔进炉中，刹那间化掉了铁牛的一只耳朵，铁水哗哗淌在炉中。女儿恍然大悟，心想：这是铁牛为我而存在，将为我而消失，父亲的性命在女儿身上。于是她随即纵身跳入炉中，化为一道青烟升上天空。待众人跑过去时，欧冶子的女儿已经不见，炉中的铁牛也已化成铁水……众人举目望天，只见空中彩云缭绕，一朵祥云飘然而去……

（桓台县政协文资料委员会编《桓台历史故事选》，1994年）

三

坐落于张店东北11公里处的铁山，古时称"商山"，或称"西山"，海拔254.6米，面积10平方公里。据《太平寰宇记》记载："商山在淄川县北十七里，有铁矿，古今铸焉。山前有盘龙岭，后有铁牛峰，左有金山祠，右有莲洞，绝顶有炉神祠，旁有圣水泉。”自1937年抗日武装起义起，被称作“黑铁山”。铁山，在历史上还被长期作为划分州、府县的界标，为临淄、新城（桓台）、长山、益都等4县共领。

齐记补云：“南燕（慕容德）建平三年（402年）立冶，逮今鼓不绝……今勘验商山，实临淄、新城、长山三县地，山南麓则益都地。”因此，在临淄、新城（桓台）、长山、益都等旧县志中均有“鼓铸不绝”的记述。铁冶村也因为历朝历代都将其作为“鼓铸之里”而称之为“冶里”。直到现在，铁山及铁冶村附近尚有冶官祠、炉神姑庙、奶奶（炉神姑的母亲）坟等相关的历史遗迹。

（韩昆山主编《黄桑古韵》，中国国际艺术出版社2005年）

四

相传很久以前，在铁山北约一里处，有一怪物，每到夜晚，便出现于田间，四处骚扰，损坏百姓的庄稼，竟达两顷之多。百姓不胜其苦，他们秘密跟踪，见一铁牛作祟。于是联名上报官府。时值齐桓公在位，听了诉讼，立即传旨，召集冶炼工匠，限期在七七四十九天内，将铁牛熔化，逾期斩首。所召工匠，被安置在冶里（今铁冶村），工匠们艰辛劳苦，昼夜操作，惶惶不可终日，第一期过去了，工匠们都丢了脑袋。第二期四十九天又到了，这天早晨，有一工匠的女儿，名叫李娥，送饭来到工地，见父恓恓惶惶，哀哀欲绝，惊问何故，父曰：“炼期已到，铁牛如故，今日午时，便要斩首……”女儿听了心急如焚，潸然泪下，她走近炉旁，张望铁牛，眼泪不断落入炉中，牛眼化了。见此，她又惊又疑，忙把一耳坠投进炉中，一只牛耳又化了，另一耳坠也投进去，另一牛耳也化了，她因思，若投身炉中，牛将全化矣。为救父命，为民除害，她视死如归，奋不顾身，纵身跳入炉中，铁牛顷刻销熔。李娥化一阵轻烟，飘然而去。顷刻，天空乌云密布，电光闪闪，雷声大作，震耳欲聋，随之雨过天晴，百姓无不惊异。这是李娥的至孝至善，感动了上帝，玉皇接其上天，收为义女，故此告知当地百姓。

从此，人们尊称李娥（另传为中埠镇大寨村丁氏女）为“炉神姑”，并修建庙宇，塑神像，以资怀念和祀奉。每逢久旱不雨，附近群众纷纷赶来焚香烧纸，祈求显神灵，落甘雨，赐吉利，这个习俗一直流传至今。

五

炉姑的传说，是美丽而动人的。

春秋战国以来，这一传说就一直在澥水河畔、古齐大地广为传颂，并越传越广，越传越神，越传越美。

相传，炉姑为救其父和众乡亲免遭铸剑引来的杀身之祸，毅然决然跳进了冶铁牛的红炉，殉身化铁。此举，齐国上下无不感动，无不叹服，无不敬佩。就连齐王也被这一惊世孝举所打动，不仅收回了治罪其父的成命，而且还敕封炉姑为“炉神姑”，下令在她殉身的商山（今铁山）铁牛坑旁建造“炉姑庙”，将其树为孝女典范，让人们永世祭祀供奉、永远景仰这位齐国孝女。

炉姑庙建起后，人们不分老幼，不管远近，都纷至沓来烧纸进香，缅怀纪念这位孝女。随着炉姑精神的传播光大和炉姑孝文化的进一步弘扬，人们感到商山炉姑庙简陋的庙宇及狭小的空间，已不适宜这位惊世孝女“居住”，意欲另选一处更加风光秀丽、更加地气灵验的圣地建造新炉姑庙。但苦于不了解炉姑的“心意”，一直未选到合适的新址。是年三月初三，适逢炉姑庙会，商山上下，人潮涌动，炉姑庙前，长跪一片，祈求炉姑指点迁庙新址。只见一老者立于炉姑金塑像前，将画有炉姑神像的裱纸抛向空中，口中念念有词：“炉姑啊，您落到哪儿，哪儿就是您灵点的新庙址。”在人们的一片祈求声中，那张抛向空中的裱纸在春风的吹拂下，像一只金色的小鸟由南向北徐徐飘去，人们紧随其后，一直追到㴔水下游的河岸西处（今桓台乌河索镇段）才飘落下来，人们一看，这儿林木参天，植被葱郁，野花盛开，土地平坦，是一块圣洁的处女地，也是一处绝妙的新庙址。于是人们便在这里建起了新的炉姑庙，这就是西镇炉姑庙，自此，炉姑的原封正庙由商山正式迁往这里。虽历经改朝换代、沧海变迁，但炉姑庙从未再迁，“炉姑”也一直“住守”在这里，传播着中华民族的美德，弘扬着中国的孝德文化。

两千多年来，随着人们对炉姑的敬仰崇拜和对这一风水宝地的向往，陆续向这里聚集，在这里安家落户，期盼“近水楼台先得月”，能够直接沐浴炉姑孝德文化的春风。现在炉姑庙周边已成为古齐大地、㴔水河畔人居环境最和谐、最适宜的生息宝地。

炉神庙今昔

炉神庙遗址位于中埠镇孟家村村东，据《益都县图志·营建志》载："炉神庙在金岭镇西北孟家海子庄。初，南燕立冶于商山，而鼓铸之事起，至元不废，冶工因庙炉神，以祈福利。今山东北麓炉神庙，元大德七年(1303年)重修，其最古者也[此庙属临淄，庙之东屋，曰真人堂，俗谓之八百复先生之祠也，庙之西屋，即金火神圣之女也，立祠之源。鼓铸熔化之次在立焉……]。庙之神曰金火神，从革王而以其女配享[……后庙废，惟余女像，世遂崇奉之，曰为炉姑。因又溯姑之父为炉太君。曰姓丁氏，县之西北鄙人]。……族人卜居于此者颇众，问山何以商名，而庙何以炉神名也，佥曰：野老有云，昔时山中有物，夜出食人田禾数十顷，绕山而居者，不胜其苦，官令寻踪，于此得铁牛一只，为之聚工匠销铄，坚不可化，时有炉役丁姓者，将被刑戮，其女奋不顾身，跃入炉中，而铁牛以销，一方之人咸言之，遂鸠工修祠，奉为炉神云……"可见，炉神庙之由来，是有源可溯的(尽管是传说)。

康熙二十七年(1688年)，炉神庙曾予重修。从现有碑碣记载，嘉庆二十三年(1818年)、道光二年(1822年)、光绪二年(1876年)确有重修。

炉神庙"文革"破四旧时，遭到破坏，加之风吹雨涤，当年那种"醮会尤为盛"的壮观景象已不复存在，而仅剩原正殿之址的基石废墟。同时孟家村的学校在此建立，原庙宇的碑石大部分已用作校舍的壁墙，碑文也经多年风雨冲刷得模糊不清，少数碑刻依稀可辨。如有一石碑上刻着"清光绪二年岁次丙子季秋菊月立"，另有"中华民国十一年阴历闰五月上浣立"的石碑，还有一块"中华民国十一年夏历十月中浣重修炉神庙记"的石碑，上面分别镌刻着重修时捐款人和村庄的名字，这大概是最后一次重修了。

据原尼姑王绪才回忆：炉神庙被毁前的规模，东西长约26米，南北宽约27米，面积约700多平方米。三间北屋为正殿，炉神像居其中，炉神像的头部用纸板糊制，彩粉饰面，身躯、四肢皆为木雕，肩、肘、膝等关节用铁环连接，故臂可举，腿可盘，栩栩如生。殿门前有两株古松。西偏房六间，塑有九尊神像，其中一尊最高大者，人称李老爷，据说是炉姑之父。南头三间是客房，用以接待来客，还有东偏房五间，北头三间为道人居住，称作道房，最南头是钟楼，上钟楼时，须经第四间方可登越。庙之南墙中部有一大门，称山门，不常开。道房和钟楼东边连着一个小院，院内有北屋数间和数株绒线花树，这是尼姑的住处。小院南边有一小门，平素人们皆从小门出入。凡遇众人进香祈雨之时，方大开山门。炉神庙中，一年三季香火庙会。春季，一过正月，烧香、拜佛、祈祥的人日渐增多，至寒食和清明节三天达到高潮。夏季在农历六月十九日，冬季在十一月十七日，香火庙会时，善男信女络绎不绝，纷至沓来，最盛时可达几千人，犹如戏散后的观众之拥挤状，从黎明至日落，火池中香火不断，火焰升腾不息，池壁烤得通红。

每逢大旱年头，道家人选良辰吉日，聚众进香祈雨，也认为很灵验。当时，西南方的张赵等26个村庄，南面山里的刘庄、大庙一带的30多个村庄和北面30多里外的王庄等32个村，辐辏而来，气氛庄重肃穆，至于附近村庄的百姓，来此顶礼膜拜者就更多了。至今因炉神庙被毁无所寻觅，仍有少数老者转去炉姑之母——奶奶坟处焚香烧纸，乞求保佑。

附：罗光洲《谒炉神姑庙》

石碑口碑记炉神，
姓丁姓李说纷纭。
舍己为人传佳话，
赴汤蹈火献孝心。
莫道铁牛太可气，
铸说楷模育后人。
自古商山金冶炼，
金岭铁矿遐迩闻。

炉神姑颂

1=F $\frac{4}{4}$ 稍慢、赞扬地

根据民间传唱，边崇顺整理

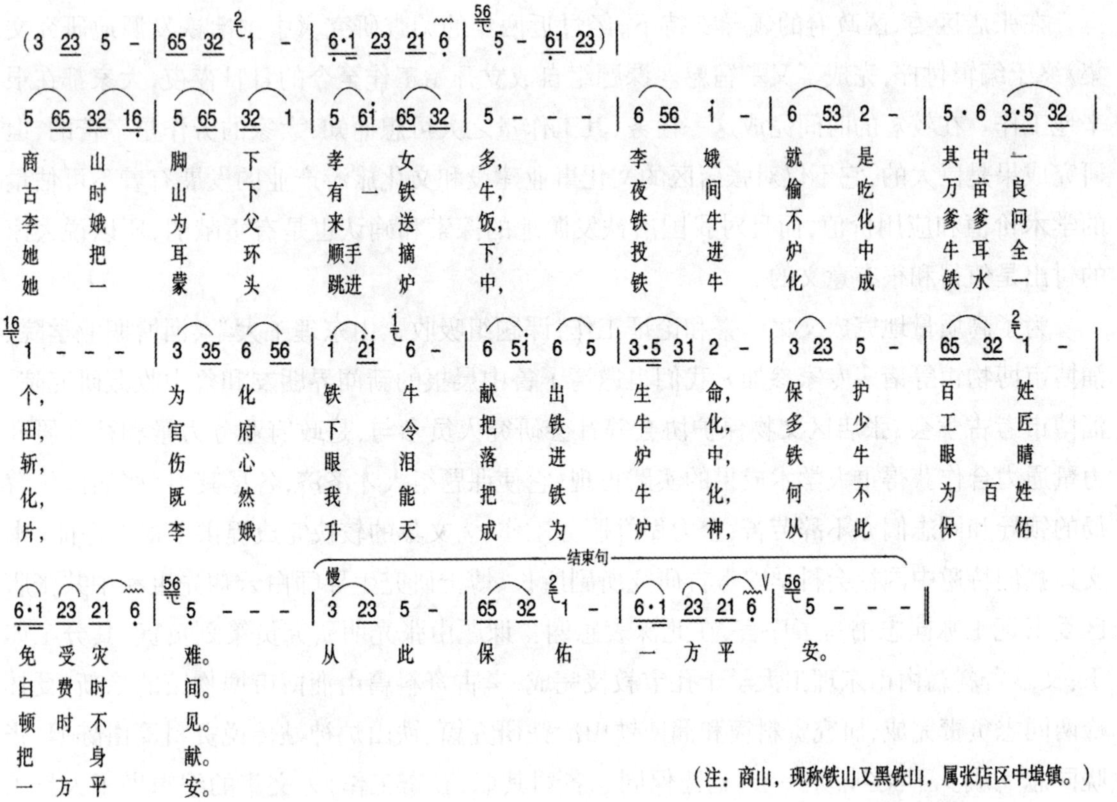

(3 23 5 - | 65 32 1 - | 6·1 23 21 6 | 5 - 61 23) |

5 65 32 16 | 5 65 32 1 | 5 61 65 32 | 5 - - - | 6 56 i - | 6 53 2 - | 5·6 3·5 32 |

商山脚下孝女多，李娥就是其中一
古时山下有一铁牛，夜间偷吃万亩良
李娥为父来送饭，铁牛不化爹爹问
她把耳环顺手摘下，投进炉中牛耳全
她一蒙头跳进炉中，铁牛化成铁水一

1 - - - | 3 35 6 56 | 1 21 6 - | 6 51 6 5 | 3·5 31 2 - | 3 23 5 - | 65 32 1 - |

个，为化铁牛献出生命，保护百姓
田，官府下令把铁牛化，多少工匠
斩，伤心眼泪落进炉中，铁牛眼睛
化，既然我能把铁牛化，何不为百姓
片，李娥升天成为炉神，从此保佑

6·1 23 21 6 | 5 - - - | (结束句) 慢 3 23 5 - | 65 32 1 - | 6·1 23 21 6 V | 5 - - - ‖

免受灾难。从此保佑一方平安。
白费时间。
顿时不见。
把身献。
一方平安。

（注：商山，现称铁山又黑铁山，属张店区中埠镇。）

后 语

在张店区委、区政府的领导支持下，经过近两年的调查研究，《中国冶铁发源地研究文集》终于编辑付梓，完成了又一宿愿。课题组自成立开始工作至今的日日夜夜，大家都在艰辛地工作。在较短的时间完成这一任务，其工作量之大可想而知，大家的劳作是辛苦的，但研究成果是巨大的，它不仅对张店区的文化事业建设和文化旅游产业的发展有着不可估量的学术价值和应用价值，而且对我国冶铁发源地的探索和确认也是有贡献的，所以说大家的付出是值得和很有意义的。

为了高质量地完成文集编纂和论证工作，课题组吸收了山东理工大学、淄博职业学院、淄博市博物馆等诸多专家参加，我们也邀请了鲁中晨报的新闻界朋友和鲁中收藏研究院、淄博市考古学会、张店区文物保护协会等社会研究人员参与，是政府业务力量和社会研究力量通力合作获得重大学术成果的实践再现，它使课题组人才济济，各尽其力。张店区旅游局的领导和同志们亦不辞劳苦，全力做好服务工作，为文集的较快完成提供了根本保证。本文集我们特邀中国社会科学院考古研究所副所长、博士研究生导师白云翔先生和中共张店区委书记王咏同志书写了序言，在此深表感谢！课题由张光明研究员策划负责，其分工如下：文献资料篇由山东理工大学于孔宝教授完成，考古资料篇由淄博市博物馆的徐新、夏林峰两同志负责完成，研究资料篇和淄博铁山冶铁研究篇、铁山炉神姑传说资料篇由陈旭、张晓同志完成。丁文剑、苏一宏、刘德保同志各司其职，勤奋工作，为文集的编辑做了大量工作。文稿完成后由张光明同志做了最后通稿和审定。齐鲁书社的贺伟先生对文集的编辑也做了大量的工作，提出了很好的指导性意见。在此特向他们深表感谢！

由于文集既有文献方面的，又有研究和传说方面的，学科和年代跨度较大，有些文稿又属新的研究成果，出自多人，文稿编纂的质量风格不尽统一，比如数字使用方法（或用汉字数字或用阿拉伯数字）、注释的体例以及部分专业术语等，保留了各自的时代特征，均未作强行统一。不当之处在所难免，敬请学界专家不吝赐教，以便修正。在此深致谢忱！

张光明

2012 年 3 月 1 日

图书在版编目(CIP)数据

中国冶铁发源地研究文集 / 张光明,于孔宝,陈旭主编.
—济南:齐鲁书社,2012.7

ISBN 978-7-5333-2613-5

Ⅰ.①中… Ⅱ.①张…②于…③陈… Ⅲ.①钢铁冶金—冶金史—中国—文集 Ⅳ.①TF4-092

中国版本图书馆 CIP 数据核字(2012)第 135443 号

中国冶铁发源地研究文集

张光明 于孔宝 陈旭 主编

出版发行	齊魯書社
社　址	济南市英雄山路 189 号
邮　编	250002
网　址	www.qlss.com.cn
电子邮箱	qilupress@126.com
印　刷	山东新华印务有限责任公司
开　本	850mm × 1168mm 1/16
印　张	20.75
插　页	8
字　数	350 千字
版　次	2012 年 7 月第 1 版
印　次	2012 年 7 月第 1 次印刷
标准书号	ISBN 978-7-5333-2613-5
定　价	120.00 元